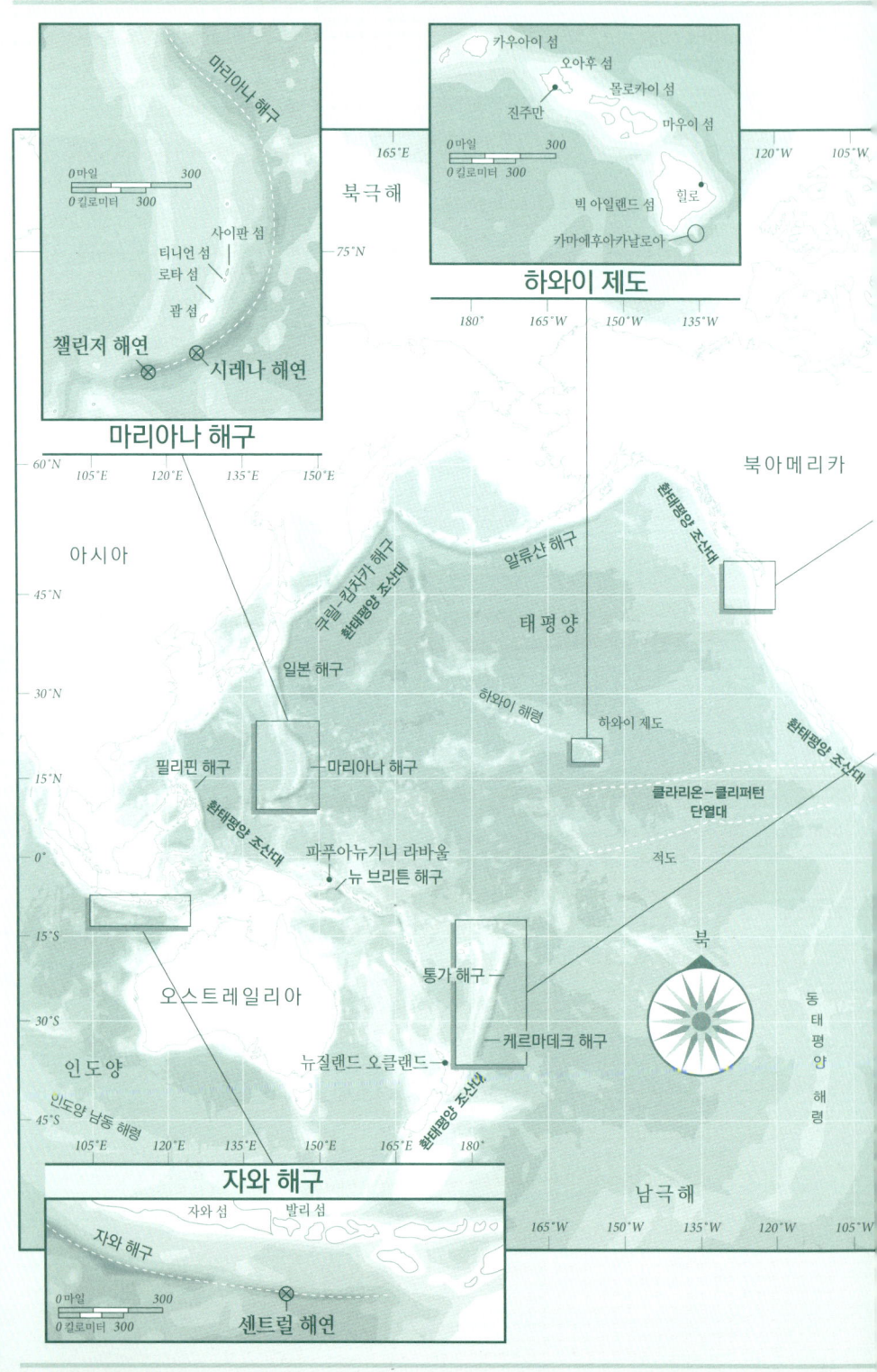

언더월드

언더월드

The Underworld

심해에서 만난
찬란한 세상

수전 케이시

홍주연 옮김

까치

THE UNDERWORLD : Journeys to the Depths of the Ocean

by Susan Casey

Copyright © 2023 by Susan Casey
Published by arrangement with William Morris Endeavor Entertainment, LLC.
All rights reserved.
Korean translation copyright © 2025 by Kachi Publishing Co., Ltd.
Korean edition is published by arrangement with William Morris Endeavor Entertainment, LLC. through Imprima Korea Agency.

이 책의 한국어판 저작권은 Imprima Korea Agency를 통한 William Morris Endeavor Entertainment, LLC.와의 독점계약으로 (주)까치글방에 있습니다. 저작권법에 의해 한국 내에서 보호를 받는 저작물이므로 무단전재와 무단복제를 금합니다.

역자 홍주연(洪珠姸)
연세대학교 생명공학과를 졸업하고 서울대학교 대학원에서 미술이론 석사과정을 수료했다. 해외 프로그램 제작 PD와 영상 번역가로 일하면서 영화, 드라마, 다큐멘터리의 번역과 검수 및 제작을 담당했다. 현재 번역 에이전시 엔터스코리아에서 출판기획자 및 전문번역가로 활동 중이다. 주요 역서로『집은 결코 혼자가 아니다』,『지구 생명의 (아주) 짧은 역사』,『생명의 위대한 역사』,『100가지 물건으로 보는 우주의 역사』,『사랑에 관한 모든 말들』,『똑똑 과학 씨, 들어가도 될까요?』 등이 있다.

편집, 교정_옥신애(玉信愛)

언더월드
심해에서 만난 찬란한 세상

저자/수전 케이시
역자/홍주연
발행처/까치글방
발행인/박후영
주소/서울시 용산구 서빙고로 67, 파크타워 103동 1003호
전화/02 · 735 · 8998, 736 · 7768
팩시밀리/02 · 723 · 4591
홈페이지/www.kachibooks.co.kr
전자우편/kachibooks@gmail.com
등록번호/1-528
등록일/1977. 8. 5
초판 1쇄 발행일/2025. 7. 3

값/뒤표지에 쓰여 있음

ISBN 978-89-7291-878-3 03450

바다를 사랑하는 이들에게

론 케이시, 존 케이시, 주디 케이시,
그리고 톰 워클링을 기리며

우리는 직접 가서 봐야 한다.

— 자크 이브 쿠스토

추천의 글

수전 케이시가 뛰어난 솜씨로 써 내려간 이 책은 풍부한 학문적 지식, 숨 막히는 모험 이야기, 생생하고도 강렬한 문장들이 한데 어우러진 매혹적인 작품이다. 깊은 바다를 다룬 이 책은 그 내용 또한 깊으면서도 동시에 우리를 고양시킨다. 나는 이 책에서 눈을 뗄 수 없었다.

—사이 몽고메리(『뉴욕 타임스』 베스트셀러 『거북의 시간』 저자)

잠수할 준비를 하라. 수전 케이시는 독보적인 취재자로서 글을 쓰기 위해 어디든 가는 사람이다. 이 책은 놀라운 사실, 위대한 인물, 경이로운 탐험, 그리고 분노를 일으키는 이야기들로 가득하다. 독자들도 심해 채굴은 반드시 막아야 한다는 사실을 깨닫게 될 것이다.

—윌리엄 피네건(『바바리안 데이즈 : 바다가 사랑한 서퍼 이야기』 저자)

잠수정 타이탄의 참사 소식을 방송으로 접한 후에도 나는 사람들이 왜 그토록 위험한 여정을 떠나는지 이해할 수 없었다. 그러나 수전 케이시의 매혹적인 이 책을 읽고 나니 오히려 수심 9,000미터 아래에 숨겨진 세계, 그곳에서 발광하는 생물들, "화려한 괴물들", 해저의 활화산들을 탐험하고 싶지 않은 사람이 있을까 싶어졌다. 수심 200미터 아래의 심해는 지표면의 65퍼센트, 생물이 사는 공간의 95퍼센트를 차지한다. 그러나 그곳의 80퍼센트는 여전히 미지의 영역이다. 케이시는 이렇게 묻는다. "우리가 사는 지구의 큰 부분을 그냥 무시해버리면 안 되지 않을까?" 그녀와 함께 바다를 사랑하는 억만장자들, 용감한 해저 탐험가들의 여정을 따라가다 보면 그녀가 느꼈을 흥분이 우리에게도 그대로 전해진다. 이 책은 우리에게 "지구의 서사시"이자 인류의 요람인 바다의 경이로움, 장엄함, "즐거운 공포"를 알려준다. 케이시는 "바다는 마법으로 들끓고 있다"라고 썼다. 이 책을 읽는 독자도 그토록 가까우면서도 먼 곳, "지구의 비밀스러운 파티가 가장 웅장하고 생생하게 펼쳐지는 곳", 심해에 푹 빠질 것이다.

— 린지 파워스(에디터), 아마존 이달의 필독서 선정 이유

훌륭하다. ─벌린 클링켄보그(『짧게 잘 쓰는 법』 저자)

수전 케이시는 차세대 레이철 카슨일까? 그렇다. 그녀는 카슨의 『바닷바람을 맞으며』로 시작된 위대한 바다 해석자의 계보에 자신의 이름을 이 책으로 올렸다. 케이시의 묘사는 너무도 영화적이어서 이 책을 읽는 우리도 심해의 경이로움, 놀라움, 전율을 그대로 느낄 수 있다. ─레이철 카슨 위원회

경외심을 불러일으키는 여정이다. ─「피플」

케이시는 파도 아래의 기이한 생명체들을 묘사하면서 자신이 느낀 경이로움과 황홀함을 시처럼 아름다운 문장 속에 담아낸다. ─「보스턴 글로브」

케이시는 과학자와 탐험가들이 아무도 가보지 않은 곳을 향해 나아가는 모습을 생생하게 묘사한다.……몰입할 수밖에 없으며 아드레날린을 솟구치게 하는 책이다. 그러나 이 책은 얕은 흥분이 아니라 진심 어린 경이로움으로부터 시작되었다.……특히 기이한 심해 생물들로부터 영감을 받아 훌륭한 작품이 탄생했다.

─「선데이 타임스」

케이시는 단지 박식한 안내자가 아니라 기억에 남는 문장들을 구사하는 뛰어난 작가이다.……그녀의 책은 독자를 감탄시키는 심해 생물학과 지질학 분야의 지식으로 가득하다.
―「월 스트리트 저널」

바닷속 깊은 곳으로 향하는 인류의 여정, 그리고 그 일에 평생을 바친 용감한 과학자와 모험가들의 매혹적인 역사가 펼쳐진다.……바다의 신비에 관한 우리의 깊은 호기심을 충족시켜주는 책이다.
―「타임」

이 책을 통해 케이시는 뛰어난 모험가이자 기록자일 뿐 아니라 미지의 영역인 수중 세계의 탐사와 보존을 위해서 애쓰는 공동체의 일원임을 증명해 보인다.
―「로스 앤젤레스 타임스」

이 책은 지구상에서 가장 환상적이면서도 두려운 세계를 탐험해온 인류의 역사와 도전에 관한 훌륭한 안내서이다. ―「워싱턴 포스트」

흥미진진한 기록이다.……경이롭다.……케이시는 잠수정의 불빛 속을 유유히 지나가는 "경이롭고도 기묘한 생물들"을 탁월하게 묘사한다.
―「사이언티픽 아메리칸」

심해 잠수를 가장 정확하고 생생하게 묘사한 책이다. ―「사이언스 매거진」

바닷속에서 가장 깊은 곳으로 들어가는 황홀하면서도 계몽적인 탐험의 기록이다. 첨단 기술을 사용하여 믿을 수 없을 만큼 놀라운 발견들을 해내는 대담한 해저 탐험가들이 등장한다. ―「익스플로러스 저널」

차례

저자의 말 *17*

프롤로그 *21*

1 망누스의 괴물들 *37*

2 해저탐험가들 *77*

3 포세이돈의 보금자리 *125*

4 초심해저대에서 일어나는 일 *167*

5 초심해저대에 머물다 *203*

6 "모든 난파선의 어머니" *243*

7 시작의 끝 *275*

8 이제 박광층으로 들어갑니다 *299*

9 심해를 팝니다 *337*

10 카마에후아카날로아(깊은 곳의 붉은 아이) *373*

에필로그 심해의 미래 *407*

감사의 말 *427*
주 *435*
참고 문헌 *469*
참고할 만한 자료 *475*
그림 출처 *477*
역자의 말 *481*
인명 색인 *485*

저자의 말

심해에 관해서 쓸 때 가장 먼저 떠오르는 질문은 바로 이것이다. 심해란 무엇일까? 바다는 어느 지점부터 깊은 바다가 될까? 심해과학자들조차 해수대海水層를 정의하는 방법에 대해서 완벽한 합의를 이루지 못했다는 사실을 알면, 여러분은 놀랄지도 모른다. 일반적으로 심해는 햇빛이 줄어들기 시작하는 수심 200미터 아래의 바다로 정의된다. 이 책에서는 심해를 박광층薄光層(수심 200-1,000미터), 무광층無光層(수심 1,000-3,000미터), 심해저대深海底帶(수심 3,000-6,000미터), 그리고 초심해저대超深海底帶(수심 6,000-1만1,000미터)로 나누었다. 이것은 흔히 쓰이는 명칭과 분류이지만 심해, 특히 광대한 중층수中層水를 분류하는 방법은 그밖에도 다양하다.

  심해저대를 줄여서 심해라고 부르기도 한다. 그런데 심해라는 단어는 아주 깊은 바닷속을 일반적으로 지칭할 때에도 많이 쓰인다. 이 책에서는 두 가지 의미 모두로 사용했으며 문맥을 통해서 그 차이를 구별할 수 있을 것이다.

※

잠수정潛水艇으로는 심해저대에 들어갈 수 있지만(그렇게 깊은 곳까지 들어갈 수 있는 잠수정이 전 세계에 얼마 없기는 하다) 잠수함潛水艦으로는 그렇게 할 수 없다. 잠수함은 해저에서 지속적이고 독립적으로 임무를 수행할 수 있지만, 잠수 가능 심도가 상대적으로 얕다. 내가 이 책에서 이야기하는 심해 탐사 수단은 모두 잠수정이다. 잠수정에는 유인 잠수정과 무인 잠수정이 있다. 유인 잠수정은 물이 차단되고 압력이 조절되는 환경에 생명 유지 장치를 설치하여 사람을 태울 수 있는 잠수정이다. 이러한 소형 잠수정은 물속에서 독립적으로 상승, 하강하고 자유롭게 이동할 수 있지만, 수송과 진수, 회수를 위한 모선母船과 승조원이 필요하다. 또한 배터리로 동력을 공급받기 때문에 잠수함처럼 몇 주일씩 잠수할 수는 없다.

무인 잠수정은 일종의 로봇으로 배와 연결된 채 조종사가 원격으로 조종하는 원격조종 잠수정Remote Operated Vehicle과 배에서 내려보내지만 실시간으로 조종할 필요 없이 자율적으로 잠수하여 데이터를 수집한 후에 기지로 복귀하도록 프로그래밍된 자율 무인 잠수정Autonomous Underwater Vehicle이 있다.

일상적으로는 잠수함과 잠수정이 수중 이동 수단이라는 의미로 혼용된다. 영어로는 잠수함과 잠수정 모두를 줄여서 "서브sub"라고 부른다.

※

심해는 해양의 95퍼센트를 차지한다. 예로부터 태평양, 대서양, 인도양,

북극해, 남극해 등 총 5개의 커다란 바다로 구분해온 지구의 해양은 하나로 연결되어 있다. 나는 가능한 한 해양 전체를 하나의 바다로 지칭하려고 한다.

※

해저 지형을 측정하는 학문을 측심학測深學이라고 한다. 해저의 지형학이라고 할 수 있다. 해저 지형도란 해저의 깊이와 윤곽을 3차원으로 나타내어 바닷속의 산, 계곡, 협곡, 평원, 열곡, 해구 등 여러 지형을 보여주는 지도이다.

※

미국과 영국의 독자들은 마일, 피트, 톤, 화씨, 제곱인치당 파운드 등 제국단위계의 단위로 사고하는 것에 익숙하다. 과학계에서는 미터법(국제단위계)을 사용하고, 선원들은 해리海里와 패덤fathom이라는 단위를 사용한다. 이 책은 제국단위계를 기본으로 서술했지만, 더 명확한 설명이 필요할 때에는 국제단위계로 환산한 수치를 함께 표기했다(이 번역서에서는 국내 독자에게 익숙한 국제단위계로 모두 환산했다/역주). 인용문에 등장하는 미터법은 원문을 그대로 옮긴 것이다.

프롤로그

> 나의 아들아, 어떻게 살아 있는 네가 이 어둠의 나라에
> 오게 되었느냐? 살아 있는 자가 이곳에 오기란 어려운 일인데.
> ─ 호메로스, 『오디세이아Odysseia』[1]

2021년 1월 31일
북위 18.70도 서경 155.17도
태평양

긴 내복 위에 방염복을 입은 나는 갑판 위에 서서 창백한 은빛 일출을 바라보며 바람을 가늠했다. 풍속 20노트에서 때로는 30노트까지(시속 약 37-55킬로미터) 몰아치면서 밤새도록 거세게 분 바람이 바다를 난폭하게 휘젓고 있었다. 내가 바깥에 나와 확인하고 싶었던 것은 과연 그 정도가 얼마나 심한지였다. 파도가 골칫거리인 것은 분명했다. 3미터 높이의 너울이 두 방향에서 전속력으로 밀려들면서 하얀 물결을 일으키고 있었다. 태평양의 절반가량을 가로질러 오면서 기세가 더욱 강해진 파도였다. 이곳에는 그 파도를 막아줄 만한 육지가 없었다. 나는 흔들리는 몸을 난간에 기대 버티면서 휴대전화를 꺼내 해양 예보를 거듭 확인했다.

오늘 나에게는 풍속 1노트, 파고 1센티미터까지 모두 중요했다. 기상 조건만 허락한다면, 2시간 후인 오전 8시에 공학자, 기술자, 선원들로 이루어진 탐사진이 11톤짜리 심해 잠수정에 두 사람을 태워서 내려보낼 예정이었다. 그 두 사람 중에 한 명이 나였다. 진수에 성공한다면, 잠수정은 수면 위에서 잠깐 위아래로 흔들리다가 조종사가 밸러스트 탱크에 바닷물을 채우면 파도 속으로 가라앉아 2시간 반 동안 수 킬로미터를 하강한 끝에 인류가 한 번도 목격한 적 없었던 장소에 도착할 것이다. 일단 계획은 그러했다. 그러나 날씨가 허락해줄 것 같지 않았다.

잠수를 진행하려면 날씨가 잠잠해져야 했다. 오늘 못 하면 기회가 언제 또 올지 몰랐다. 내가 평생 기다려온 기회였다. 역사를 통틀어 우리의 이번 목적지만큼 깊은 곳까지 들어가본 사람은 드물었다. 이유는 많다. 우선 수많은 애로사항과 위험이 존재한다. 그중에서도 가장 명백한 이유는 해저에 내려갔을 때의 수압이 1제곱센티미터당 약 550킬로그램에 달한다는 사실이다. 산소 공급, 통신, 운항, 안전, 즉 생존 자체를 온전히 그 잠수정에 의지해야 했다. 조종사와 승객을 태우고 대양 최대 수심(약 1만 1,000미터)까지 여러 번 잠수할 수 있는 최초이자 유일한 잠수정이었다. 워낙 새롭고 혁신적이어서 제작자들조차 여전히 시제품이라고 부를 정도였다. 심해 공학의 난도를 쉽게 이해하려면, 현재 화성 탐사용 로버가 3대인데 이 잠수정은 1대뿐이라는 사실을 생각해보기 바란다.

그러나 나는 그러한 접근 불가능성 때문에 심해가 더욱 매력적이라고 생각했다. 다른 사람들이 프랑스 파리, 보라보라 섬, 세렝게티에 가고 싶어할 때, 나는 까마득하게 깊은 바닷속으로 들어가고 싶었다. 직접 들어가보지 않는 한 볼 수 없는 미지의 물속 세상이 우리의 발밑에 항상 존재한다는 사실, 우리가 사는 세계 안에 또다른 수중 세계가 있다는 사실은 언제나 일종의 마법처럼 나에게 경이와 두려움을 동시에 불러일으켰다.

 그 두 가지 감정이 상쇄된다고 생각할지 모르지만, 사실은 그렇지 않다. 오히려 그 반대이다. 그 두 가지가 합쳐지면 두 감정 모두를 초월하는 숭고함을 느끼게 된다. 18세기의 철학자 에드먼드 버크는 "자연의 위대함과 숭고함이 불러일으키는 감정은……바로 경외이다. 경외는 영혼의 모든 움직임이 중단된 상태이며 여기에는 약간의 공포가 동반된다"라고 쓰고,[2] 그러나 그것은 "일종의 즐거운 공포이다"라고 덧붙였다.[3] 심해는 무시무시한 곳일지도 모르지만, 우리는 경이감에 사로잡혀서 두려움을 느낄 틈조차 없을 것이다. 적어도 나는 그렇게 상상했고, 그 상상이 사실인지 확인하고 싶었다.

※

내가 어떻게 이 배에 타서 지구에서 가장 깊은 바닷속으로 들어가는 잠수정에 탈 준비를 하게 되었는지를 이야기하려면, 모든 일이 비롯된 처음으로 돌아가야 한다. 어렸을 때 나는 작은 배를 타고 달빛이 비치는 바다 위에 떠 있는 꿈을 되풀이해서 꾸었다. 커다란 물고기들은 내가 탄 배의 아래를 불길하게 맴돌거나 유령처럼 옆을 스치고 지나갔다. 잊기 힘든 꿈이었지만 나는 한 번도 그것이 악몽이라고 생각한 적이 없었다. 거울처럼 나를 비추는 수면 뒤에 무엇이 숨어 있을지는 모른다. 그러나 그곳에 어떤 무서운 것이 있더라도 나는 꼭 들여다보고 싶었다.

 다큐멘터리 프로그램 「자크 쿠스토의 해저 세계」가 인기 절정이었던 1970년대에 나는 TV 앞에 앉아서, 쿠스토와 쾌활한 해저탐험가들이 산

호 숲이나 굶주린 상어로 가득한 동굴 속으로 내려가는 모습을 넋을 잃고 지켜보았다. 칼립소 호를 타고 남태평양으로 간 탐사원들이 석호 속에 가라앉아 있던 제2차 세계대전 당시 선박의 잔해를 탐사하는 에피소드를 볼 때는 만약 집에 불이 났다고 해도 TV 앞을 떠나지 않았을 것이다. 자신의 배를 타고 전 세계를 돌아다니며 불가사의한 세계에 잇따라 뛰어드는 삶은 너무도 꿈같아서 도저히 이룰 수 없을 것 같았고 현실처럼 느껴지지도 않았다. 그렇다고 그 프로그램의 매혹이 줄어드는 것은 아니었다. 그 덕분에 나는 안전한 땅 위에서 간접적으로 탐험에 동참할 수 있었다. 그 사실은 나에게 아주 중요했다. 해저 세계를 직접 여행하고 싶다는 열망에도 불구하고 나는 열 살이 다 되어서야 수영을 배웠기 때문이다. 사실 그때도 수영에 자신은 없었다.

내가 자란 토론토 교외는 바다와는 멀리 떨어져 있지만, 캐나다 순상지楯狀地를 이루는 수백 개의 호수들과 가깝다. 선캄브리아기의 화강암이 느릿느릿 이동하는 빙하에 침식되어 만들어진 이 북부의 호수들은 음산하고 때로는 침울해 보이기까지 한다. 주변을 둘러싼 험준한 절벽들과 아한대림이 시커먼 흑녹색의 물 위로 그림자를 드리우고, 암초들이 솟아올라 형성된 호숫가의 섬들에서는 지의류와 소나무가 자라며 아비새가 노래를 부른다.

우리 가족은 여름이면 토론토에서 북쪽으로 2시간 거리에 있는 포트 세번으로 갔다. 오대호에서 두 번째로 큰 호수인 휴런 호의 남동쪽에 있는 조지언 만에 자리를 잡은 곳이다. 열 살이던 나에게 포트 세번은 비밀스러운 호기심을 불러일으키는 장소였다. 나는 부둣가에 서서 바닥이 보이지 않는 물속을 들여다보며 깊은 곳에 사는 동물들을 상상하고는 했다. 물속에는 작고 둥근 눈과 어뢰처럼 생긴 몸통과 바늘처럼 뾰족한 이빨이 줄지어 난 턱을 가진 강꼬치고기, 그리고 민물꼬치고기 중에서도 특히 덩치가 크며 어린아이들을 공격하기도 한다는 큰민물꼬치고기가 있었다. 또 단단한 갑옷을 두른 철갑상어도 있었다. 메기와 악어가 낳은 자손처럼 생겼으며 카누만큼이나 크게 자라기도 하는 물고기였다.

  우리가 머물던 작은 별장에서 걸어서 갈 수 있는 거리에는 오래된 보트 창고가 있었다. 사용되지 않은 채 방치된 이 낡은 창고의 나무문은 열 때마다 삐걱거렸다. 금방이라도 무너질 듯한 U자형 선창船艙이 설치된 내부는 음침하고 거미줄투성이인 데다가 퀴퀴한 곰팡내가 났다. 건물은 전체적으로 약간 오른쪽으로 기울어 있었다. 물속에 반쯤 가라앉은 동굴 같은 이 보트 창고는 은둔 생활을 하는 거대한 물고기들에게 이상적인 은신처였다. 나는 해 질 녘이면 손전등을 들고 그 창고 안에 몰래 들어가 물속으로 먹을 것을 던지면서 그런 물고기들이 모습을 드러내기를 기다렸다. 그러나 대개는 아무 반응도 없었다. 그러던 어느 날, 내가 핫도그 조각을 던졌을 때였다. 선창 아래에서 길이가 족히 1미터는 될 듯한 거대한 물고기가 머리를 쑤욱 내밀더니 그 조각을 낚아채어 순식간에 사라졌다. 희미한 손전등 불빛 속에서는 물고기의 윤곽만 보였지만, 그것만으로도 충분했다. 그것은 내가 평생 본 것 중에 가장 멋진 광경이었고 물속 세계가 놀라운 것들로 가득하다는 사실을 입증하는 증거였다.

✳

나에게 중요한 것은 언제나 물이었다. 그 무엇도 그만큼 나를 끌어당기지 못했다. 물에 거부할 수 없는 매력을 느낀 나는 물속 세계에 들어갈 때 필요한 기술들을 배웠다. 나는 열성적인 수영 선수가 되었고, 그다음에는 바다 수영, 프리 다이빙, 스쿠버 다이빙을 배웠다. 지구에서 가장 큰 바다인 태평양은 내가 가장 좋아하는 놀이터가 되었다. 나는 나의 뮤즈와 더 가까워지기 위해서 하와이로 이사했고, 뮤즈는 그 보답으로 자신의 세계에 사는 상어, 고래, 돌고래, 바다거북, 장어, 물고기들과 함께 헤엄치게 해주었다. 처음 만나보는 그 생물들 하나하나는 육지의 그 어떤 것보다도 나의 마음을 사로잡았다.

파도 아래에서 일어나는 일들의 이 세상 것 같지 않은 비현실성이 나의 마음을 뒤흔들었다. 그곳은 오직 대양만이 지배하는 제국이었으며 햇빛이 닿지 않는 곳에서부터 시작되는 통제 불가능한 영역이었다. 눈에 보이지 않지만, 일단 그 장엄함을 살짝 엿보고 나면 결코 잊을 수 없는 곳이다. 나는 더 알고 싶고 더 보고 싶었다. 그 어둠 속으로 잠수해 들어가고 싶었다. 그 물속 어디인가에서 경계를 넘어, 가장 기이한 보트 창고의 입구를 지나, 더 깊이 들어가고 싶었다.

나는 무엇인가에 이끌린다면 직접 가서 조사해야 한다고 생각하는 사람이지만, 심해로 잠수하고 싶다는 욕망은 기술적인 장애에 부딪쳤다. 심해를 뮤즈로 삼는 일은 신기루와 사랑에 빠지는 것과 비슷했다. 머릿속에서 깜박거리다가 사라지는 이미지는 마치 물 그 자체처럼 손에 잡히지 않는다. 해양생물학자이자 작가인 레이철 카슨은 다음과 같이 한탄했다. "누가 바다를 안다고 할 수 있겠는가? 우리의 감각은 지상에 묶여 있기 때문에 당신도 나도 알 수 없다."[4]

나는 그러한 좌절을 이해했다. 그러나 여전히 심해에 이끌렸다. 수십 미터 깊이의 바다밖에 알지 못하는 나에게 진정한 심해는 목적지라기보다는 하나의 관념처럼 닿을 수 없는 곳이었다. 그곳은 나의 상상 속에서 머나먼 은하처럼 반짝이면서도 전파의 폭발만큼이나 그 실체가 막연했다. 그곳은 어떤 장소일까? 그곳에 가면 어떤 느낌일까? 그곳에 가면 무엇을 보게 될까?

달의 모든 분화구에 이름이 붙고 화성의 3차원 대화형 지도를 아이폰으로 볼 수 있게 된 지금도, 해저의 80퍼센트는 상세한 지도조차 만들어지지 않은 상태이다.[5] 그러나 수심 200미터 아래의 바다라고 정의되는 심해는 지표면의 65퍼센트, 생물이 사는 공간의 95퍼센트를 차지한다(지구의 모든 대륙과 섬을 태평양 안에 집어넣어도 남아메리카를 하나 더 집어넣을 만한 공간이 남는다).[6] 심해는 단지 우리가 사는 지구의 한 부분이 아니라 지구 그 자체이다. 당연히 좀더 알고 싶어할 법하지 않은가.

※

바다에 대한 우리의 인식은 보통 표해수대表海水帶 또는 유광층有光層이라고 불리는 맨 윗부분에서 멈춘다. 우리가 이름을 아는 해양 생물은 이 좁은 층에서 헤엄을 치고 있을 가능성이 크다. 그러나 표해수대는 바다의 겨우 5퍼센트에 불과하다. 그 자체로 매력적인 공간이기는 하지만, 단지 천장에 불과한 것이다. 진짜 흥미로운 일은 그 아래에서 일어난다.

표해수대의 아래에는 온갖 생물들이 발광하며 반짝이는 박광층(수심 200-1,000미터)이 있고, 그 아래에는 무광층(수심 1,000-3,000미터), 또 그 아래에는 경이롭고도 기묘한 생물들이 영원한 어둠 속에서 살아가는 심해저대(수심 3,000-6,000미터)가 있다. 심해의 바닥에는 퇴적물로 덮인 심해저 평원이 펼쳐져 있는데, 이곳은 독특하고 미세한 생물들의 서식지이다. 고요해 보이는 평원이지만 종종 지질학적 사건이 터지기도 한다.

이곳은 세상의 밑바닥이지만 아직 더 내려갈 곳이 있다. 심해저대보다 더 깊은 바닷속에는 그리스 신화의 지하 세계의 신이자 포세이돈의 형제인 하데스Hades의 이름을 딴 초심해저대Hadal zone가 있다. 수심 6,000미터부터 시작되는 초심해저대에는 수십 개의 깊디깊은 해구와 해곡이 히말라야 산맥의 봉우리들을 거꾸로 뒤집어놓은 형태로 파여 있다. 대부분은 태평양에 있으며, 그중에서도 가장 깊은 마리아나 해구는 길이 2,400킬로미터, 너비 70킬로미터로, 괌 근처의 해저에 자리 잡고 있다. 바닷속에서 가장 깊은 지점인 수심 1만935미터의 챌린저 해연海淵이 바로 여기에 있다. 비교하자면 에베레스트 산의 높이가 8,848미터이다.

이 깊은 바닷속은 숨겨진 왕국이다. 과거에는 지도상에 아무런 표시 없이 그저 "용이 있는 곳"이라는 오래된 경고만 붙어 있었다. 그곳에 용이 없다는 사실을 이제는 확신할 수 있음에도 불구하고 심해는 여전히 신비로운 분위기를 풍긴다. 그 모습을 쉽게 드러내지 않기 때문에 아주 잠깐씩 보여주는 모습만으로도 매혹적인 것이다. 사실 우리가 상당한 장비를 갖추고 접근하지 않는 한 심해는 자신의 모습을 절대 보여주지 않는다.

수천 미터 깊이의 어두운 물속을 선명하게 파악하는 유일한 방법은 소리를 이용하는 것이다. 소리는 공기 중보다 물속에서 더 빠르고 멀리 나아간다. 수중 음파 탐지, 또는 소나SONAR(Sound Of Navigation And Ranging)라고 불리는 이 기술은 음파가 바닥에 부딪힌 후 튕겨 돌아오는 속도를 측정하는 방식으로, 이 데이터를 분석하면 해저의 정밀한 3차원 모형을 만들 수 있다. 단, 이 방법은 원거리에서는 사용할 수 없다. 어떤 곳의 지도를 작도하려면 음파 탐지기가 해당 구역의 바로 위를 지나가야 한다. 정확한 해저 지형도를 만드는 일에는 고도의 기술이 필요하며 대부분의 해역에서는 시도조차 되지 않았다.

해저의 지도가 없기 때문에 우리는 뜻밖의 놀라운 발견들을 하고는 한다. 2017년에 그중 하나가 나의 호기심에 불을 붙였다. 나는 그동안 심해에 대해 더 많이 알기 위해서 과학계 동향을 추적하고 책을 읽고 다큐멘터리를 시청해왔다. 심해에 관한 소식이라면 무엇이든 열심히 읽던 내가 다음과 같은 제목의 기사를 놓칠 리 없었다. "MH370편 수색 중 깊은 바닷속에서 잃어버린 세계를 발견하다."7

✳

수많은 사람들처럼 나도 말레이시아 항공 370편의 실종 소식을 안타까운 마음으로 지켜보며 많은 의문을 품었다. 그리고 언젠가는 그 의문들에 대한 답을 얻으리라고 믿었다. 왜 아니겠는가? 239명의 승객을 태운 점보 제트기가 그냥 그렇게 **사라진다**는 것은 상상도 할 수 없는 일이었다. 그러나 아무 답도 얻지 못한 채 수년이 지난 후 MH370편의 부서진 날개 파편이 아프리카 동해안으로 떠밀려오자, 그 비행기가 인도양의 것이 되었음이 분명해졌다. 바다는 우리에게 답을 주지 않는다.

게다가 그 비행기가 추락했으리라고 추정되는 지점은 문제를 더 복잡하게 만들었다. 추정 지점은 인도양의 외딴 남쪽 끝으로, 최대 수심이 7,000미터에 달하며 물 위로 강풍이 몰아치는 곳이었다. MH370편이 사라진 2014년 3월 8일 밤까지는 그 해역에 대해서 알려진 것이 별로 없었다. 분명한 것은 쉽게 다가가기 힘든 곳이라는 사실뿐이었다. 해저의 형태를 짐작하게 해주는 유일한 단서는 위성 고도 측량으로 얻은 모형뿐이었다. 위성 고도 측량이란 중력의 영향을 받는 해수면의 변화를 측정하여 해저 지형의 깊이와 윤곽을 추정하는 방법이다(예를 들면, 커다란 해산海山 위쪽에서는 해수면이 눈에 띄게 솟아오르고 해구 등 움푹 들어간 지형 위쪽에서는 미세하게 낮아진다). 흐릿한 저해상도의 모형은 사실이라기보다는 추정에 가까웠다.[8] 제트기의 잔해를 찾아내려면 더 확실한 정보가 필요했다.

그후 첨단 기술과 막대한 비용이 동원되어, 역사상 가장 규모가 크고 가장 깊이 들어가며 가장 힘들고 가장 오래 걸린 심해 수색이 시작되었다. 수색진은 1,046일간 로봇과 고해상도 음파 탐지기로 깊은 바닷속을 샅샅이 뒤져서 뉴질랜드 면적만 한 심해 구역의 선명하고 상세한 3차원 지도를 만들었다.[9] 그 결과 4척의 난파선을 찾았는데, 그중 하나가 1883년에 승무원 전원과 함께 실종된 영국의 길이 76미터짜리 바크 선 웨스트 리지 호였다.[10] 현재 그 배는 수심 약 4,000미터의 물속에 잠겨 있다.

비록 비행기를 찾지는 못했지만, 이 수색은 진정한 카타바시스katabasis, 즉 지하 세계로 내려가는 여정이었다. 그리스 신화의 오르페우스처럼, 수색진은 원하는 것을 찾기 위해서 깊은 곳으로 들어갔지만 결국 아무런 소득 없이 다시 올라왔다. 그러나 카타바시스는 언제나 경이로움을 경험하게 해주므로 결코 헛된 여정이 아니다. 나의 시선을 사로잡은 기사에 따르면 이 수색도 예외는 아니었다.

지도를 통해서 밝혀진 남인도양의 해저는 장엄하면서도 기이할 정도로 아름다웠다. 극단적인 요소들이 조화를 이루고 있는 그곳은 지질학 분야의 명곡들을 모아놓은 플레이리스트와도 같았다. 수심 6,400미터에서 발견한, 톨킨의 가운데땅이라고나 할까. 그곳에는 스위스 알프스보다 더 높은 산맥과 요세미티보다 더 깊은 계곡, 입을 떡 벌린 크레바스와 깎아지른 수직 절벽들이 있었다. 해저에는 초대륙超大陸 곤드와나가 갈라지면서 오스트레일리아, 인도, 남극을 형성할 때 생긴 상처들이 파여 있었다.

약 1억 년 전 초대륙 곤드와나에서 장기간에 걸친 균열이 일어나면서 해저의 거대한 화산 열곡이 지퍼처럼 입을 벌렸다.[11] 지구의 맨틀에서 올라온 이글거리는 마그마가 그 안으로 흘러들어가서 거대한 화성암 덩어리로 부풀어올랐고[12] 시간이 지나면서 그 형태가 변하여 위로 솟아오르거나 아래로 가라앉거나 비틀리거나 찢어지면서 두 개의 지각판이 분리되었다. 이 균열로 길이 약 1,200킬로미터의 단열대가 형성되었고, 양옆의 들쭉날쭉한 급경사면이 6개의 협곡을 거쳐 5,200미터 깊이까지 파이면서 인도양에서 가장 깊은 지점인 디아만티나 해구가 만들어졌다.

만약 디아만티나 해구를 걸어서 지나가야 한다면, 부드러운 퇴적물 속으로 발이 푹푹 빠질 것이다. 이것은 수백만 년간 쌓인 바다눈marine snow으로, 해양 생물의 사체, 작은 뼈대와 그보다 더 작은 껍질들, 플랑크톤, 세균, 유기 폐기물, 미사微砂, 그리고 오늘날의 미세 플라스틱까지 다양한 물질들이 위에서부터 천천히 내려와서 형성된 것이다. 그러나 해저의 모든 부분이 부드럽지는 않다.

지질학자들은 이곳과 인접한 한 지역에서 154개의 화산을 발견했다.[13] 그중 17개는 높이가 1,000미터가 넘어서 독립된 해산으로 분류하기에 충분했다. 대부분은 놀랍도록 강한 해류에 의해서 형성되는 해자垓子에 둘러싸여 있는데, 해류가 그곳을 휩쓸고 지나가면서 먹이를 순환시킨다.

심해에서 먹이를 찾기란 쉬운 일이 아니기 때문에 해산은 마치 오아시스처럼 독특한 종의 생물들을 끌어들인다. 이러한 지형에서는 어디에나 생물들이 살고 있다. 바위의 갈라진 틈에 박혀 있기도 하고 돌 위에서 꽃처럼 피어나기도 하고 여기저기 헤엄쳐 돌아다니기도 하고 퇴적물 속에 굴을 파고 들어가기도 한다. 그리고 이 산봉우리들 남쪽에 또다른 장대한 지형이 있었다. 바로 해저에 900미터 깊이로 파여 있는 헤일빙크 단열대인데, 아주 길게 일직선으로 뻗어 있어서 마치 누가 자를 대고 그은 것처럼 보인다.

✳

이 거인들을 위한 바닷속 국립공원의 존재를 지금까지 그 누구도 몰랐다. 환상적인 해저에 관한 기사를 읽고 있자니 궁금해지지 않을 수 없었다. 우리가 또 무엇을 놓치고 있을까? 심해에는 또 무엇이 숨겨져 있을까? 왜 우리는 모든 것을 제쳐두고 그것들을 찾아나서지 않을까? 그 아래에 잃어버린 역사가 얼마나 많을까? 얼마나 많은 지식과 얼마나 많은 지질학적 경이로움이 있을까? 우리가 모르는 종은 얼마나 많을까? 우리가 물 위에서 기업 인수와 정치적 논쟁과 셀카 애플리케이션에 정신이 팔려 있는 동안 저 아래에서는 얼마나 대단한 일들이 벌어지고 있을까?

어떤 일도 불가능하지 않을 것 같다. 심해에는 철을 호흡하는 생물, 유리 골격으로 이루어진 생물, 피부로 소통하는 생물들이 있다. 몸의 안팎을 뒤집을 수 있는 생물도 있다. 입이 두 개일 수도, 심장이 세 개일 수도, 다리가 여덟 개일 수도 있다. 수천 개의 작은 몸이 마치 군대처럼 모여 이루어진 생물도 있다. 노란색 불빛을 쏘는 심해 생물도 최소 1종 이상 있다. 어떤 생물은 속이 다 비치는 머리를 가지고 있다. 그리고 그곳에서 가장 연약해 보이는 생물조차, 대형 트럭을 찌그러뜨릴 만큼의 수압을 견딜 수 있다.

심해의 가장 작은 거주자들은 지구에서 가장 강력한 생물 세력이다. 미생물, 즉 세균, 고세균, 원생생물, 바이러스 등의 단세포 생물인 이들은 생명의 실험실에 동력을 공급한다. 화학 물질을 에너지로 바꾸고, 탄소를 재활용하고, 산소를 공급하고, 폐기물을 영양분으로 바꾸고, 독성 물질을 분해하는 등 미생물이 수행하는 기능은 수없이 많다. 미생물이 없다면 우리도 존재할 수 없을 것이다. 바닷속 미생물의 수는 천문학적인 수준이어서 그 규모를 추산하려면 우주론에서 쓰는 단위인 백양(10의 30제곱)을 빌려와야 한다. 만약 3.6백양에 달하는 바닷속 미생물을 한데 모아서 저울에 올린다면, 해양 생물량의 90퍼센트에 달할 것이다(과학자들도 이들의 종이 얼마나 많은지는 모른다. 최대 10억 종에 이를 것으로 추정된다).[14] 다세포 생물이 희미하게 존재를 드러내기 시작하던 원시 시대부터 이미 해저의 열수공熱水孔에서 뿜어져 나오고 있었던 이 생물들은 기나긴 세월 동안 혹독한 환경을 버티며 번성해왔다. 우리는 이들의 회복력을 연구하여 새로운 항생제와 항바이러스제, 바이오 신소재, 암 치료용 신화합물, 그리고 코로나-19 등의 진단에 사용되는 새로운 시약을 개발해왔다.[15]

여기에 인간 중심적인 요소는 전혀 없다. 온통 생경한 것들뿐이다. 그러나 심해의 이질성이야말로 그 매혹의 본질이며 그 자체로 존중받을 가치가 있다. 레이첼 카슨은 언제나처럼 시적으로 명료하게 다음과 같이 표현했다. "해양 생물들이 사는 이 물속의 세계를 감각하려면, 인간으로

서 가진 길이와 너비와 시간과 공간에 대한 인식을 버려야 한다."[16] 우리가 땅에서 살고 있기 때문에 가질 수밖에 없는 육지 중심적인 사고방식, 중요한 일은 전부 지상에서 일어난다고 생각하는 잘못된 믿음을 내려놓는 것도 도움이 될 것이다.

 사실 우리의 생존은 바다에 달려 있다. 바닷속으로 더 깊이 들어갈수록 우리는 지구가 작동하는 원리, 기후가 변화하는 방식, 머나먼 과거로부터 배울 수 있는 지식, 생명이라는 조직 전체에서 우리가 차지하는 위치, 심지어 생명의 정의 자체까지 수정해야 했다. 이제는 자연이 상호 연결된 하나의 거대한 체계로 작동하며 심해가 그 기반이라는 사실이 명백해졌다. 그러나 우리는 아마도 돌이킬 수 없을 방식으로 그 체계를 건드리면서도 그것이 작동하는 방식에 대해서는 어렴풋이 짐작만 할 뿐이다. 심해는 우리가 만든 과도한 탄소를 흡수하고(적어도 지금까지는) 바다를 순환시키며(따라서 기후에도 영향을 미치고) 지구의 화학적 성질을 조절하고(더없이 중요한 일이다), 여분의 열을 흡수한다(이 또한 마찬가지로 중요하다). 이것은 심해가 하는 일의 단지 몇몇 가지 예에 불과하다. 보이지 않는 곳에서 끊임없이 움직이는 심해는 이 지구의 근간이다.[17]

 바닷속 세계는 흥미진진한 수수께끼이다. 그러나 여러분은 그 사실을 모를 것이다. 사람들은 보통 우주에 관심이 더 많다. 미국 항공 우주국NASA의 예산은 미국 해양 대기청NOAA이 해양 탐사와 연구에 쓰는 돈의 150배이다. 우리는 황량한 먼지덩어리인 화성에 주거지를 만들겠다는 계획에 수십억 달러를 아낌없이 쓴다. 바닷속의 공간이 관심을 끌기는 어렵다. 인류에게는 눈에 보이지 않는 것을 무시하고 두려워하는 안타까운 습관이 있기 때문이다. 태양계는 머리 위에 있어서 우리의 눈과 망원경으로 볼 수 있지만, 해저는 우리가 즉각적으로 인지할 수 없는 곳에 있다. 많은 사람들에게 지구의 음산한 밑바닥은 불길하고 어두컴컴하고 용암과 독가스를 뿜어내며 기이한 생물과 오래된 유령들이 도사리는 공간이다. 그래서 그냥 이 위에 있는 편이 낫다고 생각한다.

어디로든 아래로 내려간다는 생각은 우리를 불안하게 한다. 우리는 광기에, 슬픔에, 혼란에 '빠진다'고 표현한다. 평판은 '떨어지고', 위신은 '추락한다.' 망각 속으로 '빠져들기도 한다.' 우리는 본능적으로 위를 바라보고 빛을 향해서 나아가는 존재들이다. 우리가 생각하는 천국은 저 위에 있다. "만약 별들이 1,000년에 한 번씩만 나타난다면, 인간이 어떻게 그 존재를 믿고 숭배하겠으며 눈앞에 나타난 신의 도시에 대한 기억을 대대로 보존하겠는가!"[18] 랠프 월도 에머슨은 밤하늘을 열광적으로 찬미하며 하늘은 "언제나 그 자리에 있으면서도 닿을 수 없기 때문에 틀림없는 경외심을 불러일으킨다"고 덧붙였다.

심해도 마찬가지이다. 그러나 심해는 그런 숭배를 받지 못한다. 산, 숲, 강, 연못, 나무, 꽃, 새, 구름, 별은 문학과 시, 미술, 음악 속에서 그리고 사람들의 머릿속과 마음속에서 칭송받아왔다. 그러나 바다는 대개 잔잔한 배경으로서, 혹은 폭풍우가 몰아치는 수면, 혹은 햇빛이나 달빛을 매혹적으로 반사하는 매개체로서만 등장한다. 심해는 위협이나 경고의 목적으로만 드물게 언급될 뿐이다. 한마디로 심해는 끔찍하다. 사랑받기에는 너무 멀고 너무 두렵고 너무 추하게 느껴지는 공간이다.

그러나 그 반대라면 어떨까? 더 깊은 곳으로 들어갈수록 모든 것이 더 놀라워진다면? 나는 그럴 가능성을 믿었지만 그 믿음을 확인할 방법은 한 가지뿐이었다. 나 자신이 직접 카타바시스를 떠나는 것 말이다. 심해로 내려가 그곳에서 발견한 이야기들을 가지고 돌아와야 했다. 말처럼 쉬운 일이 아니라는 것은 알았지만, 한편으로는 기술이 빠르게 진보하면서 우리가 심해를 연구하고 심지어 직접 내려가서 관찰할 수 있는 능력이 향상되고 있다는 사실도 알고 있었다. 인공지능을 갖춘 자율주행 심해 로봇, 작고 빠른 우주선처럼 작동하는 유인 잠수정, 인터넷이 연결된 해저 관측소, 물속에서 DNA 염기서열을 분석하는 스캐너, 새로운 소나, 새로운 센서, 새로운 과학, 그 모든 것이 마침내 마련되었다. 그리고 더 많은 혁신이 기다리고 있다.

독특한 곳으로 떠나는 여행이 모두 그러하듯이 먼저 다녀온 사람들에게서 배울 점들이 있다. 물론 심해에 매료된 사람이 나 하나는 아니었다. 수많은 탐험가와 과학자들이 저마다 물속에 자신들의 발자취를 남겼다. 나는 5년간 그 사람들을 찾아다녔다. 그리고 그들과 함께한 여정 끝에 이르자, 어느새 태평양의 심해 한가운데로 내려갈 준비가 되어 있었다.

그들 중에는 유명한 사람도 있고, 그 분야에 정통하지만 이름이 알려지지 않은 사람도 있었다. 그러나 너나없이 모두 용감했으며, 그토록 깊은 곳으로 뛰어드는 것이 인류의 가장 위협적이면서도 뿌리 깊은 믿음(그곳에 내려갔다가는 다시 돌아오지 못할 것이다)과 맞서 싸우는 일임을 알고 있었다. 2021년 1월의 그날, 갑판 위에서 세차게 휘몰아치는 바람을 맞으며 내가 걱정한 것은 깊은 바닷속에서 길을 잃을지도 모른다는 사실이 아니었다. 거친 바다, 잠수정에 제법 발생하던 기계적 문제들, 그동안 꿈도 꿔보지 못한 깊이까지 내려가게 되리라는 사실에도 불구하고 나는 반드시 돌아올 생각이었다. 나는 우리의 계획을 믿었다. 그 순간 나의 유일한 걱정거리는 과연 그날 심해로 들어갈 수 있을지의 여부뿐이었다.

1
망누스의 괴물들

> 실은 노르웨이 앞바다에서 오래 전부터 친숙한 괴물이나 과거에
> 한 번도 본 적 없는 괴물들이 목격되었다는 사실을 덧붙여야겠다.
> 이런 일은 헤아릴 수 없는 바다의 깊이 때문에 일어난다.
> ―올라우스 망누스[1]

스웨덴 웁살라

여러분은 세계적으로 유명한 심해 괴물을 찾을 곳으로 스웨덴 웁살라의 어느 언덕 꼭대기에 있는 웅장한 건물을 가장 먼저 찾아가지는 않으리라고 생각할지도 모르겠다. 그러나 괴물은 바로 그곳에 있다. 웁살라 대학교에서 가장 오래된 도서관인 카롤리나 레디비바의 미색 벽과 높은 창문들 너머에 말이다. 웁살라 대학교는 1477년에 설립되었다. 스톡홀름에서 북쪽으로 1시간 거리에 있는 매력적인 도시 웁살라는 그보다 더 오래 역사를 가지고 있다. 이곳은 첫 번째 밀레니엄 시대에 바이킹의 근거지였으며, 기독교가 들어오기 전 천둥과 바람, 전쟁의 신을 숭배하며 기괴한 인

신공양을 즐겼던 노르웨이 이교도들의 중심지이기도 했다.[2] 웁살라에는 풍부한 역사가 존재하지만, 내가 그곳을 찾은 이유는 단 한 가지 유물을 보기 위해서였다. 바로 북대서양과 북해, 노르웨이 해 지역을 묘사한 16세기의 지도로, 그 지도의 제작자에 따르면 그곳의 바다에 살고 있다는 기괴한 생명체들도 함께 그려져 있는 『카르타 마리나Carta Marina』였다.

사람들은 바다를 바라보던 세월만큼, 그 안에서 소리 없이 살아가는 존재들을 떠올리며 두려움에 떨어왔다. '심해'를 뜻하는 영어 단어인 어비스abyss는 '바닥이 없는'이라는 뜻의 그리스어 단어에서 파생되었다. 그런 곳을 보금자리로 삼다니 그 어떤 사악한 야수일까? 종교와 신화 속에서 사탄에 비견되는 소름끼치는 묘사를 찾아볼 수 있기는 하지만, 그래도 그런 존재의 모습을 상상하기가 쉽지는 않았다. 따라서 누군가가 그런 괴물들이 그려진 해도를 제작하자 이목을 끌지 않을 수 없었다.

1539년에 발행된 『카르타 마리나』는 언뜻 보아도 결코 따분한 문서가 아니다. 2제곱미터 크기의 지면 구석구석이 섬세한 그림들과 주요 지형지물, 지명, 방향, 빽빽하게 적힌 라틴어 주석들로 가득하다. 지도는 자연사, 지리, 해양 생물, 바다의 특성, 항법, 항로, 지역 관습에 대한 당대의 최신 정보로 꽉 채워져 있다. 이 문서는 당시 고립된 지역이었던 스칸디나비아의 바다를 전례 없이 정확하게 묘사했다.[3] 그러나 내가 『카르타 마리나』를 보러 스웨덴으로 날아간 이유는 그 지도가 480년 전 심해에 대해서 널리 퍼져 있던 두려움과 믿음을 보여주는 자료이기 때문이었다. 그것은 단순한 지도가 아니라 인식의 지도였다.

과학이 발전하여 심해 탐사가 이루어지고 고화질 수중 카메라가 발명되기 전까지 사람들은 깊은 바닷속에 괴물이 가득하다고 굳게 믿었다.

『카르타 마리나』는 그러한 괴물의 존재를 공인하고 그 사악한 모습을 생생하게 묘사한 문서이다. 그린란드에서부터 노르웨이에 이르는 바다 곳곳에서 무시무시한 괴물들이 물속에 도사리고 있거나 배를 파괴하거나 선원들을 삼키거나 혹은 지옥 같은 심해에서 올라와서 희생자들을 다시 그 아래로 끌고 들어가려는 모습들이 그 안에 담겨 있다.

믿을 만한 사람이 만들었다는 사실이 이 지도에 권위를 더했다. 『카르타 마리나』를 제작한 사람은 1490년에 스웨덴의 도시 린셰핑에서 태어난 가톨릭 사제이자 역사학자 올라우스 망누스였다. 망누스는 독일에서 대학교를 다니고 유럽 곳곳을 여행하는 등 범세계적인 삶을 살았으며 한동안 폴란드에서 지내기도 했다. 그는 교황의 대사로서 북유럽 국가들을 돌아다니며 교회를 위한 세금을 걷는 한편 다양한 정보들을 얻었다. 그는 직접 관찰하기도 하고, 마을 주민들의 이야기를 듣기도 하고, 어부와 선원들로부터 바다에 관한 지식을 얻거나, 중세의 미신이 가미된 각 지역의 풍문을 엿들었다.

사람들은 언제나 심해를 두려워했지만 망누스의 시대에는 그 두려움의 정도가 특히 심했다. 변덕스러운 북유럽의 바다는 자주 성을 냈고, 해안에서 바라보면 끝도 없고 경계도 알 수 없었다. 바다로 떠났다가 돌아오지 못하는 배들도 있었다. 바다가 집어삼킨 선원들은 레비아단이나 크라켄 같은 악마들이 가득한 물속 세계로 가라앉았다.[4] 돌아오지 못할 여행을 떠난 불운한 자들 외에는 그 누구도 그곳을 보지 못했고, 그곳에 관해서 아는 사람도 없었다. 평범한 사람에게 심해는 백지 상태와 다름없었다. 그러나 그런 시대라고 해도 그 안에 무엇이 숨어 있는지 궁금해하지 않을 수 있었을까?

＊

심해에 대해서 더 많은 것을 알기 위한 노력이 언제, 어디에서 시작되었는지는 알 수 없다. 나는 아마도 고대 오세아니아에서 시작되었을 것이라고 추측한다. 그러나 서구 문화권에서 최초의 해양생물학자로 알려진 인물은 그리스의 철학자 아리스토텔레스이다. 기원전 4세기에 아리스토텔레스는 기회만 되면 어떤 수생 생물이든 해부하여 연구했고 석호에 사는 생물들의 생태를 수년 동안 관찰했으며 그렇게 알아낸 사실들을 『동물지Historia Animalium』라는 책으로 발표했다. 아리스토텔레스는 특히 오징어가 놀라면 몸의 색이 변화한다는 사실, 그리고 보통 상어 암컷이 수컷보다 몸집이 더 크다는 사실에 주목했으며, 바닷가재가 교미하는 방식을 알아내기도 했다. 또한 고래와 돌고래가 포유류임을 밝힌 다음 고래류에 케타케아Cetacea라는 이름을 붙이기도 했다. '바다 괴물'을 의미하는 그리스어 단어 케토스kētŏs에서 따온 말이었다.[5]

기원후 77년에는 로마의 역사학자 대大플리니우스가 해양 생물에 관한 기록, 고찰, 그리고 불확실한 추측을 담은 37권짜리 백과사전을 출간했다. 실증적인 증거에 의존했던 아리스토텔레스와 달리, 플리니우스는 바다 괴물에 관한 민간 설화를 늘어놓으면서 길이 90미터짜리 장어, 사람을 잡아먹는 문어, 섬 크기만 한 물고기 등을 장황하게 언급했다. 그는 심해에 사는 대부분의 생물이 "괴물 같은 생김새"를 가졌다고 단언했으며, 해저익 허리케인이 바다를 밑바닥에서부터 뒤흔들면 "깊은 곳에 사는 괴물들이 파도 위로 밀려 올라온다"고 썼다. 아리스토텔레스의 연구가 더 충실하고 정확했지만, 인기가 있는 쪽은 플리니우스의 허풍이었

다. 아리스토텔레스의 해부도는 중세 내내 잊혔던 반면, 플리니우스는 그 분야의 권위자로 인정받았다.[6]

그러나 심해는 여전히 닿을 수 없는 곳에 있었다. 그곳은 신비의 장소이자 베일에 싸인 초자연적 영역이었다. 망누스는 『카르타 마리나』를 통해서 이러한 심해를 보여주려고 했다. 그는 연구를 통해서 얻은 결론을 먼저 제시했다. "숭고한 자연이 끊임없이 생명을 탄생시킬 때 생명의 씨앗을 받아들여 번성하게 하는 이 광활하고 유동적인 바닷속에는 어쩌면 다양한 괴물들이 모여 있을지도 모른다."[7]

망누스는 대단히 적절한 시기에 지도를 발표했다. 그 당시는 "발견의 시대"였다. 유럽인들은 무엇에든 호기심이 많았다. 특히 독특하거나 강렬하거나 이국적인 것이라면 더했다.[8] 놀라움에 대한 갈망이 존재하고 경탄, 경이, 공포가 유행하던 시대였다. 머나먼 해안에 당도한 배들은 놀라운 광경들에 관한 소식을 보내왔다. 설명할 수 없는 것, 엄청난 것, 장대한 것, 기이한 것, 이를테면 인도에 있다는, 사람의 얼굴을 한 사자나 발이 거꾸로 붙은 채 태어난 아기에 관한 소문, 소인족과 늑대인간에 관한 기록, 프랑스의 수도사 요르다누스가 쓴 『신기한 것에 관한 서술 Mirabilia Descripta』이라는 책에서 "온갖 기괴한 형상"이라고 부른 것들(요르다누스의 책을 옮긴 번역가는 서문에서 다소 방어적인 어조로 이렇게 묻는다. "그가 목격한 대로 말라바르 해안에 날개 달린 고양이가 있다면, 대양의 섬들에 개의 머리를 한 사람이 있지 말라는 법이 어디 있겠는가?")[9] 등 이 모든 것들이 대중의 관심을 끌었다. 요하네스 구텐베르크가 발명한 인쇄기에 힘입어 세계는 점점 확장되고 있었다. 그리고 그 세계는 매우 다채로워 보였다. 르네상스가 꽃을 피우던 이탈리아에서는 레오나르도 다 빈치가 수중 호흡 장치를 구상했다. 그는 이 기계의 구체적인 부분들에 관해서는 말을 아꼈다. "나는 이 장치를 공개하고 싶지 않다. 인간에게는 사악한 본성이 있어서 혹시 바닷속에서 사람을 죽이는 데에 사용할지도 모르기 때문이다."[10]

성직자이자 학자였던 망누스는 자신이 알게 된 모든 지식을 『성서』, 아리스토텔레스, 플리니우스, 그리고 프톨레마이오스의 『지리학Geographia』을 기준으로 걸러냈다. 『지리학』은 기원후 2세기에 위도와 경도가 표시된 세계 지도를 만드는 데에 기초가 된 책이다(다만, 위도는 그럭저럭 맞았으나 경도의 오차가 컸다. 경도를 정확히 계산하게 된 것은 18세기 중반 이후의 일이다). 또한 망누스는 스킬라, 카리브디스, 히드라 등의 괴물이 생생하게 묘사된 고대의 문헌들을 철저히 연구한 후에 12년에 걸쳐 『카르타 마리나』를 제작했다. 망누스 자신은 예상하지 못했겠지만 그의 지도는 상징적인 작품이 되어, 그의 사후에도 오랫동안 바다 괴물 묘사의 기준 역할을 했다. 심해에 대한 우리의 두려움을 가장 매혹적이면서도 무시무시한 방식으로 반영한 지도였다.

※

더할 나위 없이 아름다운 9월의 아침, 나는 카롤리나 레디비바로 향하는 언덕을 걸어 올라갔다. 수 세기 동안 보존되어온 『카르타 마리나』의 원본 두 부 중에 한 부를 보기 위해서였다(나머지 한 부는 뮌헨에 있다).[11] 자갈길에서 배낭을 맨 학생들 사이를 이리저리 뚫고 걸어가면서 나는 나의 키보다 더 큰 룬석들 옆을 지나쳤다. 그 돌들에는 11세기의 신비로운 문양과 글자들이 새겨져 있었는데, 한 안내판에는 "……의 영혼을 기리는 돌"이라는 번역이 적혀 있었다. 은빛 잎을 달고 있는 나무들이 산들바람에 속삭이듯이 바스락거렸다.

『카르타 마리나』를 직접 볼 수 있다는 생각에 들뜬 나머지 도서관이 열리기 10분 전에 도착한 나는 도서관 앞 계단에 서서 주변을 둘러보았다. 낮은 건물들이 펼쳐져 있어서 120미터 높이로 치솟아 있는 웁살라 대성당의 고딕식 첨탑들이 눈에 띄지 않을 수 없었다. 붉은색 벽돌로 만든 그 거대한 건물은 망누스의 인생에 쓰라린 기억을 남겼다. 1544년에 교황 파울루스 3세는 망누스에게 웁살라의 대주교직을 수여했으나 그것은 명예직일 뿐이었다. 망누스는 결코 역할을 맡을 수 없었다. 그 무렵에 그는 이미 이탈리아에서 망명 생활을 한 지 7년째였으며, 스웨덴은 종교개혁으로 프로테스탄트 국가가 되어 있었다.

망누스는 베네치아에서 『카르타 마리나』를 완성했다. 9개의 목판으로 선명하게 인쇄한 가로 1.7미터, 세로 1.2미터짜리 초대형 지도였다. 초판을 몇 부나 찍었는지는 그 누구도 모르지만 아마 많지는 않았을 것이다. 1574년 이후 원본이 거의 대부분 소실되었기 때문이다. 다행히 지도가 인기를 끌면서 1572년에 더 작은 판형으로 인쇄되었고, 이 판이 계속 유통되었다(원본은 계속 발견되지 않다가 1886년에 독일의 한 도서관에 쌓여 있던 오래된 지도들 사이에서 한 부가 발견되었고, 1961년에는 두 번째 원본이 스위스에서 발견되어 웁살라 대학교에 소장되었다).

망누스는 독일어와 이탈리아어로 『카르타 마리나』의 내용을 설명하는 장황한 논문을 쓰기도 했고 9개의 목판에 관한 참고 자료를 작성하기도 했다. 그러고도 여전히 할 말이 많았던 그는 그후 16년에 걸쳐 778개 장章으로 이루어진 『북방 민족의 역사 *Historia de Gentibus Septentrionalibus*』라는 제목의 방대한 저서를 완성했다. 지도에 실린 그림들을 자세히 설명하고 바다 괴물들에 대한 길고 철저한 주석을 포함한 책이었다. 망누스는 이 책이 출간된 지 2년 후인 1557년에 로마에서 사망했다. 그의 사후에 이 책은 6개 언어, 22개 판으로 발행되어 르네상스의 베스트셀러가 되었고 오늘날까지도 계속 출간되고 있다.

카롤리나 레디비바의 문이 열리자 나는 입구의 홀로 들어섰다. 드높은 천장과 창문, 나선형의 계단으로 연결된 통로, 스웨덴 신고전주의 양식의 크라운 몰딩(벽과 천장의 경계 부분에 설치하는 곡선형의 테두리 장식/역주) 등으로 이루어진 내부는 고요하고 웅장했다. 따뜻한 색의 조명이 켜진 넓은 열람실의 서가에는 차분한 색상의 양장본들이 꽂혀 있었다. 마치 미술 감독이 와서 책을 정리해놓은 것처럼 세련된 느낌이었다.

『카르타 마리나』는 입구 옆쪽에 자리 잡은 희귀 문서 전시실에 상설 전시되어 있었다. 오래된 문서는 햇빛에 약하기 때문에 전시실은 동굴 속처럼 캄캄했고, 스포트라이트가 각각의 전시품을 비추고 있었다. 모차르트의 육필 악보, 뉴턴의 『자연철학의 수학적 원리 Philosophiae Naturalis Principia Mathematica』와 다윈의 『종의 기원 On the Origin of Species』 초판본, 갈릴레오가 태양 흑점에 관한 자신의 이론을 변호하며 쓴 편지 등이 있었다. 그리고 잠시 멈춰 서서 어둠에 적응하던 나의 눈에 마침내 방 안쪽에 있는 망누스의 괴물들이 들어왔다.

액자와 보호 유리에 감싸인 『카르타 마리나』는 벽 전체를 차지하고 있었다. 전에 복제본을 본 적이 있었는데도[12] 실제로 보니 지도의 세밀함이 여전히 놀라웠다. 두꺼운 상아색 종이 위에 다른 색 없이 검은 잉크로만 인쇄된 지도는 마치 펜으로 그린 것처럼 섬세하기 그지없었다. 지도의 모든 부분이 활기로 가득했지만 망누스가 하고자 하는 이야기는 명확했다. 육지 위에서 일어나는 활동은 질서정연하다. 작은 인물들이 농사를 짓고, 사냥을 하고, 스키를 타고, 바이올린을 연주한다. 반면 바다는 위험과 비극이 넘쳐나는 혼돈의 장소이다. 파도와 해류가 역동적으로 흐르고 소용돌이치고 고이고 들끓는다. 그리고 그 혼란 속에서 25마리의 바다 괴물이 모습을 드러낸다.

보는 사람의 눈높이에 위치한 페로 제도 근처에는 섬들만큼이나 커다란 괴물이 그려져 있다. 둥근 얼굴에 단검처럼 날카로운 등지느러미와 뾰족뾰족한 발톱을 가진 이 괴물은 험상궂은 표정으로 물개를 먹어치우고 있다. 망누스는 자신의 책에서 "지피우스"라고 이름 붙인 이 괴물에 관하여 "올빼미를 닮은 섬뜩한 머리, 거대한 구멍처럼 한없이 깊어서 마주치는 무엇이든 겁을 먹고 도망치게 만드는 입, 무시무시한 눈, 칼처럼 날카롭게 솟아오른 등, 끝이 뾰족한 부리를 가지고 있다"고 설명했다.[13] 그 옆에는 툭 튀어나온 주둥이와 심한 여드름 환자처럼 울퉁불퉁한 피부를 가진 괴물이 갈고리 같은 이빨로 지피우스의 옆구리를 물어뜯고 있다. "이 괴물들은 마치 해적이나 악의를 품은 방문객처럼 북쪽 해안에 빈번하게 출몰하여, 그들의 앞을 가로막는 모든 것을 공격한다"고 망누스는 경고했다.[14]

한편 노르웨이 앞바다에서는 등에 혹이 솟은 회색빛 괴물이 커다란 돌연변이 바닷가재와 싸우고, 그 위쪽에서는 망누스의 가장 무시무시한 괴물인 바다뱀이 불운한 배를 산산조각 내고 있다. 망누스는 이 괴물이 "길이 60미터에 두께 6미터가 넘는 거대한 뱀"이라고 설명했다. 그리고 이런 묘사로도 충분히 무시무시하게 들리지 않을까 봐 걱정이라도 한듯이 다음과 같이 덧붙였다. "목에는 약 45센티미터 길이의 털들이 늘어져 있으며, 검고 날카로운 비늘과 타는 듯한 붉은 눈을 가지고 있다."[15]

망누스는 자신이 실제 목격담을 옮겼다고 거듭 강조한다. 그리고 자신의 정보원들 중에 한 사람인 또다른 대주교가 바다 괴물의 목을 자른 후 소금에 넣어 보존하여 교황에게 보내기도 했다고 전한다. "이 괴물의 머리는 전체적으로 단단한 가죽 같고, 뿔이 둥글게 박혀 있어서 대단히 묵직하다. 아마도 물속에 더 빨리 가라앉을 수 있도록 자연이 그렇게 설계했을 것이다."[16] 망누스의 서술은 아주 꼼꼼하고 책 속에는 그의 주장을 뒷받침해주는 인용문들이 가득하니 실제로 어떤 거대한 바다짐승의 머리가 교황청으로 보내졌을 가능성도 있다. 그러나 망누스는 아이슬란드의 개울에 맥주가 흐른다고 기록하기도 했다.

지도에 너무 바짝 붙어 서 있어서 유리에 입김이 서릴 정도였기 때문에 나는 물러서서 거리를 두고 바라보았다. 그러나 결국 이끌리듯이 다시 다가갈 수밖에 없었다. 망누스의 묘사가 아무리 터무니없어 보여도 『카르타 마리나』는 허황된 만화가 아니다. 이 지도 속 괴물들은 현실에 뿌리를 두고 있었다. 어마어마한 규모의 전화 게임(한 사람이 다음 사람에게 속삭이고 그 사람이 그다음 사람에게 속삭이는 방식으로 메시지를 전달하여 처음의 메시지가 어떻게 달라지는지 보는 게임/역주)을 하듯이 소문 속 괴물들은 점점 더 커지고 포악해지고 기상천외해졌고, 그렇게 왜곡되고 과장된 이야기가 망누스의 귀에 들어가서 지도로 제작된 것이었다. "파울루스 오로시우스는 칼리굴라 치세 5년째에 길이가 거의 6킬로미터에 달하는 거대한 괴물이 깊은 바닷속에서 솟아올랐다고 말했다……."[17]

망누스의 괴물들 중 많은 수가 고래를 닮았다. 물론 더 사악하게 생기기는 했다. 또한 망누스가 쓴 글을 보면, 그가 고래에 대해서 잘 알고 있었음이 분명하다. 망누스는 고래가 새끼를 낳고, "관을 통해서" 공기를 호흡하며, 기름이 "머리 부분에 가장 풍부하다"는 사실을 알고 있었다. 그러나 무엇이 고래이고 무엇이 괴물인지에 관해서는 약간의 혼란이 있었던 듯하다. 예를 들면 망누스는 북극의 깊은 바닷속에 살고 그 모습을 잘 드러내지 않으며 길게 튀어나온 나선형의 이빨을 가진 일각고래 수컷이 "이마에 거대한 뿔이 달린 바다 괴물인 유니콘 물고기"이며 "이 물고기는 지나가는 배에 뿔로 구멍을 뚫어 난파시키고 수많은 사람을 죽일 수 있다"고 믿었다.[18]

망누스는 여행을 다니면서, 바닷가에 떠밀려온 고래나 심해 생물을 본 적이 있는 주민들을 만났을 것이다. 그리고 그런 생물들은 물에 퉁퉁 붓고 여기저기 더럽혀지고 물어뜯겨서 대체로 매우 불길한 모습이었을 것이다. 거대한 머리통 안에 18센티미터짜리 이빨들이 가득하고 길이가 15미터에 달하는 향유고래 사체를 중세의 농부가 목격했다면, 그것을 뭐라고 생각했겠는가? 아무 지식도 없고 전후 사정도 모르는 사람에게는 그저 공포의 대상이었을 것이다. 망누스는 바닷가로 떠밀려온 수염고래를 목격한 사람의 말을 인용하면서, 그 "괴물"은 길이 27미터 정도에 "30개의 목구멍"과 "놀라울 정도로 커다란" 생식기를 가지고 있었으며 "입 천장에는 한쪽 면이 털로 덮인 딱딱한 판 같은 것이 무수히 붙어 있었다.……그런데 이빨이 없었기 때문에 사람들은 그것이 고래가 아니라고 결론을 내렸다"라고 적었다.[19]

두려움은 기이한 형태로 나타나기도 한다. 따라서 깊은 바닷속, 카를 융이 무의식의 아수라장을 비유하는 데에 쓰기도 한 그 영역에 대한 우리의 두려움이 유난히 기이한 형태들을 빚어내는 것은 놀라운 일이 아니다. 우리는 처음부터 최악의 모습을 상상했다. 심해에 대한 직접적인 경험이 없기 때문에 우리 마음속 가장 어두운 구석에 있는 유령들로 그 빈자리를 채웠다. 괴물, 기이한 존재, **낯선 존재** 등 우리가 그 정체를 모르기 때문에 공포를 느끼는 존재들은 인류의 이야기책에 등장하는 가장 오래된 원형이다. 아리스토텔레스는 그들을 명확하게 밝히려고 했고 플리니우스는 더욱 과장해서 설명했다. 망누스의 천재성은 그 모든 것을 종이 위에 옮겼다는 데에 있었다.

 나는 어둠 속에서 2시간 동안이나 『카르타 마리나』를 바라보았는데도 그 앞을 떠나기가 힘들었다. 가장 마음에 드는 것은 그 지도의 생동감이었다. 뿔, 송곳니, 험상궂은 표정 등으로 바다 괴물들의 모습을 무시무시하게 묘사하면서도 망누스는 그들에 대한 열광을 감추지 못했다. 그는 "광활한 바닷속에 자리 잡고 있는 그러한 존재들의 경이로움은 뛰어난 재능을 가진 사람조차 제대로 묘사하기 어렵다"며 열변을 토했다.[20] 그것이야말로 시대를 초월하는 두려움과 매혹의 결합, 매력과 혐오의 충돌이었다. 생물학자 에드워드 O. 윌슨은 그러한 감정을 다음과 같은 한 문장으로 요약했다. "가장 위험하고 혐오스러운 생물조차 인간의 마음속에 마법을 불러일으킨다."[21]

 나는 『카르타 마리나』 엽서 몇 장과 『카르타 마리나』 머그 하나, 그리고 머릿속에 남은 『카르타 마리나』의 기억을 품고 카롤리나 레디비바를 나왔다. 약 5세기가 지난 지금도 당신의 상상은 여전히 매혹적이라고 망누스에게 말해주고 싶었다. 망누스가 사망한 후 수십 년간 그의 괴물들은 또다른 지도들을 통해서 수없이 복제되었다. 그러나 장거리 항해가 보편화되고 외국의 해안에 식민지들이 세워지면서 유럽의 군주들은 바다가 그저 골칫거리가 아니라 무한한 돈벌이가 가능한 장소라는 사실을 깨달았다. 17세기 중반이 되자, 고래를 닮은 무시무시한 짐승들이 배를 위협하는 그림은 고래잡이를 하는 배들의 이미지로 대체되었다. 이제 향유고래는 엄니와 타오르는 눈을 가진 괴물이 아니라, 등에 작살이 꽂힌 동물이었다. 괴물들은 사라지고 그저 양초의 재료와 램프 기름이 되었다. 바다는 여전히 경외의 대상이었지만 바다와 인간의 관계는 변화하고 있었다.

자연계에 대한 우리의 지식이 엄청난 변화를 겪었던 17세기와 18세기로 시간 여행을 하기 위해서는 웁살라 근방에서 몇 블록만 더 걸으면 되었다. 카롤리나 레디비바 앞의 잔디밭에서는 400년 된 박물관이자 계몽주의의 독특한 성지인 구스타비아눔이 보였다. 이 박물관에는 현미경, 망원경, 의료 기기, 안데르스 셀시우스가 만든 최초의 온도계 등 최초의 과학 혁명을 이끌었다고 할 만한 도구들이 소장되어 있다. 1643년에 발명된 기압계, 1731년의 육분의, 1735년의 크로노미터(정밀도가 높은 휴대용 태엽 시계/역주)도 있다. 특히 맨 위층의 돔형 지붕 밑에는 세계에서 두 번째로 오래된 극장식 수술실이 있는데, 여기에는 입식 관람석이 설치되어 있어서 의과대학생이나 강심장을 가진 시민들이 모여 유죄 판결을 받은 살인자들이 수술을 받는 모습을 볼 수 있었다.

18세기의 신예 자연과학자에게 웁살라는 아주 활기찬 무대였을 것이다. 1728년 웁살라 대학교에 칼 린네라는 학생이 들어왔다. 무일푼이었던 린네는 다른 평범한 학생들과 달랐다. 그는 구스타비아눔 바로 앞에 있는 식물원에서 식물에 관한 천재성을 드러내기 시작했다. 린네는 어렸을 때부터 식물의 라틴어 이름을 외우고 다녔는데, 당시 식물의 명칭은 주관적인 묘사를 기초로 길고 난해하게 지어졌다(예를 들면 선인장은 "15개의 모서리와 뒤쪽으로 넓게 휘어진 붉은색 가시를 가진 커다란 멜론-엉겅퀴"였으며[22] 이것을 라틴어로 옮기면 더 난해해졌다). 훗날 린네는 식물학 및 의학 교수가 되었고 오늘날에도 사용되는 생물 분류 체계를 확립하여 역사에 이름을 남겼다. 그가 만든 보편적인 형식 덕분에 누구나 어디에서든 한 생물이 생명의 나무에서 어느 위치에 속하는지를 알아내고 종과 속을 통해서 그 기원을 확인할 수 있게 되었다. 세월이 흐르면서 분류학의 구분 방식은 더욱 정교해졌고[23] 유전자 염기서열 분석 기술로 한 차원 더 발전했다. 범고래라는 동물이 망누스가 부르던 대로 "그람푸스"나 플리니우스가 묘사한 대로 "흉포한 이빨을 가진 거대한 살덩어리"가 아니라, 고래목, 이빨고래아목, 참돌고랫과의 오르니쿠스 오르카*Ornicus orca*가 된 것은 린네 덕분이다.

　이 모든 것은 커다란 도약을 의미했다. 괴물에 대한 소문이나 황당무계한 이야기들이 밀려나고 그 자리를 냉정하고 이성적인 평가가 차지하게 된 것은 엄청난 변화였다. 물론 과학은 여전히 종교와 얽혀 있었고 교회와의 치열한 갈등도 앞두고 있었으며 **과학자**라는 말 자체도 1834년이 되어서야 쓰이기 시작했지만, 어쨌든 망누스 이후의 시대는 측정, 토론, 질문, 추론의 시대이자 이론의 전개와 증명의 시대, 발견의 흥분으로 가득 찬 시대였다.

　오후의 햇살이 구름의 장막을 뚫고 반짝일 무렵, 나는 린네가 손수 이름표를 붙여 분류했던 식물들이 모여 있는 식물원에서 나왔다. 이제 그곳은 "린네 정원"이라고 불린다. 나는 시내로 가서, 벌꿀술을 뿔잔에 따라 마시고 맨손으로 사슴고기 구이를 먹을 수 있다는 바이킹 분위기의 술집에 가보기로 했다. 웁살라 대성당을 지나칠 때 내가 한 바퀴를 돌아 원점으로 돌아왔다는 사실을 깨달았다. 1778년에 사망한 린네는 이곳에 묻혔다. 그의 묘비가 안치된 성당은 망누스의 경력이 좌절되었던 바로 그 성당이기도 했다. 웁살라의 마지막 대주교는 끝내 이 성당의 수장이 되지 못했다. 결국 바다의 비밀을 밝혀낼 이들은 스케치북을 든 성직자가 아니라, 새로운 기술로 무장한 과학자들이었다. 망누스도 자신의 한계를 알고 있었던 듯하다. 그는 낙담한 어조로 이렇게 썼다. "깊은 바닷속에 있는 일부 어종은 인간의 눈앞에 결코 나타나지 않거나 아주 드물게만 모습을 드러낼 것이다."[24]

새로운 세대의 바다 연구자들은 심해에 숨어 있는 생물들이 모습을 드러낼 때까지 기다릴 생각이 없었다. 그들은 깊은 바닷속을 탐험하며 그 생물들을 찾아내고 싶어했다. 바닷가에서 놀랍고도 기이한 생물의 사체를 보며 어안이 벙벙해하는 것으로는 부족했다. 19세기의 박물학자들은 생물의 서식지에서 직접 수집한 표본을 현미경으로 관찰하여 그 생애와 활동 방식과 먹이를 알아내고 싶어했다. 또한 물리 실험을 통해서 기본적이면서도 난해한 질문들에 대한 답을 얻고자 했다. 바다는 과연 얼마나 깊을까? 해저는 무엇으로 이루어져 있을까? 바다의 밑바닥은 어떤 곳일까? 완전히 베일에 싸여 있던 그 영역을 체계적으로 조사하는 일이 과연 가능할까? 수 킬로미터 아래의 물속을? 미지의 세계인 심해는 정말 미지로 남아 있을 수밖에 없을까?

✳

심해를 연구하는 일이 성가시고 힘들 것이라는 점에는 의문의 여지가 없었다. 누구든 바닷속 세계의 비밀을 파헤치려면 몇 개월씩 혹은 몇 년씩 이리저리 요동치거나 심지어 침몰하기도 하는 배 위에서, 딱딱한 비스킷을 먹고 괴혈병에 걸리지 않기 위해서 라임 주스를 마시고 비좁은 침대에 몸을 구겨넣은 채 잠을 청해야 했다. 폐소공포증, 열대성 질환, 험한 날씨, 그밖에 운명이 내어주는 모든 것을 견뎌야 했다. 사고와 부상은 당연한 일이고, 죽음도 각오해야 했다. HMS 비글 호를 타고 항해를 떠난 찰스 다윈은 5년간 뱃멀미에 시달렸다. 그는 "1주일 정도면 나아지는 사소한 괴로움이 아니다"라고 조언하면서 "공간도 부족하고, 혼자 있을 수도 없고, 쉴 수도 없고, 끊임없이 쫓기는 듯한 느낌이 드는 데다가 사소한 호사, 가정적인 교류, 심지어 음악조차 없는 곳"이라며 불평했다. 그리고 바다는 "따분하고 황막한 곳"이라고 결론을 내렸다.[25]

장비도 문제였다. 사용하기 쉽고 믿을 만한 장비가 존재하지 않았다. 배에서 정기적으로 수심 측량을 하기는 했지만, 도구는 원시적이었고 방식은 정밀하지 못했다. 뱃사람들은 긴 줄에 연결한 추를 깊은 물속으로 떨어뜨려서 그것이 바닥에 닿는 시점을 가늠했다. 그런 다음 다시 천천히 끌어올리면서 패덤이라는 단위로 수심을 표시했다. 패덤은 남자가 양팔을 뻗었을 때의 길이(약 180센티미터 정도)를 기준으로 삼은 측정 단위이다. 밑바닥에 닿았을 때 퇴적물 표본을 채취할 수 있도록 설계된 측심 장비도 있었지만, 해저에서 더 많은 퇴적물을 퍼올리고 어쩌면 동물을 잡을 수도 있을 유일한 방법은 철로 된 삽으로 뜨거나 무거운 그물로 해저를 훑는 것뿐이었는데, 두 방법 모두 끊임없이 흔들리는 불안정한 배에서 줄을 내려야만 했다. 이런 장비는 어떤 식으로도 정밀하게 조종할 수가 없었고 줄이 엉키거나 꼬이거나 끊겨서 툭하면 망가졌다. 얕은 물에서도 단조로운 노동을 몇 시간씩 해야 하는 작업이었다. 게다가 수심 300패덤(약 550미터) 아래의 작업이라면, 고통을 즐기는 사람에게도 지나치게 고된 일이었다. 1823년판 『브리태니커 백과사전 Encyclopaedia Britannica』조차 다음과 같이 단언하며 백기를 들었다. "적절한 장비가 부족하기 때문에 특정 수심 아래의 바다는 측량이 불가능하다."[26]

그러나 인간의 창의성에 관한 이야기에는 언제나 다음 장이 있어야 하는 법이다. 19세기 중반이 되자 해저에 대해서 더 많은 것을 알아내야 할 긴급한 이유가 생겼다. 해저에 전신 케이블을 깔아야 했기 때문이다. 다시 한번 심해가 상업적으로 중요해졌다. 전기의 시대에 비둘기와 우편선만으로 메시지를 보낼 수는 없었다. 통신 속도가 빨라진다는 것은 군사적으로도 유리해진다는 뜻이었다. 수심 4,500미터의 바닷속에 전기가 흐르는 전선을 설치한다면 국가의 자랑거리가 되는 것은 물론이었다. 이후 10년간 대서양 해저에서 기술적인 실험이 이어졌다. 영국과 미국은 유럽에서 미국까지 약 3,200킬로미터 길이의 케이블을 깔기 위해서 협력하는 동시에 경쟁을 벌였다. 어디에 설치할 것인가? 어떻게 고정할 것인가? 깊은 바닷속에서 무엇인가가 전선을 갉아먹지는 않을까? 전선이 해류에 휩쓸리지는 않을까? 전문 지식이 시급하게 필요했다.

심해 연구가 몽상에서 현실로 발전하면서 해저탐사에 나선 사람들이 있었다. 대개 높은 수준의 교육을 받고 학문적인 야심을 가졌으며 비슷한 계층과의 인맥이 있는 유럽의 특권층 남성이었다(여성은 고려 대상조차 아니었다). 해양과학이라는 신생 분야는 신사들의 모임이 되었고, 이 모임의 구성원들은 선원들과 달리 고통을 그렇게 잘 견디는 사람들이 아니었다. 그러나 심해는 드넓게 펼쳐진 개척지이자 기회의 땅이었다. 심해에 있는 그 무엇이든 과학계에는 새로운 것이었다. 단 한 번의 항해만으로도 경력을 쌓을 수 있었다. 그러니 한 박물학자의 말대로 "건져 올릴 수단만 있다면 누구든 손에 넣을 수 있는 대단히 흥미롭고 진기한 것들이 끝없이 펼쳐져 있는 최후의 영역"이었다.[27]

한편 자연에 열광하던 빅토리아 시대 영국 사람들은 바다에서 발견되는 무엇에든 매혹되었다. 조개껍질을 줍는 것은 세련된 취미가 되었으며 "바다 정원"이라고 불리던 가정용 수족관은 상류층의 상징이었다. 어느 수족관 설치 입문서에서 저자는 마치 코웃음을 치듯이 "해저의 경이로움은 저속한 이들의 눈에는 보이지 않는다"라고 썼다.[28] 해양 생물은 비록 수조에 갇혀 있더라도 평범함을 넘어서는 존재였던 것이다. 이 저자는 말미잘이 "희귀한 이국의 꽃"과도 같다고 찬사를 보낸 뒤에 좀더 어두운 이야기를 덧붙였다. "다만 말미잘은 꽃이 아니라 동물이며 더 나아가 바다의 괴물이다. 섬세한 꽃잎처럼 보이지만……그 아름다운 형상 옆을 지나치다가 의식을 잃은 희생물을 붙잡아서 재빨리 촉수를 닫아 삼켜버리니 화산의 분화구만큼이나 위험한 존재이다."[29] 그리고 이 책의 마지막 장에서는 새로운 형태의 오락인 "거대 수족관"을 만들자고 열정적으로 주장하며 "수백 미터 깊이"에 달하는 이 수족관 안에서 상어들이 "그물과 삼지창으로 무장한 잠수부와 치명적인 대결을 벌이는 모습"을 전시할 수도 있을 것이라고 썼다.[30]

바다와 관련된 산업이 번창하던 이 시대에 해양과학이 번성하는 동시에 바다 괴물이 다시 주목받기 시작했다는 사실은 아이러니하다. 갑자기 모든 사람들이 바다에서 괴물을 목격하는 것처럼 보였다. 특히 매사추세츠 주의 도시 글로스터에서는 100명도 넘는 사람들이 항구에서 돌아다니는 "바다뱀"을 보았노라고 주장했다. 배를 타던 사람들이나 어부들도 앞바다에서 괴물과 마주쳤다. 너무 자주 목격되다 보니 뉴잉글랜드 린네학회가 정식으로 조사를 실시했다. 목격자들은 그 괴물이 짙은 갈색의 뱀처럼 생겼고 길이는 24미터 정도에 몸통은 술통처럼 두툼하다고 입을 모았다. 애벌레처럼 위아래로 꿈틀거리면서 이동하며, 이마에 독침이 있었던 것도 같다고 했다. 콩스탕틴 사뮈엘 라피네스크-슈말츠라는 화려한 이름을 가진 한 박물학자는 이 뱀에게 린네식 종명과 속명을 붙여 메고피아스 몬스트로수스*Megophias monstrosus*라고 부르자고 제안했다. 한 지역 주민은 "생사 여부와 상관없이 그놈을 잡기 위해서 온 힘을 다할 것"이라고 맹세했지만, 몬스트로수스는 끝내 잡히지 않았다.

    그러나 아무래도 상관없었다. 심해의 괴물은 곳곳에서 수없이 목격되었다. 영국의 선원들은 남아프리카의 희망봉 근처에서 기린처럼 긴 목과 무시무시한 이빨을 가진 괴물을,[31] 믈라카 해협에서는 개구리를 닮은 15미터짜리 괴물을, 그리고 시칠리아 섬 근처에서는 머리가 총알처럼 생긴 날렵한 생김새의 짐승을 목격했다. 스칸디나비아에서도 망누스가 알았다면 뿌듯해했을 정도로 많은 괴물이 목격되었다. J. 코빈이라는 남성은 「자연사 연보 및 잡지*Annals and Magazine of Natural History*」에 다음과 같이 썼다. "최근 런던을 출발하여 항해하던 중에 적어도 세 마리 이상의 바다뱀을 보았다."[32] 그는 그중 가장 인상 깊었던 뱀에 대해서 길이가 최소 900미터 이상이고 머리는 코브라처럼 나팔 모양인 데다가 눈은 이글거리고 있었다고 회상했다. 코빈의 기록을 읽어보면, 누가 그의 술에 약이라도 타지 않았나 싶을 정도이다. 그는 그 괴물이 "대단히 빠르게 헤엄쳐 다니며 바닷물을 후려쳐 거품을 일으키는데, 마치 파도가 울퉁불퉁한 바위에서 부서지는 것 같았다"고 주장했다. "뱀의 몸 위로 햇빛이 환하게 비칠 때 나는 성능 좋은 망원경으로 그 구불구불한 등이 휘어질 때마다 겹겹이 덮인 비늘이 움직이면서 무지개색으로 빛나는 모습을 바라보았다."

심지어 몇몇 저명한 과학자들조차 괴물의 존재를 믿었다. 믿음의 근거는 빅토리아 시대 사람들이 열광하던 또다른 대상, 바로 고대 해양 생물의 화석이었다. 그중에는 영국의 바닷가에서 발견된 이크티오사우루스 화석 한 점, 플레시오사우루스 화석 두 점도 포함되어 있었다. 이런 지느러미를 가진 용들이 한때 심해를 휘젓고 다녔는데 지금은 없으리라는 보장이 어디 있겠는가? 영국의 생물학자 토머스 헨리 헉슬리는 바다 괴물의 존재를 옹호하며 "지질학적으로 보자면 어제와 다를 바 없는 백악기에 길이 15미터 이상의 뱀처럼 생긴 파충류가 바닷속을 돌아다녔다면, 지금은 그렇지 않다고 장담할 이유가 없다"고 주장했다.[33] 스위스의 동물학자이자 하버드 대학교의 교수인 루이 아가시도 "박물학자들에게 아직 알려지지 않았을 뿐 이크티오사우루스나 플레시오사우루스와 같은 종류의 거대 해양 파충류가 존재하리라는 사실을 더 이상 의심할 수 없다"면서 헉슬리의 의견에 동의했다.[34]

공룡이라는 말을 처음 만든 영국의 고생물학자 리처드 오언은 그러한 주장에 소리 높여 반대하는 쪽이었다. 오언은 "지질시대 제2기의 거대 해양 파충류들은 제3기 이후의 바다에서 해양 포유류로 대체되었다"고 반박하면서 최근에 괴물의 사체가 발견된 경우가 "전무하다"는 사실을 지적했다.35 그는 이성을 잃은 대중이 고래, 상어, 장어, 어쩌면 거대한 바다표범을 잘못 본 것이 분명하다며 목격담들도 무시했다. 또한 "목격담을 모아보면 바다뱀보다는 유령이 존재한다는 증거가 더 많을 것"이라며 발끈했다.

그러나 선사시대의 생물이 심해에 살고 있으리라는 생각은 쉽게 사라지지 않았다. 오언조차도 심해에 살고 있는, 문어와 오징어의 조상인 앵무조개를 연구한 후에 "머나먼 옛날에 지금과는 다른 질서 속에서 생존했으며 화석을 통해 그 존재가 증명된 생물군의 살아 있는 원형, 어쩌면 유일하게 살아 있는 원형"이라고 평가했다.36 나선형의 껍질과 단추 같은 눈, 수많은 촉수를 가진 앵무조개는 공룡 시대에 살던 종이 오늘날에도 살 수 있음을 보여주는 가장 중요한 증거였다. 심해는 너무도 낯선 미지의 세계여서 육지에서 일어난 멸종 사건이나 진화의 압력과는 동떨어진 곳처럼 보였다. 그래서 살아 있는 화석과도 같은 오래된 생물들이 그 아래에 숨어 있을 것만 같았다. 우리가 아직 발견하지 못했을 뿐이다.

그러다가 노르웨이에서 누군가가 그 발견을 해냈다. 1864년에 박물학자 미켈 사르스와 그의 아들 예오르그 오시안 사르스는 피오르의 수심 300패덤(약 550미터)에서 시료 채집 작업을 하던 중에 바다나리라고 불리는 고대 생물을 건져 올렸다. 괴물과는 거리가 먼 생물이었다. 오히려 가는 줄기와 깃털 같은 꽃잎(사실은 팔이다)이 달린 섬세한 꽃과 비슷했다. 바다나리는 화석 기록이 풍부하게 남아 있었고 1억 년 전에 멸종했다고 추정되던 생물이었는데, 바닷속에서 세월을 견뎌내고 살아남은 표본이 발견된 것이었다.

바다나리의 발견은 놀라운 일이었다. 더욱 놀라운 것은 그 정도 깊이의 물속에서 발견되었다는 사실이다. 당시에는 그렇게 깊은 곳에 생물이 살 리 없다고 생각했다. 아이러니하게도, 심해가 사람들의 관심을 끌기 시작할 무렵에 세계적인 박물학자인 에든버러 대학교의 에드워드 포브스 교수가 수심 300패덤 아래의 심해는 "무생물" 상태, 즉 생물이 살지 않는 곳이라고 단언했기 때문이다. 그곳에는 아무것도 존재하지 않는다는 주장이었다.

※

심해를 불모지로 묘사한 사람이 포브스가 처음은 아니었다. 그리스의 철학자 소크라테스는 심해에 대해서 다음과 같이 부정적으로 묘사했다. "모든 것이 소금물에 부식되어, 언급할 가치가 있는 식물도 없고 완벽한 형태를 갖춘 것도 드물다. 오직 동굴과 모래와 무한히 많은 진흙과 점액 지대뿐……우리의 기준으로 아름답다고 할 만한 것은 아무것도 없다."[37] 프랑수아 페롱이라는 프랑스의 박물학자는 바다 밑바닥의 온도가 너무 낮아서 두꺼운 얼음층으로 뒤덮여 있을 것이라고 추측했다. 또 어떤 이들은 심해의 어마어마한 수압 때문에 해저가 시멘트처럼 단단하게 압축되어 있으며 그 위의 물은 정체되어 있고 밀도가 너무 높아 아무리 무거운 물체라도 밑바닥까지는 가라앉을 수 없을 것이라고 믿었다. 그렇기 때문에 난파선, 시신, 괴물의 사체(그래서 우리 눈에 띄지 않는 것이다), 전신 케이블 등 바닷속으로 떨어진 모든 것은 마치 우주 공간에서 길을 잃은 것처럼 심해를 영원히 떠다닐 수밖에 없다는 것이었다. 측심용 추 역시 깊은 곳에 도달하면, 마치 바닥에 부딪친 것처럼 그 아래로 내려갈 수 없다고들 믿었다.

물론 이런 믿음을 뒷받침할 증거는 없었다. 그러나 심해 무생물설은 포브스가 주장했기 때문에 진리로 받아들여졌다. 포브스는 똑똑하고 활력이 넘치고 인맥이 넓은 사람이었다. 그는 회의에 참석했고 위원회의 의장을 맡았고 협회를 설립했다. 부자였지만 속물은 아니었으며 농담을 즐겼다. 열두 살에 첫 책을 출간했고 자신이 수집한 곤충, 암석, 화석 등을 모아서 자택에 자연사 박물관을 열었다. 원래는 대학교에서 의학을 공부하려고 했으나 곧 동물학, 지질학, 고생물학 쪽으로 진로를 변경했고, 30대에는 영국에서 가장 권위 있는 과학 기관인 왕립학회의 회원이 되었다. 런던 지질학회 회장과 에든버러 대학교 박물학과장을 역임하기도 했다. 명성 면에서는 따라올 사람이 없었다.

　포브스는 해양 탐사에 열정적이었으며 해저 채집 작업에 관해서는 거의 전문가였다. 다만 그의 경험은 해안과 가까운 바다에 한정되어 있었다. 1841년에 지중해에서 측량 탐사에 참여할 기회가 생기자 포브스는 기꺼이 뛰어들었다. 그는 특히 수심에 따른 해양 생물의 분포, 즉 어떤 생물이 어디에, 왜 사는지에 관심이 많았다. 또한 "과학자든 아니든 간에 기회가 있을 때마다 자신에게 파도를 지배하는 능력이 있다고 자랑하는 영국인이라면, 소금물로 이루어진 자신들의 제국에 누가 살고 있는지 알아야 한다"고 쓰기도 했다.[38]

　포브스는 바다에서 18개월을 보내면서 최대 230패덤(약 420미터) 깊이까지 드레지dredge(금속 그물망으로 해저를 훑어 바닷속의 생물이나 퇴적물을 건져 올리는 장비/역주)를 내려 채집 작업을 했다. 그러나 결과는 실망스러웠다. 수면 위로 올라온 것은 대부분 진흙이었다. 나중에야 드레지 자체의 문제가 컸다는 사실이 밝혀졌다. 퍼올리는 부분이 너무 작고 입구가 좁은 데다가 배수가 잘 되지 않아서 퇴적물에 쉽게 막혀버렸던 것이다.[39] 게다가 포브스가 작업하던 지역은 사실상 바닷속의 사막과도 같은 곳이었다. 다만 그 당시에는 그 누구도 그 사실을 몰랐다. 해저 채집 작업을 너무 좋아한 나머지 "바닷속 깊은 곳, 인어가 잠들어 있는 곳에 우리의 용감한 드레지가 들어간다네!"라는 가사의 노래까지 만들었던 포브스에게 그런 빈약한 소득은 큰 실망을 안겨주었다.

그런데 뛰어난 과학자인 포브스는 그 사실을 근거로 무리한 추론을 이끌어냈다. 그 정도 깊이에서 생물을 발견하지 못한 이유는 아마도 그곳에 생물이 존재하지 않기 때문일 것이라고 말이다. 그리하여 비록 포브스가 바라던 방식은 아니었지만, 그는 어쨌든 해양사에 자신의 이름을 확실히 남길 이론을 내놓았다. 그는 다음과 같은 유명한 글을 남겼다. "우리가 [바닷속으로] 깊이 들어갈수록 그 안에 사는 생물들의 형태는 점점 달라지고 그 수도 점점 더 줄어든다. 이는 생물이 완전히 소멸되었거나 가까스로 버티고 있는 존재들의 몇몇 희미한 흔적만 남아 있는 심해에 가까워졌다는 뜻이다."[40]

생명체가 살지 않는다는 심해에서 적어도 19종 이상의 생물을 발견한 노르웨이의 미켈 사르스와 예오르그 사르스 부자라면 믿지 않을 이야기였다.[41] 1818년에 이미 배핀 만灣의 심해에서 벌레들과 화려한 불가사리들을 건져 올렸던 극지 탐험가 존 로스 경도 마찬가지였다. 로스의 조카이자, 1839년에 남극으로 탐사를 떠나 400패덤(약 730미터) 깊이에서 산호, 해파리, 벌레, 갑각류를 건져 올린 후에 해저에는 "동물들이 넘쳐난다"는 결론을 내린 제임스 클라크 로스 경도 마찬가지였다.[42]

이 모든 발견은 무시되거나 간과되었다. 존 로스의 기록이 부실하다는 사실, 제임스 클라크 로스가 채집한 표본 일부를 배에서 기르던 고양이가 먹어치웠다는 사실도 한몫했다. 사르스 부자가 얻은 결과는 설명하기 어려웠지만, 포브스의 이론은 완벽하게 이치에 맞았기 때문에 과학계의 인정을 받았다. 심해는 혹독하고 불가해한 곳이었으며 햇빛도, 산소도, 양분도 없고 어마어마한 수압 때문에 생물이 살 수 없는 환경이었다. 심해를 불모지로 치부해버리면, 생명체가 그러한 요소들 없이 어떻게 번성할 수 있는가 하는 골치 아픈 수수께끼를 깔끔하게 해결할 수 있었다.

✳

포브스는 1854년에 세상을 떠났지만 그의 심해 무생물설은 죽지 않았다. 그리고 그 이론에 들어맞지 않는 깊이에서 동물들이 계속 발견되어도 퀴퀴한 악취처럼 쉽게 사라지지 않았다. 1860년에 HMS 불도그 호가 북대서양에서 수심 1,260패덤(약 2,300미터)까지 측심용 줄을 내렸는데, 이 줄에 13마리의 거미불가사리가 붙어 올라왔다. 불가사리의 친척인 거미불가사리는 거미처럼 가는 팔을 이용해 해저에서 재빨리 이동하거나 무엇인가를 감싸 쥘 수 있다. 해저에서 건져 올린 생물은 보통 수면 위로 올라올 때까지 버티지 못하고 죽기 때문에, 정말 해저 생물인지 혹은 그냥 얕은 수심에서 죽어서 밑바닥으로 가라앉은 사체인지를 확신할 수 없었다. 그런데 갑판 위에서 긴 팔을 꿈틀거리는 이 거미불가사리들은 분명히 살아 있었다. 불도그 호에 타고 있던 야심 찬 박물학자 조지 월리치는 기쁨에 사로잡혔다. 포브스의 생각이 틀렸다는 사실을 증명하여 자신의 이름을 널리 알릴 수 있으리라고 믿었던 월리치는 성공을 자축하며 다음과 같이 썼다. "이번 측심은 중요도 면에서 과거의 그 어떤 측심보다

도 월등하다."⁴³

1862년에 자신이 발견한 내용을 발표한 월리치는 뒤이어 찬사가 쏟아지기를, 왕립학회에서 강연을 해달라는 초대장이 오기를, 과학계의 중추로 인정받기를 기다렸다. 그러나 그의 거미불가사리는 회의적인 반응에 부딪쳤다. 사람들은 월리치가 거미불가사리를 드레지로 건져 올리지 않았기 때문에 정말 심해 생물인지 확신할 수 없다고 지적했다. 다른 어디에서 걸려 올라왔을지 알 수 없다는 것이었다. 월리치는 분노하여 화려한 빅토리아식 산문체로 장황하게 반박했지만 그 누구도 믿지 않았다(월리치는 "가라앉은 버스 섬"이라고 알려진 전설 속의 해저 왕국을 믿는다고 주장하는 바람에 자신의 신뢰성에 스스로 흠집을 내기도 했다).⁴⁴ 그후 출처가 더 확실한 심해 생물이 이탈리아 사르데냐 섬의 앞바다에서 발견되었다. 수심 1,200패덤(약 2,200미터) 깊이에 수년간 설치되어 있었던 전신 케이블이 끊어져서 회수했는데, 그 케이블 위를 퇴적물과 산호, 조개, 불가사리, 달팽이, 그밖의 다양한 동물들이 뒤덮고 있었던 것이다. 이번에는 그 누구도 부정할 수 없었다.

그러나 의심은 여전히 남아 있었다. 심해 무생물설은 그때까지도 완전히 죽지 않았다. 혹시 한계 지점이 더 아래에 있는 것은 아닐까? 한 학자는 당혹스러워하며 "동물들이 더 이상 존재하지 않는 지점이 어디인가에는 존재할 것이다"라고 썼다. 또다른 연구자들은 해저의 진흙을 현미경으로 관찰하다가 그 안에서 얇고 끈적거리는 물질이 마치 움직이는 듯한 모습을 발견했다. 모든 표본 안에서 꿈틀거리고 있는 그 물질은 그동안 그 누구도 본 적이 없던 것이었다. 연구자들은 그 점액에 바티비우스 Bathybius라는 이름을 붙였고,⁴⁵ 그것이 어쩌면 생명의 기원이 되는 원형질, 즉 원시 점액일지도 모른다고 추측했다. 아니면 영양 공급원일까? 혹은 둘 다일까?

그렇다면 심해는 정말 생명체가 존재하지 않는 곳일까? 아니면 본질적으로 생명체를 탄생시키는 '생명의 수프'와 같은 곳일까? 찰스 와이빌 톰슨이라는 스코틀랜드의 박물학자가 이 논쟁을 면밀히 지켜보고 있었다. 톰슨은 30대의 영향력 있는 과학자로, 당시에는 퀸스 대학교 벨파스트의 동물학 및 식물학 교수였으나 얼마 지나지 않아 포브스처럼 에든버러 대학교의 박물학과로 옮겼다. 그는 노르웨이의 오슬로로 가서, 사르스 부자가 발견한 바다나리와 일본 앞바다의 수심 약 900미터에서 채집된 해면을 직접 보았다.[46] 이 해면은 모양이 워낙 기이해서 일종의 날조일 것이라는 의심을 받기도 했다. 유백색의 튤립 형태에 유리섬유를 꼬아 만든 가느다란 밧줄 같은 것을 늘어뜨리고 있는 그 모습을 만약 오늘날의 해양과학자가 보았다면 누구나 유리해면 또는 육방해면이라는 것을 알아보았을 것이다. 1만 년 넘게 살 수 있는 이 독특하고 원시적인 생물은 현대의 재료공학자들에게도 영감을 준다.[47] 이산화규소로 이루어진 프랙털fractal 형태의 골격 덕분에 광섬유 케이블보다 더 높은 효율성과 내구성으로 빛을 전달할 수 있기 때문이다.[48] 물론 그 당시에는 그 누구도 이런 사실을 몰랐다. 심해과학의 역사에서도 특히나 혼란스러운 시기였다.

톰슨은 더 깊은 심해에서 더 나은 장비로 채집을 시도해야 한다고 확신했다. 그래서 1868년에 왕립학회의 부회장 윌리엄 카펜터와 함께 6주일간의 탐사를 지원해줄 것을 영국 해군에 요청했다. 그 결과 HMS 라이트닝 호라는 이름의 오래된 증기선을 사용할 수 있게 되었는데, 사실 지나치게 낡은 배여서 가능했던 일이었다. 그래도 드레지를 올리고 내리는 데에 사용할 보조 엔진과 심해에 도전할 준비가 된 선장, 선원들이 있었다. 톰슨과 카펜터는 표본 보관 용기와 방부제용 알코올 통, "피츠제럴드"라는 이름의 새로운 측심 장치, 최신식 드레지를 싣고 1868년 8월, 북쪽의 그린란드를 향해 출항했다.

변덕스러운 날씨가 여정 내내 그들을 괴롭혔다. 폭풍이 불어 배의 삭구素具 일부가 떨어져 나가기도 했다. 배 곳곳에서는 물이 샜다. 측심기와 여러 측정 장비를 가져갔지만 파도 때문에 심해 드레지 채집 계획이 좌절되는 날이 대부분이었다. 폭풍을 피해 페로 제도에서 잠시 쉬게 된 라이트닝 호는 살아 있는 대서양 대구들을 싣고 영국으로 돌아가던 어선 옆에 정박했다. 톰슨은 소금물을 채운 활어조 안에 갇힌 대구들을 구경하러 갔다. 그리고 일기에 "그렇게 커다란 생물들이 유리 어항 속의 금붕어처럼 수조 안에서 우아하게 헤엄쳐 다니는 모습이 흥미롭다"라고 적었다. 그가 더욱 흥미롭게 생각한 것은 대구들이 자신을 가둔 인간들에게 호기심을 보인다는 사실이었다. 사람들이 수조 가까이 오면 대구들은 그쪽으로 헤엄쳐 와서 재미있다는 듯이 바라보았다. 사람의 손길을 즐기는 것도 같았다. 선원들은 특히 그물에 걸려서 다친 대구 한 마리를 귀여워했는데, 그 대구가 자신들을 알아본다고 확신했다. 톰슨은 다음과 같이 기록했다. "확실히 그 녀석은 게나 비스킷 조각을 얻어먹기 위해서 가장 먼저 수조 위쪽으로 올라오고는 했다. 그리고 나의 손에 제법 다정하게 머리와 몸통을 비벼냈다."[49]

아마도 톰슨은 이 경험을 통해서 바닷속 생물들이 상상 이상으로 훨씬 더 섬세하다는 사실을 희미하게나마 눈치챘을 것이다. 이것은 그를 역사상 가장 유명한 심해과학자가 되게 해준 사건들의 운명적인 시작이었다. 톰슨의 앞에는 중대한 여정이 기다리고 있었지만, 1868년의 그 무렵까지만 해도 전망은 어두웠다. 라이트닝 호는 돛대가 부러지기 직전의 상태로 북대서양을 힘겹게 나아가고 있었다. 깊은 바닷속에서 두 대의 드레지를 잃어버린 후였고, 탐사는 실패로 끝날 것처럼 보였다.

그러나 여정이 끝날 무렵이 되자 날씨가 잠잠해져서 드디어 수심 500패덤(약 910미터) 아래로 드레지를 내릴 수 있었다. 그리고 몇 번의 작업 끝에 그동안의 고생을 보상해주기에 충분한 동물들을 건져 올렸다. 소용돌이 형태의 팔이 달린 강렬한 주황색 불가사리, 완족류라고 불리는 원시적인 연체동물, 구릿빛 눈을 가진 루비색의 새우붙이, 그리고 일본에서 발견된 것과 비슷한 유리해면도 몇 마리 있었는데 그중 하나는 마치 섬세하게 짜인 레이스처럼 둥지 모양으로 엮여 있었다. 또한 톰슨과 카펜터는 회색의 해저 진흙에서 미생물의 우주를 발견했다. 물방울, 쉼표, 관, 바람개비, 별 모양의 단세포 원생생물들이 수없이 많았다(바티비우스는 발견되지 않았지만 모든 것을 한 번에 얻을 수는 없는 법이다). 더 튼튼한 배로 더 오랫동안 더 깊은 곳을 탐사할 기회를 따내기에 충분한 성과였다. 그리하여 그다음 해 봄 이들은 HMS 포큐파인 호를 타고 다시 바다로 나갔다.

새로운 배를 타고 나간 항해에서는 행운이 따랐다. 날씨는 잔잔했고, 장비는 잘 작동했으며, 수심 2,435패덤(약 4,453미터)까지 드레지를 내릴 수 있었다.[50] 몇 주일에 걸쳐 심해의 온갖 놀라운 생물들이 드레지를 타고 올라왔다. 톰슨은 흙을 걸러 새로운 종들을 하나하나 골라냈다. 그중에는 반짝이는 사마귀처럼 생겨서 동물이라기보다는 막대기처럼 보이는 바다대벌레, 보석이 박힌 브로치처럼 깨끗한 분홍색 불가사리, 사람 다리만큼 긴 다리를 가진 거대한 바다거미가 있었다. 어느 날 드레지를 회수하던 톰슨은 장비 한쪽에 끼어 있던 진홍색 성게를 발견했다. 그는 껍질이 부서지지는 않을까 걱정했지만 다행히 온전한 형태로 빼냈다. 톰슨은 이 성게가 개처럼 헐떡거리는 것을 보고 깜짝 놀랐다. 그는 줄줄이 붙어 있는 관족管足과 날카롭고 파란 이빨, 작은 가시들, 안팎으로 들썩거리는 둥근 몸을 관찰한 후에 "이 기이하고 작은 괴물을 손에 들기 위해서는 약간의 결심이 필요했다"라고 인정했다.[51]

심해는 다양한 생물들을 만화경처럼 펼쳐놓았고, 그중 많은 수는 생물 발광을 했다. 톰슨은 "어떤 곳에서는 물속에서 건져 올린 거의 모든 생물이 빛을 발하는 것 같았다"라고 썼다.[52] 심지어 진흙조차 반짝거렸다. 벌레들도 보석처럼 빛났다. 고르곤 산호는 흰색의 부드러운 빛을 발산했다. 깃털처럼 생긴 바다조름은 연보랏빛 불꽃처럼 깜박였다. 거미불가사리는 형광 녹색으로 빛났다. 심해는 어둠의 공간이 아니라 화려한 불꽃놀이의 무대였다.

톰슨과 카펜터는 새로운 내압耐壓 온도계를 사용해 해저 근처의 수온을 측정하여 그곳의 온도가 변동한다는 사실을 알아냈다. 심해는 꽁꽁 얼어붙어 있지도 않았고, 정체되어 있는 상태도 아니었다. 심해의 해류는 수면 위의 상태와 상관없이 독립적으로 움직이고 있었다. 이쯤 되면 심해 무생물설이 틀렸다는 사실이 완벽하게 입증된 셈이었지만, 놀랍게도 그 이론의 수명은 길었다. 톰슨은 다음과 같이 썼다. "우리는 수심으로 인해서 동물이 살 수 없을 정도로 환경이 변화하는 곳은 바다의 어디에도 없다는 결론을 내렸다. 즉, 생명의 존재에는 수심에 따른 한계가 없다." 그리고 이렇게 덧붙였다. "그러나 의문이 완전히 해결되었다고 할 수는 없다."[53]

이 발견으로 톰슨과 카펜터는 월리치가 거미불가사리로 얻지 못한 명성을 손에 넣었다. 분노한 월리치는 남은 생애 내내 그 두 사람을 "공모자들"이라고 부르며 자신의 연구를 표절했다고 비난했고[54] 말년에는 그야말로 괴팍한 노인이 되었다. 훗날 역사학자들은 월리치의 논문에서 올가미에 목매달린 카펜터의 모습을 그린 낙서를 발견했다.

카펜터는 아마도 월리치가 뒤에서 이를 갈고 있다는 사실에 신경을 쓰지 않았을 것이다. 그는 또다른 탐사를 계획하느라 바빴다. 대규모의 탐사 허가를 받아낸 카펜터와 톰슨은 빅토리아 여왕 시대의 정부로부터 상상할 수 있는 모든 지원을 받아 3년 반 동안 세계 일주를 할 수 있게 되었다. 심해를 더 철저히 탐사하여 새로운 종의 생물이나 살아 있는 화석, 은둔 중인 괴물, 그밖에 깊은 물속에 숨어 있을지도 모르는 또다른 무엇인가를 찾아내는 것, 바티비우스의 수수께끼를 풀고 심해 무생물설이 누워 있는 관에 최후의 못질을 하는 것이 목표였다.

나이가 예순이었던 카펜터는 탐사 기간이 너무 길다는 이유로 출발 전에 물러났지만, 톰슨은 5명의 연구진을 이끌고 떠날 준비를 했다. 영국 해군에서 가장 뛰어난 선장 1명과 23명의 장교, 240명의 선원이 증기 엔진과 돛으로 운항하는 약 60미터 길이의 전함을 몰며 그들을 지원할 예정이었다. 채집 작업을 위해서 특별히 개조되어 실험실까지 갖춘 이 배에는 원래 실리던 17문의 대포 대신에 수심 측정과 채집을 위한 약 290킬로미터 길이의 대마 밧줄이 실렸다. 이 배의 이름은 HMS 챌린저 호였다.

＊

 미신을 믿으며 불길한 조짐을 늘 살피는 뱃사람들에게 챌린저 호가 부두를 떠나기도 전에 선원 1명이 익사했다는 사실은 결코 상서로운 징조가 못 되었다. 밤에 배로 돌아오다가 실수로 부두 아래로 떨어진 그 선원은 돌처럼 바닷속으로 가라앉아 떠오르지 않았다. 결국 그다음 날이 되어서야 잠수부들이 그의 시신을 건져 올렸다. 그후의 여정은 선원들에게 눈을 가리고 하는 보물찾기처럼 느껴졌다. 그들은 영토나 무역이나 전쟁을 위해서 바다를 전진하는 데에는 익숙했지만, 챌린저 호가 찾는 것은 오직 보이지 않는 바닷속 세계에 관한 지식이었다.

 첫 2주일간의 여정은 험난했다. 그들은 1872년 12월 21일에 영국의 포츠머스 항을 출발하자마자 강풍에 휩쓸리고 말았다. 돛은 찢어지고, 지브 활대(배의 앞 끝의 삼각돛을 거는 돛대/역주)는 물에 휩쓸려 사라지고, 구명보트 1대도 부서졌다. 과학자들은 가구와 접시들이 날아다니는 선실에서 뱃멀미에 괴로워했다. 톰슨과 함께 간 사람들은 스코틀랜드계 캐나다인 박물학자 존 머리, 젊은 독일인 생물학자 루돌프 폰 빌레뫼스-줌, 영국인 박물학자 헨리 모즐리, 스코틀랜드인 화학자 존 뷰캐넌이었다. 스위스인 화가 존 제임스 와일드도 있었다. 톰슨과 왕립학회가 직접 선발한 이 탐사진은 성난 파도에 요동치는 배 안에서, 초청을 수락한 것을 후회했을지도 모른다.

 드레지 작업 초빈에는 수전 째넘 싶이에서 밧줄을 잃어버리기도 했지만, 결국에는 약간의 갑각류를 건져 올렸다. 선원들은 이것을 "곤충"이라고 불렀다.[55] 챌린저 호는 폭풍에 전복된 다른 배들의 잔해를 헤치며 계속 나아가서 첫 외국 항구인 리스보아에 도착했다. 포르투갈 국왕과 영국 대사, 그밖의 고위 관리들이 배를 맞이했다. 대영제국의 전성기였기 때문에 외교적인 예의를 갖춰야 했던 것이다. 선원들은 가까운 술집으로 달려가 어마어마한 양의 마데이라 포도주를 들이키며 고된 노동에 대해서 불평해댔다. 끝없이 긴 작업 시간과 힘든 육체 노동, 지루하고 지저분한 일을 하면서도 제대로 된 급료를 받지 못한다는 현실을 경험했기 때문이었다. 이러한 불평이 계속되면서 드레지 작업은 곧 "고역dredging"이라고 불리게 되었다.

챌린저 호는 그 "고역"과 측심 작업을 계속하며 지브롤터로 향했다. 선장은 드레지 대신에 저인망底引網으로 해저를 훑어보자고 제안했다. 저인망의 입구는 6미터 정도로 넓었기 때문에 장비를 바꾼 효과가 나타났다(다만 그만큼 파괴적이었다). 곧 심해의 물고기들이 그물에 걸리기 시작했다. 보조 선원이었던 열여덟 살의 조지프 맷킨은 가족에게 보내는 편지에 "머리가 몸보다 크고, 등 한가운데에 눈이 달려 있으며, 그밖에도 기이한 특징이 여럿 있는" 물고기들에 관해서 적었다.[56] 해군 중위이자 공작의 아들이었던 조지 캠벨 경은 이 물고기들을 "섬뜩한 것들"이라고 불렀다.[57] 그중에는 대구의 먼 친척으로, 툭 튀어나온 눈과 짧은 꼬리지느러미, 뒤로 갈수록 뾰족해지는 몸을 가진 쥐꼬리물고기도 있었다. 쥐꼬리물고기는 심해에서 성공적으로 적응하여 수백 종으로 분화되었지만, 심해 생물 특유의 기괴한 모습을 그대로 가진 물고기이다. 평범한 물고기들과는 생김새가 판이하게 다르기 때문에 선원들은 쥐꼬리물고기를 보자마자 자신들이 평범한 고기잡이를 하는 것이 아니라는 사실을 깨달았을 것이다.

카나리아 제도 앞바다에서 톰슨은 대박을 터뜨렸다. 장어처럼 생긴 할로사우르와 수정처럼 투명한 새우, 보랏빛의 거미불가사리, 화려한 유리해면, 종種을 알 수 없는 산호와 성게들, 그리고 긴 줄기가 달린 바다나리를 건져 올린 것이다. 톰슨은 모든 선원들과 함께 샴페인을 터뜨리며 자축했다. 작업에도 리듬이 생기기 시작했다. 매일매일 시계처럼 정확하게 온도계, 저인망, 드레지, 측심기가 물속으로 내려갔다. 각각 다른 수심에서 열리는 밸브들이 달린 표본 채취용 병도 내렸는데, 뷰캐넌은 이것을 이용해 물의 화학 성분을 분석했다. 측정 결과는 그래프로 정리하여 일지에 기록하고, 표본은 알코올로 보존하여 실험실에서 분석했다. 대서양을 지나면서 수심을 측정한 결과, 대양 분지의 중심부를 따라서 마치 거대한 갑옷을 입은 짐승의 등뼈처럼 길게 이어진 광대한 산지가 있다는 사실이 밝혀졌다. 심해가 서서히 그들 앞에 모습을 드러내고 있었다.

그러던 중에 서인도 제도에서 비극이 일어났다. 드레지가 해저에 걸리면서 밧줄이 팽팽해지자 이 줄을 지탱하던 철제 받침이 부러져서 날아갔고, 여기에 맞은 한 갑판원이 목숨을 잃었다. 그의 시신은 바닷속에 묻혔고, 선장은 "이제 그의 몸을 저 아래 깊은 곳으로 보냅니다"라고 읊조렸다. 그곳의 바다는 실로 깊어서 수심이 무려 3,875패덤(약 7,086미터)에 달했다. 버뮤다 제도에서는 또다른 선원이 뇌졸중으로 사망했다. 한번은 길이 6미터짜리 뱀상어가 챌린저 호를 며칠간 따라다니기도 했다. 뱀상어가 출현하면 더 많은 사람이 죽는다고 믿었던 선원들은 공포에 떨었다(그리고 그들의 생각은 옳았다).

챌린저 호는 북쪽으로 흐르는 멕시코 만류를 따라가면서 그 장대한 난류의 흐름과 격렬한 소용돌이, 짙은 파란빛 물과 그 물의 변덕을 지켜보았다. 저인망에는 뱀만 한 크기의 벌레가 걸려 올라왔다. 그들이 캐나다의 핼리팩스에 도착했을 때, 그 도시 사람들은 물속의 암초와 충돌하여 침몰한, 화이트 스타 라인 기업의 RMS 애틀랜틱 호에 타고 있던 500명이 넘는 승객들의 시신을 수습하느라 바빴다(1912년에는 화이트 스타 라인의 또다른 배인 타이태닉 호가 같은 일을 겪게 된다). 날씨는 춥고 습하고 음침해졌다. 챌린저 호의 몇몇 선원들이 도망쳤고, 그런 일은 이후에도 되풀이되었다.

그후 챌린저 호는 남쪽으로 방향을 돌려 버뮤다 제도에서 두 사람의 장례를 더 치른 후에 대서양을 다시 가로질러서 아소르스 제도로 향했다. 한 장교는 자신의 일기에 다음과 같이 불평했다. "드레지, 측심, 저인망. 드레지, 측심, 저인망. 계속 이런 식이다." 밤이면 생물들이 발하는 빛으로 파도가 반짝였다. 캠벨은 다음과 같이 기록했다. "아주 작은 글자도 쉽게 읽을 수 있을 만큼 밝았다. 마치 망원경 속의 은하수를 반짝이 가루처럼 바다 위에 수없이 흩뿌려놓은 것 같았다. 우리는 그 속을 헤치며 지나가고 있었다."58 그들은 이마에 빛을 내는 미끼가 달린 검은악마아귀와 눈이 없고 등에는 말미잘이 자란 게를 건져 올렸다. 약 1미터 길이의 불우렁쉥이도 있었는데 통통하고 빛이 나는 젤리처럼 생긴 이 생물은 여러 개충個蟲이 모여 이루어진 군체였다. 선원들은 이것을 "블러버피시"라고 불렀다(블러버blubber란 고래와 같은 해양 동물의 지방층을 뜻한다/역주).59

지질학적으로 새로운 발견도 있었다. 드레지에는 종종 심해저를 뒤덮고 있는 듯한 검은 덩어리들이 잔뜩 걸려 올라왔다. 크기는 사탕만 한 것부터 감자만 한 것, 자몽만 한 것까지 다양했다. 존 머리가 이것을 잘라서 성분을 분석해보았더니 화석화된 상어 이빨이나 고래의 귀뼈, 산호 조각 같은 해저의 잔해를 중심으로, 망가니즈, 철, 코발트, 구리, 니켈 등의 금속이 마치 나이테처럼 동심원 형태로 층층이 붙어 있었다. 형성 과정은 수수께끼였지만 형성 속도는 진주의 성장 속도만큼 한없이 느렸을 것이 분명했다. 화려한 심해 생물들에 비하면 칙칙해 보이는 덩어리들이었다. 챌린저 호에 타고 있던 그 누구도 그다지 머지않은 미래에 각국이 그 덩어리의 채굴권을 놓고 다투게 될 줄은 상상도 하지 못했을 것이다.

※

3년 반이 넘는 시간 동안 챌린저 호는 6만8,890해리(약 12만7,580킬로미터)를 항해했다. 그들은 남극의 로스 빙붕 가장자리를 지나 인도네시아와 필리핀을 거쳐 아프리카와 남아메리카의 해안을 따라서 나아갔다. 선원들이 아주 마음에 들어했던 장소인 오스트레일리아에서는 탈주가 잇따랐다. 파도가 거친 뉴질랜드의 쿡 해협을 지나는 도중에는 1명이 물에 빠져 목숨을 잃었다. 사이클론, 천연두, 빙산, 식인종도 피해야 했다. 홍콩과 일본(그들은 이곳의 게이샤들에게 감탄했다)에 기항했다가 남태평양의 푸르른 섬들(이곳에서는 10명이 매독에 걸렸다) 사이를 구불구불 뚫고 지나가기도 했다. 파푸아뉴기니에서는 전투용 카누를 탄 원주민들에게 쫓기기도 했다. 도중에 거대한 갈라파고스땅거북 2마리를 배에 태웠고, 이 거북들은 갑판 위에서 파인애플을 먹으며 느릿느릿 돌아다녔다. 그리고 하와이 섬에서 타히티 섬으로 가던 도중에 생물학자 루돌프 폰 빌레뫼스-줌이 세균 감염으로 사망했다.

기억할 만한 사건으로, 일본에서 약 500킬로미터 떨어진 해상에서 무려 4,575패덤(8,366미터)의 수심이 측정되었다. 너무 비정상적인 결과여서 측정을 다시 해보았지만 결과는 같았다. 이 결과는 심해의 의미를 새롭게 바꾸어놓았다. 화가인 와일드는 회고록에 다음과 같이 적었다. "그곳은 그때까지 확인된 가장 깊은 해저, 말하자면 어머니 지구의 얼굴에 파인 가장 깊은 주름과도 같은 곳이었다."[60] 이곳이 바로 오늘날 우리가 아는 마리아나 해구이다.

 탐사 종료를 4개월 앞두고 챌린저 호는 칠레의 마젤란 해협을 지나 마지막 구간인 대서양으로 돌아왔다. 캠벨은 환호했다. "자, 챌린저 호 만세! 곧 이 배와 이별하게 되기를!"[61] 다른 사람들도 같은 마음이었을 것이다. 모즐리는 "아무리 박물학자라도 심해 채집 작업에 지칠 수 있다"라고 적었다.[62] 사실 그는 선상 생활의 또다른 부분에 지쳐 있기도 했다. 선실에 들끓는 나방, 개미, 파리, 귀뚜라미, 거미, 모기, 그리고 유난히 공격적인 바퀴벌레에 시달렸던 것이다. 모즐리는 이렇게 회상했다. "그 녀석은 나를 굉장히 성가시게 했다. 불을 끄면 녀석이 나의 얼굴과 입술의 수분을 빨아먹으러 오는데, 정말이지 불쾌한 일이었다."[63] 모즐리는 결국 공기총으로 그 바퀴벌레를 쏴버리는 복수를 감행한 후 "마침내 내가 승리했다"라고 적었다.

 1876년 5월 24일, 챌린저 호는 영국에 돌아왔다. 부두에는 그들을 환영하기 위한 인파가 늘어서 있었다. 톰슨은 항해 내내 잡지사에 기사들을 송고하여 대중에게 탐사 진행 상황을 알렸다. 1870년에 압도적으로 성공을 거둔 쥘 베른의 소설 『해저 2만 리 *Vingt Mille Lieues sous les Mers*』가 출간된 이후로 심해 열풍이 불던 때였다. 베른의 소설 속 등장인물인 네모 선장은 "바다는 그저 가장 환상적이고 놀라운 형태의 생명체들을 지탱

해주는 매개체"라고 말했다. 그런데 이제 챌린저 호가 그 증거물들을 가지고 항구로 들어온 것이었다. 그 배에는 그 누구도 본 적 없었던 새로운 생물 약 5,000종, 해저에서 채집한 퇴적물 표본, 향후 20년간 과학자들을 바쁘게 만들 미가공 데이터가 실려 있었다. 과학 학술지인 「네이처*Nature*」는 "깊은 바닷속을 덮고 있던 두꺼운 베일 한 겹을 걷어낸 이들의 업적에 환호를 보내자"며 경의를 표했다.

그러나 진짜 중요한 일은 이제 시작일 뿐이었다. 톰슨과 존 머리는 탐사 결과를 정리하기 위해서 스코틀랜드의 에든버러에 사무실을 차렸다. 그리고 전 세계의 전문가 76명의 도움을 받아서 그때까지 심해에 관해서 알아낸 모든 지식을 총망라하고 풍성한 삽화를 곁들인 50권짜리 보고서를 완성했다. 이 『챌린저 보고서*The Challenger Report*』를 통해서 과거의 모든 지식은 한물간 것이 되었다. 너무나 많은 통념과 너무나 많은 선입견이 잘못된 것으로 밝혀졌다.

이제 심해는 결코 무생물 상태가 아니라고 분명하게 말할 수 있었다. 또한 진화를 피해간 선사시대 생물들의 은신처도 아니었다. 살아 있는 앵무조개나 몸속에 껍데기가 있는 오징어인 스피룰라처럼 고대의 모습을 간직한 생물들을 발견하기는 했지만, 이들은 소수에 불과했다. 또한 심해에서 잡아 올린 그 어떤 생물도 괴물이라고 부를 만한 존재는 아니었다. 비록 예쁜 물고기 대회라는 것이 있다면 절대 우승하지 못할 물고기들이 꽤 있기는 했지만 말이다.

생물은 어디에나 분포되어 있었다. 올라우스 망누스는 마치 배트맨이 배트모빌을 타고 자신의 동굴로 돌아가듯이 바닷속 짐승들이 각자의 해저 은신처로 미끄러져 들어가는 모습을 상상했고, 에드워드 포브스는 각 종에 그가 "창조의 중심"이라고 부르던 일종의 본거지가 따로 있다고 믿었다.64 그러나 챌린저 탐사진은 세상 어느 곳에서든, 심지어 지질학적 특징으로 인해서 형성된 자연 장벽에 둘러싸여 고립된 곳에서도 다른 곳과 다를 바 없는 생물들이 살고 있다는 사실을 발견했다. 그리고 포브스의 말대로 수심이 깊어질수록 생물이 점점 줄어들다가 "몇몇 희미한 흔적"만 남는 것이 아니라, 어떤 곳에서는 오히려 어마어마하게 늘어났다는 점도 밝혔다.

그러나 바티비우스의 수수께끼는 다소 민망한 결론으로 끝났다. 탐사 2년 만에 뷰캐넌은 이 "유기체"의 비밀을 밝혀냈다. 바티비우스는 해저에서 꿈틀거리는 생명의 원형질이 아니었다. 사실 살아 있는 것도 아니었다. 그것은 단지 표본 보존용 알코올과 바닷물이 일으킨 화학 반응의 잔여물에 불과했다. 그 두 가지를 오랫동안 병 안에 함께 담아두어 형성된 얇은 황산칼슘 막이었다.

톰슨은 1882년에 갑작스럽게 사망했다. 아마도 과로가 원인이었을 것이다. 망누스처럼 톰슨도 자신의 작업이 얼마나 오랫동안 영향을 미치는지를 보지 못하고 세상을 떠났다. 톰슨의 작업은 존 머리가 이어받아서 1895년에 완성했다. 평자들은 『챌린저 보고서』에 "중대한 성취", "과학계의 사건", "엄청난 업적"이라고 찬사를 보냈다. 「사이언스Science」는 이 책을 "자연과학 분야의 가장 눈부신 공헌이자 시대와 국가를 초월하여 지금까지 이루어진 계몽적 연구의 금자탑"이라고 평가했다.65 찬사의 물결 속에서 내가 찾아낸 비판은 단 하나뿐이었다. 한 평자는 이렇게 불평했다. "작살을 쓰는 사람이 있었어야 했다. 항해 내내 배 주변에서 돌고래들이 그렇게 많이 헤엄쳐 다녔는데 한 마리도 잡지 못했으니 말이다."66

오늘날의 관점에서도 챌린저 호의 성과는 아무리 과장해도 지나치지 않다. 대단한 유산이자 장대한 여정이자 어마어마한 규모의 연구였다. 톰슨의 탐사진은 심해에 대한 우리의 지식을 바꾸었고 미래의 연구자들이 흥미로워할 단서들을 남겼다. 괴물로 가득한 지도 대신에 나침반을 쥐여주고 심해에 관한 지식을 계속 탐구해야 할 이유를 50권 분량으로 알려준 것이다.

톰슨은 심해를 "매혹적인 곳"이라고 묘사했지만, 바로 그 매혹 때문에 혼란스러워했다. 유리해면의 우아함, 산호의 대칭, 바닷가재의 복잡한 눈은 계속 똑같은 질문을 던지게 만들었다. 대체 "왜일까?" 왜 자연은 이토록 정교한 것들을 만든 후에 그 누구도 보지 못하는 곳에서 살게 했을까? 톰슨은 "그런 구조물을 만들어낸 후에 눈에 보이지 않는 심해의 진흙과 어둠 속에서 영원히 살고 죽게 하는 아름다움의 무모함"에 놀랐다.

물론 심해에 사는 생물들은 그 아름다움을 온전히 접할 수 있다는 사실을 그는 잊고 있었다. 우리가 꽃이나 새, 별을 보듯이 그들은 그 고동치는 빛과 환영 같은 형태, 보석을 닮은 빛깔들을 볼 수 있다. 톰슨이 애통해한 것은 인간의 눈에 심해가 "영원히 보이지 않는 세계"라는 점이었다.[67] 그의 생각은 반쯤만 옳았다. 물론 사람들은 심해의 찬란한 아름다움을 볼 수 없었다. 그러나 언제까지나 그렇지는 않았다.

2
해저탐험가들

바닷속으로 내려가는 것은 진정으로 우주적인 일처럼 보였다.
―윌리엄 비비[1]

미국 하와이 주 오아후 섬 와이마날로

"상어 보러 갈까요?" 테리 커비가 마카이 연구용 부두 아래의 물속에서 선혜엄을 치며 나에게 물었다. 답이 이미 정해진 질문이었다. 상어라면 당연히 보러 가야 했다. 내가 미처 대답을 하기도 전에 커비는 물거품을 일으키며 나무 기둥들 사이를 빠져나가더니 6미터 깊이의 물속으로 잠수해 들어갔다. 나도 물안경을 고쳐 쓰고 숨을 깊이 들이마신 다음 그의 뒤를 따랐다. 커비는 나이가 일흔에 가까웠지만 프리 다이빙을 하는 모습만 보면 전혀 그 나이 같지 않았다.

우리는 부두로부터 약 45미터쯤 떨어진 곳에서 수면 위로 올라왔다. 부두에 늘어진 성가신 낚싯줄들로부터 벗어난 곳이었다. 왼쪽으로는 오아후 섬의 동쪽 해안을 둘러싼 화산 절벽이 보였고, 오른쪽으로는 탁 트인 태평양이 멕시코의 바하 칼리포르니아까지 펼쳐져 있었다. 하와이 제도의 기준으로 보면 우중충한 날씨였다. 머리 위에는 먹구름이 드리워져 있었고 거센 바람에 바닷물이 출렁였다. 그러나 커비에게 날씨는 그다지 중요하지 않았다. 화창하든 비가 오든 바다가 잔잔하든 허리케인이 다가오고 있든 간에 커비는 매일 점심시간마다 똑같은 3킬로미터 코스를 헤엄치고 돌아왔다. 그가 지난 40년간 지켜온 일과였다. 그는 책상에 앉아 있다가도 사다리 하나만 내려가면 곧장 바다로 들어갈 수 있었다. 부두의 대부분을 차지한 하와이 해저 연구소 건물이 커비의 일터였기 때문이다. 다른 사람들이 샌드위치를 먹으러 나갈 때, 커비는 짧은 검은색 잠수복에 스쿠버 마스크, 잠수용 오리발을 착용하고 와이마날로 만을 헤엄쳐 가로질렀다. 그는 그것이 "영적인 일"이라고 말했다.

그다지 놀라운 이야기는 아니다. 커비는 내가 아는 사람들 중에서 가장 물과 가까운 영혼을 가진 사람에 속한다. 그는 하와이 해저 연구소의 심해 잠수정인 파이시스 4호와 파이시스 5호의 운용 책임자이자, 수석 조종사로서 태평양의 깊은 바닷속을 누비며 수천 시간을 보냈다. 커비의 이력서에는 사무실에서 일한 기록도, 출퇴근 시간이 정해진 일을 한 기록도 없다. 평범한 경력 비슷한 것도 없다. 사실 그는 육지에서 일을 해본 적이 없는 사람이다.

20대 시절에 커비는 미국 해안 경비대의 항해사로 알래스카 주, 카리브 해, 멕시코 만에 주둔한 함정에서 근무했다. 또한 캘리포니아 주 북부의 차갑고 황량한 바다에서 백상아리들을 피해 난파선의 금속 파편들을 건져 올리는 인양 잠수부로 일하기도 했다. "자살 시도나 다름없는 일이었죠." 커비가 말했다. 그는 또한 심해를 소재로 한 제임스 캐머런의 고

전 영화 「심연」에 스턴트맨으로 참여했다. 그 영화의 촬영을 위해서 커비는 3층 높이의 수조에 하루 12시간씩 들어가 있어야 했다. 영화 「007 유어 아이즈 온리」의 촬영에도 상어 조련사로 참여했다. 커비가 맡은 일은 침몰한 난파선 안에서 뱀상어를 붙잡고 있다가 감독이 "액션"을 외치면, 그 상어를 카메라 화면 안으로 밀어넣는 것이었다. "정말 특이한 경험이었어요." 커비는 씁쓸한 표정으로 회상했다. "뱀상어들은 영화 출연에 별 관심이 없더라고요."

하와이 제도는 언제나 커비의 상상 속에서 큰 영역을 차지하던 곳이었다. 1976년 오아후 섬에 도착한 커비는 우연히 자신의 운명과 맞닥뜨렸다. 그는 이렇게 회상했다. "차를 몰고 섬을 돌아보다가 부두를 지나치는데 기중기가 물속에서 잠수정을 끌어올리는 모습을 본 거예요. 그때 생각했죠. 아, 내가 **꿈꾸던 것이 저기에 있구나**." 어린 시절에 커비는 과학과 모험 관련 도서, 특히 바다에 관한 이야기들을 열심히 읽었다. 그리고 엔터프라이즈 호(미국 TV 드라마 「스타 트렉」을 대표하는 우주선/역주) 같은 우주선이 물속에 있다면 얼마나 멋질까 상상하고는 했다.

스타 2호라는 이름의 그 잠수정은 햇빛을 받아 반짝이고 있었다. 아이들이 목욕할 때 가지고 노는 장난감을 크기만 키워놓은 것처럼 우스꽝스럽게 생긴 노란색 배였지만, 그 배에 타면 수심 370미터까지 잠수할 수 있었다. 커비는 차를 세우고 구경하다가 승조원들과 이야기를 나누게 되었다. 승조원들은 최근 있었던 사고로 2명이 사망해서 일손이 모자란다고 말했다. 커비는 즉석에서 합류하기로 결정했다.

처음에 진수 체계의 운영을 맡았던 커비는 얼마 지나지 않아 조종 훈련까지 받게 되었다. 커비의 가족들은 그가 어릴 때 하이 시에라(캘리포

해저탐험가들 79

니아 주에 위치한 시에라 네바다 산맥의 별명/역주)에서 건설 회사를 운영했다. 그 덕분에 10대 시절부터 중장비 운전을 배웠던 커비는 스타 2호의 복잡한 장비에도 겁을 먹지 않았다. 어느 날 한 조종사가 잠수정이 너무 무서워서 다시는 발을 들이고 싶지 않다고 선언했고, 그 덕분에 커비는 조종석에 앉을 기회를 얻게 되었다.

그렇게 900번쯤 잠수를 한 후에 커비는 내가 "해저탐험가"라고 부르는 특별한 사람들, 즉 심해로 가는 사절단의 일원이 되었다. 그들은 위가 아니라 아래로 내려가는 우주 비행사들이자 기회만 생기면 바다 밑 세계로 뛰어드는 자유로운 영혼들이었다. 커비는 수십 년간 잠수정을 조종하면서 HMS 챌린저 호의 과학자들이 상상조차 하지 못했을 장면들을 목격했고, 자크 쿠스토도 부러워서 기절했을 만한 잠수 기록들을 남겼다.

커비와 하와이 해저 연구소, 파이시스 호에 대해서 알게 된 나는 즉시 연락을 취했다. 오아후 섬에 있는 그 기지는 내가 사는 마우이 섬에서 비행기로 30분 거리밖에 되지 않았다. 심해 잠수정과 조종사들이 그렇게 가까이 있다는 것이 뜻밖의 행운처럼 느껴졌다. 해저탐험가들은 아무 데서나 볼 수 있는 사람들이 아니다. 직업만 놓고 보면 비주류라고 불러도 좋을 것이다. 나는 예전에 잠수정을 제작하고 안전 관리 위원회를 운영하는 조선造船 기사인 윌 코넌을 인터뷰한 적이 있었다. 그때 윌은 이 분야의 분위기가 매우 끈끈하면서도 별나다고 강조하면서, 이 업계의 연례 모임은 "문제 있는 가정의 추수감사절 저녁 식사" 같다고도 말했다. "그런데 왜 이 분야에 끌리는 사람들이 있을까요?" 내가 묻자, 그는 웃으며 이렇게 대답했다. "정신 나간 사람들이니까요."

✳

우리는 마치 상어의 등지느러미처럼 생긴 작은 섬의 그늘에서 몇 분 더 헤엄치며 만을 가로질렀다. 그러다가 커비가 멈추더니 해저의 바위 둔덕 하나를 가리키며 말했다. "저곳이 그놈들의 동굴이에요. 몇 마리나 집에 있는지 한번 봅시다(커비가 이렇게 헤엄을 치다가 만난 상어의 최고 기록은 한 번에 10마리였다고 한다. 그는 달력에 작은 상어 그림을 그려 기록을 남겼다)." 커비는 바위 위에 엎드린 채 가장자리로 몸을 내밀어 동굴 입구를 위에서 들여다보았다. 상어들이 폐쇄된 공간 안에 있을 때 그 입구에 머리를 들이밀고 있는 것이 과연 좋은 생각일까 의심스러웠지만, 커비는 한참 동안 그 자세로 있다가 웃으면서 다시 위로 올라왔다. "3마리 있네요. 한번 봐요." 나는 물속으로 들어가서, 돌출된 바위 아래의 모래 위에서 서로 몸을 겹친 채 뜬 눈으로 잠들어 있는 흰지느러미암초상어 3마리를 보았다.

　우리는 계속 헤엄쳐 가면서, 해안에 낚싯대를 드리운 낚시꾼 무리와 해변에 아무렇게나 펼쳐져 있는 노숙자들의 야영지를 지나쳤다. 커비는 사람들이 설치한 뒤 버리고 간 고기잡이용 그물이나 나일론 줄에 물고기, 바다거북 등의 동물이 걸려 있는 모습을 자주 목격했다. 그래서 허리에 맨 가방에 철사 절단기를 챙겨 다니다가 그런 동물들을 풀어주고는 했다. 상어의 입에 걸린 낚시 바늘을 끊어준 적도 두 번이나 있었다. 평소 헤엄치는 코스를 따라서 이동하며 쓰레기를 줍기도 했다. "바닷속에서 야영장이 통째로 버려진 것 같은 모습을 본 적도 있어요." 커비는 아직도 믿을 수 없다는 듯이 고개를 저으며 나에게 말했다. "옷, 수건, 담요, 러

그, 해먹, 방수포……그런 것들이 살아 있는 산호 군집 위에 흩어져 있더라니까요."

커비는 그런 훼손 행위에 대해서 마치 자신의 정원이 쓰레기장이 된 것처럼 민감하게 반응했다. "처음 바다를 봤을 때 엄청난 충격을 받았던 기억이 나요." 커비는 이렇게 말했다. "마치 집에 돌아온 것 같은 느낌이었죠." 몇몇 사람들이 미개척지에 이끌리듯이 커비는 서쪽으로 이끌렸다. 바닷물 속에 잠긴 미개척지가 있는 곳이었다. 그리고 적절한 시기, 적절한 장소에 도착했다. 1980년에 하와이 대학교와 미국 해양 대기청의 합작 사업으로 하와이 해저 연구소가 문을 열었을 때, 잠수정 조종 경력이 있는 커비가 채용된 것은 당연한 일이었다. 하와이 해저 연구소에는 야심 찬 목표가 있었다. 바로 태평양의 심해 연구였다.

커비에게는 꿈에 그리던 일이었다. 동시에 잠수정 한 척으로 해내기에는 너무 벅찬 일이기도 했다. 커비는 스코틀랜드에서 파이시스 5호를, 캐나다에서 파이시스 4호를 찾아내 하와이 제도로 들여왔다. 잠수정들은 개조를 거쳐 2,000미터 깊이까지 잠수 가능하다는 인증을 받았다. 하와이 대학교는 석유업계에서 쓰이던 배를 경매로 구입하여 잠수정용 플랫폼으로 개조한 후에 "카이미카이-오-카날로아"라는 이름을 붙였다. 카날로아kanaloa는 바다를 다스리는 하와이의 신이고, 카이미카이ka'imikai는 '신성한 바다의 탐색자'라는 뜻이다. 이제 남은 문제는 1억6,500만 제곱킬로미터에 달하는 태평양의 어디에서부터 연구를 시작할 것인가였다.

*

수영을 마친 후 커비는 나에게 하와이 해저 연구소의 본부 건물을 구경

시켜주었다. 작은 비행기 격납고처럼 생긴 그 건물은 풍파로 낡아 있었다. 건물의 앞쪽이 트여 있어서 파이시스 호 2척이 안쪽에 웅크리고 있는 모습이 보였다. 잠시 육지에 갇혀 있는 13톤짜리 바다 괴물이었다. 길이는 6미터 정도로 소형 버스만 한 크기였고, 아래쪽에는 어떤 종류의 해저 지형에도 안착할 수 있게 해주는 미끄럼 방지대가 있었다. 앞쪽과 뒤쪽은 둥글었고 평평한 상부 위로는 소방차처럼 빨간 해치hatch(사람이나 화물의 출입을 위해서 설치한 창구艙口/역주) 타워가 솟아 있었다. 기밀실氣密室이라고 불리는 하얀색 공 모양의 탑승 공간은 앞쪽에 배치되어 있었는데, 각 구역의 중앙에는 키클롭스(그리스 로마 신화 속에 등장하는 외눈박이 거인/역주)의 눈동자처럼 생긴 현창이 달려 있었다.

잠수정 외부에는 고해상도 카메라, 음파 탐지기, 조명, 고도계, 레이저 측정 장비, 음향 추적 시스템, 그리고 길게 연결된 배터리들이 장착되어 있었다. 앞쪽 범퍼에는 물, 가스, 암석, 퇴적물, 해양 생물들의 표본을 채집하기 위한 용기가 들어 있는 플라스틱 상자들이 실려 있었다. "잠수정마다 유압 조종 장치가 두 대씩 있죠." 커비가 이렇게 설명하면서 여러 개의 관절과 집게처럼 생긴 손을 가진 로봇 팔을 가리켰다. "이건 실제로 사람이 팔을 뻗어서 움직이는 것처럼 아주 유연해요." 숙련된 조종사들은 아무리 섬세한 생물이라도 이런 장치를 사용하여 집어 올려서 병 안에 담을 수 있다.

파이시스 호의 내부에는 조종사가 잠수 중에 공기와 물을 채우거나 빼내서 부력을 조절할 수 있는 밸러스트 탱크가 있다. 스쿠버 다이빙과 마찬가지로 수중에서 원하는 만큼 상승하거나 하강할 수 있는 동시에, 해저에서는 중성 부력(부력과 중력이 동일한 상태/역주)을 유지하여 쉽게 잠항할 수 있도록 하는 장치이다. 기밀실 양쪽에 위치한 추진기는 잠수정을 어느 방향으로든 추진할 수 있게 해준다. 그 덕분에 파이시스 호는 그 크기와 무게에도 불구하고 물속에서 우아하게 미끄러지듯이 움직일 수 있다. 잠수정 부피의 대부분은 선체 주변을 둘러싼 신택틱 폼syntactic foam(에폭시 수지 안에 미세한 유리 구체들이 채워져 있어서 물에 뜨면서도 압력을 잘 견디는 물질이다) 소재의 덩어리들이 차지한다. 또한 각 잠수정에는 총 무게가 180킬로그램에 달하는 강철 추들이 실려 있다. 이것들은 하강을 도와주는 밸러스트 추로서, 해저에 도달하면 그중 절반을 버리고, 잠항을 마치면 남아 있는 추를 모두 버린다(해저에 남은 강철은 금속을 먹는 세균의 도움을 받아 산화된다). 비상 상황에서 조종사가 추를 전부 버리면 수면으로 더 빠르게 올라올 수 있다.

커비와 나는 평상복으로 갈아입었다. 커비는 평소처럼 하와이 해저 연구소 티셔츠와 카키색 반바지, 하이킹화, 흰색 발목 양말 차림이었다. 180센티미터가 넘는 키에 탄탄한 체격, 언제나 햇빛에 그을린 피부를 가진 그는 북유럽인 특유의 금발 머리를 이마 위로 가볍게 늘어뜨리고 있었다. 커비가 잠수정 주변을 돌아다니며 이런저런 특징을 설명하는 모습은 마치 애정이 넘치는 부모 같았다. "이런 배는 흔하지 않아요." 그가 파이시스 5호에 손을 얹으며 말했다. "이런 배가 있다니 정말 대단하죠."

2018년 봄 기준으로, 수심 1,800미터 아래로 잠수할 수 있는 유인 잠수정은 그 외에도 정확히 5대가 더 있었다. 모두 개인이 아닌 국가나 기관의 소유였다. 프랑스의 노틸 호, 중국의 선하이융스 호와 자오룽 호, 일본의 신카이 호, 그리고 미국 해군의 연구용 잠수정 앨빈 호이다. 이 잠수정들은 모두 파이시스 호보다 더 깊은 곳까지 들어갈 수 있었고, 최대

잠항 심도가 약 4,500미터부터 7,000미터까지 다양하기 때문에 심해저대를 자유롭게 탐사할 수 있었다. 그러나 1만 미터 깊이의 해구가 있는 초심해저대의 대부분에는 여전히 접근할 수 없었다. 이것은 사소한 누락이 아니었다. 초심해저대가 해저에서 차지하는 면적은 2퍼센트도 되지 않지만, 바다의 전체 수심에서는 45퍼센트를 차지하기 때문이다.

이러한 한계에도 불구하고 이 잠수정들의 활약은 인상적이었다. 유인 심해 탐사가 처음 시작된 것은 1930년의 일이지만 1960년대에 들어서야 본격적으로 추진되었다는 점을 생각하면(그때도 지속적으로 추진되지는 않았다) 짧은 시간 동안 많은 발전을 이룬 셈이다.[2] 심해에 대한 관심이 부족해서 초기의 발전이 느렸던 것은 아니었다. 잠수에 대한 인간의 열망은 고대까지 거슬러올라간다. 불확실한 전설에 따르면, 알렉산드로스 대왕도 바닷속 탐험을 꿈꾸었다고 한다. 유리통 안에 들어가서 약 90미터 깊이까지 내려가자 천사가 나타나 "내가 너에게 바닷속의 놀라운 것들을 보여주기를 원하느냐?" 하고 물은 후 그를 안내했다는 이야기가 있다(그리고 80일을 물속에서 보낸 후 위풍당당하게 귀환한 알렉산드로스 대왕은 그곳에서 "많은 물고기들"을 보았다고 전했다).

발명가들은 오래 전부터 잠수종이나 드레벨 호 같은 잠수정 개발을 시도해왔다. 17세기에 발명된 드레벨 호는 수밀水密 처리를 하고 12개의 노를 저어 움직일 수 있게 만든 배였다. 1620년에 런던에서 첫선을 보인 이 배는 템스 강의 수심 약 4.5미터에서 미끄러지듯이 이동했다. 그러나 설계도나 그림이 남아 있지 않아서 노를 젓던 사람들이 어떻게 숨을 쉬었는지는 알 수 없다. 1775년에는 터틀 호라는 미국의 잠수정이 공개되었다. 나무통처럼 생긴 이 1인용 선박은 발로 페달을 밟고 손으로 크랭크를 돌려 추진하는 방식이었으며, 추와 밸러스트 탱크로 이루어진 조악한 장치로 잠수와 부상을 할 수 있게 만든 것이었다. 터틀 호는 잠수정의 원형이라고 부르기에는 많이 부족할지도 모르지만, 어쨌든 전투에 사용된 첫 잠수정이었다. 미국 독립전쟁 당시 터틀 호는 영국군의 전함에 폭탄을 설치하는 데에 투입될 예정이었으나, 조종사가 일산화탄소 중독으로 쓰러지는 바람에 작전은 중단되었다.

유인 잠수정의 초기 역사는 때 이른 실패와 복잡한 장치들로 가득했다. 대부분 얕은 물에서 간신히 작동하는 수준이었으며, 심해에서 쓸 만한 잠수정은 단 한 대도 없었다. 쥘 베른의 허구적인 상상을 제외하면, 제1차 세계대전 이전에는 아예 필요한 재료 자체가 존재하지 않았다. 심해 잠수정을 만들 수 있는 산업 기술이 발달한 후에도 어떤 종류의 선박을 건조해야 하는지 아는 사람이 없었다. 심해는 인간의 목숨을 희생해 가며 시행착오를 거칠 만한 장소가 아니었다. 애초에 제정신인 사람이라면, 누가 그곳에 **최초로** 가고 싶어하겠는가?

＊

윌리엄 비비가 최초로 가고 싶어했다.

비비는 새와 밀림, 칵테일, 탐험, 변장 파티, 박물관, 해양 생물, 글쓰기, 과학, 여성을 사랑하는 남자였다. 다만 꼭 이 순서대로 좋아하지는 않았다. 뉴저지 주의 중산층 가정에서 태어나 콜럼비아 대학교를 중퇴하고 당시 새로 설립된 브롱크스 동물원의 전시 책임자가 된 비비는 막 벗겨지기 시작한 머리에 깡마른 체격이었고, 화려한 "광란의 1920년대"의 유명인사였을 성싶은 인물은 아니었다. 어린 시절부터 취미가 박제 만들기였던 그는 기본적으로는 괴짜였는데, 원기왕성하고 이야기꾼으로서의 재능이 있었다. 어릴 때부터 강렬한 열정에 사로잡혀 있던 그가 열광한 대상은 자연계였다.

비비는 모든 동물을 연구하고 싶어했다. 그는 온갖 종이 어떻게 생활하고 어떻게 서로 교류하는지를 빠짐없이 알고자 했다. 그래서 자신이 본 생물의 목록을 작성하고 그 습성을 아주 세세한 부분까지 적어두었다. 또한 보고 싶은 생물들의 목록도 작성한 후 방대한 분량의 일기에 진척 상황을 기록했다. 비비는 일기를 쓸 때 종종 다음의 문구로 끝을 맺었다. "내가 할 말은 다했다!"[3]

비비에게는 할 말이 많았다. 그는 왕성하게 글을 썼다. 그가 조류 관찰에 관한 짧은 글을 써서 처음 잡지에 기고한 것은 열일곱 살이던 1895년의 일이었다.[4] 이미 그 시절부터 비비의 호기심과 열정은 전염성이 있었다. 비비는 계속 글을 썼고 그의 글을 읽는 독자도 꾸준히 늘어났다. 브롱크스 동물원에서 일하면서 그는 뉴욕 주에 사는 부유한 후원자들과 교류하게 되었다. 당시 주식 시장의 호황으로 돈이 넘쳐나던 뉴욕에서 그는 자신이 자금 조달에도 재능이 있다는 사실을 알게 되었다. 동물원에는 동물이 필요했다. 비비는 밖으로 나가서 동물을 구해오기에 적합한 인물이었다. 부유한 기업가와 운동선수들의 후원을 받아 비비는 외국의 희귀한 동물들을 찾아다니는 일련의 채집 탐험을 떠났다.

비비는 카리브 해와 남아메리카 지역을 항해하며 앵무새, 이구아나, 나무뱀을 잡았다. 말을 타고 멕시코를 지나고, 걸어서 히말라야 산맥을 오르고, 주거용 배를 타고 말레이시아를 통과했다. 보르네오 섬에서는 열대우림을 헤치고 다니며 날원숭이, 천산갑, 줄무늬사향고양이를 잡았다. 수년간 세계 곳곳을 여행하며 기사, 논문, 책에 쓸 소재를 어마어마하게 비축한 비비는 매력적인 문체로 여행기, 과학, 모험을 한데 섞어 자신만의 문학적 영역을 개척했다. 마흔 살에 그는 이미 미국에서 손꼽히게 인기 있는 자연사 작가이자 (독학하기는 했지만) 존경받는 생물학자이자 뉴욕 사교계에서 유명한 모험가가 되어 있었다.

갈라파고스 제도에서 비비는 호스로 수면 위와 연결되는 무거운 구리 헬멧을 쓰고 해저를 돌아다니는 잠수 방식을 실험했다(스쿠버 다이빙이 시작되기 수십 년 전의 일이었다). 산호초의 환상적인 색채와 그 위에 사는 생물들에 마음을 빼앗기자, 바다에 대한 그의 오랜 관심은 집착으로 발전했다. 즉흥적으로 만든 장비의 한계를 시험하기 위해서 물속에서 너무 오래 버티다가 귀에서 피를 흘리기도 했다.

뉴욕 주 맨해튼으로 돌아온 비비는 몇몇 자본가들의 마음을 사로잡아 연구선 1대를 기증받았다.[5] 그리고 얼마 후 영국의 켄트 공작 조지가 그에게 버뮤다 제도에 있는 개인 섬을 사용할 수 있게 해주었다.[6] 바다의 한 구역을 정해서 가로세로 13킬로미터, 수심 3,000미터 범위 안의 모든 해양 생물을 조사하겠다는, 비비의 계획에 딱 맞는 곳이었다. 그는 수심이 얕은 곳에서는 직접 잠수해서 관찰하고, 깊은 곳에서는 저인망으로 표본을 채집할 계획이었다. 1928년 봄, 비비는 애완 원숭이와 조수들을 데리고 버뮤다 제도로 떠나 그곳에 연구 기지를 세웠다.

섬은 너무나 아름다웠지만, 비비는 곧 저인망 채집의 한계에 답답함을 느꼈다. 그가 건져 올린 생물의 대부분은 알아볼 수 없을 정도로 훼손되어 있었다. 그밖의 동물들은 애초에 너무 빠르거나 너무 영리해서 잡을 수가 없었다. 비비는 방법이 잘못되었다는 결론을 내렸다. 심해 생물들의 진정한 모습을 파악하려면 직접 아래로 내려가야 했다. 그로부터 수년 전, 비비는 친구인 시어도어 루스벨트 대통령과 함께 냅킨에 잠수정의 설계안을 스케치하며 그 작동 원리에 대해서 토론한 적이 있었다.[7] 루스벨트는 세상을 떠난 후였지만 비비는 그때 세웠던 가설을 실현해보고 싶었다. 그는 공중전화 부스처럼 몸을 감싸주는 원통형 캡슐 안에 들어가 수심 1,500미터까지 내려가는 방식을 구상했다. 언론의 주목을 받아야 자금을 모으는 데에 도움이 된다는 사실을 알고 있던 비비는 인류 최초로 심해에 직접 들어가서 연구를 하겠다는 계획을 발표했다.

한편 맨해튼의 어퍼 이스트 사이드에서 "비비, 탱크에 들어가 해저를 탐험하다"라는 「뉴욕 타임스 New York Times」의 기사 제목을 읽은 스물여섯 살의 공학도 오티스 바턴은 가슴이 철렁했다.[8] 바턴은 비비의 팬이었지만 그 소식이 반갑지 않았다. 열정적인 뱃사람이자 잠수부였던 바턴 또한 심해에 들어가는 최초의 인간이 되겠다는 계획을 가지고 있었기 때문이다. 그에게도 고안해둔 잠수정이 있었다. 그렇다면 비비에게 함께 일하자고 제안하면 어떨까? 비비는 유명인이고 바턴은 무명이라는 점을 고려하면 터무니없는 생각이었다. 그러나 바턴에게는 강력한 장점이 있었다. 바로 돈이 많다는 것이었다. 이미 1류 조선 기사도 고용해둔 후였다. 게다가 바턴이 보기에 비비가 고안한 잠수정은 재난을 자초하는 형태였다. 심해에서는 모든 각도로 힘이 고르게 분산되는 완벽한 구체만이 수압을 견딜 수 있었다. 원통형의 잠수정은 양철 깡통처럼 찌그러질 것이 분명했다. 바턴은 비비에게 만남을 요청했다.

바턴의 잠수정 설계도를 본 비비는 감탄했다. 원통형 잠수정이든 무엇이든 실제로 제작한 것은 아무것도 없었던 비비는 구형으로 만드는 쪽이 더 현명하다는 사실을 인정했다. 바턴의 설계도는 지나칠 정도로 단순했다. 그저 약 4센티미터 두께의 벽을 가진, 속이 빈 쇠공에 불과했다. 지름은 1.5미터가 채 되지 않았고, 초고강도의 석영유리로 만든 현창이 3개 달린 형태였다. 안락함을 우선순위에 두지 않는다면 2명도 들어갈 수 있었다. 출입문 역할을 하는 35센티미터의 상부 해치는 외부에서 볼트로 밀폐하게 되어 있었다. 이 해치의 일부를 강철 케이블로 연결하여 잠수정을 바닷속으로 내리면, 마치 2톤짜리 크리스마스 트리 장식처럼 배에 매달려 있게 되는 것이었다. 호흡에 필요한 공기는 산소 탱크로 공급하고, 소다 석회와 탄산칼슘 가루가 든 상자로 이산화탄소와 습기를 흡수하도록 했다. 비비는 생각했다. "이거라면 될 것 같은데."

두 사람은 바턴이 탐사 비용을 부담하고 잠수정의 건조를 지휘하는 데에 합의했다. 비비는 배시스피어 호라는 이름을 이 잠수정에 붙였다. '깊은'이라는 뜻의 그리스어 단어 바티스bathys에서 따온 것이었다. 비비는 권양기捲揚機(밧줄이나 쇠사슬로 무거운 물건을 들어 올리거나 내리는 기계/역주)와 모선, 승조원을 제공하고 최대한의 홍보를 담당하기로 했다. 잠수 장소는 비비가 머물고 있던 버뮤다 제도의 앞바다로 정했다. 두 사람은 악수를 나누고, 함께 심해에 첫발을 내딛기로 했다.

※

커비는 나에게 파이시스 5호 안으로 들어가보자고 권했다. 그러려면 잠수정 옆에 설치된 긴 사다리를 타고 올라간 다음 해치 타워를 통해서 다시 아래로 내려가야 했다. 잠수정 내부는 소박했다. 제어반에 줄줄이 붙어 있는 스위치와 다이얼, 버튼, 계기를 제외하면 기밀실 자체는 비비와 바턴의 시절과 그다지 달라진 것이 없었다. 즉, 여전히 속이 비어 있는 쇠공이었다. 파이시스 호의 최대 탑승 인원은 3명이다. 조종사인 커비는 잠수정 한가운데에 무릎을 꿇은 채 중앙 현창에 이마를 댄 자세로 조종을 하고, 대개 과학자인 나머지 2명은 커비의 양쪽에 바싹 붙어 앉아 각자의 현창으로 바깥을 관찰한다. 요즘은 창문을 석영유리가 아니라 구면 쐐기꼴의 아크릴로 만들기 때문에 안전성이 크게 향상되었다. 아크릴은 충격에 훨씬 더 강하다. 또한 구면 쐐기꼴은 압력을 받으면 안쪽으로 휘어지기 때문에 코르크 마개 같은 역할을 해서 깊은 곳으로 내려갈수록 더 단단히 밀폐된다. 이러한 형태는 어안 렌즈처럼 더 넓은 시야각을 제공하기도 한다.

해치가 열려 있는데도 잠수정 내부는 공기가 잘 통하지 않는 것처럼 답답했다. 생명 유지 장치는 여전히 꽤 구식이었다. 탱크로 산소를 공급하고, 포화 상태가 되면 보라색으로 변하는 결정들이 들어 있는 용기로 이산화탄소를 제거하는 방식이다. "산소와 이산화탄소 농도를 항상 살피죠." 커비가 설명했다. "결정의 색을 보면 알 수 있어요."

화장실은 없는 것이 분명했고, 복장 규정은 단순했다. 바로 겹겹이 껴입는 것이었다. 바닷속으로 내려가면서 수온이 떨어지면, 잠수정 안은 냉동고처럼 차가워진다. "처음에는 반바지와 티셔츠 차림으로 출발하죠." 커비가 말했다. "그러다가 한 1,800미터쯤 내려가면 방한 내복을 입고 양말을 신고 니트 모자를 쓰게 되는 거예요." 나는 지름 2미터짜리 구체 내부를 둘러보며 평균적인 심해 탐사 시간인 8시간 동안 성인 세 사람이 비좁게 붙어 앉아 있는 모습을 상상해보았다. 폐소공포증이 있거나 겁이 많거나 방광이 약한 사람이라면 파이시스 호를 타고 잠수하는 일이 분명 그다지 즐겁지 않을 것이다. 함께 잠수하는 동료의 체취가 그다지 강하지 않고, 점심 식사로 달걀 샐러드를 싸온 사람이 없기를 기도해야 할 것이다. 커비에게는 그 어떤 사소한 불편함도 아드레날린 앞에서는 아무것도 아니었다. 그는 이렇게 말했다. "해치를 닫고 들어갈 때마다 항상 처음 같아요. 매번 똑같이 짜릿해요. 몇 번을 타도 마찬가지죠."

좁은 잠수정 안에 앉아 있자니 1930년 6월 6일, 첫 잠수를 앞두고 비비와 바턴이 느꼈을 불안감을 짐작할 수 있었다. 두 사람은 키 180센티미터가 넘는 몸을 배시스피어 호 안에 종이처럼 구겨넣은 채 대서양을 향해 내려가고 있었다. 무엇이든 중요한 사항을 놓치지 않았기를 그저 바랄 수밖에 없었다. 잘못될 수 있는 부분은 너무나 많았다. 부품이 부서지거나 고장 나거나 터져버릴 수도 있었다. 물이 새는 곳이 한 군데만 있어도 치명적이었다. 수압이 높은 심해에서는 바늘 구멍만 한 틈만 있어도 바닷물이 총알처럼 거세게 쏟아져 들어올 터였다. 또한 만의 하나라도 해치나 권양기에서 케이블이 분리된다면 배시스피어 호는 해저로 순식간에 내리꽂힐 것이고 두 사람은 수심 3,200미터 깊이에 그대로 수장될 수밖에 없었다.

만약 산소가 바닥난다면? 현창이 안쪽으로 터져버린다면? 바턴이 주문한 5장의 석영유리판 중에 2장은 설치 도중에 금이 갔고, 또 1장은 그다지 높지 않은 압력으로 시험했는데도 깨져버렸다. 남은 2장만 배시스피어 호에 장착했고, 남는 현창 하나는 금속 덮개로 막아놓았다. 현창의 가장자리는 백연白鉛 반죽으로 밀봉했는데, 이것이 방수 상태를 유지해주기를 바랄 뿐이었다. 참고할 만한 설명서가 있는 상황도 아니었다.

비비와 바턴은 잠수정에 난 어떤 구멍이든 수압의 공격을 끊임없이 받을 취약점이라는 사실을 너무나 잘 알고 있었다. 그런데 그런 구멍이 4나 되었다. 3개의 현창 외에도 바턴이 뚫어놓은 2.5센티미터짜리 구멍이 하나 더 있었다. 고무호스를 씌운 전선과 전화선을 배시스피어 호 안으로 넣기 위한 구멍이었다. 강철 케이블과 함께 심해로 풀려 내려가게 될 이 호스들은 스터핑 박스(피스톤 등이 드나드는 곳에서 증기나 물이 새는 것을 막는 장치/역주)로 밀봉하여(부디 밀봉이 되기를 바랄 뿐이었다) 잠수함에 집어넣을 계획이었다. 물속을 통과시킨 전선을 폭발 위험이 있는 산소 탱크가 있는 좁은 공간에 집어넣는다는 것은 아무리 좋게 말해도 이상적이라고 할 수 없었다. 그러나 전선이 없다면 수면 위와 통신을 할 수 없었고, 심해에 탐조등을 비출 수도 없었다. 둘 중 어느 것도 포기할 수 없었다.

배시스피어 호가 바닷속으로 내려가기 시작했다. 수심 20미터 정도까지는 익숙한 풍경이 펼쳐졌다. 비비와 바턴이 헬멧 잠수를 하던 시절부터 보아왔던 청록색의 수중 경관이었다. 수면 위에서는 비비의 조수인 날씬한 금발 여성 글로리아 홀리스터가 권양기에서 케이블이 천천히 풀려나가는 동안 점점 깊어지는 수심을 전화로 전달해주었다. 반대로 비비는 홀리스터에게 관찰 결과를 불러주며 받아 적도록 했다. 수심 약 60미터부터 빨간색, 노란색 빛의 파장이 사라지고 녹색, 파란색, 보라색만 남았다. 획 하고 스쳐가는 새빨간 새우도 칠흑 같은 검은색으로 보였다.

수심 90미터에서 그들은 급히 잠수를 멈췄다. 바턴이 해치에서 물이 똑똑 떨어지는 것을 보았기 때문이다. 결코 유쾌한 순간일 리 없었지만, 비비는 당황하거나 잠수를 중단하지 않고 배시스피어 호를 더 빠른 속도로 내려달라고 요청했다. 수압이 높아지면 더 단단히 밀폐되리라고 생각했던 것이다.⁹ 그의 생각은 옳았다.

하강은 계속되어 수심 120미터, 150미터 지점을 지났다. 수심 180미터 정도에서 전선에 불꽃이 튀었다. 바턴이 달려들어 고무호스를 잡고 흔들자 불꽃이 멈췄다. 수심 210미터에서 비비는 하강을 잠깐 멈춰달라고 요청한 후 주변을 둘러보며 마음을 진정시켰다. 그리고 현재 자신들이 도달한 위치의 중요성에 대해서 생각했다. 그는 홀리스터에게 말했다. "이보다 더 깊이 내려가본 사람은 죽은 자들뿐이었어."¹⁰

특히 비비의 마음을 사로잡은 것은 그곳의 기묘한 빛이었다. 가시광선이 거의 남아 있지 않은 심해에서는 순도 높은 암청색만 선명하게 빛나고 있었다. 완전한 어둠의 문턱에서 마지막으로 남은 빛의 흔적은 섬뜩할 정도로 찬란했다. 비비는 나중에 이렇게 기록했다. "우리는 그 낯선 빛을 살아서 목격한 최초의 사람들이었다. 그 빛은 우리가 상상할 수 있는 그 무엇보다도 기이했다. 지상에서 보았던 그 어떤 것과도 다른, 형언할 수 없는 그 반투명한 푸른색은 우리의 시신경을 극도로 혼란스럽게 자극했다."¹¹ 비비는 그 푸른색이 너무나 강렬해서 언어로는 표현할 방법이 없다고 느꼈다. 색이라기보다는 하나의 감정에 가까운 그것은 "물리적으로 눈을 통과해 들어와서 존재 안까지 파고드는 것 같았다."

비비와 바턴은 원래 수심 약 300미터까지 내려갈 생각이었지만, 비비의 머릿속에서 경종이 울리기 시작했다.¹² "나의 인생에서 대여섯 번의 중요한 순간마다 머릿속에서 울렸던 경고였다"라고 비비는 회상했다. 결국 그는 수심 약 240미터에서 하강을 중지해줄 것을 요청했다.

올라오는 길에는 모든 것이 순조로워 보였다. 비비는 현창 앞을 스쳐 지나가는 동물들에게로 시선을 돌렸다. 반짝이는 작은 물고기와 해파리들이 둥둥 떠다니거나 아래로 곤두박질치거나 빠르게 지나가며 탐조등 불빛의 안팎을 드나들었다. 비비는 다음번부터는 첫 잠수의 두려움을 잊고 심해 생물의 종을 식별하는 데에 집중해보자고 다짐했다. 배시스피어 호가 무사히 모선의 갑판 위로 올라온 후 볼트가 풀리고 무게 180킬로그램의 해치 뚜껑이 들어 올려지자, 그 안에 있던 두 사람이 햇빛 속으로 기어 올라왔다. 심해의 어둠 속에서 신비롭게 빛나던 푸른색에 비하면 수면 위의 햇살도 무색해 보였다. 비비는 자신들의 중대한 성과에 대해서 다음과 같이 선언했다. "마침내 완전히 새로운 세계를 향한 창이 인류의 눈앞에 열렸다."[13]

※

그후 4년간 비비와 바턴은 33번이나 더 잠수해서 마침내 수심 923미터에 도달했다. 비비는 수심 180미터 아래의 영역이 온갖 생물로 들썩이는 나이트클럽 같은 곳이라는 사실을 알게 되었다. 홀리스터가 미끼 삼아 현창 옆에 걸어놓은 오징어 사체를 들여다보면서 배시스피어 호 앞을 춤추듯이 지나가는 생물들의 행렬은 닥터 수스(여러 독특한 캐릭터들을 창조한 미국의 유명한 동화 작가/역주)라고 해도 상상하지 못했을 모습이었다. "나는 코와 입을 손수건으로 감싸고 9톤의 물로부터 나의 얼굴을 든든하게 지켜주는 차가운 유리, 오래된 지구의 한 조각인 그 투명한 물질에 이마를 붙인 채 웅크려 앉아 있었다."[14]

비비는 "두 눈의 모든 막대세포와 원뿔세포를 동원하여" 바깥을 관찰하며 넋을 잃었다. 집게 같은 턱을 가진 톱니장어가 뱀 같은 몸을 구불거리며 미끼에 달려들고, 바다달팽이 무리가 꼬마 요정들처럼 날개를 펄럭이며 지나가고, 몸길이 15센티미터에 이빨은 칼날처럼 날카롭고 턱에는 빛을 발하는 수염을 늘어뜨린 드래곤피시가 칠흑 같은 물속에서 작지만 섬뜩한 모습을 드러냈다. 손바닥만 한 크기에 둥근 눈과 떡 벌어진 입을 가진 포식자들인 은빛 납작앨퉁이 무리가 크리스마스 트리 장식처럼 반짝였고, 초록색으로 빛나는 작은 샛비늘치들이 배시스피어 호 앞을 줄지어 지나갔다.

더 깊이 들어갈수록 생물들이 발하는 빛이 마치 은하계의 신호처럼 더 많은 선과 호를 그리며 어둠 속을 밝혔다. 챌린저 호의 탐사 덕분에 많은 심해 생물이 스스로 빛을 낼 수 있다는 사실이 밝혀졌고, 비비도 빛나는 반점 같은 발광기들이 몸에 있는 물고기를 관찰한 적이 있었다. 그러나 심해에서 벌어지는 불꽃놀이를 직접 목격한 것은 비비와 바턴이 처음이었다. "나는 10센트 동전 크기만 한 커다랗고 눈부신 빛이 나를 향해 꾸준히 다가오는 것을 지켜보았다." 비비는 이렇게 회상했다. "그런데 아무런 예고도 없이 그 빛이 확 하고 터지는 것처럼 보이는 게 아닌가. 놀란 나는 얼른 창문에서 머리를 뗐다."[15]

더 무시무시한 것은 빛으로 자신의 존재를 알리지 않고 어둠 속에 숨어 몰래 다가오는 방문자들이었다. 비비는 탐조등의 범위 밖에서 움직이는 커다란 짐승들의 유령 같은 형체를 감지했다. 한번은 수심 747미터에서 거대한 생명체가 움직이는 모습을 얼핏 보기도 했다. "몸길이가 적어도 6미터는 되어 보였고, 비율상 몸의 두께도 상당했다."[16] 비비는 그 동물이 무엇인지 알 수 없었다. 그때까지 알려진 어떤 종과도 닮지 않은 수수께끼의 물고기들도 보았다. 비비는 신이 나서 자신이 목격한 것들에 대한 이야기를 의식의 흐름에 따라서 늘어놓았고 홀리스터는 그 내용을 충실하게 기록했다.

비비는 몸을 수직으로 세워 꼿꼿하게 선 자세로 마치 산책을 하듯이 물속을 누비는 길쭉한 물고기 4마리를 보았다고 증언했다. 머리는 주홍색, 몸통은 노란색, 등은 청록색이었고, 마치 악어의 턱을 축소해놓은 듯한 턱이 있었다. 가슴지느러미가 유난히 크고 꼬리는 없는 기이한 생김새의 회갈색 물고기도 있었다. 보라색과 노란색의 발광기로 이루어진 줄무늬를 가진 놀라울 정도로 예쁜 물고기도 있었다. 비비는 이 물고기에 대해서 "살면서 본 가장 아름다운 것으로 평생 기억에 남을 모습"이었다며 감탄했다.[17] 그러나 무엇보다도 인상적인 것은 벌어진 입안의 "수많은 송곳니"를 드러낸 채 배시스피어 호 옆을 유유히 스쳐간, 창꼬치처럼 생긴 몸길이 약 2미터의 연보랏빛 물고기 한 쌍이었다. 비비는 새롭게 발견한 이 물고기들에게 각각 심해 무지개 가아, 창백한 돛지느러미, 다섯 줄 별자리 고기, 무적의 배시스피어 물고기라는 화려한 이름들을 지어주었다.[18] 또한 린네식 학명의 형식에 맞춰 이 이름들을 라틴어로 옮기기도 했다.

※

잠수는 전반적으로 순조롭게 진행되었다. 그러나 비극이 될 뻔한 두 번의 사고로 인해서 실은 그때까지 행운이 많이 따라준 것이었다는 사실을 인정하지 않을 수 없었다. 무인 시험 잠수 도중에 현창 주변을 메운 밀봉재가 두 번이나 터지면서 배시스피어 호가 침수되었던 것이다.[19] 비비는 "만약 얼음처럼 차갑고 어두운 심해에서 그런 사고가 났다면 두 사람 모두 형체도 없이 으스러졌을 것"이라는 사실을 생각하지 않을 수 없었다.

당시 잠수정 안이 비어 있어서 아무 피해도 없었고 현창도 수리할 수 있었던 것은 행운의 여신이 그들의 편을 들어준 덕분이었다. 한편 이런 무시무시한 일화들은 자극적인 기사의 소재로 안성맞춤이었기 때문에 비비와 바턴은 대중의 관심을 넘치도록 받을 수 있었다. 두 사람은 심지어 수심 670미터에서 라디오 방송을 하기도 했다. 1933년 8월, 배시스피어 호는 시카고 만국박람회에서 스위스의 물리학자이자 발명가인 오귀스트 피카르가 만든 알루미늄 구체와 나란히 전시되었다.[20] 피카르는 이 구체를 거대한 수소 기구에 매달아, 성층권에 속하는 고도 1만6,200미터까지 올라가는 데에 성공했다. 높은 하늘 위로 올라가는 구체와 깊은 물속으로 잠수하는 구체는 인류의 대담한 개척 정신을 보여주는 한 쌍의 상징과도 같았다.

비비와 바턴의 계획에서 가장 골치 아팠던 부분은 두 사람의 협력 관계 그 자체였다. 서로 필요해서 손을 잡기는 했지만 두 사람 모두 그 관계가 탐탁지 않았던 것이다. 50대의 비비는 복잡한 성격의 인물이었으며 그가 해저에 들어간 것은 순전히 과학적인 목적 때문이었다. 한편 30대의 바턴은 비비처럼 유명해지고 싶다는 마음이 컸다. 그는 언론이 자신을 비비의 "조수"라고 부르는 것에 화가 날 뿐, 장어의 속屬 같은 것에는 아무 관심도 없었다. 바턴은 비비를 거만하고 성가신 사람이라고 생각했고, 비비는 바턴을 수동 공격적이고 답답한 사람이라고 생각했다. 두 사람은 배시스피어 호 안에서 붙어 앉아 있을 때를 제외하면 서로를 피해 다녔으며, 마지막 잠수 후에는 연락을 끊었다.

바턴은 자신이 해저에서 한 모험을 바탕으로 영화계에서 경력을 이어가보려고 했지만 실패했다. 반면 비비가 새롭게 쓴 책 『해저 800미터*Half*

Mile Down』는 출간 즉시 베스트셀러가 되었다. 「뉴욕 타임스」의 한 평자는 다음과 같이 극찬했다. "이 책으로 잠수구 붐이 일어날 것이다. 헨리 포드 같은 대량 생산 분야의 거물이 약삭빠르게 자신의 공장을 동원할지도 모를 일이다."[21] 그러나 그 쇠공은 더 이상 만들어지지 않았다. 한 대뿐인 배시스피어 호도 더는 사용되지 않았다. 다른 과학자들, 특히 어류학자들이 배시스피어 호의 잠수를 단순한 곡예 정도로 무시하자 비비도 해양 연구에 대한 열의를 잃고 말았다. 과학자들은 기이한 물고기들에 관한 비비의 증언을 비웃었다. 그리고 비비가 어두컴컴한 심해에서 잠깐 지나갔을 뿐인 종에 마음대로 이름을 붙일 자격이 없다고 주장했다. 다섯줄 별자리 고기라니 대체 그것이 **무엇이란** 말인가? 비난에 시달리다 못한 비비는 다시 밀림으로 관심을 돌렸다.

사람들의 관심이 멀어진 후에도 심해는 변함없이 그곳에 존재했다. 1948년에 오귀스트 피카르는 그동안 개발한 새로운 기계를 공개했다. 바로 잠수정이었다. 배시스피어 호의 후속작이자 대대적으로 개량된 형태였다. 피카르는 잠수구를 케이블로 매달아 움직이는 방식이 터무니없다고 생각했다. 그는 자율적으로 운행하는 자신의 잠수정으로 비비와 바턴보다 더 깊은 곳까지 내려갈 계획이었다. 체펠린 비행선과 매우 흡사한 이 거대한 잠수정을 피카르는 '심해선'이라는 뜻의 바티스카프라고 불렀다.

※

커비와 나는 파이시스 5호에서 나와서 격납고처럼 생긴 건물을 가로질러 잠수정 위층에 있는 그의 사무실로 향했다. 하와이 해저 연구소의 실내 장식을 설명하자면, 이른바 "남자의 동굴 스타일"이라고 할 수 있을 것이다. 다만 "스타일"이라고 할 만한 것은 없었다. 그곳은 궁극의 차고였다. 수백 제곱미터의 공간에 각종 기계와 공구, 작업대, 잠수 장비, 예비 부품들, 그리고 장비를 만지작거리고 있는 서핑용 반바지 차림의 남자들이 가득했다. 운반용 트레일러 위에는 고무보트들이, 선반 위에는 모서리가 접힌 설명서들이 쌓여 있고, 천장에는 보트 바깥쪽에 다는 모터들이 매달려 있었다. 합판으로 된 벽에는 해양 관련 포스터와 파이시스 호가 소개된 잡지 기사들이 압정으로 꽂혀 있었다. 냉장고는 "심해 잠수정 조종사 협회", "슈미트 해양 연구소", "포세이돈 USA", "미크로네시아 추크 라군 수상 스포츠" 등 누가 보더라도 해저와 관련된 단체의 스티커들로 뒤덮여 있었고 난폭하게 날뛰는 상어가 그려진 범퍼 스티커에는 다음과 같은 문구가 자랑스럽게 적혀 있었다. "나는 백상아리에게 목격된 사람이다."

커비는 나를 자신의 사무실로 안내했다. 사진, 상패, 낡은 가죽 상자, 산호와 유목流木 조각 등의 기념품들로 가득한, 그의 애정이 잔뜩 담긴 공간이었다. 커비가 커피를 가지러 주방에 간 동안 나는 소파에 자리를 잡고 앉았다. 사실 소파가 아니라 자동차 뒷좌석을 뜯어다가 놓은 것이었다. 물어보고 싶은 것이 산더미였기 때문에 하루 종일 그곳에 앉아 이야기를 나누고 싶었다. 아니, 나는 커비의 이야기를 계속 듣고 싶었다. 그가 심해에서 했던 경험들에 대해서 세세히, 빠짐없이 듣고 싶었다. 심해에서 무엇을 보았느냐고 물어보면 커비의 입에서는 온갖 추억, 역사적인 이야기, 외딴 해산의 이름들, GPS 좌표, 사실, 수치, 날짜, 장소들이 쏟아져 나온다. 그는 자신이 했던 모든 잠수를 기억하는 것 같았다. 그뿐 아니라 잠수정에서 찍은 수천 장의 사진들, 몇 시간 분량의 영상, 1980년대부터 기록한 잠수 일지도 있었다. 그림 실력도 뛰어나서 바닷속에서 가장 좋았던 장소들을 그림으로 남겨놓기까지 했다.

해저화산인 로이히 해산은 커비에게 아주 친숙한 장소이다. 현재 하와이 제도의 새로운 섬이 되어가는 중인 이 산은 높이가 약 4,000미터인데, 꼭대기는 수심 1,600미터에 달한다. 하와이 제도의 다른 섬들처럼 로이히 해산도 열점에 의해서 형성되었다. 열점은 해저의 아래에서 생성된 마그마 기둥이 마침내 바깥으로 분출되는 지점을 말한다. 로이히 해산은 하와이 문화에서 가장 무시무시하면서도 가장 큰 숭배를 받는 불과 화산의 여신인 펠레의 작품이다. 40만 년 된 로이히 해산은 펠레 여신의 가장 어린 자식이라고 할 수 있다. 즉, 세계 최대의 화산인 마우나 로아 산, 세계에서 가장 활발한 활화산인 킬라우에아 산, 그리고 해저에서부터의 높이를 재면 세계에서 가장 높은 산으로 꼽히는 또다른 거대 화산인 마우나 케아 산의 발치에 앉아 있는 막냇동생이다. 로이히 해산이 언제쯤 상승하여 물 위로 모습을 드러낼지는 과학자들도 정확히 모른다. 어쩌면 약 10만 년 후일 수도 있고, 그보다 더 늦을 수도 더 빠를 수도 있다.

"로이히 해산에 처음 내려가본 건 1987년이었어요." 커비가 나에게 머그잔을 건네주고 책상 앞의 의자에 앉으며 말했다. "파이시스 5호를 타고 그곳으로 내려가면서 생각했죠. **활동 중인 해저화산으로 내려가다니 내가 뭘 하는 거지?**" 좋은 생각인지는 그 누구도 알 수 없었다. 안내인 역할을 해줄 지도도 없었고 분출물에 묻히거나 무너지는 용암선반(용암동굴 등이 생성된 후 내부를 흐르던 용암 일부가 벽면에 굳어서 남은 선반 모양의 구조/역주)에 깔리는 것을 피할 방법도 없었다. 해저의 활화산처럼 불안정한 곳에는 신중하게 접근해야 한다는 것을 커비도 알고 있었다.

그렇게 손에 땀을 쥐게 하는 정찰에 나선 잠수정은 어둠 속으로 내려가고 또 내려가다가 마침내 로이히 해산의 가장 높은 지점에 도착했다. 나중에 파이시스 봉우리라고 불리게 되는 지점이었다. 커비는 잠수정을 점검하면서 주변을 둘러보기 시작했다. 베개 모양의 검은 용암 더미와 철 성분의 존재를 알리는 적갈색의 광물층, 그리고 해류 속에서 느긋하게 흔들리고 있는 세균 가닥들이 보였다. 돌무더기는 흑요석으로 반짝이고 있었다. 지옥처럼 황량하면서도 아름다운 풍경이었다.

그때 갑자기 커비의 창문 앞에 높이가 30미터는 되어 보이는 거대한 봉우리가 나타났다. 봉우리의 옆면에서 자라난 굴뚝들에서는 투명한 액체가 뿜어져 나오고 있었다. 커비는 그 기묘한 형태가 무엇인지 알고 있었다. 바로 열수공이었다. 그러나 갈라파고스 제도의 심해저에서 열수공이 처음 발견된 것은 그로부터 겨우 10년 전의 일이었다. 과학자들이 이제 막 그 구멍들을 연구하기 시작하면서 그 기이함에 놀라워하던 때였다. 열수공은 마치 육지의 온천처럼 화산 활동이 활발한 지역에서 형성되어 지구의 뜨거운 배관에서 올라온 해수, 광물, 가스, 미생물이 뒤섞인 혼합액을 뿜어낸다. 이 혼합액이 심해의 차가운 물과 만나면 광물이 침전되면서 다양한 높이의 굴뚝들이 형성된다. 커비는 눈앞에 나타난 거인에 "펠레 여신 열수공"이라는 이름을 붙였다. 그 순간에는 여신에게 경의를 표하는 것이 현명한 일 같았다.

첫 잠수 이후 과학자들은 계속해서 그곳에 다시 가보고 싶어했다. 커비는 로이히 해산의 뒤틀린 녹회색 굴뚝과 음산한 황토색 바위들, 돌들이 흩어져 있는 분화구 위로 마른 핏자국처럼 보이는 무엇인가가 줄무늬를 이루는 풍경에 익숙해졌다. 그곳에는 흔하지 않은 동물들도 있었다. 커비는 두꺼비 같은 생김새의 물고기 슬라데니아 레미게르*Sladenia remiger*와 자주 마주쳤다. 발처럼 생긴 지느러미로 바위 위에 쪼그려 앉는 아귓과의 이 물고기는 너무 못생겨서 오히려 귀여웠다. 강철 빛깔의 장어들도 현창 앞을 지나가고는 했다. 긴꼬리장어과에 속하는 이 물고기는 목 부분에 아가미구멍이 마치 칼에 베인 자국처럼 나 있어서 "목이 베인 장어"라는 별명이 붙었다.

커비는 유령상어라고 불리는 은상어도 목격했다. 이들은 커다란 머리에 뾰족한 주둥이와 비행기 날개 같은 지느러미, 길게 늘어진 꼬리, 그리고 은화처럼 둥글게 반짝이는 눈을 가진 원시적인 연골어류이다. 몸통에 측선側線이라는 감각 기관들이 서로 얽힌 채 둘러져 있어서 마치 실로 꿰매거나 퍼즐 조각을 맞춰놓은 것처럼 보인다. 가끔은 회색 외계인처럼 길쭉한 눈에 핼러윈 호박등처럼 활짝 웃는 표정의 가짜고양이상어가 패션 모델처럼 휙 하고 지나갔다. 이들은 현명하게도 평생 인간들과 최대한 멀리 떨어져 살기 때문에 우리에게 거의 알려지지 않은 상어종이다.

기억에 남을 만한 어느 잠수 도중 파이시스 호는 굵은 몸통, 얼룩덜룩한 피부에 톱날처럼 생긴 입을 가진 태평양잠꾸러기상어의 환영을 받았다. 이 심해어는 지구상에서 가장 오래된 척추동물로 수명이 최대 400년에 달하는 그린란드상어와 가까운 친척 관계이다(한때 연구자들은 이 둘이 같은 종이라고 생각했다).[22] 태평양잠꾸러기상어는 눈에 잘 띄지 않지만 백상아리만큼 덩치가 커서, 향유고래를 제외하면 대왕오징어를 사냥하는 유일한 포식자로 알려져 있다. 그린란드상어의 뱃속에서는 북극곰이 발견된 적도 있다.

커비는 나에게 잠꾸러기상어가 극적인 명암 대비 속에서 미끄러지듯이 헤엄치며 잠수정 두 대에 연달아 접근하는 모습을 찍은 영상을 보여주었다. 신이 난 과학자들이 그 모습을 보며 환호하는 소리가 배경으로 들렸다. 이상할 정도로 순해 보이는 상어였다. 몸은 오래된 화강암처럼 얼룩덜룩하고, 눈은 각막을 갉아 먹는 기생충 때문에 새하얗게 변해 있었다. 내가 그동안 보았던 그 어떤 상어와도 달랐다. 깊은 바닷속보다는 심원한 시간, 사라진 시대에서 온 방문자처럼 보였다. "저 녀석을 봐요." 커비가 화면을 가리키며 말했다. "고대 하와이에 로이히 해산을 떠돌던 정령이 있었다면 바로 저 녀석이었을 거예요."

※

1996년에 4,000회에 달하는 지진이 로이히 해산 주변의 해저를 뒤흔들었다. 하와이 제도에서 기록된 최대 규모의 지진이었다. 커비는 눈썹을 치켜올리며 그날의 일을 힘주어 설명했다. "대체 무슨 일인지 아무도 몰랐어요. 그냥 엄청난 일이 일어나고 있는 것 같았죠." 파이시스 호는 재빨리 탐사에 나섰다. 그런 때에 심해의 화산 분출지로 내려가는 것은 평범한 사람들이 할 만한 일은 아니었지만, 과학자들에게는 놓칠 수 없는 기회였다. 그렇다고 어마어마하게 위험하지 않다는 뜻은 아니었다.

해저의 화산이 언제나 점잖게 모습을 드러내지는 않는다. 특히 악명 높은 분출이 일어났던 1952년 9월에 해군의 심해 수중 청음기에는 도쿄에서 남쪽으로 370킬로미터 떨어진 태평양의 한 지점에서 발생한 커다란 폭발음이 연속적으로 감지되었다.[23] 그곳은 지각 활동이 활발한 것으로 알려진 위치였으며, 2개의 해양판이 충돌하는 긴 호 형태의 경계선의 일부였다. 인근 해저에서도 활화산들이 발견되었다.

그후 1주일간 발작적으로 이어진 폭발은 여러 번의 쓰나미를 일으켰다. 종종 몇 시간이나 지속되는 천둥번개가 동반되기도 했다. 한 어부는 "커다란 불꽃이 하늘로 치솟았다"고 증언했고 또 어떤 사람은 "불기둥"을 보았다고 말했다. 해양 관측자들은 바닷물이 마치 거대한 거품처럼, 가장자리에서 폭포수를 쏟으며 60미터 크기의 돔 형태로 수면 위로 솟구치는 모습을 목격했다. 그러더니 마치 바다 자체가 내는 듯한 으르렁거리는 소리, 끙끙거리는 소리와 함께 물이 역겨운 녹색으로 바뀌면서 물고기의 사체들을 토해냈다. 그 지점의 상공을 비행하던 미국 공군 조종사들은 들끓는 거센 물결 속에서 뾰족뾰족한 검은 돌들이 튀어 올랐다가 다시 깊은 물속으로 가라앉는 것을 보았다.

해양지질학자들에게 이것은 초대형 사건이었다. 그래서 폭발이 멈췄을 때(알고 보니 일시적으로 멈춘 것뿐이었다) 31명의 일본인 과학자와 선원들이 연구선인 가이요마루 5호를 타고 그 활동을 직접 기록하기 위해서 나섰다. 그날 그들이 무엇을 보았는지는 결코 알 수 없을 것이다. 그 배는 다시 돌아오지 않았다. 며칠 후 인근 해상을 떠다니던 배의 잔해만이 발견되었다. 용암 파편에 맞아 부서진 모습이었다.

수백 톤에 달하는 화산 분출물을 1,500미터 위에 있는 수면 밖으로 쏘아 올리는 힘이 어느 정도일지 상상하기란 쉽지 않지만, 어쨌든 잠수정을 타고 그 근처에 가는 일은 피하는 것이 상책일 것이다. 게다가 하와이 제도는 불안정한 암석들이 많은 곳이다. 커비의 사무실 밖 벽에 걸려 있는 하와이 제도의 해저 지형도에는 바다 밑바닥의 광대한 파편 지대가 표시되어 있었다. 방갈로, 건물, 혹은 도시의 한 구역만 한 크기의 암석들이 약 10만 제곱킬로미터에 걸쳐 흩어져 있는데 이것은 하와이 제도의 육지 면적 전체를 합친 것보다 5배 이상 넓었다.[24]

그 지도의 의미를 아는 나는 겸허해졌다. 과거에 이곳에서 일어난 엄청난 지각 변동으로 화산이 솟아오르며 흔들리고 일부는 붕괴되면서 대규모의 해저 산사태가 발생했다는 뜻이었다(산사태 일부는 초대형 쓰나미를 불러왔을 것이다. 하와이 섬의 높은 언덕 위에서 산호 조각들이 발견되는 것도 그 때문이다).[25] 연이어 발생한 대규모 지진으로 해저에서 벌어진 이 대재앙을 아는 사람이라면 누구나 생각했을 것이다. 혹시 로이히 해산도 그때처럼 그렇게 이동하고 미끄러지고 허물을 벗고 있는 것 아닐까?

"초조했죠." 커비도 인정했다. "현장으로 나갔더니 그때도 여전히 해저에서 활동이 일어나고 있더라고요. 그 충격파가 배에 닿을 때마다……쾅! 그런 곳에 내려가서 무슨 일인지 확인해야 했던 거예요." 그는 웃으며 말을 이었다. "그 화산을 탐사한 지 9년째가 아니었다면, 그런 잠수는 절대 하지 않았겠죠."

커비는 파이시스 5호를 타고 조심스럽게 천천히 내려갔다. 깊은 바닷속의 물이 탁한 것이 어쩐지 불안해서 가슴이 쩌릿쩌릿하기까지 했다. 시야가 점점 흐려졌다. "펠레 여신 열수공이 있어야 할 곳까지 올라갔어요. 거대한 비탈의 가장자리에 다다른 후에 우리는 잠시 멍하니 바라보고만 있었죠." 무슨 일이 벌어졌는지 이해하는 데에 잠깐 시간이 걸렸다. 펠레 여신 열수공이 사라지고 없었다. 그 자리에는 300미터 깊이의 구멍만 남아 있었다. 화산 내부에 축적된 마그마, 그 용융鎔融 상태의 중심부가 밖으로 빠져나와 열곡대로 흘러 내려가면서 봉우리가 무너진 것이었다. 나중에 과학자들은 새롭게 생성된 함몰 분화구에서 최대 온도가 섭씨 200도에 달하는 열수가 뿜어져 나오는 것을 발견했다.

커비는 조심조심 분화구 안으로 내려갔다. "어느 순간부터 아무것도 안 보였어요." 주황색 세균 덩어리와 하얀색의 퇴적물 부스러기들이 잠수정 주변에 눈보라처럼 몰아쳤다. 커비는 음파 탐지기를 통해서 파이시스 호가 분화구 벽 앞까지 아슬아슬하게 와 있다는 사실을 알았다. 그가 추진기를 써서 후진하자, 단단히 고정되어 있지 않던 바위들이 우르르 떨어지기 시작했다. "추진기 때문에 온갖 게 굴러 떨어지길래 얼른 그곳에서 빠져나왔어요." 커비가 씩 웃으며 말했다. "그후로 화산 잠수에 완전히 중독되었죠."

✳

심해 잠수정은 어쩔 수 없는 위험을 안고 있지만, 실제 현장에서의 안전 기록은 훌륭한 편이다. 일본 잠수정 내부에서 발생한 전기 화재로 2명의 승조원이 유독 가스에 질식사했던 1974년 이후로 유인 잠수정에서 발생한 사망자는 한 명도 없었다.[26] 다만 심해에서 아찔했던 상황은 많았고 파이시스 호도 예외는 아니었다. 커비도 그가 "불편한 일"이라고 부르는, 위험했던 순간들이 있었음을 인정했다. 한번은 커비에게 훈련을 받던 조종사가 파이시스 4호를 좁은 협곡 속으로 몰고 들어갔다가 암벽 사이에 끼인 적이 있었다. "기겁을 하더라고요. 그 친구의 머릿속에서는 이미 문이 닫히고 그 안에 갇혀버린 거죠." 한참 어르고 달랜 끝에야 훈련생을 진정시킬 수 있었고 잠수정도 결국 무사히 빠져나왔다. "공포가 사람을 죽이는 거예요." 커비는 말했다.

파이시스 호는 때때로 해저의 파동에 휩쓸리기도 했다. 조수의 움직임과 수온, 밀도의 차이 때문에 발생하는 내부파內部波는 마치 강물처럼 대양의 내부를 빠르게 통과하며 흐른다. 잠수정은 빠르게 이동하도록 설계되지 않았다. 최대 속도는 3노트(시속 약 5.5킬로미터)이며 그 이상이 되면 통제가 불가능하다. 한편 내부파는 심해에서 가장 강력한 힘이다. 이 거대한 파동 일부는 높이가 약 450미터에 달하고 수백 킬로미터에 걸쳐 뻗어 있기도 한다. 그리고 그 안에 갇히기 전까지는 대개 육안으로 보이지 않는다. 2014년에는 중국의 한 잠수정이 이 내부파에 휩쓸려 심해의 골짜기로 끌려 내려갔다가 간신히 빠져나왔다. 잠수정의 선장은 그때의 기분에 대해서 "빠르게 달리던 차가 갑자기 절벽으로 뛰어드는 느낌"이었다고 회상했다.[27] "나도 프렌치 프리깃 환초에서 경험한 적 있어요." 커비는 말했다. "무엇에든 부딪치지 않으려고 애쓰면서 해저를 따라 거의 날아갔죠."

　해수면 아래에서 조종사가 처할 수 있는 수많은 난관들 중에 가장 큰 위험은 낚시 도구나 케이블, 각종 잔해, 혹은 밧줄과 얽히는 것이다. 수심 1,500미터의 바닷속에서 그런 일이 생기면 다른 방법이 없다. 그저 어떻게든 잠수정을 빼내야 한다. "나도 두 번 걸려봤어요." 커비가 진지한 표정으로 말했다. 처음으로 경험했을 때에는 초보였다고 한다. "풋내기 조종사 시절이었는데 새우잡이 그물의 줄에 걸려버렸어요. 거기에서 빠져나오지 못하면 죽는다는 걸 알고 있었죠." 두 번째 경험은 비교적 최근이었다. 예인선이 버리고 간 케이블 뭉치와 얽혀버린 것이었다. "그럴 때 허둥대며 이리저리 움직이는 건 최악의 방법이에요. 일단 멈춰 서서 방향을 잘 살핀 다음에 상황을 객관적으로 판단해야 합니다." 커비는 두 번 모두 마장마술을 하듯이 몇 시간 동안 요리조리 움직인 끝에 가까스로 탈출했다고 덧붙였다. "나를 돕는 건 나 자신뿐이에요. 이게 우리의 좌우명이죠."

커비는 2대의 잠수정이 함께 들어가면 안전상의 이점이 있다고 설명했다. 한 잠수정이 다른 잠수정을 구하러 와줄 수 있기 때문이다. 그러나 상황에 따라 도움을 주지 못할 때도 있다. 게다가 충돌의 위험도 생긴다. "저 아래로 내려가면 규칙을 엄격히 지켜야 합니다. 잠수정은 범퍼 카가 아니니까요." 파이시스 호에는 5일 분량의 생명 유지 장치가 실리기 때문에, 누구든지 물속에 갇히게 된다면 자신의 나약한 운명에 대해서 생각해볼 시간만큼은 충분할 것이다. 이것이 꼭 가상의 상황만은 아니다. 1973년에 해치 고장으로 외부 기계 탱크가 침수되어 과도한 무게가 실리는 바람에, 또다른 파이시스 잠수정인 파이시스 3호가 북대서양의 해저로 곤두박질치고 말았다. 기밀실에는 조종사 두 사람이 갇혀 있었다.

다행히 파이시스 3호는 해저의 부드러운 진흙 위로 떨어져서 큰 재앙을 피할 수 있었다. 수심 480미터는 구조 시도가 가능한 깊이이다(가까스로 암석 지대로 떨어지지 않았는데, 만약 그랬다면 손을 쓸 수 없었을 것이다). 여기까지는 좋은 소식이었다. 나쁜 소식은 잠수정 구조라는 것이 매우 복잡한 과정이어서 종종 무자비하게 흐르는 시간에 지고 만다는 것이었다.

당시 캐나다 기업의 소유로 브리티시컬럼비아 주에서 작업 중이던 파이시스 5호와 북해에서 케이블을 설치 중이던 파이시스 2호가 함께 현장으로 공수되었다. 물속에 갇힌 조종사 로저 채프먼과 로저 맬린슨은 긴 시간 동안 구조를 기다리며 파이시스 3호의 산소 비축량이 모래시계처럼 줄어드는 것을 지켜보고 있었다. 먼저 저체온증이, 그다음에는 탈수가, 그다음에는 이산화탄소 과호흡으로 인한 섬망이 찾아왔다. 악천후와 불운으로 구조 작업이 지연되다가 마침내 다른 잠수정들이 파이시스 3호를 기중기에 연결할 수 있었다. 채프먼과 맬린슨이 수면 위로 끌어올려졌을 때는 이미 그 구체 안에서 84시간을 버틴 후였다.[28] 탱크에 남은 산소는 단 20분 분량뿐이었다.

✴

이런 일들을 생각해본다면, 오귀스트 피카르의 심해선을 타고 수심 1만 1,000미터까지 잠수하는 데에는 분명 단순한 용기 이상이 필요했을 것이다. 그 누구도 내려가본 적 없는 깊이이자 인간이 내려갈 수 있는 최대 깊이였다. 개조를 거쳐 트리에스테 호라고 명명된 후 미국 해군의 소유가 된 심해선은 1960년 1월 23일, 마리아나 해구로 내려가서 길이 50킬로미터, 너비 8킬로미터의 챌린저 해연에 도달할 계획이었다. 바다에서 가장 깊은 지점이었다.

  비비와 바턴의 공을 무시할 생각은 없지만, 이것은 차원이 다른 도전이었다. 버뮤다 제도의 바닷속으로 뛰어드는 정도가 아니라 태평양의 가장 깊은 곳에서 입을 떡 벌리고 있는 골짜기 안으로 들어가는 것이었다. 과연 트리에스테 호가 해낼 수 있을까? 가능해 보였지만 확신은 할 수 없었다. 1948년에 최초의 심해선이 첫 시험 잠수에서 수심 1,400미터까지 내려갔을 때 피카르의 설계는 이미 검증된 셈이었다(비록 도중에 몇 가지 문제가 있기는 했지만 말이다). 이 잠수정은 위가 아니라 아래로 향하는 열기구와 같았다. 얇은 금속 외피에 감싸인, 비행선처럼 생긴 길이 18미터의 부력 장치 아래에 탑승 공간인 강철 구체가 곤돌라처럼 매달린 형태였다. 피카르는 부력 장치 안에 물보다 가벼운 비압축성 유체인 휘발유를 약 10만 리터 채우고, 10톤 혹은 그 이상의 밸러스트 추를 매달자는 아이디어를 냈다.[29] 바닷속으로 내려갈 때는 조종사가 휘발유를 일부 배출하여 더 무거운 바닷물이 흘러들게 함으로써 음성 부력을 얻고, 반대로 위로 올라갈 때는 밸러스트 추를 떨어뜨리는 방식이었다.

트리에스테 호의 운영비를 충당해야 했던 피카르는 1956년에 미국 해군에 협업을 제안했다. 아들인 선박 기관사 자크와 함께 건조 비용은 간신히 마련했지만, 그렇게 만든 잠수정이 어디인가로 내려가려면 모선과 지원 인력, 그리고 두둑한 예산이 있어야 했기 때문이다. 해군 입장에서는 솔깃한 제안이었다. 냉전이 치열하던 시기에 심해는 군사적으로 전망이 밝은 분야였다. 미국과 소련은 이미 인간을 우주에 보내기 위해서 경쟁 중이었고, 바다는 또다른 전장이었다. 여러 번의 시험 잠수 끝에 해군은 트리에스테 호를 구입하겠다고 제안했다. 피카르도 동의했지만 대신 조건이 있었다. "특별한 문제"를 다루는 임무일 경우, 아들인 자크가 2명의 조종사 중 한 사람으로 참여한다는 것이었다.

챌린저 해연은 더할 나위 없이 특별하고 문제가 많은 곳이었기 때문에 이 역사적인 잠수의 조종사 자리는 한 자리만 비어 있는 셈이었다. 그 자리는 스물여덟 살의 잠수함 대위인 돈 월시에게 돌아갔다. 캘리포니아 주 버클리 출신으로 성격도 좋고 실력도 뛰어났던 월시는 트리에스테 호 임무에 어떤 일들이 수반되는지를 다 알기도 전에 자원한 인물이었다. "그냥 재미있을 것 같았어요." 월시는 기자에게 이렇게 말했다. "색다른 일이잖아요?"

물론 재미있는 일이었다. 인간에게는 너무나 혹독한 환경이어서 단 한 번의 실수로도 뼈가 으스러져 흐물흐물해질 수 있는 미지의 영역으로, 아직 실험 단계인 탈것을 타고 들어가는 일을 재미있다고 생각한다면 말이다. 무모한 도전을 하려는 사람은 없었다. 다만 계산된 위험이 있을 뿐이었다. 세상이 떠들썩해지는 재난이 발생하는 것은 미국 해군이 가장 원하지 않는 일이었다. 그러나 실패의 위험 없이 마리아나 해구로 잠수하는 방법은 없었다. 알려지지 않은 요소가 너무 많은 곳이었다. 월시와 자크는 자신들이 어떤 지형에 착륙하게 될지조차 몰랐다. 해군의 한 과학자는 해구의 바닥이 끈적거리는 죽 같은 상태여서 마치 유사流沙처럼 그 안에 빠져들지도 모른다고 우려했다. 자크도 이렇게 걱정했다. "혹시 우리가 바닥에 닿았다는 사실을 깨닫기도 전에 그 속으로 가라앉아 사라지는 것은 아닐까?"**30**

잠수 당일, 태평양은 비협조적이었다. 약 7.6미터 높이의 파도가 수면을 뒤흔들며 트리에스테 호를 강타했다. 잠수정 외부의 장비 일부가 떨어져 나가자 자크는 고민할 수밖에 없었다. "이런 상황에서 수심 1만 1,000미터의 바닷속으로 잠수하는 것은 순전한 광기일까?"**31** 그러나 그렇지 않다는 결론을 내린 모양이었다. 오전 8시 15분에 자크와 월시는 부력 장치와 연결된 터널을 통해 탑승 공간 안으로 들어가서 해치를 닫고, 깊은 바닷속에서 무너지지 않도록 출입구용 터널에 물을 채웠다. 두 사람은 각자의 발판 위에 자리를 잡고 월시가 가져온 "점심 식사"(허쉬 초콜릿 바 15개)를 챙겼다. 그리고 휘발유의 일부를 배출하면서 해저로 내려가는 5시간의 여행을 시작했다.

잠수정 내부의 희미한 조명 아래에서 계기를 확인하며 자크와 월시는 박광층, 무광층, 심해저대를 지나 초심해저대로 들어갔다. 응결된 물방울들이 벽을 타고 뚝뚝 떨어졌고 내부 공기는 차고 축축했다. 트리에스테 호에는 현창으로 약 7.6센티미터 크기의 창 하나만 있어서, 그 창을 두 사람이 공유해야 했다. 그 현창이 1제곱센티미터당 약 1,000킬로그램의 압력을 견뎌내고 있다는 사실은 너무 깊이 생각하지 않는 편이 좋았다. 비비가 발견했던 무적의 배스피어 물고기 같은 화려한 생물은 창밖에 전혀 보이지 않았다. 생물체가 발하는 약간의 빛과 끊임없이 떨어지는 바다눈뿐이었다.

수심 9,450미터에서 정적이 끊기고 온몸이 굳는 공포의 순간이 찾아왔다. 둔탁한 폭발음 같은 소리가 잠수정을 뒤흔들었다. "뭘까 싶었죠." 월시는 담담하게 회상했다. 그러나 트리에스테 호는 계속 하강했고 별 재앙도 없었기 때문에 두 사람도 불안한 마음을 안고 그냥 넘어갔다. 모든 해저탐험가들이 그렇듯이 그들도 심해에서 심각한 문제가 발생하면 대처할 시간 따위는 없다는 사실을 알고 있었다. 한 잠수정 전문가의 표현대로 "딸깍 하는 소리를 들을 정도의 시간밖에 없을 것이다."[32]

다시 말해서 그들이 아직 살아 있다면 그렇게 나쁜 상황은 아니라는 뜻이었다. 마침내 두 사람은 구체 위쪽의 출입구용 터널에 금이 갔다는 사실을 알아냈다. 이상적인 상황은 아니었지만 그렇다고 치명적인 위험도 아니었다. 최악의 경우라도 수면 위로 올라갔을 때 트리에스테 호 바깥으로 나가는 일이 지연되는 정도였다. 일단은 무사했다. 그러나 잠수정은 여기저기에서 삐걱거리고 끼익거리고 끙끙거리는 불협화음을 내며 초심해저대의 깊이와 싸우고 있었다. 나중에 자크는 이렇게 썼다. "우리는 트리에스테 호의 검증된 능력 이상을 시험하고 있었다. 머리 위에 있는 부력 장치 안에서는 휘발유가 수축하면서 얼음같이 차가운 물이 흘러

내리며 잠수정을 점점 더 무겁게 만들고 있었다. 그 차가운 물이 마치 나의 혈관을 흐르고 있는 느낌이었다."[33]

마침내 해저가 시야에 들어왔을 때 잠수정의 외부 조명에 비친 모습을 보고 자크는 "코담배색의 진흙 찌꺼기"라고 묘사했다.[34] "좋아, 해냈군." 월시가 현창에 눈을 댄 채 말했다. 그리고 모선에 연락을 취했다. "여기는 트리에스테. 6,300패덤(약 1만1,500미터) 깊이의 챌린저 해연 바닥에 도달했다. 오버." 놀랍게도 통신 시스템은 제대로 작동했다.

해구의 바닥은 매끄럽고 평평했으며 그 위에 덮인 퇴적물은 입자가 너무 고와서 트리에스테 호가 착륙하자 뿌얀 안개가 피어오를 정도였다. 월시와 자크는 원래 사진을 찍을 계획이었지만, 퇴적물이 사방으로 피어올라 시정視程이 흐렸다. 그렇게 특별한 목적지에 도착했는데 앞이 잘 보이지 않는다니 아이러니한 노릇이었다. 어쨌든 두 사람은 수온을 측정하고(섭씨 2.5도였다) 물의 흐름을 확인했다(흐름은 전혀 감지되지 않았다). 해저에서 머무르는 20분 동안 월시와 자크는 길쭉하고 평평한 무엇인가가 헤엄쳐 가는 것을 목격했다. 초심해저대가 텅 빈 무덤이 아님을 알려주는 첫 번째 단서였다.

✳

오후 내내 커비는 나에게 이런저런 이야기를 계속했지만, 대화가 끊길 기미는 보이지 않았다. 어쩌다가 무심코 나온 말에도 마치 파티장에 매달린 장식용 색종이처럼 사연들이 줄줄이 따라붙었다. 커비가 "우리가 장어 도시를 떠난 후에……"와 같은 말을 한마디 던지면 나는 얼른 끼어들어서 "잠깐만요, 장어 도시가 뭐예요?"라고 물었고 그러면 커비는 다시 이야기를 뒤로 돌려 사모아 제도 근처의 해저화산인 바일룰루우 해산을 탐사할 때 울퉁불퉁한 용암 언덕과 마주친 이야기를 해주었다. 처음에는 그저 평범해 보였다고 한다. 그러나 잠수정의 로봇 팔로 건드리자, 그 언덕에서 보라색 장어들이 폭발하듯이 뿜어져 나왔다. "수백 마리쯤 되었어요." 커비가 그 영상을 보여주며 말했다. "처음에는 어디에서 나오는지 알 수가 없었어요. 다시 보니 그 바위 안에 있던 거였죠." 마치 용암에서 장어들이 부화되어 나오는 것처럼 보였다. 파이시스 호에 탄 과학자들은 입을 떡 벌렸다. 이 발견은 전 세계적으로 보도되었다.[35]

커비는 같은 곳에 있는 칼데라(강렬한 폭발로 화산의 분화구 주변이 붕괴, 함몰되면서 생긴 우묵한 화산 분지/역주) 바닥에서 약 300미터 높이로 자라난 원뿔 형태의 화산을 발견했다. 이미 존재하는 화산 안에서 새로운 화산이 솟아오른 것이었다. 이 원뿔은 거품이 부글거리는 산성수(酸性水) 층으로 둘러싸여 있었으며, 운 나쁘게 그 속으로 헤엄쳐 들어갔다가 목숨을 잃은 생물들의 사체가 떠 있었다. "상상할 수 있는 모든 게 다 있었어요." 커비는 회상했다. "물고기, 오징어, 새우, 장어……. 전부 화석이 되어가고 있었죠. 우리는 그곳을 '죽음의 해자'라고 불렀어요."

커비가 케르마데크 제도에 있는 화산 분화구 안으로 파이시스 5호를 몰고 내려갔을 때에는 실수로 유황 호수 위에 덮인 얇은 고체층에 착륙하는 바람에 잠수정의 표본 채집용 바구니가 녹아버린 적도 있었다. 뉴질랜드 인근의 기겐바흐 화산으로 잠수했을 때에는 대왕바리 가족이 슬금슬금 다가와서 마치 회계사들처럼 잠수정을 꼼꼼히 뜯어보기도 했다. 커비는 이렇게 말했다. "나는 정말이지, 그 녀석들이 가장 좋아요. 호기심이 정말 많거든요. 바로 앞까지 헤엄쳐 와서 내 얼굴을 똑바로 쳐다보는 물고기는 그 녀석들뿐이에요. 로봇 팔로 무슨 작업이라도 하면 무슨 일을 하는지 보고 싶어하고, 무엇인가를 움켜쥐기라도 하면 그걸 가지고 싶어하죠. 하여간 별난 놈들이라니까요."

황새치는 잠수정에 마음을 빼앗기기보다는 전속력으로 헤엄쳐 와서 들이받는 쪽이었다. 이런 충돌은 대개 황새치 쪽에 좋지 않은 결과로 끝났다. 하와이 제도 남서부에 있는 크로스 해산의 평평한 산꼭대기 위에는 호기심이 강한 또다른 물고기 무리가 있었다. 커비는 이곳에 쥬라기 공원이라는 별명을 붙였는데, 뭉툭코여섯줄아가미상어라고도 알려져 있는 헥상쿠스 그리세우스 *Hexanchus griseus* 10여 마리가 사는 곳이기 때문이었다. 여섯줄아가미상어는 백악기에서 막 헤엄쳐 나온 것처럼 생겼기 때문에 살아 있는 화석이라고 불리기에 손색이 없다(한 연구자는 이들을 "물속의 **티라노사우루스**"라고 불렀다). 이들은 현대의 다른 상어들과는 달리 아가미구멍이 5쌍이 아니라 6쌍이고, 등지느러미도 2개가 아니라 1개이며, 눈은 형광 녹색을 띤다. "**정말 큰 상어예요.**" 커비가 강조했다. "앉아 있는데 잠수정이 흔들리는 게 느껴지더라고요. 그 녀석들이 이리저리 밀고 들이받고 하니까요."

커비는 온갖 장관과 놀라운 자연사를 직접 목격했지만, 인간이 만들어 낸 것들과 관련된 잠수도 많이 했다. 그는 마셜 제도에 있는 에네웨타크 환초 근방에 핵폭발로 생긴 구덩이들 안으로 잠수정을 타고 들어가서, 1948년부터 1958년까지 미국이 42번이나 실시한 해 실험의 여파를 기록했다.[36] 그러나 그것이 커비가 목격한 최악의 인재는 아니었다.

커비는 잠수 도중 무분별한 어업이 초래한 피해를 수도 없이 목격하고 분노했다. 해저에서는 저인망 어선 때문에 금색과 검은색의 산호들로 이루어진 수천 년 된 산호초가 무너져 부스러기가 되었다. 경이로운 생물다양성을 자랑하는 해산들도 긁히고 무너져 흙더미로 변했다. 자연적으로 피해를 회복하려면 수천 년이 걸릴 파괴 행위였다. 버려진 전락망纏絡網, 자망刺網, 저인망, 유망流網, 주낙 등이 사방에 엉켜서 얼마 남지 않은 해양 생물들마저 죽이고 있었다. "바닷속에 어업 장비가 얼마나 많은지 말해줘도 못 믿을 거예요." 커비가 혐오스럽다는 듯이 말했다. "아주 외딴 바다에서도 그런 것들을 봤다니까요."

쓰레기도 넘쳐났다. 플라스틱뿐 아니라 온갖 종류의 쓰레기가 널려 있었다. 커비는 해저에서 가장 흔하게 볼 수 있는 것이 버드와이저 맥주 캔이라고 말했다. "환경에 무관심한 사람들이 특히 좋아하는 음료죠."

커비의 뒷마당이라고 할 수 있는 오아후 섬에서 그는 여러 전쟁의 잔해들과 100여 척의 난파선을 발견했다. 커비와 파이시스 호의 또다른 조종사인 스티븐 프라이스, 맥스 크리머는 하와이 제도의 바닷속으로 가라앉은 군사 역사의 전문가들이 되었다. 진주만 주변의 심해에는 19세기 후반에 건조된 순양함으로 북대서양 함대의 기함이었던 USS 볼티모어 호, 제2차 세계대전과 한국전쟁에서 활약한 전차 상륙함 USS 치턴든 카운티 호, 태평양전쟁에 참전한 포함砲艦 USS 베닝턴 호 등의 거대한 뼈대들이 흩어져 있었다. 1920년대의 비행정(조종실 지붕이 없는 형태의 수륙양용 복엽기) 8대로 구성된 비행대대, 일본의 고속 공격 잠수함, 그리고 미국의 S급 잠수함 2척 등도 있었다.

커비는 일본의 I-400급 잠수함 2척이 마치 잠시 주차를 해둔 것처럼 해저에 똑바로 서 있는 모습도 목격했다. 길이 120미터의 이 습격자들은 제2차 세계대전 당시에 최첨단 기술로 무장하고 수개월 동안 연료를 재보급하지 않고도 바닷속을 은밀히 돌아다닐 수 있었다. 그리고 잠수함마다 내부 격납고 안에 수상 폭격기를 3대씩 탑재하고 있었다. "그 잠수함들은 수면 위로 올라와서 거대한 수밀문水密門(선내에 들어오는 물을 차단하기 위해서 격벽에 설치되는 문/역주)을 열고 폭격기를 날려 보낼 수 있었어요." 커비는 이렇게 설명했다. "연합군은 이들의 존재조차 몰랐죠."

이 거대한 일본 잠수함들은 제2차 세계대전과 관련하여 오랫동안 풀리지 않았던 수수께끼의 중심에 있었다. 이 수수께끼를 해결한 것이 커비와 탐사진이었다. 제2차 세계대전 당시 일본은 수년간 극비리에 "소형 잠수정"을 개발했다. 승조원 2명과 어뢰 2기를 싣고 항구에 잠입할 목적으로 설계된 가미카제 함선이었다. 진주만 공습 전날 밤인 1941년 12월 6일, 이러한 소형 잠수정을 하나씩 실은 대형 잠수함 5척이 오아후 섬에 접근했다. 그리고 해안에서 약 16킬로미터 떨어진 지점에서 소형 잠수정들을 진수시켰다. 그들의 계획은 진주만으로 숨어든 후에 공습 개시에 맞춰 미군 전함에 어뢰를 발사하는 것이었다.[37]

그러나 이 소형 잠수정들은 결국 아무것도 파괴하지 못하고 스스로 파괴되었다. 부력 문제와 배터리 고장이 발생했고 1척에서는 염소 가스가 누출되었으며 또다른 1척은 산호초에 걸렸다. 결국 10명의 조종사 중 9명이 사망하고 1명만이 살아남아 해변으로 떠밀려 와서 미군의 첫 번째 포로가 되었다.[38] 그후 60년간 미국 해군은 이 소형 잠수정 5척 중에 4척을 찾아냈지만 나머지 1척은 계속 찾지 못하고 있었다. 사실 이 1척이 역사적으로 가상 중요한 잠수정이었다.

진주만 공습 전부터 미군은 적군의 잠수정이 잠복해 있을지도 모른다는 사실을 알고 있었지만, 그렇게 작을 줄은 미처 예상하지 못했다. 그래서 일본이 전면 공격을 개시하기 1시간 10분 전이었던 1941년 12월 7일 오전 6시 45분, 항구 입구를 순찰 중이던 구축함驅逐艦 USS 워드 호의 해병들이 아주 작은 사령탑을 발견하고 포격했다고 보고했을 때, 해군 본부에서는 그 누구도 크게 신경을 쓰지 않았다. 그전에도 잘못된 보고는 있었기 때문이다.

워드 호의 해병들이 격침했다고 주장한 그 잠수정이 바로 마지막까지 찾지 못했던 다섯 번째 잠수정이었다. 만약 그 잠수정을 찾는다면 여전히 논란의 대상인 그들의 증언, 즉 그 공격이 태평양전쟁의 첫 발포였다는 사실이 입증되는 것이었다. 커비, 프라이스, 크리머는 오랫동안 기회만 생기면 그 다섯 번째 잠수정을 찾으러 다녔다. "우리에게는 시간 여유도, 자금도 없었어요." 커비는 이렇게 설명했다. "개인적인 집착에 가까웠죠."

2002년까지 세 사람은 음파 탐지기 표적 38개를 확인했다. 가장 유력한 표적 하나가 남아 있었는데, 이것은 그들의 수색 범위에서 약 3킬로미터나 벗어난 곳에 있었다. 커비는 본능적으로 조사해볼 가치가 있다고 느꼈고, 그의 직감은 옳았다. 사령탑에 구멍이 난 소형 잠수정이 수심 약 360미터에서 발견된 것이다. USS 워드 호의 해병들이 묘사한 그대로였다. 측면에 퇴적물이 쌓이고 선체에는 산호들이 박혀 있었지만, 그것만 빼면 시간이 멈춘 듯한 모습이었다. 첫 발견의 흥분은 곧 그곳이 전몰자 묘지라는 서늘한 깨달음으로 바뀌었다. 잠수함 내부에 조종사 2명의 유해가 남아 있었던 것이다.

※

바닷속에 가라앉은 이 모든 역사의 한가운데에서 파이시스 호는 종종 더욱 위협적인 유물들과도 마주쳤다. 다양한 형태와 생산 연도의 폭탄들이 마치 아무렇게나 버려진 쓰레기처럼 오아후 섬의 해저에 흩어져 있었다. 물속에 잠겨 있는 이런 무기고를 하와이 제도에서만 볼 수 있는 것은 아니다. 1919년부터 1972년까지 군이 태평스럽게도 "해양 폐기"라고 불렀던 관행으로 인해서 전 세계적으로 수백만 톤에 달하는 실탄이 바닷속에 가라앉았다.39

우리는 치명적인 무기를 넘치도록 생산하는 문명에 불편한 질문들을 던져야 한다. 게다가 생물들의 안전에는 너무도 무관심했던 나머지 끔찍한 무기인 집속탄集束彈(하나의 폭탄 안에 여러 개의 작은 폭탄이 들어 있는 대량 살상 무기/역주)이나 독성 물질, 방사능 물질을 심해의 정확히 어디에 버렸는지 그 누구도 기록조차 하지 않았다. 커비는 오아후 섬의 해저를 돌아다니다 보면 그런 전쟁의 잔해를 쉽게 볼 수 있다고 말했다. "무기의 흔적들이 막 널려 있어요. 그 양이 어마어마해요."

그중 일부는 수십 년간 물속에서 비활성화된 상태여서 상대적으로 덜 위험했다. 그러나 해저에 버려진 화학 무기는 심각한 피해를 초래할 수도 있었다.40 "마크 47 겨자탄이 잔뜩 있는 곳을 발견한 적도 있어요." 커비가 회상하며 덧붙였다. "그 일로 육군 부차관보가 직접 찾아왔죠."

그 폭탄의 내용물이 침출되고 있지는 않은지, 언젠가 화학 작용제가 와이키키 해변의 물속으로 퍼져 나가지는 않을지, 혹은 누군가가 먹는 초밥에 들어가게 되는 것은 아닌지 아무도 알 수 없었다.41 겨자 가스가 바닷물과 만나면, 농축된 젤 형태가 되어 아주 오랫동안 바닷속에서 활성 상태로 남아 있게 된다(어부들이 그물에 걸린 겨자탄을 만져서 손에 화상을 입는 일이 자주 있다). 2007년 미국 의회 보고서에 따르면, 6만1,000발이 넘는 겨자탄과 박격포탄, 그리고 1,038톤의 황 기반 화학 작용제가 하와이 제도의 바닷속으로 버려졌다. "미확인 독성 물질과 사이안화 수소" 4,200톤, 그리고 0.5톤짜리 염화 시안 폭탄 1,100기와 사이안화 수소 폭탄 20기도 함께였다.

2012년에 파이시스 호는 현장으로 다시 내려가서 오염 여부를 검사해달라는 요청을 받았다. 커비는 이렇게 회상했다. "질량 분석기를 가지고 내려가서 그 폭탄들을 직접 살펴봤죠. 보호복을 입은 군인들도 잔뜩 와 있었어요."

화학 무기들은 손상되지 않고 남아 있었다. 군은 그것을 제거하는 작업이 더 위험하다고 판단하여 해저에 그냥 두기로 결정했다. 그러나 또 다른 종류의 무기, 즉 제2차 세계대전 당시 "헤지호그(고슴도치)"라고 불리던 대잠수함 무기는 그냥 무시하기 어려웠다. "헤지호그 서류철이 따로 하나 있죠." 커비가 책상 서랍을 열어 그 안을 뒤지더니 사진 한 장을 꺼내 들었다. "여기 해저에 큰 게 하나 누워 있잖아요." 금속 원통 위로 뾰족한 가시가 튀어나와 있어서 생김새만으로도 위협적인 헤지호그는 아주 미세한 접촉에도 폭발하여 물속으로 충격파를 방출할 수 있다. "그 중 하나만 잠수함에 부딪쳐도……." 커비가 말끝을 흐렸다. "하여튼 가까이 가지 않는 게 좋다고만 해두죠."

※

초저녁에 나는 섬들 사이를 오가는 10석 규모의 비행기 세스나 기를 타고 마우이 섬으로 다시 날아갔다. 하늘은 남색으로 짙어지고 일몰의 마지막 빛이 지평선을 구릿빛으로 물들이고 있었다. 나는 1960년에 태평양의 황혼 속에서 승리감을 안고 수면 위로 올라왔던 월시와 자크를 생각했다. 금이 가기는 했지만 고맙게도 제 기능을 다한 터널을 통과해 두 사람이 트리에스테 호의 해치 밖으로 나오자, 미국 해군의 제트기 2대가 날개를 기울여 경의를 표하며 지나갔다. 9시간에 걸친 이들의 잠수는 실패할지도 모른다는 우려 때문에 비밀리에 실시되었다. 그러나 이제 그 성공을 널리 알릴 때였다. 해군은 다음과 같이 발표했다. "오늘 잠수의 목적은 미국이 이제 해저의 가장 깊은 지점을 유인 탐사할 수 있는 능력을 가지게 되었음을 보여주기 위함입니다"[42](여기에는 "소련이 가지지 못한 능력입니다"라는 뜻이 함축되어 있었다). 월시와 자크의 공으로 해저탐사의 새로운 시대가 열렸다.

나는 마치 끝내주는 파티장에서 나오는 것처럼 마지못해 하와이 해저연구소를 떠나 주차장으로 터덜터덜 걸어갔다. 얼마 후에 커비와 탐사진은 하와이 제도와 멕시코 사이의 광대한 태평양 해역인 클라리온-클리퍼턴 단열대로 4주일간의 탐사를 떠날 예정이었다. 커비의 말로는 그곳이 "심해 채굴로 파괴될 운명"이라고 했다. 채굴이 본격적으로 시작되지는 않았지만 임박한 상황이었다. 채굴 탐사 계약들이 승인되있고, 과학자들은 채굴로 인한 피해가 과연 어느 정도일지 파악하기 위해서 서두르고 있었다. "수심 5,000미터 아래 생태계에 대한 환경 조사를 해볼 거예요. 다 파괴되기 전에 그곳에 무엇이 있는지 파악해야 해요." 커비는 단호하게 말했다.

탐사를 앞두고도 커비는 그다지 들떠 있지 않았다. 파이시스 호 대신에 하와이 대학교 소유의 원격조종 로봇 루우카이로 잠수할 예정이었기 때문이다. 대학교 측은 그 로봇이 유인 잠수정보다 더 효율적이라고 생각했지만, 커비는 그 생각에 답답해했다. "진짜 형편없어요." 커비가 얼굴을 찌푸리며 말했다. "짜증이 나서 미칠 것 같다니까요. 0.25노트(시속 약 0.5킬로미터) 속도로 천천히 움직이는데, 그건 그냥 배를 끌고 다니는 거나 다름없어요."

그래도 나는 한 달 동안 바다로 나간다는 사실이 부러웠다. 내가 최근에 들어본 어떤 선택지보다도 매력적이었다. 그때가 2018년이었기 때문이기도 했다. 세상은 삭막하고 냉혹해졌고, 그 삭막한 냉혹함으로 인해서 불길할 정도로 둔감해 있었다. 육지는 난장판이었다. 어쩌면 그래서 잠깐의 현실 도피가 절실했는지도 모른다. 폭풍처럼 쏟아지는 골칫거리들, 모든 것들의 가속화, 우리 손으로 만든 반사회적인 사회를 잠시 떠나고 싶었다. 그리고 언제나처럼 바닷속에 여전히 마법이 존재한다는 사실이 나를 바다로 끌어당겼다.

심해로 들어가고 싶다는 열망이 새삼스럽지는 않았지만, 그 열망이 강한 이유는 심해가 나에게 새로운 곳이라는 사실을 알기 때문이기도 했다. 그곳은 내가 한 번도 가본 적 없는 곳이었다. 물론 나만 그런 것은 아니었다. 대부분의 사람들은 심해에 들어가본 적이 없고 앞으로도 그럴 일이 없을 것이다. 그리고 나는 모두가 그래도 괜찮다고 생각한다는 것이 놀랍다. 만약 어떤 곳이 접근할 수 없다거나 너무 위험하다거나 혹은 금지된 곳이라고 한다면, 나는 반드시 그곳이 보고 싶어질 것이다. 다만 이 경우에는 '어떻게'가 문제였다. 이미 많은 과학자들이 파이시스 호나 앨빈 호에 타고 싶어서 수년째 기다리고 있었다. 해저화산에 내려갈 수 있는 표를 살 수 있는 것도 아니었다.

나는 로이히 해산의 정령이자 세상의 밑바닥을 지키는 펠레 여신의 파수병인 잠꾸러기상어를 떠올렸다. 열수공에 넘쳐나는 미생물, 유령상어, 보라색 장어, 그 다양한 존재들을. 그리고 생각했다. '너희를 만나고 싶어.' 내가 수심 수천 미터나 되는 심해로 갈 수 있는 가능성이 희박하다는 것은 알고 있었다. 솔직히 지나친 희망이었다. 어림없었다. 말도 되지 않는 일이었다. 그러나 나는 그 일을 반드시 해야만 했다.

3

포세이돈의 보금자리

멀리 떨어진 또다른 태양들의 주위를 도는 행성에나 있을 법한
기이한 환경이 지구에도 존재한다.
―로런 아이슬리[1]

미국 오리건 주 뉴포트

회색빛으로 물든 부드럽고 흐릿한 아침이었다. 항구에서 보이는 바다는 유리처럼 평평했다. RV 애틀랜티스 호에 탑승한 52명의 과학자, 공학자, 승조원들에게 딱 좋을 만큼 일시적으로 고요한 상태였다. 우즈홀 해양 연구소가 운용하고 전 세계의 해양 연구자들이 이용하는 길이 83미터의 이 미국 해군 선박에는 곧 있을 탐사를 위한 200톤의 장비가 실려 있었다. 그중에서도 가장 중요한 물건은 에스프레소 머신이었을 것이다. 앞으로 열흘 동안 바다에서 24시간 내내 임무를 수행해야 했기 때문이다.

배에 탄 모두가 결코 쉽지 않은 임무가 되리라는 것을 알고 있었다. 그들이 맡은 임무는 세계적인 최첨단 심해 관측 시스템 RCA(Regional

Cabled Array)의 유지 보수로, 2019년에 실시하는 네 번째이자 마지막 작업이었다.[2] RCA는 약 1,000킬로미터 길이의 해저 광섬유 케이블을 통해서 150대 이상의 해저 장비에 전력을 공급하는 광범위하고 복잡한 시스템으로, 그중 상당수를 청소, 점검, 조정, 또는 교체해야 했다. 4.5미터 높이의 음파 탐지기 플랫폼을 포함해 새로 설치해야 할 장비들도 있었다.

육지에서도 쉽지 않은 작업인데 수심 3,000미터에서라면 그 난도가 한층 높아진다. 심해의 모습과 정보들을 인터넷으로 전송할 장비들이었다. 5억 달러 규모의 연결망을 통해서 우리가 심해의 한 구역을 실시간으로 관찰할 수 있게 되는 것이다. 그런데 이 일이 왜 중요할까? 왜 굳이 그런 일을 하는 것일까? 왜 태평양 북동쪽의 한구석이 역사상 가장 야심찬 해양학 연구 계획의 무대로 선택되었을까? 이런 질문들에 대한 길고도 흥미로운 답이 있었다. 그것을 아는 가장 좋은 방법은 직접 들어가서 RCA의 작동 모습을 보는 것이었다.

그렇게 해서 나는 애틀랜티스 호가 우르릉거리며 엔진을 켜고 수로 안내선을 따라서 부두로부터 멀어져갈 때 그 배의 뱃머리에 서 있게 되었다. 우리는 천천히 현수교 아래의 수로를 통과하고 독특한 해안 도시인 오리건 주의 뉴포트를 지나 탁 트인 태평양으로 나아갔다. 머리 위에서는 갈매기들이 날아다녔고 공기에서는 소금물과 디젤유 연료의 냄새가 났고 그 위로 생선 비린내가 감돌았다.

평화로운 풍경이었다. 적어도 물 위는 그랬다. 그러나 "위에서와 같이 아래에서도"라는 유명한 구절을 처음 쓴 사람은 이 지역의 해저를 본 적이 없었을 것이다. 멘도시노 곶부터 밴쿠버 섬까지의 바닷속은 극단적인 요소들을 정신없이 엮어놓은 조각보 같은 곳으로, 그다지 넓지 않은 구역 안에 심해의 가장 인상적인 지형들이 집중되어 있다. 이리저리 들끓고 들썩이는 이 소란스러운 해저 세계는 히에로니무스 보스(놀라운 상상력으로 온갖 기괴한 장면과 형상을 그린 중세 네덜란드의 화가/역주)가 보더라도 감탄할 만하다. 그런 만큼 바다의 비밀을 알아내기 더 쉬운 곳이기도 하다. 그 아래를 볼 수 있는 눈이 있다면, 혹은 최첨단 심해 관측 시스템이 있다면 말이다.

RCA는 후안 데 푸카 판이라고 불리는 해양 지각의 일부를 가로지른다. 후안 데 푸카 판은 지질학적으로는 캘리포니아 주의 절반 크기밖에 되지 않는 자그마한 판으로, 또다른 모든 지각판들처럼 그 아래에 있는 맨틀에서 발생하는 열에 의해서 떠다니며 이동한다. 7개의 대형 판, 8개의 소형 판, 그리고 후안 데 푸카 판과 같은 초소형 판 약 60개가 맞물려 용광로처럼 뜨거운 지구의 내부를 덮는 껍질을 이룬다. 이 판들은 느긋하게 이동하면서 갈라지기도 하고 만나기도 하고 서로 지나치기도 한다. 마치 각각의 조각들이 조용히 그리고 끊임없이 스스로 재배열되는 퍼즐과도 같다.[3]

후안 데 푸카 판은 1년에 약 5센티미터씩 북동쪽으로 이동하고 있다. 그 결과 더 크고 두껍고 오래된 북아메리카 대륙판과 충돌하는 중이다. 두 판이 만나면 한쪽은 질 수밖에 없기 때문에, 후안 데 푸카 판은 북아메리카 판 아래로 밀려들어가고 있다. 이러한 과정을 섭입攝入이라고 한다. 섭입된 판은 아래로 내려가면서 어마어마한 열과 압력에 노출되고 결국에는 녹아서 맨틀 속으로 가라앉는다(후안 데 푸카 판의 동쪽 끝은 현재 대륙 아래에서 녹고 있으며 이로 인해서 형성된 마그마가 캐스케이드 산맥에 있는 화산들의 연료가 되고 있다. 1980년에 미국 역사상 가장 파괴적인 폭발을 일으킨 세인트 헬렌스 화산도 그중 하나이다). 동시에 후안 데 푸카 판의 서쪽 끝은 너비가 약 1억 제곱킬로미터에 달하는 태평양 판과 점점 멀어지고 있는데, 이러한 과정을 해저 확장이라고 한다.

판의 어느 쪽 경계도 조용하지 않다. 섭입대에서는 암석이 변형되어 산과 화산이 되고, 해양 지각에 균열이 생겨 단층이 생성되며, 하나의 판이 다른 판 아래로 들어갈 때면 퇴적물이 긁혀서 떨어져 나가면서 해저 사태沙汰가 일어난다. 섭입 과정의 압력이 점점 커지다가 서로 힘을 겨루던 두 개의 판이 갑자기 미끄러지면 격렬한 거대 지진이 발생할 수도 있다. 지진 활동은 모두 위험하지만 특히 이런 거대 지진은 2004년에 인도네시아를, 2011년에 일본을 덮쳤던 것과 같은 악몽 같은 쓰나미를 발생시킬 수 있다. 만약 지진의 규모가 8.5를 넘는다면 분명히 섭입대에서 발생했을 것이다.[4] 지각판은 결코 얌전하게 가라앉지 않는다.

해저 확장이 일어나는 지대의 활동은 더욱 활발하다. 판이 갈라지는 곳에서는 맨틀에서 마그마가 올라와 그 틈을 채우면서 새로운 해저 지형이 형성된다. 오래된 지각은 바깥쪽으로 밀려나고 균열의 양쪽으로 산등성이와 산봉우리가 솟아오른다. 뜨거운 가마솥과도 같은 확장 중심은 지진으로 흔들리고 단층으로 갈라지고 미생물들을 뿜어내는데, 이것이 전 세계 화산 활동의 75퍼센트를 차지한다. 바로 이런 곳에 마치 용의 콧구멍처럼 뜨거운 액체를 뿜어내는 열수공들이 생겨나는 것이다.

지각판이 갈라지는 곳마다 그 확장 중심에는 산맥과 열곡으로 이루어진 축이 형성되어 있으며 그 길이는 약 6만5,000킬로미터에 달한다. 이것을 대양 중앙 해령이라고 부른다. 지구의 주요한 지질학적 특징인 대양 중앙 해령은 들쭉날쭉한 모양의 흉터처럼 지구를 둘러싸고 있다(후안 데

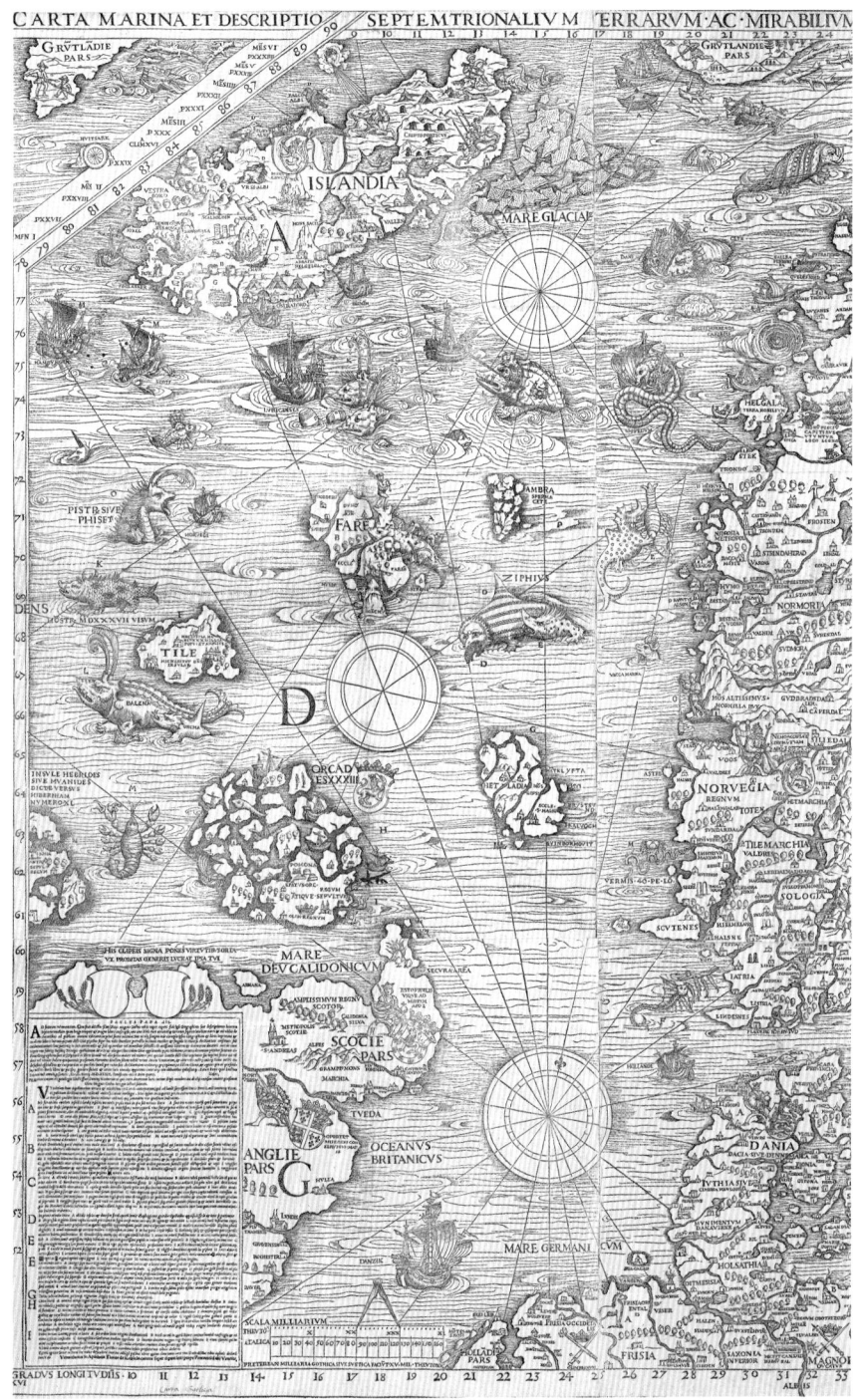

"어쩌면 다양한 괴물들이 모여 있을지도 모른다": 올라우스 망누스의 저서 『카르타 마리나』의 삽화, 1539년.

1934년 버뮤다 섬에서 배시스피어 호와 함께 있는 윌리엄 비비(사진의 왼쪽)와 오티스 바턴(사진의 오른쪽).

심해선 트리에스테 호, 1959년.

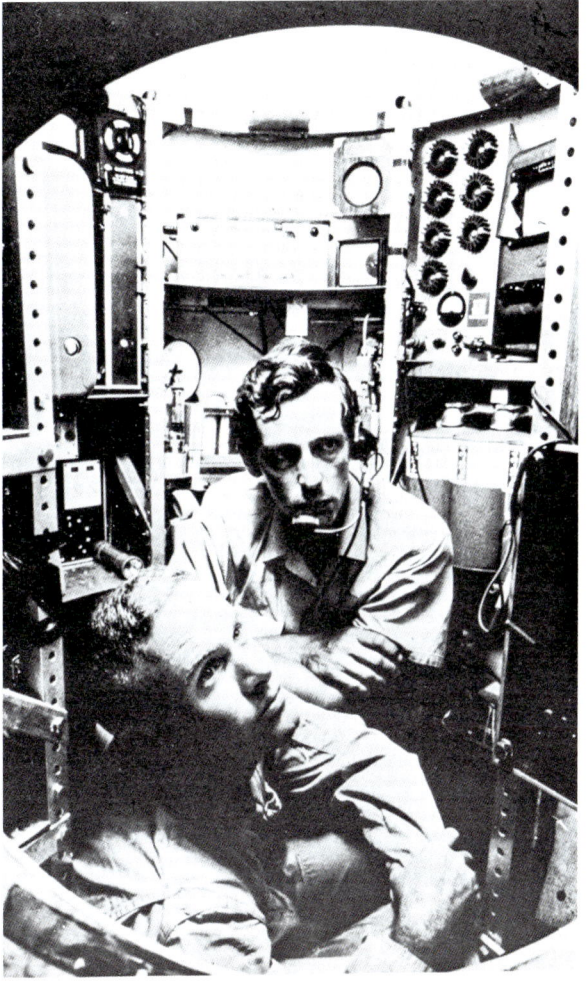

"이런 상황에서 바닷속 수심 1만 1,000미터로 잠수하는 것은 순전한 광기일까?" : 트리에스테 호의 기밀실 안에 있는 돈 월시(사진의 오른쪽)와 자크 피카르.

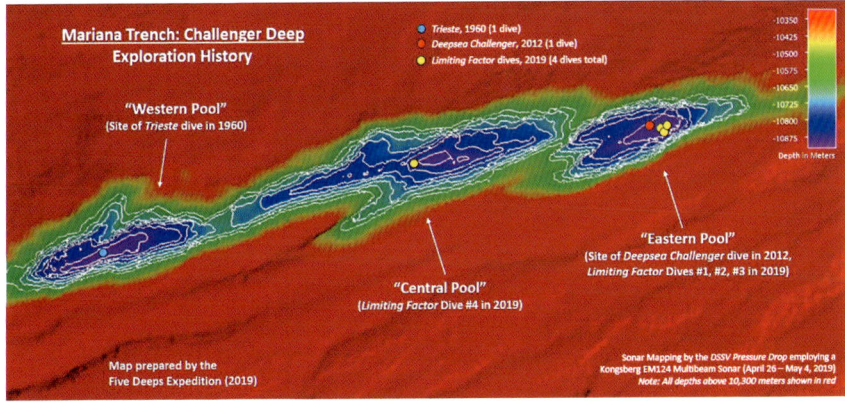

"태평양의 가장 깊은 곳에서 입을 떡 벌리고 있는 골짜기" : 바다에서 가장 깊은 지점인 마리아나 해구 챌린저 해연의 해저 지형도.

"영적인 일" : 자신에게 가장 익숙한 환경 속에 있는 테리 커비.

1941년 12월 7일에 태평양 전쟁의 첫 발포를 일으킨 원인이었던 일본 소형 잠수함의 잔해를 파이시스 호가 조사하고 있다. 이 잠수함은 진주만 인근을 순찰 중이던 미군 구축함 USS 워드 호에 의해서 격침되었다.

"펠레 여신의 작품" : 로이히 해산의 철 기반 생태계(위)와 베개 용암(아래). 뒤에는 파이시스 4호가 보인다.

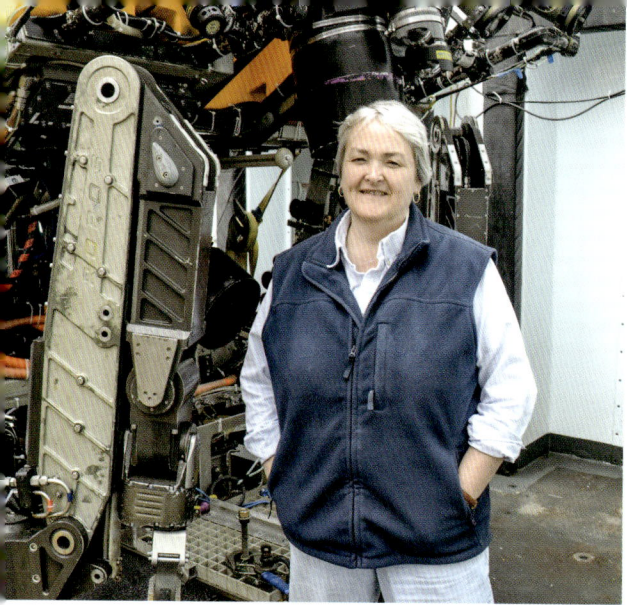

"놀라운 열수공을 찾아내는 재능": 데버라 켈리.

액시얼 해저화산의 블랙 스모커 열수공인 페르노의 정상(위).

"이상한 물고기": 게니올리파리스 페록스(*Genioliparis ferox*)라고도 알려져 있다. RCA의 슬로프 베이스 부근 수심 2,900미터 지점에서 촬영된 사진(왼쪽).

제이슨 조종실의 내부(왼쪽).

야간에 회수 중인 ROV 제이슨(위), 심해의 단골 손님 쥐꼬리물고기(중간), 액시얼 해저화산의 판상 용암 위에 있는 거미게(아래).

후안 데 푸카 해령의 블랙 스모커 열수공 설리. 관벌레들로 뒤덮여 화려한 모습이다(아래).

로스트 시티의 아이맥스 탑. 높이 60미터에 달하는 포세이돈의 바깥쪽으로 돌출된, 인상적인 구조물이다(왼쪽).

탄산염으로 이루어진 가장자리 부위에 맑은 열수가 고여서 거꾸로 뒤집힌 거울 형태의 웅덩이를 이루고 있다(아래).

푸카 판의 확장 중심인 후안 데 푸카 해령은 그중의 작은 일부이다).

1950년대와 1960년대에 대양 중앙 해령과 그곳에서 일어나는 엄청난 화산 활동을 연구하던 해양학자들은 당황하지 않을 수 없었다. 새로운 해양 지각이 끊임없이 생겨난다는 것은 지구가 풍선처럼 팽창하고 있다는 뜻 아닐까? 처음에 과학자들은 섭입의 개념을 생각하지 못했던 것이다.[5] 새로운 지각이 생겨나면 오래된 지각은 사라지는 이 질서정연한 체계를 통해서 지구는 완벽한 균형을 유지하며 스스로를 재활용한다.

45억 년 된 지구에서 가장 오래된 해저 지각은 3억4,000만 년밖에 되지 않았다. 이 역설적인 사실의 원인은 바로 대양 중앙 해령에 있다.[6] 가장 어린 암석들은 바로 오늘 생겨났다. 이 암석들은 아주 오랜 세월에 걸쳐 어마어마하게 천천히 돌아가는 컨베이어 벨트에 오른 것처럼 확장 중심으로부터 서서히 멀어지다가 섭입대에서 사라질 것이다.

지질학자들은 오랫동안 남아메리카의 동부 해안과 아프리카의 서부 해안이 마치 퍼즐 조각처럼 딱 맞아떨어진다는 사실을 설명하지 못해 난감해했다. 도대체 어떻게 대륙이 해저를 가로질러 이동할 수 있다는 말인가?[7] 움직이는 것은 해저 그 자체이며 그러한 이동을 통해서 지구의 재포장이 끊임없이 이루어진다는 사실이 밝혀지면서 수수께끼가 결국 풀렸다. 심해는 지루하고 재미없는 곳이 아니라, 가장 뜨거운 창조의 중심지라는 사실이 마침내 명백해졌다.

✳

이 모든 이야기는 왜 후안 데 푸카 판이 그토록 작은데도 불구하고 미국 서부 해안과 아주 가까운 거리에서 끊임없이 불안하게 들썩거리는 골칫거리인지를, 그리고 왜 심해에서 상시 감시해야 하는 1순위 후보인지를 설명해준다. 후안 데 푸카 판의 확장 중심에 있는 액시얼 해저화산은 태평양 북동부에서 가장 활발한 화산으로, 칼데라의 크기가 맨해튼만 하다.[8] 1998년부터 2015년 사이에 액시얼 해저화산은 세 번 폭발했고, 현재 다시 마그마가 차오르면서 네 번째 폭발을 앞두고 있다(2015년에 이 화산의 용암류 두께는 약 120미터였다). 지구 내부의 물질이 바깥으로 분출되면 연구할 것이 많아지기 때문에 이렇게 활발하게 활동하는 화산은 그야말로 과학계의 '대박'이다. 다만 액시얼 해저화산은 내륙에 사는 사람들에게 위협이 되지는 않는다.

후안 데 푸카 판의 진정한 위험, 정말로 무시무시한 잠재력의 근원은 섭입대 안에 숨어 있다.[9] 판이 대륙 밑으로 밀려들어가는 가장자리, 캐스케이디아 섭입대라고 불리는 바로 이 부분에서 약 1,100킬로미터 길이의 거대 단층이 북아메리카 판과 맞물린 채 움직이지 못하고 있는데, 여기에 너무 많은 압력이 누적되어 밴쿠버 섬이 휘어졌을 정도이다. 실제로 북서부 해안 전체가 너무 강한 힘으로 밀려서 매년 수 밀리미터씩 위로 솟아오르고 있기도 하다.[10] 이 단층이 끊어지면(언젠가는 반드시 끊어진다) 억눌려 있던 모든 탄성 에너지가 방출되면서 엄청난 규모의 지진이 일어날 것이다. 눌려 있던 대륙판의 가장자리가 아래쪽으로 2미터나 꺾이며, 해저가 위아래로 요동치면서 마치 이불을 털듯이 대양을 흔들면 해저 산사태가 발생하여 수십억 톤의 바닷물이 움직이게 된다. 그러면 제트기처럼 빠르게 이동하는 쓰나미가 단 몇 분 만에 육지로 밀어닥칠 것이다.

워싱턴 주와 오리건 주의 앞마당에 이런 암살자가 숨어 있다는 사실을 과학자들이 알게 된 것은 1980년대에 들어서였다. 우르릉거리며 진동하는 또다른 섭입대들과 달리, 캐스케이디아 섭입대는 속삭이는 소리조차 거의 내지 않았다.[11] 이 지역의 지진 기록에서 거대 지진의 조짐을 찾아볼 수도 없었다. 별로 큰 진동이 있었던 것 같지도 않았다. 처음에 지질학자들은 이곳이 휴면 상태가 아닐까 생각했다. 걱정할 일은 아무것도 없어 보였다.

그러나 해저의 고요함은 불길한 징조였음이 드러났다. 우리는 이제 캐스케이디아 섭입대의 거대 단층이 움직이지 않는 이유는 그 단층 전체가 대륙판과 단단히 맞물려 있기 때문이라는 것을 안다. 후안 데 푸카 판은 막대한 힘으로 대륙을 밀어붙이고 있다. 캐스케이디아 섭입대가 온 힘을 다하고 있다는 것은 언젠가 그 힘이 한꺼번에 터져 나오리라는 뜻이다.

해저 퇴적물의 표본을 분석하고 묻혀 있는 습지를 발굴하고 해수의 범람으로 나무들이 죽어버린 "유령 숲"의 방사성 탄소 연대를 측정하면서, 지질학자들은 지난 1만 년간 캐스케이디아 섭입대를 따라 발생했던 41회의 지진 흔적을 찾아냈다. 그중 18회는 그 섭입대의 경계 전체를 따라 발생한 파열 때문에 일어난 것이었다.[12]

가장 최근의 거대 지진은 1700년 1월 26일 오후 9시경에 발생했다. 규모 9.0의 지진으로 발생한 쓰나미가 태평양 북서부의 해안을 덮쳤다. 이 재난이 이 지역의 기록에 남아 있지 않은 이유는 가장 오래된 기록이 1774년의 것이기 때문이다. 지진계도 1898년에 캐나다의 브리티시컬럼비아 주에 설치된 것이 최초였다.

그러나 그 정도의 지진과 여파가 아무도 모르게 지나갔을 리 없다. 쓰나미에 대한 경각심이 세계에서 가장 강한 나라인 일본은 6세기 이래로 위험한 파도들을 모두 기록했는데,[13] 이 기록에 따르면 캐스케이디아의 쓰나미는 태평양 해역을 가로질러 10시간 후인 1700년 1월 27일 자정 무렵에 일본 북동부 해안을 강타했으며 그다음 날 정오까지 집들을 무너뜨리고 농작물을 망치고 해안 지역을 파괴했다(일본인들에게 이 쓰나미는 충격적이었는데, 그 원인인 지진을 그 누구도 느끼지 못했기 때문이다. 그로부터 약 3세기 동안 이 쓰나미는 "고아 쓰나미"라고 불렸다. 1996년에야 지질학자들이 북아메리카의 지진이 그 원인이었음을 밝혀냈다).[14]

이 지진의 진원지인 북서부 해안에 살았던 북아메리카 원주민들의 구전 역사에 따르면, 그날 밤 "바다가 솟구치고 거대한 파도가 밀려들어 땅 위를 휩쓸었다"고 한다.[15] 생존자들은 숲이 물에 잠기고 마을이 사라지고 카누와 시신들이 나무 꼭대기에 매달린 채 발견되던 이 재난의 상황을 이야기와 예술품과 노래로 기록했고 이것이 대대로 전해졌다.

캐스케이디아 섭입대의 과거에 관한 단서들을 종합해본 과학자들은 정색할 만한 결론을 내렸다. 이러한 대규모 재난의 발생 주기가 약 300-500년이라는 사실이었다. 현재가 2020년대임을 감안하고 계산하면 소름 끼치는 결과이다. 캐스케이디아 섭입대가 다시 파열된다면, 남쪽부터 북쪽까지 완전히 갈라질 가능성이 크다. 그럴 경우 어마어마한 규모의 지진이 예상된다. 토양의 일부가 액상화될 정도로 강력한 진동이 발생할 것이다. 높이가 최대 30미터에 달하는 쓰나미가 800만 명이 살고 있는 해안 지대를 덮칠 것이다(비슷한 규모였던 2004년 인도네시아 쓰나미의 파괴력이 원자폭탄 2만3,000기와 맞먹는 정도였던 것을 생각해보라).[16] 도로, 건물, 다리는 물론이고, 각종 기반 시설과 발전소도 포기해야 한다. 만약 바닷가에 살고 있는 사람이라면 대피도 포기해야 할 것이다.

✳

 배가 항구를 벗어난 후 나는 자세한 일정을 알아보기 위해서 갑판에서 내려와 주 연구실로 향했다. 전날 밤은 안전 훈련을 받고, 부둣가의 술집에서 한잔하고, 함께 승선하는 동료들을 만나는 등 대체로 새로운 생활에 적응하느라 정신없이 보냈다. 탐사 일정은 제이슨이라는 이름의 원격조종 잠수정이 수행하는 잠수 계획으로 꽉 차 있었다. 수심 6,400미터까지 잠수할 수 있고 해저에서 무게 2톤의 물건을 들어올려 유압식 팔로 정교하게 조정할 수도 있는 제이슨은 심해에서 일하기에 흠잡을 데 없는 일꾼이다. 광섬유 케이블로 배와 연결된 이 로봇을 갑판 위의 조종실에 앉아 있는 조종사가 작동시킨다. 다른 심해 로봇과 마찬가지로 인간이 심지어 잠수정에 탑승한 상태로도 해낼 수 없는 힘든 작업을 할 수 있도록 설계된 로봇이다.

 연구실은 컴퓨터를 준비하고 장비를 조작하고 이리저리 바쁘게 돌아다니는 사람들로 가득해서, 마치 뮤지컬 공연이 시작되기 직전의 무대 뒤편을 보는 것 같았다. 올림픽 수영 경기장 정도 길이의 방에 일정한 크기의 조명들이 켜져 있고 중앙에는 작업대가 늘어서 있었다. 천장에서 구불구불 내려온 전선들과 벽에 걸린 커다란 모니터도 보였다. 이번 탐사의 수석 과학자인 데버라 켈리가 화이트보드 앞에 서서, 처음 세 번의 잠수에 관해 나는 무슨 소리인지 알 수도 없는 지시 사항들을 길게 적고 있었다.

 나를 애틀랜티스 호에 초청해준 사람이 바로 모두에게 "뎁"이라고 불리는 켈리였다. 저명한 해양지질학자인 켈리는 워싱턴 대학교 해양학 교수이자 RCA의 책임자였다. 우리는 시애틀에 있는 켈리의 사무실에서 처음 만났다. 켈리가 만들어준 카푸치노를 놓고 앉은 우리는 마치 10년은 알고 지낸 사이처럼 자연스럽게 이야기를 시작했다. 켈리는 격식을 따지지 않았고 허세도 없었다. 경력 내내 험한 현장 연구를 해온 사람이었다. 국제 해양 탐사 계획의 시추선을 타고서 해저 아래에 화석화되어 있는 마그마굄의 표본을 채취하며 수개월을 보내기도 하고, 섭입대를 빠져나와 땅 위로 올라온 오래된 해양 지각의 파편인 오피올라이트를 조사하며 키프로스와 오만을 누비기도 했다. 미국 해군의 심해 연구 잠수정인 앨빈 호를 타고 50회 넘게 잠수한 경력도 있었다.

이제 60대 초반이 된 켈리는 RCA의 요구에 맞춰, 놀라울 정도로 전문적이고 어쩔 수 없이 정치적이며 압박도 심하고 위험 부담도 큰 임무를 지휘하기에 딱인 사람이었다. 이것은 심해에서 이루어지는 미국 항공 우주국 규모의 계획이었으며 미국 국립 과학재단이 해양에서 추진한 최대 규모의 투자이기도 했다. 단 한 번의 실수로도 수백만 달러가 날아갈 수 있었다. 켈리는 느긋하면서도 예리한, 보기 드문 기질을 갖춘 사람이다. 그녀가 분노를 터뜨리거나 압박감으로 무너지는 모습은 상상도 할 수 없다. 과장된 행동 자체가 그녀의 천성에 맞지 않다.

"J2-1186." 켈리가 화이트보드에 써 내려갔다. "딥 프로파일러 교체, 이동, 슬로프 베이스까지 약 2시간(2,900미터)." 그녀의 뒤편에서는 한 무리의 과학자들이 뱃멀미 약에 관해서 토론 중이었다. "나는 코스트 가드 칵테일(교감신경 흥분제인 에페드린과 항히스타민제인 프로메타진을 섞은 것/역주)을 먹어요." 금속테 안경을 쓴 학구적인 외모의 남자가 수염을 텁수룩하게 기르고 목에는 멀미 방지용 스코폴라민 패치를 붙인 남자에게 말했다. 오리엔테이션 때 들은 바에 의하면, 결코 괜한 염려들이 아니었다. "지난번 항해 때처럼 복도에 토하지 말아주세요." 켈리는 이렇게 부탁했다. "만약 하게 되면 꼭 치우세요." 그후에 우리는 다 같이 "바다는 적대적인 곳이다"라는 제목의 안전 교육 영상을 시청했다.

애틀랜티스 호에서는 다양한 이유로 부상을 당할 수 있었다. 기중기에 매달린 채 흔들리는 기계들, 팽팽하게 당겨진 전선들, 눈에 튈 수도 있는 화학 물질, 인화성 액체가 담긴 통들이 사방에 있었다. 24시간 내내 임무를 수행하니 피로 때문에 실수할 위험도 있었다. 밤에 험한 바다를 지날 때 미끄러운 갑판을 걸어다니는 일은 특히 위험했다. 선내 의무실에 기본적인 의약품이 있기는 했지만 손가락이 잘리거나 대퇴골이 부러지더라도 안심할 수 있는 곳은 결코 아니었다. 출항 전에 받은 안내문은 일단 바다에 나가면 그곳에서 벗어날 수 없다는 사실을 한 번 더 상기시켜주었다. "치과 치료가 필요한 분은 출항 전에 받으십시오."

켈리는 잠수 계획을 모두 적은 후 자신의 자리에 앉았다. 켈리는 중키에 친절한 눈매를 가진 상냥한 여성으로, 은발을 짧게 자르고 앞머리는 옆으로 넘겼다. 또한 배의 또다른 사람들과 마찬가지로 추운 날씨(연구실의 지나치게 강한 에어컨 바람도 포함된다)에 대비하여 등산화를 신고 청바지에 긴소매 셔츠 위에 양털 조끼를 걸친 차림이었다. 켈리의 컴퓨터 위로 핫핑크 색의 안전모가 못에 걸려 있었다. 나는 아무래도 내가 앞으로 어디로 가는지, 무엇을 하게 될지를 모른다는 사실을 인정해야 할 것 같아서 켈리에게 직접 물어보기로 했다. 요약문을 읽으면서 혼자 이해해보려고 했지만 다음과 같은 문장들과 마주쳤기 때문이다. "J2-913 도중에는 CTD-DOSTA-OPTAA 2016(오른쪽), LJ01A-2016(왼쪽 중앙), 배경에 LV01A-2014(왼쪽).”

"그래요, 굉장하죠?" 켈리가 웃으며 말했다. "물속에 이 정도의 기반 시설을 갖춘 곳은 세계 어디에도 없어요." 그녀가 보여준 관측 시스템 지도에는 오리건 주 퍼시픽 시티의 해안 기지에서부터 바닷속으로 이리저리 분기하며 뻗어나가 후안 데 푸카 판을 가로지르는 1만 볼트짜리 케이블들이 그려져 있었다. 캐스케이디아 섭입대는 상어 이빨처럼 보이는 흰색 삼각형들로 표시되어 있었다. 색색의 점과 사각형들은 로봇, 센서, 카메라 등 해저에 설치된 장비들의 교점을 나타냈다. 현재 RCA에는 7개의 주요 교점이 있으며 그중 4개는 섭입대에, 2개는 액시얼 해저화산에, 나머지 1개는 판의 중앙에 위치해 있다. 그런데 이 연결망은 확장성이 매우 높다. 주요 교점은 여러 개의 접속함(2차 교점)으로 전력을 배분하고 이 접속함에 장비들이 연장 케이블로 연결되어 있다. "벽의 콘센트 같죠?" 켈리가 말했다. "그리고 모든 것을 실시간으로 전송해요."

심해를 24시간 내내 감시할 수 있다는 것 자체도 근사하지만, 이렇게 정보를 실시간으로 제공하는 체계는 과학자들이 바다가 어떻게 움직이는지, 더 나아가 지구가 어떻게 움직이는지를 알아내는 데에 꼭 필요하기도 하다. 배 위에 서서 한 번에 한 곳만 관찰하는 것으로는 충분하지 않다. 심해는 온갖 것이 복잡하게 얽혀 있는 공간으로 언제나 다양한 깊이, 다양한 조건에서 다양한 규모로 변화한다. 케이블로 연결된 관측 시스템은 모든 사람이 그 모든 일을 동시에 실시간으로 목격할 수 있게 해준다. 가상 공간에 있는 대화형 해양 연구소인 셈이다.[17]

켈리는 우리의 첫 목적지가 섭입대라고 알려주었다. 해안에서 약 110킬로미터 떨어진 슬로프 베이스라는 지점에서 고장 난 로봇을 교체해야 했다. 켈리는 슬로프 베이스가 아주 인상적인 장소라고 덧붙이며, 후안 데 푸카 판이 하강하는 동시에 북아메리카 판이 그 판의 상층부를 밀어 내는 경계 지대를 볼 수 있기 때문이라고 했다.[18] 수심 약 3,200미터의 평평했던 해저 위에 퇴적물이 높이 쌓여 가파른 절벽이 형성된 곳이었다. "평지를 따라서 나아가다가 갑자기 벽과 마주치는 느낌이에요." 켈리는 설명했다. "그 정도로 갑작스러워요."

지구의 지질학적 톱니바퀴는 너무나 천천히 돌고 있어서, 눈 깜박하면 사라져버릴 정도로 짧은 수명을 가진 인간은 그 움직임을 눈치채지 못한다. 그러다가 재난이 발생하면 그때서야 반응하는 것이다. 지각판들이 서로 맞붙어서 씨름하는 모습은 슈퍼헤비급 거인들의 대결과도 같지만, 그렇게 많은 관중이 즐길 수 있는 스포츠는 아니다. 그렇다고 섭입대가 지루한 곳이라는 뜻은 아니다. 섭입은 열을 발생시키기 때문에 그 과정에서 밀려나온 퇴적물은 온도가 높으며 액체와 기체, 특히 메테인 가스를 뿜어낸다. 캐스케이디아 섭입대의 경계 곳곳에는 이러한 물질들이 거품을 일으키며 새어 나오는 지점들이 있다. "워싱턴 주와 오리건 주의 앞바다에 그런 지점이 1,000곳쯤 있을 거예요." 켈리는 이렇게 설명했다. "해저에는 테라톤(10의 12제곱) 규모의 메테인이 있죠."

가스가 부글부글 올라오는 지점에는 소란스러운 생태계가 형성된다. 메테인을 먹는 미생물이 포식을 하면 그 미생물을 먹는 다른 생물이 모여드는 식으로 먹이사슬의 맨 위까지 올라간다. 그중에는 꽤 독특한 생물들도 있다. 켈리는 둥글납작한 머리에 이빨은 뾰족하고 종지기 콰지모도(빅토르 위고의 소설 『파리의 노트르담』 속 등장인물/역주)처럼 등에 혹이 있으며 장어처럼 생긴 몸통은 투명하게 안이 비치는, 정말 기막히게 못생긴 물고기의 영상을 보여주었다.[19] 간단하게 "이상한 물고기"라고도 불리는 이 물고기들에 대해서 켈리는 이렇게 설명했다. "무리의 수가 많지는 않은데 매년 봐요. 아주 게걸스러운 녀석들이죠." 이 이상한 물고기가 목격된 또다른 장소는 남극뿐이다.

섭입대에서 일어나는 움직임은 무엇이든 매우 중요하므로 해저에는 아주 미세한 진동까지 감지할 수 있는 2대의 광역 지진계가 설치되어 있었다. "대지진 전에는 항상 전조 현상이 있죠." 켈리는 말했다. "2011년 일본에서 대지진이 발생하기 직전에도 압력 센서가 움직였어요."

이렇게 다양한 능력을 갖춘 RCA이지만, 안타깝게도 캐스케이디아 섭입대에 충분한 장비가 설치되어 있지는 않았다. "그럼 조기 경보 체계가 없는 거예요?" 내가 묻자 켈리는 이렇게 대답했다. "그래요, 그렇다니까요. 우리에게는 센서가 절대적으로 부족해요." 케이블에 연결된 지진계와 쓰나미 감지 장비가 훨씬 더 많이 필요하지만, 그런 장비를 설치하는 데에는 수억 달러가 들고 아직까지는 그런 자금을 마련하지 못한 상태였다. 한편 파도에 민감한 일본은 해저 센서 설치에 막대한 돈을 쏟아부었고, 그 덕분에 국민에게 쓰나미를 사전에 경고하여 전력을 차단하고 열차를 멈추고 사람들을 건물에서 대피시킬 시간을 확보할 수 있었다. "우선순위의 문제예요." 켈리가 한숨을 쉬며 말했다. "여기에서 **분명히 규모 9의 지진이 일어날 텐데, 그때는 상황이 꽤 심각할 거예요.**"

✳

선미 쪽 갑판에 자리 잡은 제이슨 조종실은 겉으로만 보면 일반적인 화물 컨테이너와 다를 바가 없다. 그러나 화물 컨테이너와 비슷한 점은 파형 강판 소재의 상자라는 것뿐이다. 이 조종실의 압력 밀폐형 문을 열면, 그 안에서는 제이슨의 전자 두뇌가 활기차게 돌아가고 있다. 소뇌 역할을 하는 조종사는 앞쪽 가운데에 있는 커크 선장(「스타 트렉」의 등장인물/역주)의 함장석처럼 생긴 의자에 앉아서 제이슨의 눈, 즉 14개의 고해상도 카메라를 이용해 심해를 탐험한다. 제이슨이 보는 것은 모두 캄캄한 조종실 안에서 환하게 빛나는 모니터 벽에 표시된다. 조종사 옆에는 항해사가 앉아서 제이슨이 심해를 누비고 다닐 때마다 배를 그 위로 이동시킨다. 줄줄이 놓인 컴퓨터 앞에는 과학자, 공학자, 데이터 기록 담당자들이 앉아 있고 뒤쪽에는 관측석이 있다.

나는 데이터 기록을 맡았다. 조종실에서 가장 쉬운 일이었고 내가 할 수 있는 유일한 일이기도 했지만, 사실 쉽다고는 해도 심장 이식 수술의 집도보다는 보조가 더 쉽다고 말하는 것과 비슷했다. 내가 받은 교육이라고는 5분짜리 교육 영상을 본 것과 켈리의 제자인 대학교 3학년생 케이티 곤잘레즈가 제이슨의 소프트웨어 인터페이스인 시로그SeaLog의 명령어 목록을 줄줄 읊는 소리를 멍하니 들은 것뿐이었다. "기록은 적게 하는 것보다 많이 하는 게 나아요." 케이티는 나에게 이렇게 조언했다. 마치 내가 기록하는 법을 알기라도 한다는 듯이 말이다.

그러나 계속 의문만 품고 있기에는 시간이 없었다. 자정부터 새벽 4시까지인 나의 야간 근무가 시작되기 직전이었다. 제이슨은 슬로프 베이스에서 수심 약 3,000미터로 잠수 중이었다. 나는 배 안을 이리저리 이동하여 조종실이 있는 갑판으로 올라갔다. 바다는 잔잔했지만 날씨가 변하는 중이었다. 바람이 점점 강해졌고 별들은 구름에 가려 보이지 않았다. 제이슨과 연결된 케이블이 풀려나가는 동안 권양기가 내는 일정한 소음이 들려왔다.

조종실 문을 열자 차가운 바람이 훅 하고 새어 나왔다. 이 금속 컨테이너 안에서는 수많은 전기 회로가 돌고 있어서 빙상 경기장처럼 낮은 온도를 유지하지 않으면 과열 위험이 있었다(곤잘레즈는 나에게 담요를 가져갈 것을 권했다). 어둑어둑한 내부에서는 대여섯 명의 사람들이 이런저런 이야기를 나누며 제이슨의 해저 도착을 준비하는 중이었다. 조종사인 크리스 레이선은 부스스한 갈색 머리를 기른 조용한 남자였다. 그의 머리 위에서는 은색의 미러볼이 돌아가면서 천장에 빛을 뿌리고 있었다. 스피커에서는 록 밴드 뱀파이어 위켄드의 음악이 흘러나왔다.

제이슨의 여행에는 우즈홀 해양 연구소에서 온 10명의 기술자가 함께했다. 모두 공학 기술 분야의 다양한 역할을 소화하고 있었다. 제이슨을 조종하려면 유지, 보수, 프로그래밍 방법을 모두 알아야 했다. 거의 대부분 젊은 남성으로, 배에서 수개월씩 보낼 수 있도록 삶의 방식을 조정한 사람들이었다. "이 일을 하면 인간관계는 힘들어요." 그중 한 사람이 털어놓았다. "원래 그런 일이에요." 제이슨의 기술자들은 세련되면서도 거부감이 들지 않는 분위기를 풍겼다. 배틀스타 갤럭티카 호(미국의 TV 시리즈 「배틀스타 갤럭티카」에 나오는 우주 전함의 이름/역주)의 통제실처럼 보이는 컴퓨터 모니터들 앞에 앉아 있지 않을 때는 브루클린의 수제 맥주 양조장에서 일하는 모습을 상상해도 잘 어울리는 사람들이었다.

나는 데이터 기록 담당자 자리에 앉았다. 누군가가 나에게 고장 난 로봇을 교체하는 방법이 단계별로 설명된 잠수 계획서를 건네주었다. 내가 할 일은 그 각각의 단계를 기록하는 것이었다. 즉, 시간이 표시되고 웹 검색이 가능하며 영상과 일치하는 잠수 기록을 정확하게 작성해야 했다.

나는 약어와 두문자어가 어지럽게 섞여 있는 지침서를 훑어보았다. 다행히 곤잘레즈가 와서 나의 옆에 있는 비디오 기록 담당자 자리에 앉았다.

우리는 딥 프로파일러라고 불리는 로봇을 교체해야 했다. 코트용 옷장 정도 크기로 물속의 화학 성분, 온도, 해류를 측정할 수 있는 기기들이 장착된 이 노란색 로봇은 해저의 도킹 스테이션과 수심 약 120미터에 있는 계류 부표를 연결하는 와이어를 타고 위아래로 이동하며 작업했다. 작업량이 많은 만큼 민감하고 까다로워서 수리소의 단골손님으로 알려져 있었다.

벽에 설치된 모니터들 중에서 제이슨의 조명이 심해를 비추는 모습이 보였다. 제이슨은 튼튼한 팔로 커피잔처럼 생긴 솔을 쥐고 있었는데, 그 솔로 딥 프로파일러의 와이어를 쓸면서 그 위를 수북이 덮은 세균 가닥들을 털어냈다. 끔찍하게 전개가 느린 영화처럼 보이는 영상이었지만, 가끔씩 동물들이 카메오로 등장하며 지루함을 덜어주었다. 특히 오징어가 제이슨에 큰 관심을 보였다. 이 동물들은 빠르게 다가와서 주변을 정찰하고 상황을 살피다가 마음에 들지 않는다는 듯이 먹물을 뿜고는 했다. 은대구 떼가 마치 단체 사진이라도 찍는 것처럼 카메라 앞에 모여들기도 했다. 바다눈이 섬광 조명 속에서 녹색으로 물들어 흩날리고, 해파리들이 외계의 달처럼 소리 없이 지나갔다.

제이슨이 해저에 도달하자 사람들이 의자를 돌려 앉으며 화면에 집중했다. 시야에 들어온 딥 프로파일러는 접속함과 연결된 주황색 연장 케이블을 해저 위로 늘어뜨리고 있었는데 그 모습이 지독히도 외로워 보였다. 커다란 눈을 가진 연보라색의 쥐꼬리물고기 한 마리가 그 뒤에 웅크리고 있었다. 근처에 있는 또다른 접속함의 케이블들은 압력 센서, 수중 청음기, 지진계와 연결되어 있었다. 기기들은 진흙 퇴적물과 세균 가닥 등으로 뒤덮여 있어서, 마치 심해가 최선을 다해 소유권을 주장하고 있는 것처럼 보였다. 모르는 사람이 보면 중요한 과학적 임무를 수행하는 정교한 장비가 아니라 누군가가 배에서 내버린 낡은 부품이라고 착각할 만한 모습이었다.

관측 시스템에 장비를 설치하면 얼마 지나지 않아 해양 생물들이 이사를 온다. 그곳은 보금자리이자 은신처이자 붙잡을 수 있는 표면이었다. 동물들은 어디에든 자리를 잡는 편이 유리하다. 해류를 타고 떠다니는 먹이를 잡는 데에 도움이 되기 때문이다. 장밋빛 말미잘, 강렬한 노란색의 불가사리, 연보라색의 문어들이 마치 고급 주택 단지라도 된다는 양 접속함을 지키고 있었다. 또다른 곳의 플랫폼은 복슬복슬한 흰색 말미잘로 뒤덮여서 "양"이라는 별명이 붙기도 했다.

내가 심해를 직접 보는 것이 처음이라는 사실이 떠오르자, 비록 3,000미터 위에서 보고 있었음에도 황홀했다. 심해가 **정말 이곳에** 존재한다는 사실이 나를 사로잡았다. 그러니까 심해는 단지 지적인 개념이나 강한 의혹 같은 것이 아니었다. 제이슨과 함께 수면 아래로 내려가는 것은 슈뢰딩거의 고양이가 든 상자 안을 들여다보는 것과 같았다. 그곳에 정말 동물이 있을까? 만약 그렇다면 살아 있을까, 죽어 있을까? 심해는 그 위에 있는 모든 것과 동시에, 그러면서도 자신만의 거대한 시계에 맞춰 돌아가고 있었다. 나는 기쁨과 깨달음, 그리고 나의 몸을 감싸는 평온함을 느꼈다. 해저를 탐사하고 있으니 마치 마사지를 받을 때처럼 몸과 마음이 풀어지는 것 같았다. 제이슨의 카메라가 어떤 구역을 확대해서 보여줄 때마다 그 안에 반쯤 숨어 있던 생명체들을 발견할 수 있었다. 점액으로 이루어진 호화로운 집 속에서 헤엄치는 유형류幼形類, 홀로 스르르 미끄러져 가는 먹장어, 퇴적물 위에 마치 낙서를 하듯이 흔적을 남기고 다니는 해삼까지 말이다.

새로운 딥 프로파일러를 측면에 달고 하강한 제이슨은 가장 먼저 이 교체용 로봇을 와이어에 고정시켜야 했다. 그래야 기존 로봇을 철거하는 작업에 집중할 수 있었다. 레이선은 온 신경을 집중하여 제이슨의 5톤짜리 몸과 하나가 되어 있었다. 제이슨이 된 레이선은 팔을 들어올려서 주변의 부스러기를 털어낸 후, 고장 난 딥 프로파일러의 플러그를 도킹 스테이션에서 뽑았다. 커다란 플러그에 달린 사각형의 손잡이는 제이슨의 집게 손과 딱 맞았다. 바닷물이 들어와 합선이 일어나지 않도록 전기 연결부에는 기름이 채워져 있었다.

시간이 어느 정도 흐르자 나도 데이터 기록에 익숙해졌다. 사실 대부분의 일을 곤잘레즈가 했기 때문이기도 했다. 그래도 알쏭달쏭했던 용어들을 항해가 끝날 때쯤에는 모두 이해하게 되어서 "아, 아직 J2-1993 진행 중인가요?"라든지 "몽키 피스트, 연결 장치 해제, 확인 완료" 같은 말을 자신 있게 할 수 있었는데 나조차도 상상하지 못했던 일이었다.

제이슨은 오전 3시에 일을 마쳤고, 나는 제이슨이 올라오기 시작한 시각을 기록했다. 록 밴드 레드 제플린의 음악에 맞춰 미러볼이 돌아가는 동안 레이선은 의자에 느긋이 기대어 앉았다. 제이슨이 오래된 딥 프로파일러를 싣고 갑판 위로 안전하게 돌아올 때까지는 잠수가 끝난 것이 아니었다. 특별히 걱정하는 사람은 없었다. 이미 힘든 일을 많이 겪은 로봇이었다. 남태평양에서 폭발하는 화산 속으로 들어간 적도 있었고 상어의 공격을 받은 적도 있었다.

1시간이 지나고, 다시 90분이 지났을 때 제이슨이 박광층을 통과하여 올라왔다. "오징어 친구들이 다시 나타났네요." 곤잘레즈가 말했다. 2등 항해사가 통신 시스템으로 주의를 주었다. "바람이 좀 험해질 거예요." 제이슨이 돌아오는 것을 보기 위해서 밖으로 나간 나는 폭풍이 다가오는 것을 느꼈다. 조종실 안에 안전하게 들어앉아 있다가 거센 바람과 쏟아지는 비를 맞으니 기운이 나는 것 같았다. 난간 너머 약 6미터 아래의 검은 바닷속에서 짙은 파란색으로 눈부시게 빛나는 제이슨의 조명이 보였다. 얼마 후 거품을 일으키며 물 위로 올라온 로봇을 기중기가 공중으로 들어올렸다. 나도 다시 나의 선실로 향했다. 너무나 오랜만에 해보는 밤샘이었지만 익숙해져야 한다고 생각했다. 밤이든 낮이든 무슨 상관이란 말인가? 어차피 심해에서는 그 둘 사이에 아무런 차이도 없었다.

✳

17시간의 이동 끝에 우리는 액시얼 해저화산에 도착했다. 그곳의 해저는 용암으로 이루어진 놀이공원 같았고 곳곳에 열수공들이 있었다.[20] 열수공은 마치 지문처럼 형태가 제각기 달랐다. 모두 유체의 화학 성분, 지질, 온도, 연대, 위치 등 여러 변수들에 따라서 각각 독특하게 형성된 결과였다. 크기도 "세상에, 저것 좀 봐!" 소리가 절로 나오는 것부터 "아이고, 하마터면 밟을 뻔했네"라고 말하게 되는 것까지 다양했다. 어떤 열수공은 큰 소리로 으르렁거리고 어떤 열수공은 쉭쉭 소리를 냈다. 뿔 달린 괴물의 형상을 한 열수공 "인페르노(지옥)"에서는 벌레들이 기어다니고 부글부글 끓는 황화물이 뿜어져 나왔다. 반면에 우아한 "디바"는 이산화탄소가 풍부한 액체들로 반짝이는 하얗고 섬세한 열수공이었다. 달팽이처럼 생겨서 "에스카르고(달팽이)"라고 불리는 열수공도 있었다. 켈리는 말했다. "난 열수공에 가는 게 좋아요. 내가 자라난 곳이나 다름없거든요."

켈리는 초보 과학자 시절부터 놀라운 열수공을 찾아내는 재능이 있었다. 워싱턴 대학교에 다니던 그녀는 1982년에 밴쿠버 섬 앞바다에 있는 후안 데 푸카 해령의 북쪽 끝에서 다른 연구원들과 함께 인데버 열수공 지대를 발견했다. 인데버 지대는 검은 연기를 내뿜는 거대한 굴뚝들이 한데 모여 있는 곳으로 온갖 혹과 돌기, 처마 형태의 덩어리가 붙어 있는 뾰족한 봉우리들이 마치 스페인의 건축가인 안토니 가우디가 환각 상태에서 만들었을 법한 모습으로 서 있다. 뜨거운 액체를 분출하는 "블랙 스모커"(검은 연기를 내뿜는 종류의 열수공을 가리키는 말/역주)들은 이 열수공 왕국의 "다크 어벤져스" 같은 존재들이다. 그중에서도 "고질라"라는 이름이 붙은 굴뚝의 높이는 약 45미터에 달한다. "인데버 지대 같은 곳은 또 없어요." 켈리가 말했다. "세계에서 가장 활발한 열수공계에 속하죠."

액시얼 해저화산에서 켈리는 "스노블로어(제설기除雪機)"라고 불리는 놀라운 유형의 열수공을 발견했다.[21] 2011년, 이 화산이 폭발한 지 3개월 후에 로포스라는 로봇이 용암 호수가 빠져나가면서 붕괴된 자리에 남은 구덩이들 위를 지나가고 있었다. 부서진 현무암들로 이루어진, 달 표면처럼 음산한 풍경이었다. 흰색의 세균들로 뒤덮인 채 거대한 입을 벌리고 있는 구덩이들도 있었다. 로포스가 이 으스스한 구멍들을 지나치는 동안 미생물들이 폭풍처럼 휘몰아쳤다. 해저 아래 깊은 곳에 위치한 세계, 심층 생물권에서 분출되는 생명체들이었다.[22] 우리 눈에 보이지 않는 이 영역은 지구에서 가장 오래되고 광범위한 생물군계로, 수면 위에서 일어나는 사건의 영향을 거의 받지 않는다. 핵전쟁이 일어나거나 행성과 충돌하거나 그밖의 여러 방식으로 우리가 절멸하더라도 이 심층 생물권은 계속 유지될 것이다(바다가 끓어서 증발하지만 않는다면 말이다. 그렇다면 꽤 큰 사건이 될 것이다).[23]

지구 내부의 이러한 생물들에 대한 연구는 과학계가 새롭게 개척해야 할 분야이다. 해양 지각의 깊은 구멍과 균열 속의 미생물은 극한의 온도와 엄청난 압력을 견뎌내고 독성 물질을 양분 삼아 살아가는, 그야말로 적응력의 챔피언들이다.[24] 이들은 살아 있는 상태 혹은 살아 있는 것에 가까운 일종의 좀비 상태로 수백만 년을 버텨내기도 한다. 극한 생물 extremophile이라고 불리는 이런 종류의 생물이야말로 타이탄(토성의 가장 큰 위성)의 메테인 바다 혹은 유로파(목성의 가장 작은 위성)의 얼음 속, 또는 또다른 해양 세계에서 우리가 발견하게 될지도 모르는 유형의 생명체이다.

그러나 열수공의 가장 흥미로운 점은 지구 생명의 기원에 대한 단서를 품은 장소라는 사실이다. 생명이 탄생하게 된 경위는 앞으로도 해답을 얻기 어려울 과학계의 논쟁거리이지만, 생명을 만드는 방법이 매우 까다롭다는 사실만큼에는 모두가 동의한다.[25] 먼저 물이 필요하다. 그다음에는 수소, 황, 탄소 같은 화학 원소들이 꾸준히 공급되어야 한다. 그리고 이 원소들이 반응하기에 알맞은 장소가 있어야 한다. 그런 다음에는 어떤 식으로든 촉매 작용이 일어나 이 원소들로부터 살아 있는 세포가 생성되어야 한다. 마지막으로, 이 과정이 지속될 안정적인 구조가 필요하다. 이것은 말처럼 간단한 일이 아니다. 세포가 언제, 어떻게, 왜 생겨났는지를 알아내는 것은 단순히 생명의 구성 요소를 나열하는 것보다 훨씬 더 복잡한 문제이다. 그런데 몇몇 심해 열수공은 이런 조건들을 모두 갖추고 있는 것처럼 보인다.

그 사실이 명백해진 것은 앨빈 호를 타고 잠수한 지질학자들이 해저에 있는 온천들을 처음으로 발견한 1977년의 일이었다. 열수공들은 갈라파고스 열곡에서 처음 발견되었을 때부터 지질학적인 경이로 일컬어져왔다. 그러나 더욱 중요한 것은 그곳의 생태였다.

용암으로 뒤덮이고 산소도 거의 존재하지 않는 캄캄한 화산의 틈에 수많은 생물들이 살고 있으리라고는 그 누구도 생각하지 않았다. 그러나 갈라파고스 열수공은 기이한 동물들로 가득한 동물원과도 같았다.[26] 앨빈 호의 조종사와 2명의 탑승자는 피처럼 붉은 깃털을 흔드는 길이 2미터에 가까운 관벌레, 축구공만 한 크기의 조개, 쏜살같이 오가는 눈 없는 새우들, 굴뚝 주변을 분주히 오가는 흰색 게들을 넋을 잃고 바라보았다. 그때까지는 햇빛을 변환하여 에너지를 공급하는 광합성만이 생명의 유일한 연료로 생각되었지만 그곳에서는 광합성이 아무런 역할도 하지 못했다. 대신 그곳의 생물들은 화학합성에 의존했다. 지구 내부에서 유체와 암석 사이의 화학 반응으로 생성된 에너지를 이용하는 것이다. 미생물들은 육지 생물에게는 독이나 다름없는 황화수소를 섭취하여 산화시키고, 이것은 열수공에 사는 또다른 동물들의 양분이 된다. 이 동물들 다수는 몸 안의 미생물과 공생 관계를 맺고 있다. 지구에 바다가 생긴 이래로 지금까지 이어진 대담한 화학 실험을 통해서, 마치 영화 「스타 워즈」의 술집 장면(은하계 곳곳에서 모여든 기이한 외계인들이 술집 가득 등장하는 장면/역주)처럼 우리가 아는 모든 규칙을 거스르는 생태계가 태어난 것이다.

블랙 스모커가 발견된 것은 1979년이었다.[27] 역시 앨빈 호를 타고 잠수한 과학자들이 대양 중앙 해령의 일부인 동태평양 해령을 탐사하던 중이었다. 잠수를 시작할 때부터 불안한 분위기가 흘렀다. 물은 탁하고 해저에는 죽은 조개들이 흩어져 있었다. 수심 2,600미터에서 앞으로 나아가던 앨빈 호는 폭주 기관차처럼 거무스름한 액체를 뿜어내는 굴뚝과 마주쳤다. 조종사였던 더들리 포스터는 잠수함을 제어하느라 애를 먹기 시작했다. 열수공에서 분출되는 엄청난 열기와 에너지가 앨빈 호를 계속 밀어올렸다. 소용돌이치는 검은 구름에 휩쓸려 한 치 앞도 보이지 않는 상황에서 포스터는 결국 굴뚝을 들이받았고, 그러자 굴뚝이 무너지며 그 안쪽에 있던 금속 결정들이 모습을 드러냈다. 굴뚝 아래쪽에서는 연기가 계속 새어나왔고, 포스터가 그 안에 집어넣은 온도 측정용 탐침은 바로 녹아버렸다(나중에 열수의 온도를 다시 측정했는데 섭씨 350도였다). 포스터는 뒤로 물러났지만, 유리섬유로 만들어진 앨빈 호의 테두리가 이미 열기에 그을린 후였다. 불에 잘 녹는 아크릴 창문이 달린 잠수정을 타고 블랙 스모커에 접근하는 것은 위험한 시도였다. 그 열수공들은 원시적인 힘을 가지고 있었다. 탐사진을 이끌던 프랑스의 지구물리학자 장 프랑슈토의 직설적인 표현에 따르면, "지옥과 바로 연결된 것처럼 보이는 곳이었다."[28]

✺

나는 틈이 날 때마다 눈을 붙여가면서 밤새워 데이터를 기록하는 생활에 익숙해졌다. 화산 잠수는 훨씬 더 힘든 일이어서 가장 활기찼던 사람들마저 지쳐버렸다. "좀 자는 게 좋겠어요, 친구." 켈리가 연구실에서 카메라를 분해하고 있던 해양학자 미치 일런드에게 말했다. "눈이 피곤해 보여요." 일런드는 켈리를 올려다보며 미소를 지었다. 그가 입은 티셔츠에는 "지구의 4분의 3은 바다이다 : 다수결의 원칙"이라는 문구가 쓰여 있었다. 그날 오후에 나는 켈리 역시 컴퓨터 앞에 앉아서 팔짱을 낀 채 꾸벅꾸벅 조는 모습을 보았다.

그러나 조종실 안에 있을 때에는 피곤함을 잊었다. 제이슨이 엉킨 케이블을 푼다든지 하는 지루한 작업을 할 때에도 주변의 풍경만큼은 매혹적이었다. 근무 시간마다 나는 유성처럼 쏟아지는 생물발광의 빛, 댄스 파티를 벌이는 오징어들, 번쩍거리며 빛을 내는 작고 사나운 물고기들, 그리고 제이슨의 프로펠러와 담력 싸움을 벌이는, 커다랗고 호기심 많은 물고기들을 보았다. "추진기가 총 6개 있고 각각 약 110킬로그램의 추력을 낼 수 있어요." 조종사인 크리스 저지가 설명해주었다. "아주 호되게 그 사실을 깨닫게 되는 물고기들이 가끔 있죠."

내가 처음으로 기록을 담당한 열수공 잠수 장소는 "타이니 타워스(작은 탑들)"라고 불리는 곳이었다. 이름 그대로 자그마한 첨탑들로 이루어진 스카이라인이 펼쳐져 있었다. 아직 어리고 뜨거운 열수공에서는 투명한 액체가 물결치듯이 흘러나왔고 화성의 적갈색, 달 분화구의 회색, 초신성의 붉은색, 해왕성의 선명한 남색 등 마치 다른 우주의 스펙트럼에서 빌려온 것 같은 색들로 얼룩져 있었다.

켈리와 공동 수석 과학자인 오리스트 카프카가 조종실의 가시방석(이곳에 앉은 사람이 잠수의 목표를 달성할 책임을 지기 때문에 붙은 별명이다)에 구부정하게 앉아서 조종사인 코리 버하인에게 지시를 내리고 있었다. 키가 크고 야외 활동을 좋아하는 40대 남성인 카프카는 24시간 넘게 잠을 못 자서 목이 다 쉰 상태였다. 입심이 좋고 유쾌한 버하인은 니트 모자 아래로 길고 덥수룩한 턱수염을 늘어뜨리고 있었다. 두 사람은 열수공 지대 안에서 탐침을 설치하기에 가장 적합한 자리를 찾는 중이었다. 켈리가 전에 그 이유를 설명해준 적이 있었다. "열수를 빨아들인 다음에 DNA를 걸러내는 거예요. 그런 식으로 생명체를 찾는 거죠. 그곳에 누가, 얼마나 많이 살고 있는지 알아내려고요." 흥미롭게도 각 열수공마다 그곳만의 고유한 미생물 군집이 모여 살고 있다고 했다. "마치 작은 섬과도 같죠."

탐침 설치가 끝난 후 카프카는 쉬러 들어가고, 제이슨도 수면을 향해 올라오기 시작했다. 버하인이 일어나서 하품을 하며 기지개를 켰다. "제이슨을 조종하면서 가장 좋은 점은 무엇인가요?" 내가 묻자 그는 건조한 말투로 이렇게 대답했다. "음, 지금은 생각이 안 나네요. 여기에 너무 오래 있어서 좀 질렸거든요."

"그렇군요, 그럼 가장 힘든 점은 뭐죠?"

"피로죠."

이 항해는 흥미진진한 탐험이 아니었다. 파괴적인 환경 속에서 기계가 원활하게 작동하도록 유지하는 일에는 그다지 흥미로울 것이 없었다. 만약 이 작업을 통해서 지구의 원리에 관한 통찰을 얻거나 차세대 의약품이 될 만한 열수공 미생물을 발견하거나 섭입대가 진동하는 이유를 밝힐 수 있다면, 그것은 수많은 사람들이 이 배 또는 비슷한 배에서 오랫동안 잠을 포기해가며 두뇌와 체력을 바친 덕분이었다. 이 관측 시스템은 최첨단 기술, 심해 지식, 불면증, 그리고 멀미약이 섞인 노고의 산물이었다.

이 모든 것을 처음으로 생각해낸 사람은 켈리의 멘토이자 해양학자인 존 딜레이니였다. 수십 년간 RCA를 구상해온 그는 집념과 인맥을 이용해 그것을 현실화시켰다. 딜레이니는 T. S. 엘리엇의 다음과 같은 시구를 이메일 서명으로 사용한다. "지나치게 멀리 가는 위험을 감수하는 자만이 자신이 어디까지 갈 수 있는지를 알 수 있다." 워싱턴 대학교의 명예교수로 이제 일흔일곱 살이 된 그는 자신이 몸담은 분야의 가장 벅찬 도전 과제를 다음과 같이 요약했다. "바다를 알려면 바다 안으로 들어가야 한다는 거죠."

온갖 문제가 넘쳐나는 세상에서 굳이 심해에 그렇게 큰 관심을 두어야 하는지 의아할 수도 있다. 어쨌든 우리는 심해를 무시한 채로도 여기까지 발전해왔으니 말이다. 그러나 딜레이니는 현재 우리가 바다 내부의 원리를 잘 모른다는 점이 가장 시급한 문제라고 주장하면서 다음과 같이 지적했다. "심해는 기후 체계가 돌아가게 하는 엔진입니다. 바다 활동의 결정적인 전환점을 예측할 수 있어야 해요. 그것이 우리에게 막대한 영향을 미칠 테니까요."

바다가 애초에 어떤 상태인지 알지 못한다면, 그것이 얼마나 급격하게 변화하고 있는지도 파악하기 어렵다. 1970년 이후로 바다는 우리가 화석 연료를 태우면서 발생시킨 열의 93퍼센트와 이산화탄소의 30퍼센트를 흡수해왔다.[29] 이런 어마어마한 부담을 짊어진 바다는 점점 더 따뜻해지고 산성화되고 있으며 그 안의 산소도 줄어들고 있다. 우리가 현재 의존하고 있는 생태적 균형의 상태는 영구적이지 않다.[30] 우리가 이 균형을 깨뜨리면 바다는 우리에게 돌이킬 수 없을 정도로 힘든 상황을 초래할 수도 있다. 딜레이니는 만약 극단적인 기후와 생태계의 격변, 어마어마한 강도의 폭풍 속에서도 살아남고 싶다면, 바닷속으로 관심을 돌리는 것이 현명하리라고 말한다. 그 때문에 우주여행 계획이 조금 지연되더라도 말이다.

미래의 해양 기술에 관한 딜레이니의 이야기를 듣다 보면, 그의 머릿속에서 펼쳐지는 SF 영화 한 편을 감상하는 것 같다. 그는 물속을 빠르게 누비고 다니면서 인공지능으로 주변 환경을 조사하고 해저화산 폭발, 쓰나미, 허리케인의 한가운데에서 홀로그램 데이터와 유전체 분석 결과를 전송해주는 드론을 상상한다. "지나친 상상이 아니에요." 딜레이니는 이렇게 강조했다. "우리는 그런 일을 해낼 수 있는 단계의 직전까지 와 있습니다. 적절한 유형의 로봇 시스템만 갖추면 그 누구도 상상하지 못했던 일들을 해낼 수 있어요." 이런 딜레이니에 대해서 켈리는 이렇게 말했다. "존은 언제나 시대를 10년씩 앞서가죠."

딜레이니의 최근 목표는 RCA에 자율주행 잠수정을 추가하는 것이었다. 구체적으로는 액시얼 해저화산에 자신만의 차고를 두고 자유롭게 헤엄쳐 다니는 원격조종 로봇을 원했다. 매일 열수공 지대를 돌아다니면서 표본을 채취하고, 영상을 실시간으로 전송하고, 액시얼 해저화산이 폭발하면 분출된 물질들이 흩어져버리기 전에 신속하게 그 안으로 들어갈 수 있는 로봇이어야 했다. "화산 가스의 표본을 채취하기는 무척 어려워요. 적절한 때에 적절한 위치에 들어가 있기가 쉽지 않으니까요." 켈리는 이렇게 설명했다. "대양 중앙 해령에서는 매일 화산 폭발이 일어나고 거대한 화산재 구름이 피어올라요. 아마도 초음속의 속도로요. 그런데 우리는 그런 현상이 바다에 전반적으로 어떤 영향을 미치는지 아직 모르죠."

2014년에 RCA가 처음 가동된 후로 전 세계의 과학자들이 독창적인 장비들의 제안서를 보내왔다. 켈리는 이렇게 말했다. "우리의 다음 계획은 암석 지대를 지나다니는 특수 장비인 록 크롤러를 설치하고 싶어하는 독일 과학자와 협업하는 거예요. 장난감 트럭처럼 생긴 건데요. 메테인이 누출된 지대를 돌아다니면서 측정을 하는 장비죠. 독일에서 원격으로 제어하고요."

최근 항공 우주국은 분자의 진동을 분석할 수 있는 레이저 시스템을 도입했다.[31] 주변을 꿈틀거리며 지나가는 외계 생물이 있다면 그것을 감지하는 데에 유용할 장비이다. 기묘한 유머 감각을 가진 누군가가 이 장비에 "인베이더INVADER"라는 이름을 붙였다. 우주생물학 연구용 열수공 분석 잠수 로봇In-situ Vent Analysis Divebot for Exobiology Research의 약자이다. 언젠가 인베이더는 얼음으로 덮인 지각의 균열 사이로 간헐천이 우주 공간까지 솟구쳐 오르는, 토성의 위성 엔셀라두스 같은 곳에 파견될지도 모른다. 그런데 그전에 지구에서 먼저 시험을 거쳐야 한다. 항공 우주국이 지구에서 찾아낼 수 있는 가장 적절한 시험 장소는 블랙 스모커인 인페르노였다.

인페르노와 그 근처에 있는 또다른 블랙 스모커인 "머시룸(버섯)"은 이런 장비가 자주 설치되는 곳이었다. 두 곳 모두 마치 중환자실의 환자처럼 온갖 기계와 연결되어 있었다. 머시룸과 인페르노 옆에는 화산 분출로 여러 번 무너져 내렸다가 다시 세워진 "피닉스(불사조)"와 누가 보더라도 이름과 잘 어울리는 "헬(지옥)"이라는 열수공도 있었다. 그런데 액시얼 해저화산의 칼데라 반대편에는 훨씬 더 장대한 블랙 스모커들이 있었다. 켈리는 그중에서도 특히 거대한 열수공을 조사해보고 싶어했다. "엘 과포라고 해요." 켈리가 애정 어린 말투로 말했다. "그곳으로 가서 불길을 좀 살펴보죠."

✳

항해를 하는 동안, 나는 주 갑판 위에 유명인사가 있다는 사실을 알고 있었다. 바로 앨빈 호였다. 이 유명한 잠수정은 이번 탐사에 참여하지 않았지만, 어쨌든 애틀랜티스 호는 앨빈 호의 집이었다. 앨빈 호는 2층짜리 격납고 안에서 로봇 손에 빨간색 복싱 글러브를 낀 채 쉬고 있었다. 앨빈 호의 첫 임무는 1966년 1월, 미군의 B-52 폭격기와 공중 급유기가 충돌한 후 지중해에 떨어진 수소폭탄을 회수한 것이었다. 그후 앨빈 호는 전 세계의 다른 유인 잠수정들의 잠수 시간을 전부 합친 것보다 더 많은 시간 동안 심해를 탐사했다.

어느 날 오후, 우즈홀 해양 연구소의 공학자인 드루 뷸리와 함께 앨빈 호를 둘러볼 기회가 있었다. 우리를 위에서 내려다보는 그 잠수정에는 환기 호스들이 연결되어 있었고 수 킬로미터 길이의 배선은 아주 깔끔하게 정리되어 있었다. 잠수정의 전기 시스템을 관리하는 뷸리는 그 전선 하나하나의 용도를 모두 알고 있었다. 켄터키 주에서 어린 시절을 보낸 그는 앨빈 호의 역사에서 중요한 역할을 담당했던 해양학자 밥 밸러드가 쓴 책을 도서관에서 우연히 발견했다고 한다. 그리고 "그 책을 아주 집요하게 읽었다"고 회상했다. 뷸리는 언젠가 앨빈 호와 관련된 일을 하고 싶다는 소중한 꿈을 마음속에 품고 있었지만, 현실이 발목을 잡았다. "앨빈 호는 1대뿐이고 그 안의 좌석은 세 자리뿐이니 시도해볼 가치도 없다고 생각했어요." 뷸리는 대신 음악가가 되기로 결심했다. 그러나 고등학생 때 물리 선생님이 여러 개의 못이 박힌 판 위에 누워서 힘의 분산 원리를 설명하는 모습을 본 뷸리는 다시 한번 과학으로 눈을 돌렸다.

대학교에서 공학을 전공하고 "애매한 성적"으로 졸업한 뷸리는 우즈홀 해양 연구소에 취직될 가능성이 없다고 확신했다. "겁이 나서 오랫동안 지원하지 못했어요. 그러다가 결국 했죠." 이제 서른일곱 살이 된 그는 앨빈 호의 조종사가 되기 위한 훈련을 받고 있었다. 자격증 취득 과정이 워낙 까다로워서 1965년부터 지금까지 42명밖에 통과하지 못했다고 한다. 최종 시험 때는 미국 해군 장성들의 질문 공세를 이겨내야 한다. "방에 앉혀놓고 질문을 퍼부어대요."

온갖 다양한 과학적 장비를 갖춘 앨빈 호는 한눈에 보아도 대단한 잠수정이었다. 마치 파이시스 호가 아널드 슈워제네거급의 스테로이드 주사라도 맞은 듯한 모습이었다. 약 1.8미터 폭의 기밀실은 7.6센티미터 두께의 티타늄으로 만들어졌고 5개의 아크릴 현창이 달려 있었다. 뷸리는 삼중화된 잠수정의 체계와 세세한 안전장치들에 관해서 설명해주었다. 여러 번 꼼꼼하게 정비를 받은 앨빈 호는 사실상 새 잠수정이나 다름없었다. 또한 2020년 초에는 잠수 범위를 수심 약 4,500미터에서 6,500미터까지 확장할 수 있도록 한 번 더 대규모 개조를 거칠 예정이었다.

설명을 마친 뷸리는 나에게 궁금한 점이 있느냐고 물었다. 내가 묻고 싶은 것은 내가 앨빈 호를 타고 잠수할 수 있는지의 여부뿐이었지만, 뷸리가 그 질문에 대답해줄 수는 없다는 것을 알고 있었다. 격납고에서 나오자 켈리가 뱃머리 쪽에 앉아 있는 모습이 보였다. 항해 시작 후 처음으로 맞이한 맑은 날씨였기 때문에 잠깐이나마 비타민 D를 합성할 수 있는 기회였다. 나는 그쪽으로 걸어갔다. 안 그래도 켈리가 한번에 10가지 일을 처리하고 있지 않을 때를 노려서 이야기를 나누고 싶던 참이었다. 19년 전 켈리는 이 배를 타고 떠났던 또다른 탐사에서 놀라운 장소를 발견했다. 처음 알게 된 후로 나의 머릿속을 떠난 적이 없는 장소였다. 그곳의 사진이 너무나 초현실적이어서, 만약 권위 있는 과학 학술지인 「네이처」의 표지에 실리지 않았다면 합성한 사진이라고 생각했을 것이다. 나는 "로스트 시티(잃어버린 도시)"라고 불리는 그곳에 대한 이야기를 더 듣고 싶었다.

＊

대서양 한가운데는 겨울이면 특히 더 고독한 장소가 된다. 2000년 12월 3일 밤, 몇 킬로미터 범위 내에서 유일한 빛은 애틀랜티스 호의 갑판을 환히 비추는 조명뿐이었다. 켈리는 선실에서 잠을 자고 스위스의 지구화학자 그레트헨 프뤼-그린이 조종실에서 당직을 서는 동안, 견인식 카메라 시스템인 아르고는 100만 년 된 해산인 애틀랜티스 산괴山塊를 가로지르고 있었다. 내가 자리에 앉아 그때의 이야기를 처음부터 끝까지 들려달라고 부탁하자 켈리는 이렇게 말문을 열었다. "거의 레이니어 산(미국 워싱턴 주에 있는 해발 약 4,400미터의 화산/역주)만큼 큰 산이었어요. 우리는 그 산의 형성 과정을 알아내려던 중이었죠."

애틀랜티스 산괴는 켈리와 동료들에게 닷새가 걸려도 가볼 가치가 있는 매력적인 연구 대상이었다. 아소르스 제도의 남쪽에 위치한 이 산괴는 대서양 분지를 양분하는 확장 중심인 대서양 중앙 해령에서 서쪽으로 약 16킬로미터 거리에 있다. 그러나 이것은 화산 봉우리가 아니라, 해저 확장으로 해양 지각이 갈라져 대규모로 변형되면서 만들어진 지형이다. 이곳에서는 균열로 인해서 맨틀 상층부의 일부가 상승하여, 지구의 더 깊은 곳을 들여다볼 수 있는 창문이 되어주고 있었다.[32]

맨틀을 이루는 암석은 단단하지만, 마치 성이 난 실리퍼티(점탄성이 있는 소재의 덩어리로 늘리거나 튕기면서 노는 장난감/역주)처럼 움직인다. 지구의 깊숙한 곳에서 가장 뜨거운 상태로 있을 때는 느릿느릿 굼뜨게 흐르지만, 그곳에서 끌려나와 바닷물에 노출되면 격렬하게 반응하며 불안정해진다. 그러면 부풀고 변형되어 사문석蛇紋石이라고 불리는, 비늘 형태의 결정을 가진 진녹색 암석이 되는데, 그 과정에서 마치 심술을 부리듯이 열과 수소, 메테인을 방출한다. 이때는 결코 굼뜨다고 말할 수 없는 상태이다.

과학자들은 산괴의 남쪽 면을 집중적으로 탐사했다. 부서진 돌들로 뒤덮인 가파른 사문석 암벽이었다. 낮에는 켈리와 다른 사람들이 앨빈 호를 타고 잠수하여 파괴된 지형을 조사하고, 밤이면 아르고가 산괴의 윤곽을 따라가며 흑백 영상을 조종실로 전송했다.

12월 3일에 프뤼-그린은 아르고가 급경사면 위를 돌아다니는 모습을 화면으로 지켜보고 있었다. 정상에서 600미터 정도 아래로 내려가자 암벽이 끝나고 평평한 테라스 형태의 지형이 나왔다. 아르고가 어둠 속에서 조명을 비추며 그 위를 지나가기 시작했다. 이상하게도 그 테라스는 매끈한 연회색 시멘트 같은 물질로 덮여 있었다. 프뤼-그린은 의자를 앞으로 당겨 앉았다. 그때 갑자기 유령 같은 형체가 카메라 앞을 지나갔.

"자정 무렵이었어요." 켈리가 배의 난간에 몸을 기댄 채 회상했다. "중대한 일은 꼭 밤늦게 일어나지 않나요? 그레트헨이 내가 있는 선실로 날듯이 뛰어와서 말했어요. 뭔가를 본 것 같다고요. 그걸 보자마자 깨달았죠. 우리가 한 번도 본 적 없는 것이라는 게 너무나도 명확했어요."

그후 5시간 동안 그들은 아르고를 조종해 운동장 넓이쯤 되는 테라스 주변을 돌았다. "이 갑판만큼 평평했어요." 켈리가 몸짓으로 설명했다. "어느 집 안마당 같더라고요." 그러나 테라스 주변은 아래쪽에서부터 솟아오른 거대한 흰색 탑들에 빙 둘러싸여 있었다. 마치 스위스의 예술가인 알베르토 자코메티의 조각처럼 가늘고 우아한 탑들이었다. 왜 흰색일까? 무엇으로 만들어졌을까? 조종실 안에 흥분이 전류처럼 흘렀다.

탐사 막바지였기 때문에 딱 한 번 잠수할 시간밖에 남아 있지 않았다. 새벽에 켈리는 지질학자 제프 카슨, 조종사 팻 히키와 함께 앨빈 호에 탑승했다. 그리고 약 600미터 아래로 빠르게 내려갔지만, 정확한 위치를 찾느라 소중한 시간을 허비했다. 켈리는 이렇게 회상했다. "지도가 없으니까 그냥 무작정 나아갈 수밖에 없었어요. 한참 헛수고를 하다가 작은 흰색 굴뚝을 발견했죠. 정말 **아름다웠어요**."

드디어 방향을 잡은 그들은 눈처럼, 뼈처럼, 설화석고처럼 하얀 첨탑들이 늘어선 지대를 누비고 다녔다. 이 첨탑들도 **열수공**이었지만 동굴 속의 석회암처럼 탄산염으로 이루어져 있어서 그 성질이 전혀 달랐다. 켈리는 가까이에서 첨탑의 세세한 부분들을 관찰했다. 고대 그리스식 기둥처럼 세로로 홈이 파인 것도 있고, 크리스마스 트리나 정교한 모래성처럼 보이는 것도 있었다. 모두 결정체들로 화려하게 장식된 모습이었다. 이떤 탑은 높이가 30미터가 넘었다.

앨빈 호의 조명이 어디를 비추든지 유령 같은 형상들이 나타났다. 꼭대기에 네 개의 첨탑을 왕관처럼 얹고 있는 거석 하나가 유난히 눈에 띄었다. 마치 그곳을 지키는 문지기인 양 60미터 높이로 우뚝 서 있었지만, 그 면면은 신비롭고 섬세했다. 암벽을 따라서 탄산염 결정들이 모여 고딕 양식의 첨탑만큼이나 우아한 굴뚝들을 이루고 있었고, 가장자리에는 커다란 대접을 뒤집어놓은 듯한 모양의 돌출부가 있었다. 벽에서 스며나온 맑고 따뜻한 액체가 돌출부 아래에 모여 있어서 그 표면이 거울처럼 반짝였다. 나에게 설명해주는 동안에도 켈리는 여전히 그 사실이 놀라운 듯했다. "바닷속에서 거꾸로 뒤집어진 채 거울처럼 반짝이는 웅덩이를 보게 될 줄은 몰랐죠." 그들은 이 장대한 구조물에 "포세이돈"이라는 이름을 붙였다.[33]

히키는 티타늄 주사기로 액체 표본을 채취하고 암석과 탄산염 덩어리를 수집했지만 생물 표본은 찾기 어려웠다. 온순한 골든 리트리버처럼 잠수정을 쫓아다니는 통통한 레크피시(참바리의 친척인 물고기)들을 제외하면, 마치 버려진 것처럼 황량한 장소였다. 블랙 스모커 주변을 기어다니던 온갖 다양한 생물들이 그곳에는 없었다.

나중에야 과학자들은 그곳의 외관에 속았다는 사실을 알게 되었다. 사실 이 열수공들은 갑각류, 벌레, 달팽이들이 모두 모여 사는 보금자리였다. "그렇지만 크기가 엄지손가락만 하고 투명한 생물들이죠." 켈리가 설명했다. 눈에 잘 띄지 않는 이 동물군은 굴뚝의 틈새와 구멍이나 해초처럼 흔들리는 흰색 세균 가닥들 뒤에 숨어 있었다. 그뿐 아니라 탑의 안쪽에도 놀라운 것이 또 있었다. 바로 얇은 고세균 층이었다.[34] 고세균을 뜻하는 아르케아archaea는 '아주 오래된 것'을 뜻하는 그리스어 단어에서 유래된 말이다. 이 미생물군은 지구상에서 가장 원시적이고도 수수께끼 같은 생물들이다. 또한 극한의 환경에서도 번성하는, 가장 강하고 적응력이 뛰어난 생물이기도 하다. 만약 어떤 장소가 특별히 춥거나 덥거나, 산성이거나 알칼리성이거나, 산소가 없거나 독성을 띤다면, 즉 극도로 혹독한 환경이라면, 인간은 바로 목숨을 잃겠지만 어떤 종류의 고세균은 분명히 그곳을 마음에 들어할 것이다.

고세균은 미생물계의 어디에나 존재하지만 1977년이 되어서야 분자생물학자 칼 워즈에 의해서 발견되어(처음에는 이 발견으로 비판을 받았다) 세균(1영역), 진핵생물(2영역 : 곰팡이, 식물, 동물 등 세포 속에 핵이 있는 생물)과 함께 생명의 세 번째 영역으로 분류되었다. 너무도 오래되고 이상한 생물들인 고세균은 예상을 뛰어넘는 다양한 능력을 가지고 있어서 이제 많은 과학자들은 복잡한 생명의 탄생 과정에 그들이 핵심적인 역할을 했으며,[35] 진핵생물에게도, 즉 인간에게도 고세균 조상이 있었을지 모른다고 믿는다(특히 고세균 로키Lokiarchaeota가 우리와 가장 먼 친척일 가능성이 있다.[36] 이 놀랍도록 기이한 미생물군은 그린란드와 노르웨이 사이의 수심 2,340미터 해저에 있는 "로키의 성Loki's Castle"이라는 열수공 지대에서 발견되었다).

"너무 많이 돌아다녀서 전력이 거의 바닥나 있었어요." 켈리가 이야기를 계속했다. "시간이 흐르면서 이산화탄소 농도가 높아지면 사람이 약간 멍청해지죠." 떠나기 전에 그들은 그 지대의 규모를 가늠해보고 싶었다. 켈리는 히키에게 가장 높은 탑인 포세이돈의 꼭대기로 올라가서 그곳에서부터 해저까지 쭉 내려가달라고 요청했다. "그렇게 우리는 내려가고 내려가고 또 내려갔어요." 그들은 첨탑, 망루, 벌집, 손 모양의 하얀 열수공들을 계속 지나쳤다. 24시간 전만 해도 그 누구도 몰랐던 장소였다. 켈리는 바닷속 깊은 곳에 우리가 상상하지 못했던 것이 얼마나 더 있을까 궁금해했다.

얼마 후 세 사람은 마지못해 수면으로 올라왔다. "올라오면서 그 하얀 기둥들에 대해서 생각하기 시작했어요. 그리고 우리가 애틀랜티스 호를 타고 애틀랜티스 단열대에 있는 애틀랜티스 산괴에 내려와 있다는 사실을요." 그늘은 마치 오래 전 물속에 가라앉아 잊힌 도시의 건물들을 돌아보고 온 기분이 들었다. "그래서 아틀란티스처럼 잃어버린 도시라는 이름을 붙인 거예요?" 내가 물었다. "맞아요." 켈리가 웃으면서 대답했다. "그후에 흥미로운 이메일을 많이 받았죠."

전설에 따르면, 고대 도시 아틀란티스는 화산 폭발 도중 파도 속으로 사라졌다. 그러나 켈리가 발견한 로스트 시티의 가장 흥미로운 점은 화산 활동으로 형성된 것이 아니라는 사실이다. 맨틀 암석과 바닷물의 화학 작용으로 만들어진 그곳의 열수공들은 화산 활동으로 만들어진 열수공과 전혀 다른 특성을 띤다. 블랙 스모커는 금속 황화물로 끓어오르지만, 로스트 시티의 열수공은 섭씨 93도 이하로 따뜻한 편이며 금속 성분이 함유되어 있지 않다. 블랙 스모커의 유체fluid는 식초처럼 산성이 강하지만, 로스트 시티에서 배출되는 유체는 배수관 세정제만큼 알칼리성이 강하다. 비교적 약한 구조의 블랙 스모커는 용암에 덮여 사라지기 쉽고 따라서 수명이 짧은 편이다. 반면 로스트 시티의 튼튼한 열수공은 적어도 15만 년 이상 된 것들이다.[37] 과학자들은 23년간의 연구를 통해서 열수공을 어느 정도 파악했다고 생각했다. 아무리 독특한 열수공이라도 비슷한 특징들을 공유하고 있는 것처럼 보였다. 그런데 로스트 시티가 그런 생각을 완전히 뒤집은 것이다.

애틀랜티스 호가 우즈홀 해양 연구소로 돌아오자 기자들이 기다리고 있었다. "난리가 났죠." 켈리는 이렇게 회상했다. 소식이 퍼져나가고 실험실에서 표본 분석이 시작되고 연구 논문들이 쓰였다. 그곳의 화학적 성질이 생명의 기원에 관한 가장 강력한 단서를 제공하는 덕에 사람들은 로스트 시티에 열광했다. 이러한 유형의 열수공계는 세포의 구성 요소가 되는 유기 분자인 탄화수소를 만들어내는 공장과도 같다.[38] 켈리와 연구진은 로스트 시티가 비생물적 원천으로부터 탄화수소를 생산해낸다는 사실을 밝혀냈다. 지구에서, 그리고 어쩌면 우주의 다른 곳에서 생명이 최초로 탄생하기에 이상적인 조건이었다. "새로운 방식의 사고를 가능하게 해준 거죠." 켈리는 말했다.

그후 수년간 켈리, 프뤼-그린, 카슨을 비롯한 여러 사람들이 장비를 잔뜩 싣고 그곳으로 들어갔다. 계속해서 확장되고 있는 그 지역의 지도를 만들면서 30개가 넘는 봉우리를 더 발견했고 그곳에 사는 독특한 생물들을 조사하기도 했다. 제임스 캐머런은 4대의 잠수정을 이끌고 그곳으로 들어가서 아이맥스 다큐멘터리 영화 「에이리언 오브 더 딥」을 촬영했다. 소설가 클라이브 커슬러는 그곳을 배경으로 한 스릴러 소설을 썼다. 해양지질학자, 생물학자, 지구화학자, 우주생물학자들이 배를 타고 순례를 왔다. 2016년에 유네스코UNESCO는 로스트 시티를 "뛰어난 보편적 가치"를 가진 세계문화유산으로 지정했다.[39]

현재까지도 로스트 시티는 독보적인 장소이지만, 켈리는 비슷한 곳이 더 많이 있으리라고 믿는다. "대양 중앙 해령을 따라서 형성된 단층과 맨틀 암석, 열의 조합 속에서 더 많은 로스트 시티를 찾아낼 수 있을 거예요." 만약 우리가 해저를 좀더 넓게 탐사해본다면 그럴 수 있으리라는 말이었다. 생명이 이제 막 탄생하기 시작하던 먼 옛날의 해저에는 맨틀과 비슷한 암석들이 풍부했다. 따라서 그러한 열수공이 흔했을 것이다. 어떻게 보면 로스트 시티는 과학자들이 40억 년 전의 바닷속을 들여다볼 수 있게 해주는 수중 타임머신과도 같다.

"그곳은 정말……황량하다는 말로는 설명이 안 돼요." 켈리가 혼잣말을 하듯이 말했다. "하지만 그곳에는 분명히 무엇인가가 있어요. 대체 이런 것이 어떻게 존재할 수 있을까 싶은 거죠." 그녀는 마치 비밀을 알려주듯이 목소리를 낮췄다. "영적이라고나 할까요. 나 이런 말 자주 안 해요."

※

스페인어로 '미남' 또는 '미녀'를 뜻하는 이름의 엘 과포가 화면을 가득 채웠다. 텁수룩하면서도 멋지게 관벌레와 삿갓조개들을 두른 모습은 록스타 같았고, 검은 입김을 내뿜는 모습은 용 같았다. 높이가 17미터에 달하는 블랙 스모커는 기운이 넘쳐 보였다. "「왕좌의 게임」을 보는 것 같네." 조종실의 뒷벽까지 꽉 채운 사람들 중에 누군가가 말했다. "끝내주죠. 정말 끝내줘요" 켈리도 동의했다. 그리고 조종석에 앉아 있는 버하인을 돌아보며 말했다. "꼭대기를 확대해서 보여줄래요?"

벌레가 싫다면 엘 과포에는 가지 않는 편이 좋다. 그곳에서는 꿈틀거리는 벌레들의 축제가 펼쳐진다. 적갈색의 깃털 장식과 오래된 배관처럼 구불구불한 연보라색 관들로 이루어진 관벌레, 자그마한 암적색 야자수를 닮은 "야자수 벌레", 자신의 몸을 보호하기 위해서 단단한 금속 갑옷을 분비하여 만드는 "황화물 벌레들"이 있었다.

"쥐며느리처럼 생긴 저 작고 빨간 녀석들은 비늘벌레입니다." 해양생물학자 마이크 버다로가 조종석 뒤에 서서 마이크를 들고 설명했다. 그는 액시얼 해저화산에서 가장 커다란 열수공들의 모습을 인터넷으로 생중계하고 있었다. "이 벌레들은 포식자입니다. 열수공 주변을 기어다니면서 다른 벌레들을 뜯어 먹죠. 그래서 이 녀석들이 다가오면 관벌레는 관 안으로 숨어버립니다."

"잘하네요." 켈리가 농담조로 말했다. "곧 NBC 방송국에서 보게 되겠어요."

버다로는 씩 웃으며 말을 이어갔다. "시청자 한 분이 이메일로 질문을 보냈습니다. '이 화산을 연구하면서 알게 된 가장 중요한 사실이 무엇인가요?'"

"글쎄요, 우리는 3만 번의 폭발과 8,000번의 지진을 일으키며 시애틀 스페이스 니들(시애틀에 있는 높이 184미터의 고층 빌딩/역주)의 대부분을 뒤덮어버릴 수 있을 만한 두께의 용암류를 봤어요." 켈리가 화면에 집중하면서 무심하게 대답했다. "그러니까 이 화산이 얼마나 활발해질 수 있는지를 알아가고 있는 것이죠."

제이슨의 눈이 엘 과포를 훑었다. 내가 앉은 데이터 기록 담당자 자리에서는 10여 개의 카메라 화면을 통해서 그 모습을 볼 수 있었다. 겉으로는 연기와 다를 바 없는 검은 유체가 꼭대기에서 뿜어져 나오는 모습이 보였다. 카메라가 확대해서 보여준 열수공의 모습은 녹청색, 자홍색, 황갈색, 다갈색, 진회색, 검은색이 점점이 찍힌 인상주의 회화 같았다. 측면에는 흰색의 세균 가닥들이 늘어져 있었다. 제이슨이 가까이 접근하면서 마치 부서진 치토스 과자처럼 보이는 주황색과 노란색의 미생물 덩어리를 추진기로 휘저어놓았다. "달팽이 같은 연체동물들도 있습니다." 뒤에서는 버다로가 설명을 계속했다. "아래쪽에 수많은 바다거미들이 보일 때도 있죠." 그러자 버하인이 장난스럽게 끼어들었다. "여기에는 이상한 것투성이예요."

"이곳은 산화가 잘 되어 있네요." 켈리가 화면을 가리키며 말했다. 그리고 영상 기록을 맡고 있던 학생 레이철 스콧 쪽으로 고개를 돌렸다. "먼지가 가라앉으면 4K 영상을 한번 찍어보죠." 스콧은 고개를 끄덕이며 초고해상도 4K 카메라를 작동시켰다.

스콧의 뒤에 서 있던 곤잘레즈가 교대해주겠다고 나섰다. "좀 자둬야 해요." 스콧은 고개를 저었다. "잠은 나약한 사람이나 자는 거예요."

"이곳의 물은 대단히 뜨겁습니다." 버다로가 계속해서 시청자들에게 설명했다. "섭씨 300도 정도 되죠. 그런데 굴뚝에서 1밀리미터만 떨어져도 섭씨 2도로 떨어집니다." 그때 클로즈업한 화면 속에 이리저리 엉킨 관벌레 무리가 황화수소 욕조에 몸을 담근 모습으로 등장했다. "아, 좋네요. 딱 좋아요." 켈리가 말했다. "벌레들의 머리가 저렇게 빨갛다면, 아주 행복하다는 뜻이에요."

갈라파고스 제도에서 처음 발견된 후로 관벌레는 심해 열수공과 화학합성의 마스코트가 되었다.[40] 이들의 몸이 빨간 이유는 헤모글로빈이 풍부한 혈액 때문이다(산소뿐 아니라 황화수소도 운반할 수 있도록 적응한 결과이다). 관벌레에는 눈도, 입도, 소화관도, 항문도 없다. 어느 동물에게든 가혹한 조건처럼 보일 것이다. 그러나 이들의 생태는 주변 환경에 최적화되어 있다. 관벌레는 피부를 통해서 흡수한 세균을 영양체營養體라고 불리는 특별한 기관 안에서 살게 한다. 열수공의 유체가 관벌레의 몸을 휩쓸고 지나갈 때, 아가미 역할을 하는 깃털을 통해서 그 유체를 빨아들이면, 영양체 속의 세균이 화학 물질을 소화시켜서 에너지로 변환하고, 이것을 숙주와 공유한다. 관벌레에게 삶이란, 여럿이 함께 즐기는 저녁 식사와도 같다.

나는 뒤로 기대어 앉아 그 모든 광경을 지켜보았다. 뜨거운 열기와 물어뜩는 벌레들로 가득한 엘 과포의 거친 세계를 보고 있자니 최면에 걸린 듯한 느낌이었다. 블랙 스모커를 바라보는 동안에는 마감일이나 치과 예약이나 꽉 끼는 바지에 관한 생각이 떠오르지 않는다. 일상이 끼어들 틈이 없는 그곳의 존재감에 그저 몰입하게 될 뿐이다. 인간의 사상도, 믿음도, 개입도 필요로 하지 않는 세계였다. "그저 끊임없이 돌아가고 있죠." 켈리는 말했다. "우리가 여기에 있든지 말든지 신경도 쓰지 않고요."

미러볼이 돌아가는 조종실 안에서 데이비드 보위가 톰 소령의 우주 방랑을 노래하는 동안(노래 "스페이스 오디티"를 말한다/역주), 사람들은 모두 화면에 펼쳐진 비현실적 풍경에 푹 빠져 있었다. 이것은 내가 물속에 실제로 들어가지 않고 심해에 가장 근접했던 경험이었다. 그러나 나는 물속에 들어가야 했다. 그리고 그렇게 생각하는 또다른 사람들을 만날 계획이었다. 오리건 주를 떠나기 전 나는 전화번호 2개가 적힌 종이를 손에 쥘 수 있었다. 애틀랜티스 호에서 내린 후에 내가 만난 한 사람이 준 뜻밖의 선물이었으며 내가 상상도 하지 못했던 방식으로 심해에 내려가는 길을 열어줄 연락처였다. 첫 번째 번호의 주인은 세계 최초로 대양 최대 수심 잠수가 가능한 상업용 잠수정을 최근에 제작한 회사의 소유주였다. 지구의 어느 곳이든 그 잠수정이 안전하게, 반복적으로 잠수하지 못할 곳은 없다는 뜻이었다. 그리고 두 번째 번호의 주인은 새로운 잠수정과 모선을 바다로 보낼 준비를 하고 있는 사람이었다.

4
초심해저대에서 일어나는 일

평소와 다름없는 잠수라고 나 자신에게 말할 수도 있었다.
물론 사실이 아니었고, 나도 그것을 알고 있었다.
—자크 피카르[1]

미국 오리건 주 도라
통가 누쿠알로파

애틀랜티스 호가 뉴포트로 돌아온 뒤에도 나는 오리건 주를 떠나지 않았다. 그곳에서 또다른 약속이 잡혀 있었기 때문이다. 사실 약속이라기보다는 일종의 순례, 혹은 「어메이징 레이스」(출연자들이 전 세계를 여행하며 경주를 벌이는 미국의 리얼리티 프로그램/역주)의 한 구간에 가까웠다. 나는 뉴포트에서 차를 몰고 동쪽으로 가다가 남쪽으로 방향을 틀어 유진과 로즈버그를 지난 후, 쿠스 베이 왜건 도로에서 다시 서쪽으로 돌아서 이스트 포크 코퀼 강을 따라 오리건 코스트 산맥 남쪽의 산지를 가로질렀다. 이 경로를 이동하려면 사륜구동 차량과 강한 집중력, 그리고 통나무를 싣고 요란하게 지나가는 트럭들을 겁내지 않을 담력이 필요했다. 그렇게 해서 나는 거대한 시트카가문비나무, 서양측백나무, 더글러스전나무들이 사는 땅으로 깊숙이 들어갔다. 촉수 같은 이끼들에 뒤덮인 채 서 있는 이 거인들의 주변에는 벌목이 남긴 흉터가 선명하게 남아 있어서 보기만 해도 가슴이 아팠다.

얼마 후 롤러코스터 같던 도로가 평탄해지고 언덕에 둘러싸인 푸르른 계곡이 나타났다. 회색빛 하늘 아래 펼쳐진 선녹색 들판에서 엘크들이 풀을 뜯고 있었다. 인구가 150명밖에 되지 않는 오리건 주 도라에 도착한 것이다. 최초의 미국 해군 심해 잠수정 조종사인 돈 월시 대령 같은 사람이 살고 있으리라고는 생각되지 않는 곳이었다.

월시는 처음부터 내가 심해와 관련해서 가장 먼저 연락해보고 싶었던 사람이었다. 전설이라는 수식어가 지나치게 남용되는 경향이 있기는 하지만, 그에게만큼은 꼭 맞는 표현이었다. 바다에 관한 책을 쓰면서 월시와 이야기할 기회를 놓친다는 것은 직무 유기와도 같았다. 지인을 통해서 그에게 연락을 취하자 곧바로 답이 왔다. 월시가 보낸 이메일의 내용은 이러했다. "나 역시 기꺼이 만나고 싶습니다. 이미 다 알고 있는 사실들 외에 더 해줄 이야기가 있을지는 모르겠지만 그래도 한번 해봅시다." 그는 6쪽에 달하는 이력서도 첨부했다. 누군가의 희망 사항 목록처럼 보이는 문서였지만, 모두 월시가 직접 해낸 일들의 기록이었다.

어디에서부터 시작해야 할까? 인류 최초로 해저에 내려갔다가 온 후에 월시와 자크 피카르는 백악관에 초청되어 아이젠하워 대통령의 환대를 받았다. 월시는 공로 훈장을 받았고 자크는 해군이 주는 특별 공로상을 받았다. 그후 자크는 스위스로 돌아갔다. 트리에스테 호는 해군에 남았지만, 특유의 약점 때문에 얕은 수심에서만 운용되다가 얼마 후 퇴역했다(이때 해군은 새로운 잠수정 건조를 계획 중이었다. 그 계획이 실현된 결과가 바로 앨빈 호이다).

잠수함 지휘관, 한국전쟁과 베트남 전쟁 참전 용사에 이어 이제 바닷속의 아폴로 11호 조종사가 된 월시에게는 눈부신 미래가 기다리고 있었다. 그는 한 사람이 경험할 수 있는 최대한의 새로운 경험, 봉사, 지식, 모험으로 경력을 채워나갔다. 그는 극지방 탐사를 총 60회나 했고, 해양학 박사 학위를 비롯하여 3개의 학위를 땄으며, 복엽기, 수상기, 글라이더를 모두 조종해보았고, 러시아의 잠수정 미르 호를 타고 심해에 수장된 타이태닉 호와 비스마르크 호의 선교船橋 위를 돌아보기도 했다. 미국 해군의 총 11개 연구소를 관리하는 부소장직을 역임했으며 국방부, 국무부, 항공 우주국의 자문단에서 해양 관련 업무를 수행했다. 또 서던 캘리포니아 대학교 해양 및 해안학 연구소의 창립 이사로도 활동했다. 월시의 이력서에는 "대통령 임명직"을 정리한 부분이 따로 있었고, 수상 내역은 여러 쪽으로 이어졌다. 그것들을 읽다 보면 어느 순간 그 엄청난 삶에 압도되어 그저 "우와"라는 한마디의 감탄사만 나올 뿐이었다.

나는 나무들이 대성당처럼 높이 치솟은 숲속에 측백나무로 지어진 월시의 목장 주택 앞에 차를 세웠다. 앞문이 열리고 월시가 현관으로 나와 나를 맞이했다. 다부진 체격에 날카로운 푸른 눈, 새하얗고 풍성한 곱슬머리를 가진 그는 구겨진 녹색 폴로셔츠와 베이지색 면바지, 끈 없는 보트 슈즈 차림이었다. 험한 길을 운전해온 나의 꼴이 말이 아니었는지 월시가 먼저 입을 열고는 그 외딴 계곡에서 아내인 조앤과 함께 살게 된 이야기를 들려주기 시작했다. 두 사람이 "캘리포니아 주 남부라는 주차장"

에서 탈출할 수 있었던 것은 30년 전 조앤이 그녀가 사랑하는 오래된 나무들과 바다가 어우러진 보금자리를 찾아낸 덕분이었다. 그때 파나마 앞바다의 배에서 근무 중이었던 월시는 다음과 같은 팩스를 받은 후에 조앤이 마침내 집을 찾아냈다는 사실을 알게 되었다. "축하해요. 오리건 주 남서부에 있는 90에이커짜리 목장의 주인이 되었네요."

"헛간에 작업장도 있고, 목장 전체가 울타리로 둘러싸여 있고, 800미터 길이의 강에는 세 종류의 연어가 살고, 목초지 위에는 매가 날아다니고, 나무들은……." 월시가 그곳의 장점을 나열하다가 말을 끊었다. "아무튼 끝도 없이 이야기할 수 있습니다. 이곳을 정말 사랑하거든요."

월시를 따라서 집 안으로 들어간 나는 높은 계단을 올라 그의 사무실로 안내받았다. 방을 둘러싼 큰 창문과 아치형의 나무 천장을 갖춘 꼭대기 방이었다. 마치 독수리의 둥지 같았는데, 다만 그 독수리가 도서관 사서라도 되는 듯이 약 8,000권의 책이 방을 채우고 있었다. 월시는 웃으며 말했다. "책은 자식 같은 존재잖아요. 떠나보내기가 어렵지요."

원래는 월시와 2-3시간쯤 이야기를 나눌 수 있다면 좋겠다고 생각했다. 내가 방문했을 때 그의 나이가 여든일곱이었기 때문에 얼마나 오랫동안 대화가 가능할지 확신할 수 없었다. 그러나 얼마 지나지 않아 나는 그가 자기 나이의 절반쯤 되는 사람들 못지않은 힘과 명민함을 지녔음을 알게 되었다. 그는 지난 1년간 15개국을 여행했다고 말했다. "내 생각에 가장 큰 죄악은 권태입니다." 월시는 타고난 이야기꾼으로 유머 감각과 놀라울 정도의 기억력도 갖추고 있었다. 그의 이야기를 듣는 일이 즐거웠다. 물론 결코 이야깃거리가 떨어질 일이 없는 사람이기도 했다.

우리는 사무실 한쪽 구석에 앉아서 차를 마시며 이야기를 나눴다. 월시의 입에서는 몇 분에 한 번씩 흥미로운 일화가 나왔다. "아서 C. 클라크(영국의 유명한 SF 소설가/역자)가 나의 잠수 동료였지요"라든가 "두 달 동안 잠수 상태로 있어야 하는 임무를 맡은 적도 있습니다" 같은 이야기였다. 그래서 그가 간단하게 "심해 잠수"라고 부르는 주제까지 가는 데에는 시간이 꽤 걸렸다.

나는 월시가 트리에스테 호의 첫인상을 좋지 않게 평가했다는 기사 내용에 관해서 물었다. 그가 처음 본 트리에스테 호의 모습은 "보일러 공장에서 폭발이라도 일어난 것"처럼 보이는 "이상한 금속 덩어리"였다. 그때 그는 이렇게 생각했다고 한다. "난 절대 저 안에 들어가지 않아야지."[2]

"그런데 왜 타셨어요?"

월시는 씁쓸한 미소를 지었다. "글쎄, 스콧 카펜터(우주에 간 네 번째 미국인/역자)가 나한테 그러더군요." 그는 옛 기억에 껄껄 웃으며 이야기를 계속했다. "우주선 안에 앉아서 퓨즈가 점화된 후에야 갑자기 그 우주선을 최저가 입찰 업체가 만들었다는 사실이 떠오른다고요." 월시는 머큐리 7호에 탑승한 우주비행사의 뒤늦은 깨달음을 흉내 냈다. "흠, 오늘은 못 갈 것 같은데. 저 사다리 좀 다시 올려줄래요?" 그러고는 의자에 기대앉으며 크게 웃었다. "상황에 떠밀려서 하게 되는 일들도 있는 겁니다."

멋진 이야기였지만 그것이 전부는 아니었다. 물론, 월시는 상황에 떠밀려 트리에스테 호를 지휘하게 되었고, 다른 사람이 선택될 수도 있었다.[3] 그러나 운은 용기 있는 자의 편이다. 월시가 바로 그 용기 있는 자였다. 만약 그가 그때 심해 임무에 지원하지 않았다면, 트리에스테 호 근처에도 가보지 못했을 것이다("나는 바티스카프의 **철자**도 제대로 쓰지 못했습니다. 그게 한 단어던가, 두 단어던가?"). 동료 잠수함 장교들은 그런 기회에 관심이 없었다. 나중에 알고 보니 자원자가 월시 한 사람뿐이었다. "나에게 탐험이란 호기심을 행동으로 옮기는 일입니다." 월시는 특히 행동이라는 단어를 강조했다. 달 궤도를 돈다든가 초심해저대로 들어간다든가 하는 정말로 특별한 일을 우연히 해내는 사람은 결코 없다.

끈끈하게 뭉친 월시의 탐사진은 괌에서 6개월을 보내면서 심해 잠수가 무모한 모험이 되지 않도록 애썼다. 그들은 여러 번의 시험 잠수로 트리에스테 호의 능력을 점검했다. "우리는 끼익거리고 끙끙거리는 소리를 들으면서 어디가 고장 날지, 어떻게 고쳐야 하는지, 그게 정상적인 소리인지 비정상적인 소리인지를 고민했습니다." 월시는 이렇게 회상했다. "우리는 그렇게 잠수정의 기분을 알게 되었지요."

다음 목적지인 챌린저 해연에 가기 위해서 해치를 닫을 무렵, 아슬아슬한 조건에도 불구하고 월시와 자크는 자신감에 차 있었다. 혹은 그와 비슷한 상태였다. "겁을 낼 시간은 없습니다. 우리는 마음에 두려움을 아예 들여놓지 않았고, 나 역시 그런 감정을 느낀 적이 없습니다. 그냥 해야 할 일을 했을 뿐이지요." 월시는 노련한 잠수함 장교답게 이렇게 덧붙였다. "폐쇄된 공간에 갇힌 채 물속으로 들어가는 게 내게는 하나의 생활방식이었습니다."

이런 묵묵한 전문가 정신은 잠수함 부대의 특징이었다. 월시는 말했다. "확실히 조용한 임무기는 합니다. 우리는 일에 대해 떠들지 않습니다." 트리에스테 탐사진에는 "기장記章과 휘장徽章으로 장식된 거창한 옷을 입는 등의 개인적인 과시" 같은 것이 없었다. 화려함도, 허세도, 호들갑도 없었다. "난 모든 일이 조용하고 눈에 띄지 않기를 원했습니다."

심해 잠수를 상징하는, 작지만 중요한 물건이 하나 있다. 전통적으로 잠수함 장교들은 잠수와 부상浮上의 명수인 돌고래 2마리가 잠수함의 선미를 지키는 모습을 묘사한 금색 핀을 착용한다. 월시는 해군 심해 잠수정의 조종사들을 위해서 트리에스테 호의 모습을 집어넣은 특별한 핀을 도안했다. 내가 보여줄 수 있느냐고 묻자 월시는 진열장을 열고 보석함을 하나 꺼내어 나에게 건네주었다. 그 안에 든 핀을 쥐어보니 어쩐지 따뜻했다. 얕은 돋을새김으로 섬세하게 조각된, 진한 금색의 무광 핀이었다. 나는 생각했다. 다이아몬드는 필요 없어. 중요한 것은 돌고래야.

월시가 핀을 다시 집어넣었다. 창밖을 내다보니 날이 빠르게 저물고 있었다. 대화를 시작한 지 6시간은 지난 후였다. 월시는 여전히 기운이 넘쳤지만, 나는 어두워진 후에 왜건 도로를 달리고 싶은 마음이 별로 없었다. 차를 향해 걸어가면서 나는 월시에게 "파이브 딥스"라는 탐사에 대해서 들은 적이 있는지 물었다. 최근 빅터 베스코보라는 텍사스 주의 사업가이자 탐험가가 민간 기업인 트라이턴 서브마린스와 계약을 맺고, 챌린저 해연을 포함해 대양에서 가장 깊은 곳까지 잠수했다가 다시 돌아올 수 있는 2인용 잠수정을 개발한다는 기사를 읽었기 때문이다. 나는 그 기사가 사실인지 궁금했다.

"아, 빅터!" 월시가 밝은 목소리로 말했다. 월시는 그 탐사를 아는 정도가 아니라 마리아나 해구 탐사에 동행할 계획이었다. 그리고 그 탐사에 참여하는 사람들이 심해 탐사 분야의 최정예 인력이라고 했다.

월시는 나에게 베스코보의 연락처와 트라이턴의 대표인 패트릭 레이히의 연락처를 주면서 이메일로 미리 나를 소개해두겠다고 했다. 그리고 탐사 준비가 이미 진행 중이니 서둘러 연락해보라고 권했다. 나는 꼭 그러겠다고 대답하고 다시 한번 감사를 표한 후 마지못해 발걸음을 옮겼다. 비가 부슬부슬 내리기 시작했다. 월시는 집으로 들어가기 전 나에게 이런 말을 남겼다. "어쩌면 당신이 그 배에 탈 수 있는 기회가 있을지도 모르지요."

※

나는 레이히에게 먼저 연락하기로 마음먹었다. 월시에게 이런저런 설명을 듣기는 했지만, 베스코보에게 연락하기 전에 더 많은 것을 알아보고 싶었다. 트라이턴이 최첨단 유인 잠수정 건조로 얻은 명성에 대해서는 이미 알고 있었다. 이 회사는 조지 젯슨(미국의 애니메이션 「우주가족 젯슨」의 등장인물/역주)이 몰고 다니는 우주선처럼 생긴, 조종사와 승객이 투명한 아크릴 구체 안에 탑승하는 형태의 잠수정으로 혁신을 만들어냈다. 트라이턴의 이 잠수정은 사람들이 심해를 경험하는 방식에 혁명을 일으켰다. 340도 파노라마 시야각이 펼쳐지는 트라이턴의 투명한 기밀실에 앉아 박광층으로 내려가면서, 대양을 하나의 거대하고 환상적인 수족관처럼 감상할 수 있게 된 것이다.

따라서 여타의 덜 혁신적인 잠수정들을 능가하는 성능의 잠수함을 원하는 동시에 청구서에 거액이 찍혀도 신경 쓰지 않는 사람에게는 트라이턴이 딱 맞는 회사였다. 2014년 9월의 빅터 베스코보가 정확히 그런 사람이었다. 다른 고객들은 수천 미터 깊이까지 잠수할 수 있고, 무게가 가벼워서 일반적인 대형 요트에서도 진수할 수 있는 트라이턴의 아크릴 구체형 잠수정을 선택했지만, 베스코보는 정해진 메뉴에 따라 주문하는 일에는 관심이 없었다. 그가 원하는 것은 완전히 다른 잠수정, 다시 말해 수심 1만1,000미터까지 잠수하여 초심해저대를 자유롭게 돌아다닐 수 있는 잠수정이었다. 그는 로봇이 화성 표면을 돌아다니고 인공지능이 냄새 맡는 법을 학습하는 시대에 그 정도는 간단한 요구라고 생각했을 것이다.

그러나 어림도 없었다. 안전하고 믿을 만한 초심해저대 유인 잠수정이라니, 그 말 자체가 모순이지 않았을까? 일단 물리학의 엄격한 법칙들과 싸우면서 1제곱센티미터당 약 1,100킬로그램의 압력(이것은 연료를 가득 채운 보잉 747기 292대가 위에서 누르는 것과 같은 힘이다)을 받는 공간 안에서 사람이 살아남는 법을 고민해야 한다. 잠수정은 내파를 견딜 수 있을 만큼 튼튼한 동시에 험한 지형에서도 조종할 수 있을 정도로 민첩해야 한다. 사람이 탈 수 있을 만큼 큰 동시에 중형 선박에서 진수할 수 있을 만큼 작아야 한다. 모든 전선, 볼트, 회로판, 배터리, 축전기, O-링, 밀봉재 등이 어마어마한 수압과 혹한, 부식성 염수를 견뎌내야 하고 시간이 지나도 그 상태를 유지해야 한다.

여러 가지 기술적, 재정적, 심지어 심리적 이유로 그런 잠수정은 여태껏 만들어지지 못했다. 지금까지 어떤 국가도 경제적인 투자와 번거로움을 감수하면서 바다의 가장 깊은 곳까지 승조원을 태우고 반복적으로 잠수할 수 있는 현대적인 잠수정을 만들려고 하지 않았다(중국은 개발 중이라고 주장했지만 말이다). 어떤 연구소도, 군사 기관도, 기술산업 분야의 부호들도 시도하지 않았다. 초심해저대로 직접 내려가야 한다고 강력하게 주장하는 사람은 드물었다. 과학자들조차 로봇을 보내는 쪽이 더 현명하다고 생각했다. 그러나 그런 의견조차도 많지 않았다.

수심 9,000미터 아래로 **무엇이든** 정기적으로 내려보내는 일은 공학적으로 매우 복잡한 과제이기 때문에 지금까지 해저에서 아무 문제 없이 작동한 로봇은 4대에 불과하다.[4] 4,000만 달러를 들여 개발한 일본의 로봇 카이코는 2003년에 연결용 줄이 끊어지면서 바닷속에서 실종되었다.[5] 그로부터 6년 후, 우즈홀 해양 연구소는 원격제어와 자율주행이 모두 가능한, 역사상 가장 정교한 심해 로봇인 네레우스를 선보였다. 네레우스는 거의 모든 일을 할 수 있었지만, 초심해저대에서 살아남는 일만은 하지 못했다. 2014년에 네레우스는 통가 해구 남쪽에 있는 케르마데크 해구에서 내파되었다.[6] 연구선에 탄 과학자들은 로봇의 파편이 해수면 위로 떠오르는 모습을 절망적인 심정으로 지켜보아야 했다.

초심해저대에서 실패를 거듭하던 그 시기에 예외적인 사건이 하나 있었다. 2012년 3월 26일에 영화감독이자 해양탐험가인 제임스 캐머런이 챌린저 해연에 도달한 역사상 세 번째 인물이 된 것이다. 게다가 주문 제작한 1인용 잠수정을 타고 단독으로 내려간 사람은 그가 처음이었다. 월시와 자크가 트리에스테 호를 타고 심해로 내려간 지 52년 만의 일이었다. 그 반세기 동안 약 200명이 국제 우주정거장으로 날아가고 수천 명이 에베레스트 산 정상에 올랐음을 생각하면, 인류가 지구의 가장 깊은 곳으로 두 번째 여행을 떠나기까지 그토록 오랜 시간이 걸렸다는 사실이 놀라울 따름이다.

캐머런의 잠수는 심해가 아직 탐사되지 않은 상태로 그 아래에 여전히 존재한다는 사실을 일깨워주었다. "하루 만에 다른 행성에 갔다가 돌아왔군요." 캐머런이 수면 위로 올라오면서 한 말이다(월시도 그때 해치를 열고 나오는 캐머런을 축하해주기 위해서 갑판 위에 서 있었다). 나에게는 너무도 중대한 사건이었다. 사무실에 앉아 「내셔널 지오그래픽*National Geographic*」의 웹사이트에서 실시간으로 잠수 진행 상황을 지켜보며 눈물을 흘렸던 기억이 난다. 바닷속 깊은 곳에 숨겨진 오래된 신비에 관심이 있는 사람에게는 중요한 일이었다. 그것도 아주 많이.

그러나 형광 녹색 로켓처럼 생긴 캐머런의 딥 시 챌린저 호는 그후 다시 잠수하지 못했다. 해구 바닥에 내려가 있던 2시간 38분 동안 잠수함의 추진기 12개 중에 11개가 고장 나는 등 여러 기계적 문제들이 발생했기 때문이다. 딥 시 챌린저 호는 무사히 임무를 완수했지만, 초심해저대에서 큰 손상을 입었다.[7]

그로부터 7년이 지났다. 기술 분야에서는 영원이나 다름없는 시간이었다. 배터리, 소재, 전자 장비, 소프트웨어 등 모든 것이 발전했다(심지어 태도도 달라졌다. "우리가 사는 지구의 큰 부분을 그냥 무시하면 안 되지 않을까?"). 트라이턴은 베스코보의 의뢰를 수락했다. 더 중요한 점은 그 임무를 완수했다는 것이었다. 2018년 말에 이 회사는 기존의 그 어떤 잠수정과도 다른, 대양 최대 수심 잠수가 가능한 잠수정을 선보이는 데에 성공했다.

이 2인용 잠수정은 푹신한 서류 가방 같은 모양에 가장자리는 곡선으로 매끄럽게 처리되어 있었다. 지름 1.5미터의 티타늄 구체인 기밀실은 잠수정 아래쪽에 배치되었다. 바깥을 내다볼 수 있는 아크릴 현창이 3개 달려 있어서 통통한 외계인의 얼굴처럼 보이기도 했다. 2018년 12월 19일, 이 새로운 잠수정을 몰고 첫 초심해저대 잠수에 나선 베스코보는 수심 8,375미터에 있는 푸에르토 리코 해구의 바닥까지 내려갔다.

그것만으로도 샴페인을 터뜨리기 충분한 쾌거였지만 베스코보에게는 시작에 불과했다. 그의 목표는 전 세계의 대양 분지 5군데에서 가장 깊은 지점까지 잠수하는 것이었다. "파이브 딥스"라는 탐사명도 그래서 붙었다. 베스코보가 이런 목표를 세운 이유는 간단했다. 지금껏 그 누구도 해본 적 없는 일이었기 때문이다. 그는 잠수정과 함께 길이 68미터짜리 배를 구입하여 개조하고, 노련한 지원 인력을 고용하고, 최고의 과학자들을 초빙했다. 푸에르토 리코에서 출발한 파이브 딥스 탐사진은 남극해의 사우스 샌드위치 해구에서 초심해저대 잠수를 계속했다. 도중에 사우스 조지아 섬에 들러 어니스트 섀클턴(남극 탐험에는 실패했으나 혹독한 시련을 겪으면서도 대원 모두와 함께 생환하는 데에 성공한 영국의 전설적인 탐험가/역주)의 묘지 앞에서 위스키를 마시며 그를 기리기도 했다. 월시의 조언대로 그 탐사진에 합류한다면, 나는 심해 탐사의 역사가 새로 쓰이는 과정을 목격할 수 있을 터였다.

✳

내가 연락을 취했을 때 레이히는 플로리다 주의 도시 세바스천에 있는 트라이턴 본사 사무실에 있었다. 그러나 인도양의 자와 해구로 들어가는 베스코보의 그다음 잠수를 위해서 곧 인도네시아로 출발할 예정이라고 했다. 그가 설명해준 탐사 일정에 따르면, 자와 해구 다음에는 마리아나 해구(이곳에 월시가 함께 갈 예정이었다)와 통가 해구를 거쳐 다시 대서양으로 돌아와 타이태닉 호의 잔해를 둘러본 후(안 할 이유가 있겠는가?) 북극해로 이동하여 몰로이 해연이라는 곳에서 마지막 잠수를 할 계획이라고 했다. 탐사가 순조롭게 진행 중인 모양이라고 내가 말하자 레이히는 머뭇거리더니 다소 의미심장하게 대답했다. "힘들게 얻은 교훈들이 있었죠." 그러나 그의 목소리만큼은 낙관적이었다.

쉰여섯 살의 레이히는 친절하고 수다스러웠으며, 내가 그의 자서전을 읽고 추린 수십 개의 질문에도 거침없이 대답해주었다. 나는 나처럼 캐나다 온타리오 주 남부에서 자랐으며 나만큼이나 바다에 푹 빠져 있는 그가 대번에 마음에 들었다. 레이히는 오타와에서 어린 시절을 보내다가 일곱 살 때 어떤 운명의 힘에 의해서 가족들과 함께 바베이도스로 이주했고 그곳에서 3년간 살았다고 했다. "그전에는 바다를 본 적이 없었어요. 그런데 그곳에서 완전히 사랑에 빠져버렸죠."

레이히는 바닷물이 아닌 그 어떤 것에도 흥미를 느끼지 못했다. 오타와에 돌아온 후에도 물에만 집착해서 부모님을 당황하게 만들었다. 다른 열세 살짜리 아이들이 만화책을 읽을 때 레이히는 스쿠버 다이빙 자격증 공부를 했다. 친구들이 하키 경기를 시청할 때 그는 얼음에 뒤덮인 호수 속으로 잠수할 준비를 했다. 대학교를 포기하고 상업 잠수 학교로 진학하는 것은 그에게 그다지 어려운 선택이 아니었다. "아버지가 굉장히 속상해하셨죠." 레이히는 이렇게 회상했다. "그게 말이 되느냐고, 너처럼 똑똑한 애가 그 재능을 다 내던질 셈이냐고 하셨어요." 그의 아버지가 꿈꾸었던 아들의 직업들 중에는 고압산소실에서 몇 시간씩 감압을 거친 후 바닷속에 들어가 용접과 착암鑿巖을 하는 일이 없었다. 그러나 레이히의 생각은 달랐다. "오직 돈을 벌기 위해서 사무실에 앉아 너무너무 싫은 일을 해야 한다고 상상해보세요."

열여덟 살에 레이히는 심해의 석유 플랫폼과 파이프라인에서 건설 작업을 하는 산업 잠수부로 일하기 시작했다. 아주 작은 실수로도 목숨을 잃을 수 있는 위험한 직업이었다. 그리고 스무 살을 막 넘기자마자 맨티스 11호라는 1인 잠수정을 조종할 기회를 처음으로 얻었다. 잠수정의 로봇 팔을 와이어에 고정시키고 수심 430미터로 내려가서 유정의 폭발 방지기를 점검하는 일이었다. 단조로운 업무였지만 그는 과거에 윌리엄 비비가 그랬던 것처럼 깊은 바닷속에서 빛나는 푸른색의 그 선명함에 경이로움을 느꼈다. "처음 잠수했을 때부터 푹 빠졌죠."

1980년대는 유인 잠수정의 황금기였다. 로봇이 수중 작업을 담당하기 전이었기 때문에 레이히의 조종 기술을 찾는 곳이 많았다. 그는 그의 표현에 따르면 "잠수계의 슈퍼볼"과도 같은 북해의 석유 플랫폼 작업도 했고 멕시코 만에서도 일했다. 1986년에 우주왕복선 챌린저 호가 폭발해서 산산조각이 났을 때에는 대서양의 해저에서 그 파편들을 찾는 일을 맡았다. 북마리아나 제도에서 관광객들을 태우고 바닷속에 가라앉은 제2차 세계대전 당시의 난파선을 돌아보기도 하고 한국에서 4차선 해저 터널 공사에 참여하기도 했다.

레이히는 이 잠수정 저 잠수정을 옮겨 다니며 다양한 일들을 했다. 그 당시에는 온갖 별난 잠수정이 많았다. 비행접시 모양, 미식축구공 모양, 게 모양의 잠수정들이 있었고 이름도 딥 지프 호, 스누퍼 호, 벤 프랭클린 호, 거피 호 등 각양각색이었다. 한동안은 사람들이 잠수정을 타고 마치 고속도로를 달리듯이 물속을 누비는 미래도 가능해 보였다. 그런 희망을 품던 시절이 오래가지는 않았지만, 심해를 로봇에게 맡겨둘 생각이 없었던 레이히는 또다른 가능성을 꿈꾸었다. 만약 잠수정이 더 작고 날렵하며 조작과 유지가 쉽고 부의 상징이 될 수 있을 정도로 매력적인 물건이 되기만 한다면, 그런 잠수정을 구매할 만한 유력한 잠재 고객들이 있었다. 바로 요트 소유주들이었다. 이미 바다를 누비는 그들에게 돈은 문제가 되지 않았다. 아이폰처럼 아름답게 디자인된 잠수정을 고속 보트와 헬리콥터 옆에 세워두지 않을 이유가 어디 있겠는가?

2007년에 레이히는 트라이턴 서브마린스를 공동 창립한 후 사용자 친화적이면서 시선을 잡아끄는 외관을 갖춘 차세대 잠수정을 개발했다. 천장이 높은 아크릴 구체 안에 고급 가죽 좌석이 설치된 잠수정이었다. 최대 잠수 심도는 박광층을 벗어나지 못했지만, 심해의 장엄함을 느끼기에는 충분했다. 이 잠수정은 요트 소유주뿐 아니라 몰입감 넘치는 시각적 경험에 매료된 영화 제작자나 과학자들에게도 인기를 끌었다.

2012년에는 일군의 해양생물학자들이 헤지 펀드계의 거물 레이 달리오에게 빌린 트라이턴 잠수정을 타고 일본 앞바다에서 대왕오징어의 사냥 모습을 최초로 촬영했다. 그전까지 이 동물은 언제나 칙칙한 자줏빛의 사체로만 목격되었고, 움직이는 대왕오징어의 모습을 본 사람은 아무도 없었다. 과학자들은 그 거대한 동물의 색이 기존에 알던 것처럼 단조롭지 않고, 오히려 은과 구리에 담그기라도 한 것처럼 금속성의 광택까지 띠는 것을 보고 놀랐다. 빨판이 붙은 긴 촉수를 달고 물처럼 유연하게 움직이는 대왕오징어는 자동차 바퀴 같은 거대한 눈으로 카메라를 똑바로 응시했다.

바닷속에는 얼마나 더 많은 발견의 순간이 숨어 있을까? 경험칙에 따르면 더 깊이 들어갈수록 더 기이한 것들이 나타난다. 레이히는 수십 년간 쌓은 경험을 이용해 수중 세계의 가장 깊은 곳까지 탐험할 잠수정을 마침내 만들었다. 2011년부터 트라이턴의 웹사이트에는 36000 / 3이라는 잠수정의 모형도가 올라와 있었다. 수심 1만1,000미터(3만6,000피트)까지 3명이 탑승하여 내려갈 수 있는 잠수정이었다. 말하자면 바다의 가장 깊은 곳까지 들어갈 수 있다는 뜻이었다. 그러나 이 꿈의 기계는 오직 그림으로만 존재했다. 잠수정이 초심해저대로 내려가려면, 수심 6,000미터 아래까지 잠수하고 싶다는 불타는 열망에 사로잡힌 누군가가 나서서 수백만 달러의 비용을 내놓아야 했다. 금속 공 안에 갇힌 채 심해의 무덤 같은 암흑을 향해서 수천 미터씩 곤두박질치고 싶어하는 대부호는 쉽게 찾기 힘든 법이었다.

그러나 딱 한 사람만 있다면 충분했다. 그때 빅터 베스코보가 나타났다. 레이히는 그를 "내가 찾던 바로 그 유니콘"이자 "약간 벌컨(『스타 트렉』에 나오는 가상의 외계 종족으로, 논리와 이성을 중시한다/역주) 같기도 한" 사람이라고 묘사했다. 흥미롭게 들리는 조합이었다. 나는 베스코보와 빨리 이야기를 나누고 싶었지만, 그는 현재 인도네시아로 이동 중이라고 했다. 그래서 레이히의 권유대로 그에게 이메일을 보내서 탐사에 동행해도 되는지 물어보았다. 몇 주일쯤 지난 후에야 답장을 보내주는 사람들도 있지만, 베스코보는 그런 사람이 아니었다. 그는 빠르게 회신을 보냈다. 메일 내용은 다음과 같았다. "잠시라도 함께 여행하게 된다면 기쁘겠습니다. 통가로 오시면 좋을 것 같습니다."

✳

에어 뉴질랜드 270편 항공기가 야자수로 둘러싸인 활주로에 덜컹거리며 착륙했다. 조종사는 급제동을 건 후 민첩하게 유턴을 했다. 비행기에서 내린 후에 이동해야 할 거리가 길지는 않았다. 푸아모투 공항은 아주 작은 나라의 손바닥만 한 섬 위에 지어진 성냥갑 같은 건물이다. 170개의 섬으로 이루어진 통가는 하늘에서 내려다보면 여러 개의 쉼표와 마침표, 쌍반점 한두 개가 이어져 있는 것처럼 보인다. 태평양이라는 소설에 찍혀 있는 구두점들인 셈이다. 통가에서 가장 큰 섬인 통가타푸 섬도 면적이 약 260제곱킬로미터밖에 되지 않는다.

  통가의 국토는 그다지 넓지 않지만, 주변의 바다만큼은 장대하다. 통가타푸 섬에 위치한 수도 누쿠알로파에서 남쪽으로 약 290킬로미터를 배로 달려가면 약 1만 600미터 깊이의 요동치는 바다 위에 떠 있게 된다. 그 아래에는 호라이즌 해연이라고 불리는, 해저의 균열 지대가 있다. 길이 1,400킬로미터에 달하는 통가 해구에서 가장 깊은 지점이자 세계에서 두 번째로 깊은 곳이기도 하다. 마리아나 해구에 있는 챌린저 해연의 깊이에 아주 조금 미치지 못할 뿐이다. 관광 안내서에 소개되어 있지는 않지만, 통가의 초심해저대는 바닷속의 경이로 손꼽힌다.

  극한의 깊이를 겨룬다면 통가 해구와 마리아나 해구는 서로 맞수가 될 만하다. 초심해저대에 거꾸로 뒤집힌 산봉우리처럼 파여 있는 이 두 해구는 우주 공간만큼이나 접근하기 힘든 험악한 장소이다. 두 곳 모두 초심해저대의 다른 해구들처럼 섭입 과정에서 형성되었다. 하나의 지각판이 다른 판 밑으로 하강할 때 충돌이 일어나면서 아래로 내려가는 판이 휘어지며 V자 형태의 깊은 해구가 형성된 것이다. 세계적으로 약 27곳의 초심해저대 해구가 있는데 그중 23곳은 태평양의 가장자리에 형성된 섭입대인 "불의 고리"(환태평양 조산대) 안에 자리를 잡고 있다.[8] 이 해구들 중에서 수심 1만 미터 아래에 있는 곳은 마리아나, 통가, 케르마데크, 필리핀, 이렇게 4곳뿐이다. 우리가 볼 수 없는 곳에 숨어 있지만, 이 거인들이야말로 지구에서 가장 인상적인 지형에 속한다.

  마리아나 해구는 해저를 무대로 한 공포 영화에 여러 번 등장했지만, 사실 더 무시무시한 곳은 통가 해구이다. 아폴로 13호 임무가 실패한 후 그곳의 바닷속에 버려진 약 3.6킬로그램의 플루토늄을 고려하지 않더라도 마찬가지이다. 더 가파르고 더 위험하며 지진이 발생할 가능성이 더 큰, 한마디로 더 요란한 곳이다. 통가 해구의 북쪽 끝에서는 태평양 판이 1년에 23센티미터라는 놀라운 속도로 오스트레일리아 판 아래로 섭입되고 있다.[9] 지각판이 그런 식으로 빠르게 끌려들어가면서 해산과 화산들이 마치 저녁 식탁 위의 롤빵처럼 삼켜지고 있는 장소는 또 없다. 말하자면 지질학적 대혼란의 뷔페와도 같은 곳이다.[10]

때때로 통가 해구는 식사를 한 후 트림을 하듯이 지구 깊숙한 곳의 맨틀에서부터 지진을 일으킨다. 세계 심발 지진의 대부분은 해저의 수백 킬로미터 아래에서 굉음을 내며 시작된다.[11] 2019년에는 태평양 판의 일부가 섭입되면서 균열이 생기자 통가 해구가 으르렁거리기 시작했다. 규모 8.1의 지진은 다시 규모 7.8의 지진 2건을 더 일으켰고, 이 3건의 지진이 동시에 땅을 뒤흔들면서 발생한 쓰나미가 통가와 사모아 제도를 황폐화시켰다.[12]

그리고 앙코르 공연을 하듯이 통가의 해저화산 중에 하나가 길이 3.2킬로미터, 너비 0.8킬로미터가 넘는 새로운 섬을 토해냈다. 현재 이곳은 홍가 통가-홍가 하파이 섬이라고 불린다(2022년 1월에는 같은 화산이 역사에 남을 만한 격렬한 폭발을 일으키면서[13] 수증기와 화산재가 58킬로미터 높이의 중간권까지 솟구치고 90미터 높이의 쓰나미가 발생하여[14] 그 충격파가 전 세계로 퍼져 나갔다). 2019년에는 라테이키라는 통가의 또다른 섬이 해저화산의 폭발로 인해서 바닷속으로 사라졌다가 약간 다른 위치에서 다시 솟아오르기도 했다.[15]

비행기에 계단이 연결되고 승무원들이 문을 열었다. 나는 선반에서 꺼낸 가방을 끌고 열기와 햇빛과 재스민 향기가 가득한 공기 속으로 발을 내밀었다. 활주로가 보이는 대기 구역에서는 통가인들이 그곳에서 가장 가까운 대도시인 오클랜드에 나녀오는 가족들을 기다리고 있었다. 돌아온 사람들은 물건이 가득 찬 쇼핑백과 상자를 몇 개씩 들고 기쁜 표정으로 손을 흔들었고, 우쿨렐레를 연주하는 밴드가 그들을 맞아주었다.

나는 군중에 휩쓸려 활주로를 지나 터미널로 향했다. "안녕하세요? 혹시 총이나 칼을 소지하고 계신가요? 약물은요?"와 같은 간단한 조사를 거친 후 수하물을 찾기 위해서 사람들로 붐비는 후덥지근한 공간으로 들어갔다. 천장에서 선풍기가 돌아가고 있었지만 무용지물이었다. 나는 오클랜드의 탑승 라운지에서 만났던 7명의 남자들을 찾으려고 주변을 둘러보았다.

그들이 바로 나와 함께 여행하게 될 레이히와 트라이턴의 전문가들이었다. 다들 최근의 성공으로 잔뜩 들떠 있는 상태였다. 내가 통가에 도착하기 3주일 전인 2019년 5월에 베스코보가 챌린저 해연에 도달한 역사상 네 번째 인물이 되는 데에 성공했기 때문이다. 그후에도 베스코보는 레이히와 함께 마리아나 해구에서 4번 더 잠수하여 총 5회의 수심 1만 미터 아래 잠수 기록을 세웠다. 이제 그 탐사진이 태평양에서의 다음 목적지로 향하고 있었다. 챌린저 해연의 특이한 자매 격인 호라이즌 해연으로 떠나는 최초의 유인 탐사였다.

※

나는 세관 구역에서 트라이턴의 기술자인 프랭크 롬바도와 팀 맥도널드가 추가 조사를 받기 위해서 따로 불려가는 것을 보았다. 기계 부품, 추진기 모터, 파이프, 호스, 전선과 다이얼이 붙은 전자 부품들로 가득 찬

두 사람의 가방에서는 연신 철컹거리는 소리가 났다. 공항에서 의심을 살 수밖에 없는 물건들이었다.

서른 살의 오스트레일리아인인 맥도널드는 트라이턴 식구들 중에 막내였다. 적갈색의 곱슬머리에 탄탄한 체격, 인생을 자신이 원하는 곳으로 정확히 이끌고 온 사람 특유의 명랑한 분위기를 풍기는 사람이었다. 맥도널드는 큰 파도 위에서 즐기는 서핑에 열광했다. 육지에서 벌어지는 작은 소란 정도는 그에게 아무 영향도 미치지 못했다. 롬바도 역시 자신의 여행 가방이 조사를 받는 동안 아무런 동요도 보이지 않았다. 그는 키가 크고 강인하며 희끗희끗한 턱수염을 기른 플로리다 주 사람으로, 그의 느릿한 남부식 말투는 "쓸데없는 소리 집어치워, 다 겪어본 일이야"라고 말하는 듯했다. 위험한 상업 잠수를 수십 년간 해온 인물이기도 했다.

나는 터미널 밖에서 레이히를 만났다. 그는 여행 가방들에 둘러싸인 채 인도에 서 있었다. "우리는 항상 배나 과학자나 잠수정의 짐을 나르고 있죠. 사실상 짐꾼이에요." 레이히가 웃으면서 설명했다. 그는 활기차고 격식이 없었으며 동료들과 함께 있는 모습을 보면 상사보다는 리더에 가까운 존재였다. 심지어 은백색의 짧은 머리를 뾰족하게 세운 머리 스타일에서도 에너지가 넘쳤다. "우리는 오랫동안 이런 잠수정을 만들고 싶었어요." 그가 들뜬 목소리로 나에게 말했다. "언제까지나 냅킨 뒷면에 끄적일 수만은 없죠. 빅터가 우리에게 기회를 준 거예요."

벽돌처럼 튼튼한 몸에 만면에 웃음을 띤 트라이턴의 선임 기술자 켈빈 머기가 곧 합류했다. 캐나다의 브리티시컬럼비아 주 출신인 쉰세 살의 머기는 맥가이버식 문제 해결 능력으로 유명했다. 잠수정 조종사이자 다방면에서 노련한 바다 전문가로, 대재앙이 닥쳤을 때 같은 편에 두고 싶은 인물이었다. 별명은 "켈비네이터"였다. "가방 하나가 안 보이네요." 머기가 레이히에게 말했다. "그 안에 1만 달러어치의 티타늄 부품이 들어 있는데." 그때 맥도널드가 터미널에서 나왔다.

"이봐, 팀!" 레이히가 그를 불렀다. "몸수색당했어? 저 사람들은 오스트레일리아 여권만 보면……."

"네, 아시잖아요." 맥도널드가 씩 웃으며 대답했다.

레이히가 나를 돌아보며 말했다. "사실 팀은 아주 뛰어난 기계공학자예요. 공부를 많이 했죠. 외모는 그렇게 보이지 않지만요."

롬바도와 다른 몇 명은 여전히 보이지 않았다. 아마도 세관에서 발이 묶인 모양이었다. 나는 시차 때문에 머리가 멍하고 피로했기 때문에 먼저 호텔로 출발하기로 했다. 베스코보의 프레셔 드롭 호는 해안 근처에서 통가 해구의 지형을 조사하는 중이며, 그다음 날 아침 항구에 도착할 예정이라고 했다(이번 탐사는 탐사 대원들이 잠수 사이사이에 집으로 돌아갈 수 있도록 계획되었다. 그동안 이동을 담당하는 승조원들이 배를 몰고 그다음 목적지로 향하는 식이었다). 나는 트라이턴 사람들에게 배에서 만나자고 말한 뒤 공항을 떠나는 승합차에 올라탔다.

✳

"프레셔 드롭 호에 오신 걸 환영합니다." 롭 매캘럼이 베이지색 반바지와 아쿠아 슈즈, 폴로 셔츠 차림으로 갑판 위에 서서 말했다. 셔츠에는 파이브 딥스 탐사의 상징, "깊은 곳에 지식이 있다IN PROFUNDO : COGNITO"라는 라틴어 문구가 쓰인 검은색 방패가 그려져 있었다. 나는 통로를 걸어 올라가 그와 악수를 나누었다. 돈 월시는 매캘럼에 대해서 미리 알려주면서 "이 모든 일의 핵심 인물"이라고 설명했다. 매캘럼이 탐사진의 리더라는 점을 생각하면 올바른 평가 같았다.

전 세계를 아우르는 활동 범위, 강력한 위험 요소들, 날씨에 좌우되는 일정을 생각하면 이 탐사는 고르디우스의 매듭(전설 속의 매듭으로, 해결하기 지극히 어려운 문제를 의미한다/역주)만큼이나 복잡했지만, 매캘럼은 그 매듭을 꾸준히 풀어나가고 있었다. "우리는 한 번도 같이 일해본 적 없는 사람들, 개조했지만 검사는 거치지 않은 배, 그리고 시제품 잠수정으로 지금껏 누구도 해본 적 없고 가능하다고 생각해본 적도 없는 일을 하러 떠납니다." 매캘럼은 나에게 말했다. "그것만 빼면 식은 죽 먹기죠."

파푸아뉴기니에서 어린 시절을 보내고 뉴질랜드 국립공원 관리인으로도 일했던 쉰네 살의 이 뉴질랜드인은 경력의 대부분을 외딴 지역에서 힘든 문제들과 씨름하며 보냈다. 그가 소속된 회사인 EYOS 익스페디션스는 '안 됩니다', '못 합니다', '불가능합니다'라는 말을 듣고 싶어하지 않는 고객들을 위해서 매년 약 50건의 야심 찬 탐험 여행을 진행한다. 매캘럼은 제임스 캐머런의 챌린저 해연 탐사를 이끌었던 경험 때문에 자연스럽게 베스코보의 탐사도 지휘하게 되었지만, 사실 가장 큰 이유는 그가 이 분야의 독보적인 존재였기 때문이다. 목숨을 건 모험을 떠나야 할 때 지휘를 맡기고 싶은 바로 그 사람인 것이다.

나는 여행용 가방을 내려놓고 주변을 둘러보았다. 프레셔 드롭 호는 작업선이었다. 한눈에 봐도 요트와는 달랐다. 미국 해군의 스톨워트급 선박으로 냉전 시대에 소련 잠수함의 동향을 감시할 목적으로 건조된 18척의 배 중에 하나였다(그때는 "인도미터블Indomitable[불굴의] 호"라는 이름으로 불렸다). 레이히는 시애틀 조선소의 건선거乾船渠에서 발견한 이 배를 잠수정의 모선으로 추천했다. 대규모의 정비가 필요했지만, 한때 첩보 활동에 쓰인 만큼 조용한 배였고, 이것은 바닷속과의 통신에 이상적인 조건이었다. 심해에서 베스코보는 음향 모뎀을 이용해 통신한다. 그의 목소리가 해구 바닥에서 배까지 전달되는 데에(그리고 그 반대 역시) 7초가 걸린다. 초심해저대와 주고받는 긴급한 메시지가 엔진 소리에 묻혀버리는 일만큼은 피해야 했다.

프레셔 드롭 호의 갑판에는 각종 기중기와 3척의 작은 보트, 위성 안테나가 있었고, 선교 위에는 "스카이 바"라고 불리는 야외 라운지가 있었다. 선미에 위치한 작업용 갑판 위에는 흰색 구조물이 자리를 잡고 있었는데 이것이 바로 잠수정 격납고였다. 악천후로부터 보호하기 위해 벽으로 둘러싸여 있어서 잠수정은 보이지 않았다. 나는 잠수정이 보고 싶어 죽을 지경이었고, 레이히는 나중에 보여주겠다고 약속했다.

격납고 앞에는 랜더라고 불리는 3대의 기기가 좁은 주차 공간 안에 스마트 카처럼 줄지어 서 있었다. 커다란 상자 형태의 이 랜더들은 딱히 흥미로워 보이지는 않지만, 잠수정만큼이나 첨단 기술을 갖추고 있는 필수적인 장비이다. "과학 임무 분야의 소형 트럭 같은 장비죠." 레이히는 이렇게 설명했다. 카메라, 미끼가 달린 덫, 탐침, 센서, 추적 및 통신 장비를 갖춘 랜더는 미리 바닷속으로 내려가서 잠수정의 밸러스트를 조정하는 데에 필요한 정보인 수온과 염도를 측정하는 역할을 맡는다. 해저에 내려가면 먹이를 찾는 동물들을 유인하여 식사 장면을 촬영하거나 각종 표본과 해수를 수집하고, GPS를 이용할 수 없는 바닷속에서 항법 장치 역할을 하기도 한다. 그리고 작업이 끝나면 음향 코드로 호출을 받고 탑재된 추를 떨어뜨린 후 수면으로 부상한다.

랜더의 측면에는 스캐프, 플레레, 클로스프 같은 특이한 이름들이 새겨져 있었다. 잠수정의 이름은 리미팅 팩터 호였다. SF 애호가인 베스코보가 배와 잠수정, 랜더, 지원 보트에, 지금은 고인이 된 작가 이언 M. 뱅크스의 "컬처 시리즈"에 등장하는 초지능 기계들의 이름을 따서 붙인 것이었다.

매캘럼은 그다음 날 아침 베스코보가 도착하면 강한 폭풍이 부는 때를 피해서 출발할 것이라고 설명했다. 해구까지 가는 데에 20시간이 걸리고 잠수 지점에서는 나흘 동안 있을 계획이었다. 거기에 날씨가 좋지 않을 경우를 대비해 하루를 더 잡았고 다시 누쿠알로파로 돌아오는 데에 하루가 걸리니, 43명의 승객과 승조원이 총 1주일을 다녀오는 여정이었다. 매캘럼은 갑판 담당자에게 나를 선실로 안내해주라고 말하고 나에게는 다음과 같이 지시했다. "자, 4시에 선교로 올라와서 안전 안내를 들으세요. 5시에는 스카이 바에서 우리와 함께 한잔합시다. 나를 찾으려면 아래층의 사무실로 와요. 그곳에 없다면 아마 미친 사람처럼 여기저기 뛰어다니고 있을 거예요."

※

베스코보는 그다음 날 정오에 승선했다. 그가 매캘럼의 사무실로 어찌나 기운차게 들이닥쳤는지 벽에 걸려 있던, 해골과 뼈가 그려진 깃발이 떨어지지나 않을까 싶을 정도였다. 매캘럼의 사무실과 붙어 있는 건식 연구실에는 10여 명의 사람들이 어슬렁거리고 있었다. 임무 통제 구역이자 중앙 집결소 역할을 하는 넓은 방이었다. 베스코보는 모든 사람들과 열정적으로 인사를 나누었다. 마치 온몸으로 이렇게 말하는 듯했다. 이제 모험을 시작해봅시다.

베스코보의 존재감은 대단했다. 내가 지금까지 만나본 그 어떤 사람과도 달랐다. 180센티미터가 넘는 키에 호리호리하고 활동적인 인상이었으며, 새파란 눈에 금발 머리를 길게 길러 하나로 묶고, 은색 턱수염은 짧고 깔끔하게 다듬은 모습이었다. 매부리코 때문에 맹금류 같은 분위기를 풍겼지만, 그래도 예의 바른 맹금류였다. 이를 다 드러내며 미소를 지을 때면 호기심이 가득한 열 살짜리 어린아이 같은 모습이 얼핏 엿보였고 동시에 어디인가 모르게 나이를 가늠하기 힘든 느낌이 있어서, 마치 다른 시대나 다른 행성에서 온 사람처럼 보이기도 했다("제임스 본드 영화의 악당처럼 생겼죠." 한번은 매캘럼이 이렇게 말한 적이 있었다. 베스코보는 이렇게 받아쳤다. "아니면 「왕좌의 게임」에 나오는 백귀라든가").

"자, 상상해보세요. 티타늄으로 만든 잠수함을 타고 깊은 바닷속에 내려가 있는 겁니다." 내가 그동안 어땠느냐고 묻자 베스코보가 웃으며 대답했다. "하고 싶은 일은 무엇이든지 할 수 있습니다. 주변을 둘러보면 해양 생물들이 보이고요. 당연히 너무너무 신나죠!"

베스코보의 이력을 슬쩍 보기만 해도 그가 말하는 "신난다"의 수준이 대단히 높다는 사실을 알 수 있다. 그는 탐험 분야의 그랜드슬램을 달성한 사람이다. 각 대륙의 최고봉들을 등반했고(에베레스트 산에 올랐을 때에는 쿰부 아이스폴[에베레스트 산의 정상으로 가는 경로에서 가장 위험한 구간으로 알려져 있다/역주]에서 그가 "가벼운 눈사태"라고 표현한 재난을 뚫고 살아남기도 했다), 스키를 타고 북극과 남극까지도 갔다. 베스코보는 7개 국어에 능통하다. 그의 아랍어 실력은 1급 기밀 접근 허가를 받은 미국 해군 예비군 정보 장교로 20년간 복무하는 동안, 특히 9.11 테러 직후에 유용했다. 현재는 자신이 소유한 유로콥터 120 헬리콥터와 엠브라에르 페놈 제트기로 유기견들을 새로운 보금자리까지 이동시키는 일을 하고, 여가 시간에는 군사 역사를 공부한다.

"모 아니면 도"라는 베스코보의 철학의 뿌리는 부모님의 자동차를 몰래 타고 브레이크를 푼 다음 진입로를 거침없이 달려 나무를 들이박았던 세 살 때로 거슬러올라간다. 이 사고로 머리뼈 세 군데에 금이 가고, 턱뼈가 산산조각 나고, 다리와 갈비뼈가 부러졌던 그는 어린 나이에 인생의 유한함을 체감했다. "하루하루가 소중하다는 걸 깨달았죠. 그다음 날이 또 있을지 알 수 없으니 최선을 다해서 살아야 한다는 걸요."

베스코보가 이 교훈을 실천하며 살아왔음을 부인할 사람은 아무도 없다. 그는 스탠퍼드 대학교에서 정치학과 경제학 학사 과정을 3년 만에 마치고 매사추세츠 공과대학교에서 10개월 만에 국방 및 무기 통제학 석사 학위를 취득했다. 그리고 하버드 대학교에서 MBA 과정을 이수하던 도중 해군에 선발되어 페르시아 만, 이탈리아의 NATO 연합 합동군 사령부, 진주만의 태평양 합동 정보 센터에서 복무했다.

이 정도로 바빴으니 충분했으리라고 생각한다면 오산이다. 한편으로 베스코보는 경영 분야의 경력도 쌓고 있었다. 그는 경영 컨설팅 회사, 월 스트리트 기업, 잘나가는 닷컴 스타트업 회사에서 일했다. 그리고 쉰한 살에는 사모 펀드 회사를 공동 창립했다. 이 사업으로 버는 돈이 아드레날린을 좇는 그의 성향 그리고 파이브 딥스 탐사처럼 비용이 5,000만 달러 이상 들어가는 모험의 자금줄이 되어주었다.

베스코보는 건식 연구실의 스크린에 떠 있는 통가 해구의 해저 지형도 쪽으로 걸어갔다. 호라이즌 해연은 수심 1만820미터 지점에 노란 점으로 표시되어 있었다. 탐사진이 선체에 부착된 다중 빔 음파 탐지기를 사용하여 만든 지도였다. 처음에 베스코보는 음파 탐지 시스템이 필요하리라고는 생각하지 못했다. 세계에서 가장 깊은 곳의 좌표는 당연히 이미 알려져 있으리라고 말이다. 결론부터 말하자면 그렇지 않았다. 마리아나 해구 같은 일부 지역의 수심은 정확하지는 않아도 어느 정도 파악되어 있었다. 그러나 인도양에서 가장 깊은 지점이 어디인지는 확인된 적이 없다. 남극해에서는 사우스 샌드위치 해구의 지형이 대부분 파악되지 않은 상태였다. 베스코보가 지구상에서 가장 깊은 5곳으로 내려가려면, 먼저 그곳들이 어디인지 찾아내야 했다.

간단한 일은 아니었다. 구글 어스(구글이 제공하는 지도 서비스/역주)에서 알아낼 수 있는 정보가 아니기 때문이었다. 세계 지도를 보면, 해구의 대략적인 위치가 어두운 색으로 해저에 표시되어 있다. 그러나 그러한 정보의 대부분은 위성 고도 측량으로 얻은 것으로, 결코 정확하다고 할 수 없다.

배와 최첨단 음파 탐지 시스템이 있어도 약 1만 미터 깊이의 물속에서 정확한 수심을 측정하는 것은 쉬운 일이 아니다. 음파 탐지기는 특정 지역을 훑고 지나가면서 아래쪽으로 음파를 발사하고, 그 음파가 다시 돌아오는 속도를 측정하여 3차원 지형도를 작성한다. 그러나 **정확한** 깊이를 측정하기가 어려운 이유가 있다. 음파의 이동 속도가 수온과 염도에 따라서 달라지는데, 바닷물이 어디에서나 균일하지는 않기 때문이다. 대양은 층이 나뉜 채로 끊임없이 움직이는 칵테일과도 같다(온도가 급격히 변화하는 수온약층과 다른 층의 경계가 때로는 아주 뚜렷하게 감지되기도 한다. 트리에스테 호를 타고 내려가던 월시와 자크는 갑작스럽게 수온이 낮은 층을 만나는 바람에 잠수정이 다시 무거워질 때까지 밸러스트를 조정한 후에야 그 층을 통과할 수 있었다). 이러한 변동을 고려하여 보정하기 위해서는 해저까지 각 층의 해수 표본을 꼼꼼히 수집하는 방법밖에 없다. 파이브 딥스 탐사진은 해양 전체 수심으로 잠수가 가능한 잠수정과 랜더를 보유하고 있었기 때문에 깊이와 상관없이 어떤 층에서든 음속 데이터를 완전하게 확보하여 초심해저대의 수심을 측정할 수 있었다.[16]

✷

어디로 잠수할지의 문제가 자주 제기되었는데, 여기에 대한 해답은 이 탐사에 참여한 뛰어난 과학자들이 알려주었다. 수석 과학자 앨런 제이미슨은 당시 영국의 뉴캐슬 대학교에 재직 중이던 저명한 생물학자로, 초심해저대에 관한 권위 있는 책을 저술한 전문가였다.[17] 레이히는 그 책을 읽은 후 제이미슨에게 연락하여 탐사에 참여할 의향이 있는지 물었다.

"내가 앨런을 이 일에 끌어들였어요. 처음에는 내가 그냥 미친 사람이 아닐까 생각했던 모양이에요." 전날 밤 레이히는 스카이 바에서 맥주를 마시면서 나에게 제이미슨에 관한 뒷이야기를 들려주었다. 배에서 몇 주일을 보낸 뒤 육지에서 잠시 시간을 보내기 위해서 누쿠알로파에 갔다던 제이미슨은 우리가 이야기하는 도중에 나타나서 합석했다.

"플로리다 주에서 어떤 미친 사람이 전화를 걸어서는 또다른 미친 사람 이야기를 계속 늘어놓더라고요." 제이미슨은 이렇게 회상했다. "그런데 누군가가 전화를 해서 수천만 달러짜리 잠수정을 가진 해군 정보 장교하고 민간 자금으로 전 세계를 돌면서 탐사를 다니지 않겠느냐고 묻는다면 뭐라고 하겠어요? 자기도 모르게 그러겠다고 하죠."

40대 초반의 제이미슨은 큰 키에 푸른 눈, 갈색 머리를 가진 남자로, 농담을 할 때조차 인상을 찌푸리는 버릇이 있었다. 검은색 티셔츠와 검은색 카고 반바지, 검은색 선글라스에 앞코가 쇠로 된 검은색 부츠 차림이었다. "좋은 친구입니다. 같이 있으면 즐거운 사람이지요. 유머 감각도 기가 막힙니다." 돈 월시는 그에 대해서 이렇게 설명한 바 있었다. "그런데 스코틀랜드인이라서 무슨 말을 하는지 거의 알아듣기 어렵지요."

제이미슨은 스코틀랜드 이스트 로디언의 롱니드리 마을 출신이었다. 어떻게 바닷속에서 가장 접근하기 어려운 구역을 연구하게 되었느냐고 내가 묻자 그는 이렇게 대답했다. "아, 그냥 어느 날 술 마시다가 취해서 정한 거예요." 말은 그렇게 했지만, 실은 대학교에서 산업 디자인을 공부하다가 심해 랜더에 흥미를 가지게 되었다고 한다. 랜더는 해양과학자들에게 필수적인 장비로 원격조종 잠수정보다 생산도 쉽고 접근성도 좋지만, 그 대신 비싸고 다루기 어려우며 기능도 제한적이어서 마치 누군가가 시험 삼아 대충 만든 기계처럼 보였다. 제이미슨은 이 장비를 더 작고 더 저렴하고 더 영리하게, 다시 말해 전반적으로 개선할 수 있을 것이라고 생각했다. 그래서 졸업 과제로 랜더를 설계했다.

제이미슨이 설계한 랜더는 제대로 작동했다. 그리고 그 성공이 새로운 기회를 열어주었다. 졸업 후 그는 해양과학 및 공학 연구 단체인 애버딘 대학교 해양 연구소에 채용되었다. 그리고 수개월 만에 북대서양의 배 위에서 정교한 수중 장비를 제작하는 일을 맡게 되었다. 연구가 진행될수록 제이미슨은 미끼를 단 랜더의 상당수가 심해 어종의 관심을 끌지 못한다는 사실을 깨달았다. "기술이 아니라 우리가 물고기의 행동을 이해하지 못하는 것이 문제였어요." 수백 미터 아래 물속에 사는 약삭빠른 생물들을 유인하기 위해서는 그들과 같은 방식으로 생각해야 했다.

제이미슨이 논문 「해저 구조물에 대한 심해어 코리파이노이데스 아르마투스*Coryphaenoides armatus*의 행동 반응 : 미끼를 장착한 랜더 사용의 영향」을 발표하자[18] "해양생물학자가 되고 싶었던 적은 한 번도 없었다"고 했던 그가 실은 그 분야에 대단한 재능이 있다는 사실이 명백해졌다. 그는 상사의 권유로 논문을 써서 박사 학위를 받았다. 얼마 지나지 않아 제이미슨은 이 분야의 또다른 한계를 발견했다. 바다의 가장 깊은 곳을 연구하는 사람이 거의 없다는 사실이었다. 과학자들의 야심은 매번 심해저 평원에서 멈추는 것처럼 보였다. "그래서 생각했죠. 왜 그 누구도 해구 안으로 들어가지 않는 거지?"

비용이 많이 들어서? 까다로워서? 너무 먼 곳에 있어서? 그런 것들은 극복이 불가능한 문제처럼 보이지 않았다. 그래서 제이미슨은 더 깊은 곳을 목표로 삼았다. 그는 혁신적이고 비용이 적게 드는 초심해저대 랜더를 개발했다. 그리고 카메라와 센서, 두 종류의 미끼 달린 덫을 장착한 이 삼각대 형태의 기계를 사용할 기회를 적극적으로 물색했다. 그렇게 해서 수년간 심해어의 독특한 안구를 연구하는 독일의 뇌 전문 외과의사들이 쓰는 배를 함께 사용할 수 있었다. 제이미슨이 가진 장비와 딱 맞는 일이었다. 의사들이 양안시, 어떤 방향으로든 회전할 수 있는 눈, 특별한 망막을 가진 물고기들을 잡기 위해서 저인망을 내릴 때, 제이미슨은 해저에 랜더를 내렸다. 그의 최우선 과제는 초심해저대로 갈 수 있는 연구 항해에 무조건 합류하는 것이었다.

2000년대 초반에는 수심 6,000미터 아래의 물고기들을 확실하게 기록으로 남긴 사례가 없었다. 그물에 표본이 걸리기는 했지만, 열려 있는 그물 안에 들어온 동물이 반드시 해저에서 왔다는 보장이 없었다. 영상 촬영이 가능한 랜더는 그러한 문제에 대한 해결책이 되었다. 2007년에 드디어 제이미슨의 랜더 1대가 수심 6,900미터에서 움직이는 꼼치의 모습을 촬영했다. 천사 같은 생김새의 이 반투명한 분홍빛 물고기는 넓적한 머리, 펄럭이는 가슴지느러미, 그리고 끝으로 갈수록 가늘어지는 몸을 가지고 있었다. 이것이 최초로 확실하게 기록된 초심해저대 어류의 모습이었으며 행동, 움직임, 먹이, 섭식 방식을 최초로 엿볼 수 있는 기회가 되었다.[19] 그 모든 것이 놀라웠다.

그전까지는 일반적으로, 해수면에서 떨어져 내리는 유기 입자의 대부분이 해저로 내려오는 길에 먹혀버려서 해구에는 먹잇감이 부족할 것이라고 추정되었다. 따라서 심해의 수압에 적응한 생물이라고 해도 에너지를 절약하기 위해서 느릿느릿 돌아다니는, 마치 물에 떠다니는 해골이나 유령 같은 존재일 것이라고들 생각했다. 그런데 제이미슨이 촬영한 꼼치는 얕은 물속의 물고기와 다름없이 활발하게 헤엄쳐 다니는 작고 통통한 포식자였다. 이들의 먹이는 곤충처럼 생긴 단각류였다. 꼼치는 랜더의 미끼 주변에 모여든 단각류들을 마치 땅콩을 집어먹듯이 먹어치우고 있었다(초심해저대는 단각류가 부족할 일이 없는 곳이다).

이 성공을 시작으로 초심해저대 생물학자들 사이에 바닷속을 향한 탐구가 시작되었다. 가장 깊은 곳에 사는 물고기를 과연 누가 발견할 것인가?[20] 물고기가 아닌 무엇이든 말이다. 해구의 생물 분포를 누가 조사할 것인가? 수심 6,000미터 아래에는 어떤 동물이 번성하며, 대체 어떻게 그럴 수 있는가? 한 생물종이 살 수 있는 최대 깊이는 어느 정도인가?

※

제이미슨은 오직 초심해저대에만 집중했다. 즉, 언제나 불안정한 상태인 섭입대로 떠나야 했다는 뜻이다. 그곳의 격렬한 지각 변동을 몸소 경험하기도 했다. 2011년에 일본에 대지진이 발생했을 때에는 도쿄 항에서 배에 랜더를 실으며 훗날 이 지진의 진앙지로 밝혀지는 일본 해구를 향해 떠날 준비를 하고 있었다. 그로부터 9개월 후에는 케르마데크 해구의 활동으로 뉴질랜드에서 발생한 또다른 대지진도 겪었는데, 진동이 너무 강해 호텔 방에서 자다가 깼을 정도였다.

초심해저대를 조사하기 위해서 더 많은 위험을 감수하고 더 많은 시간을 바다에서 보내고 그 비밀을 푸는 데에 더 많은 노력을 해야 한다면, 제이미슨은 기꺼이 그런 희생을 치를 준비가 되어 있었다. 그는 책상에 앉아 있는 것보다는 모험을 선호했다. 더 빨리 새로운 발견을 할 수 있다면 그런 모험에 뛰어들 가치가 있었다. 그에게는 아내와 열 살도 안 된 세 아들이 있었기 때문에 가족과의 시간도 필요했다. 아내인 레이철 제이미슨 역시 해양과학자였고, 두 사람은 인도양으로 연구 항해를 떠났다가 만난 사이였다. 레이철은 남편의 소명을 이해했다. 비록 제이미슨이 뉴질랜드 앞바다에서 커다란 단각류를 잡느라 둘째 아들이 태어나는 모습을 보지 못했을 때에는 별로 기쁘지 않았겠지만 말이다("애가 예정보다 너무 늦게 나왔어요. 걔 잘못이에요." 제이미슨은 이런 농담을 던졌다). 파이브 딥스 탐사에 조정을 받은 제이미슨은 주서 없이 승낙했다. 비록 수개월간 집을 떠나야 하는 일이었지만 아내와는 한 가지 조건으로 합의했다. "절대로 잠수정에 타지 않겠다고 약속했어요."

애초에 탈 수 있을 것 같지도 않았다. 베스코보는 단독 최저 잠수 기록을 노렸기 때문에 혼자서 잠수하는 것이 궁극적인 목표였다. 제이미슨은 랜더에 집중했다. 그는 해양 전체 수심으로 잠수가 가능한 베스코보의 잠수정과 함께 자신의 랜더 2대를 실었다. 5대의 랜더를 여러 해구에 차례로 내려보낼 기회가 있다는 것만으로도 그 배에 탈 이유는 충분했다.

그런데 자와 해구에서 개인 잠수 기록을 세운 베스보코가 제이미슨에게 물었다. "만약 잠수정에 타게 된다면 어디로 가고 싶나요?" 유혹적인 질문이었다. 자와 해구는 예상보다 훨씬 더 소란스러운 곳이었다.[21] 제이미슨은 해저 지형도에서 해구의 벽을 따라 대규모의 산사태, 즉 지진으로 인한 붕괴가 일어났던 흔적이 남아 있는 것을 보고 놀랐다. 과거에 쓰나미를 불러일으켰을 것이 분명한 지질학적 사건이 그곳에서 발생했는데, 그동안 아무도 그 사실을 몰랐던 것이다. "좋아, 이왕 잠수한다면 진짜로 정신 나간 짓을 해보자." 제이미슨은 생각했다. "쉽게 가지 말자. 가장 깊은 곳의 가장 특이한 구조물을 찾아내서 그곳으로 가자."

이틀 후 제이미슨은 리미팅 팩터 호의 해치로 들어갔고, 자신이 연구하는 영역을 직접 방문한 최초의 초심해저대 연구자가 되기 위해서 떠났다. 조종은 레이히가 맡았다. 그들의 목적지는 수심 약 7,000미터의 수직 경사지대로, 그때까지 유인 잠수정이 탐사한 장소들 중에서 가장 극단적인 지형에 속했다. 폐소공포증이 없는 제이미슨도 지름 1.5미터짜리 구체 안에서는 마음을 놓기 어려웠다. "내려가는 내내 해치에서 물이 새서 영 불안하더라고요."

그러나 잠수 자체는 경이로운 경험이었다. 그들은 해저 근처의 동굴에서 박쥐처럼 생긴 해면이 벽과 천장을 뒤덮은 모습을 목격했다. 레이히가 잠수정을 조종해 절벽의 돌출부 아래를 지나 경사면을 타고 올라가는 동안, 제이미슨은 밝은 노란색, 주황색, 어두운 푸른색의 화학합성 세균들이 황량한 바위 위에 무지개처럼 수놓인 모습을 바라보며 감탄했다. 새하얀 말미잘과 보랏빛의 해삼도 보았다. 꼼치 한 마리가 느긋하게 지나가는 모습도 정신없이 구경했다(제이미슨이 자신의 연구 대상과 처음 만난 순간이기도 했고, 인간과 살아 있는 초심해저대 꼼치와의 첫 만남이기도 했다). 제이미슨은 그동안 비디오 카메라와 원격조종 무인 잠수정이 심해를 제대로 보여주지 못했다는 사실을 깨달았다. 심해는 그런 장비로는 전달되지 못할 만큼 화려하고 웅장한 곳이었다.

이것이 전환점이 되었다. 탐사 초반에 제이미슨은 지쳐서 그만둘 생각을 하고 있었다. 일정이 계속 지연되고 문제가 생기는 와중에 연구는 뒷전으로 밀려나 있다는 느낌이 들었기 때문이다. 랜더 2대가 남극해에서 분실되었고, 설상가상으로 독감까지 앓았다.

그러나 이제 제이미슨은 장난감 가게에 들어온 아이처럼 눈이 휘둥그레진 채 마음을 바꿔 먹었다. 배에 돌아온 그는 위성 전화로 집에 연락했다. "내가 잠수정 안 타겠다고 말한 거 기억나?" 그가 아내에게 이렇게 묻자 레이철은 그래도 남편이 무사히 돌아왔다는 사실에 기뻐하며 대답했다. "내 그럴 줄 알았지." 제이미슨은 그 배를 계속 타고 태평양까지 가겠다고 아내에게 말했다. 대신 1만 미터 깊이의 해구에 직접 들어가지는 않겠다고 약속했다. "터무니없이 깊은 곳에는 안 들어갈게. 내 이름은 명난에노 없어. 내가 부슨 아쫄로 우수선에 타는 것도 아니잖아." 그 대화를 떠올리며 제이미슨은 극적인 효과를 위해서 잠시 입을 다물었다가 말을 이었다. "그리고 열흘 후에 마리아나 해구로 간 거예요."

먼저 베스코보가 챌린저 해연으로 2번의 단독 잠수를 했다. 그다음에는 독일의 공학자 요나탄 스트루베와 레이히가 함께 들어갔다. 스트루베는 리미팅 팩터 호가 대양의 가장 깊은 곳까지 잠수할 수 있음을 공식적으로 인증해준 해양 분류 협회 DNV-GL에서 나온 사람이었다.[22] 챌린저 해연으로 네 번째 들어갈 때에는 트라이턴의 책임 공학자이자 리미팅 팩터 호의 설계자인 존 램지가 레이히와 함께 갔다. 그다음에는 제이미슨이 다시 탑승하여 베스코보와 함께 마리아나 해구에서 두 번째로 깊은 곳인 시레나 해연을 향해 수심 1만714미터까지 내려갔다.

다시 한번 마법이 펼쳐졌다. 시레나 해연은 물결치는 카펫처럼 깔려 있는 미세한 황금빛 퇴적물 위로 날카로운 바위들이 드문드문 솟아 있는 곳이었다. 베스코보와 제이미슨은 구불구불한 언덕과 낮은 절벽들을 오르락내리락하며 레몬빛의 유황 언덕과 수선화처럼 생긴 바다나리들을 보았다. 해구의 바닥은 각종 굴과 구멍들로 가득했고, 그 안에 수없이 많은 생물들이 살고 있었다. 남색과 황토색 세균들이 바위를 이끼처럼 뒤덮고 있었다. 시레나 해연은 자신만의 곡조로 신비로운 노래를 불렀고, 지구상에서 그 노래를 들은 사람은 단 두 명뿐이었다.

✳

호라이즌 해연을 향해서 출발할 준비를 하는 동안 제이미슨은 영국 지질조사국의 해양지질학자 헤더 스튜어트, 파이브 딥스 탐사진의 해도 제작 담당 과학자 캐시 본조반니, 그리고 베스코보와 함께 통가 해구의 지도를 검토했다. 해구는 가파른 절벽, 울퉁불퉁한 암석 돌출부들로 험난했고 중심부에 해산처럼 보이는 것이 솟아 있었다. 스튜어트는 그것이 해산이 아니라, 섭입으로 인해서 지각이 휘어지면서 형성된 능선이라고 설명해주었다.

"통가는 정말 멋지네요." 제이미슨이 말했다. "바닥을 보세요. 굉장해요. 아주 흥미로운 일들이 벌어지고 있어요."

"엄청나군." 베스코보도 기쁜 듯이 동의했다.

본조반니도 고개를 끄덕였다. "아주 역동적인 지역이네요. 굉장히 격렬해요."

"이 단층 급경사면과 절벽의 규모가 정말······." 스튜어트가 속삭이듯이 말했다. 그녀에게 그 지도는 단순한 이론이 아니었다. 실제로 두 번째 잠수 때 베스코보와 동행할 예정이었다. 스튜어트가 눈에 띄게 흥분하고 긴장해 있었던 이유는 단지 수심 7,000미터 아래로 내려가게 될 최초의 여성이 되어서일 뿐 아니라 그 해구의 격렬함 때문이기도 했다. "지금까지 그 누구도 심해에서 이런 절벽을 횡단해본 적이 없었어요." 스튜어트는 조용히, 혼잣말하듯이 말했다. "아무도."

이제는 그런 이야기가 동어반복처럼 들리기 시작했다. 초심해저대로 들어가는 일은 언제나 우리가 과거에 한 번도 가본 적 없는 곳으로의 잠수였다(아이러니하게도 단 하나의 예외가 바로 챌린저 해연이었다). 모든 심해 잠수가 최초였다. 모든 해구는 우리가 알고 있던 것보다 더 복잡했다. 똑같은 해구는 하나도 없었다. 전에 제이미슨은 농담 삼아서 해구를 두 가지 종류로 분류한 적이 있었다. "우리를 좋아하는 해구가 있고 우리를 좋아하지 않는 해구가 있죠." 자와 해구는 너그러웠고 마리아나 해구는 자비로웠다. 통가 해구는 과연 방문객을 환영해줄까? 48시간 후면 그 답을 알게 되는 것이었다.

5

초심해저대에 머물다

>아름다움도 두려움도 모두 일어나게 두라.
>그저 계속 나아가라.
>—라이너 마리아 릴케[1]

**호라이즌 해연, 남위 23.3도 서경 174.7도
남서태평양**

누쿠알로파를 떠나 전진하고 있을 때 롭 매캘럼이 전원 회의를 소집했다. 잠수 계획을 사전에 점검하고 여러 의문과 우려에 관해서 논의하는 자리였다. 해상 예보의 내용이 걱정스러웠다. 바람도 파도도 잔잔한 상태이기는 했지만, 그날 밤부터 기상 조건이 악화될 것으로 예상되었기 때문이다. 그리고 잠깐 나아졌다가 한층 더 나빠질 것으로 보였다. 거친 바다에서는 잠수정을 내려보낼 수 없다. 보퍼트 풍력 계급 1부터 12까지 중에서(즉, 미동 없이 고요한 바다와 휘몰아치는 허리케인 사이에서) 5 이상이면 출발이 불가능하다. 그러나 날씨의 신이 자비를 베풀어서 폭풍 사이사이에 잠깐씩 (상대적으로) 고요한 때가 있다면, 잠수 두 번을 완료하기에 충분한 시간이 될 터였다.

건식 연구실 안은 붐볐다. 모든 의자에 사람이 앉았고 자리가 없는 사람들은 벽에 기대어 섰다. 매캘럼 옆에는 배의 선장인 스튜어트 버클이 앉아 있었다. 버클은 거친 피부에 수염을 덥수룩하게 기르는 전형적인 뱃사람과는 사뭇 달랐다. 스코틀랜드 고지대의 작은 마을 출신인 그는 붉은 머리에 온화한 성격을 가진 서른여덟 살의 남성으로, 청소년 시절부터 바다에 나가 북해의 유전에서 경력을 쌓은 인물이었다. 베스코보가 그와 계약을 맺은 것은 대단한 성과였다. (제임스 캐머런의) 챌린저 해연 유인 잠수를 지원한 경험이 있는 선장은 오직 버클 한 사람뿐이었기 때문이다. 갑판에서 진수한 잠수정이 마리아나 해구의 가장 깊은 곳으로 정확히 내려갈 수 있도록 배의 위치를 잡는 것은 쉬운 일이 아니다. 목표 지점과 수직 거리의 상대적 규모를 가늠해보려면, 항공기 조종사가 1만 1,000미터 상공에서 특정 주차장으로 차 한 대를 떨어뜨리는 것과 비슷하다고 상상하면 된다. 버클은 이 일을 수락하면서 조건을 내걸었다. 모든 승조원을 직접 선택할 수 있게 해달라는 것이었다.

매캘럼은 방 안이 잠잠해질 때까지 기다렸다가 입을 열었다. "자, 이제 우리는 지구상에서 두 번째로 깊은 해구인 호라이즌 해연으로 가고 있습니다. 가장 깊은 지점을 찾아내서 그곳으로 잠수하는 게 목표죠."

근처에 서 있던 베스코보가 덧붙였다. "최초의 유인 잠수고요."

"첫 번째 잠수는 호라이즌 해연으로 들어가는 빅터의 단독 잠수입니다." 매캘럼이 말을 이었다. "그리고 두 번째에는 빅터와 헤더가 수심 1만 미터에 있는 높이 760미터짜리 절벽을 향해 내려갈 겁니다. 날씨 때문에 시간이 촉박해서 중간 정비 없이 진행할 예정입니다." 그는 모두가 이 말을 이해하도록 잠시 말을 멈추고 기다렸다. 잠수 시간은 각각 12시간이었다. 잠수 이후의 정비는 더 오래 걸리기 때문에 애초에 불가능했다. 수심 1만 미터로 들어가는 잠수를 연이어 진행하는 것은 그동안 한 번도 시도된 적 없는 일로, 오랫동안 긴장을 풀 수 없는 작업이 될 터였다.

매캘럼은 진지한 목소리로 말을 이었다. "이번 주의 날씨가 중요합니다. 뉴질랜드 북부에서 큰 저기압이 이동하고 있는데, 어마어마한 규모예요. 그러니까 이번 주 내내 약 5미터 높이의 파도와 20노트에서 25노트(시속 약 37-46킬로미터)의 거센 바람이 계속될 겁니다."

"아주 혼쭐이 나겠네요." 제이미슨이 말했다.

"고역이겠죠." 레이히도 동의했다.

"내일은 잠수에 관한 보고를 들으면서 랜더를 내릴 시간과 장소를 논의해봅시다." 매캘럼이 말했다. "다만 한 가지를 먼저 말해두고 싶어요. 우리는 챌린저 해연 잠수라는 대단한 성과에 들떠 있습니다. 그러니 앞으로 더 어려운 일은 없으리라고 생각할지도 모릅니다. 그러나 이번 잠수는 만만치 않아요. 거친 날씨에 1만800미터 깊이의 물속으로 두 사람을 내려보내는 일이니까요. 최고의 실력을 발휘해야 합니다. 잠수정을 이용한 잠수 중에서 가장 난도가 높아요." 매캘럼은 돋보기안경 너머로 방 안을 둘러보았다. "자, 이번에 새로 합류한 분들이 있습니다."

초청된 사람들의 면면은 다양했다. 나를 포함하여 영국의 예술가, 통가의 지질학자, 일본의 해도 제작 전문가, 캐나다의 심해 관련 유명인사 등이 있었다. 잠수 기간 내내 베스코보는 월시 같은 저명한 해양 탐험가들을 계속 초청했는데, 이번에는 캐나다 온타리오 주 토론토에서 온 여든두 살의 의사 조 매키니스 박사가 참가했다.

매키니스는 유명한 해저탐험가이자 작가, 강연가, 그리고 잠수 의학 분야의 선구자로서, 사람이 심해에서 생리적으로, 심리적으로 어떻게 견디는지(혹은 견디지 못하는지)를 연구해왔다. 그는 경력 내내 수많은 위험한 잠수를 감독했고 스스로도 잠수에 여러 번 도전하면서 인간 능력의 한계를 시험했다. 아주 깊은 바닷속에서 압축 공기를 호흡하면 질소 중독이나 산소 중독이 발생하기 때문에 매키니스는 네온과 아르곤을 호흡하는 방법을 실험했다. 물론 집에서 절대 따라 해서는 안 되는 실험이다. 매키니스의 역할은 불활성 기체를 들이마시며 수백 미터 수심의 물속에서 장시간 작업을 하는 잠수부들이 폐가 폭발하거나 살이 헬멧 안으로 빨려 들어가는 등의 끔찍한 방식으로 죽는 일을 막는 것이었다.

매키니스는 최초로 북극의 얼음 아래로 잠수하여 그곳에 캐나다 국기를 꽂은 인물이다. 또한 북서항로의 해저에 타임캡슐처럼 보존되어 있던, 세계 최북단의 난파선 HMS 브레달베인 호도 찾아냈다(3개의 돛대가 달린 이 바크 선은 탐사 도중 실종된 존 프랭클린 경의 에리버스 호와 테러 호를 수색하다가 1853년에 유빙 속에 갇히고 말았다). 자크 쿠스토를 비롯한 20세기 중반의 선각자들처럼, 매키니스도 첨단 기술로 만든 바닷속 거주지에서 사람들이 생활할 가능성에 호기심을 느꼈다. 그는 1974년의 저서 『수중 인간Underwater Man』에 이렇게 썼다. "수중 거주는 지구의 큰 부분을 차지하는 영역과 조화를 이루며 살아갈 기회가 될 것이다."[2]

1969년에 매키니스는 실험 삼아 서브림노스라는 이름의 연구 기지를 휴런 호수(북아메리카 오대호 중의 하나/역주)의 수심 12미터 물속에 설치했다. 돔 형태의 천장과 창문이 있는 이 건물은 4명까지 수용할 수 있었고 파이프를 통해서 호숫가로부터 압축 공기, 온수, 12볼트의 전력을 공급받았다. 그해 7월의 어느 날 밤, 매키니스는 서브림노스 안에 앉아서 물에 비치는 달을 물 너머로 바라보며 바로 그 순간 그의 친구인 닐 암스트롱이 달 위를 걷고 있다는 사실을 떠올렸다.

레이히는 어린 시절, 이 서브림노스에 마음을 빼앗겼다.[3] 온타리오 주의 또다른 10대 소년이었던 제임스 캐머런도 마찬가지였다. 캐머런은 매키니스에게 편지를 써서 자신만의 수중 연구소를 만들기 위한 조언을 구하기도 했다. 최근에도 매키니스는 캐머런에게 해저탐사에 관한 조언을 해주었다고 한다. "조는 심해 잠수 분야에서 유명한 분이죠." 매캘럼이 모두에게 말했다. "하지만 이분은 의사시기도 하니까 몸이 안 좋다면 찾아가세요. 심한 발진 같은 게 생기면 반드시 조에게 보여주세요."

매키니스의 맞은편에는 또다른 전설적인 해저탐험가이자 프랑스 해군 사령관 출신인 폴-앙리 나르졸레가 앉아 있었다. 베스코보가 탐사 초반에 기술 자문으로 고용한 일흔세 살의 나르졸레는 매력적인 인물이자 심해의 단골손님으로, 프랑스의 수심 6,000미터급 잠수정 노틸 호를 조종했던 사람이었다. 또한 해저에 가라앉은 제2차 세계대전 당시의 지뢰 수천 개를 제거한 수중 폭파 전문가이기도 했다. 그중에는 히틀러의 부대가 설치한 부비트랩 폭탄도 다수 포함되어 있었다. "그 양이 어마어마했어요." 나르졸레는 듣기 좋은 프랑스 억양으로 설명했다. "만만한 일이 아니었어요. 결코 쉬운 일이 아니었습니다."

나르졸레는 심해에서 역사적 유물, 군사 무기, 추락한 헬리콥터와 비행기, 블랙박스와 시신 등 회수가 시급한 온갖 것들을 건져 올렸다. 그러나 그는 특히 타이태닉 호에서 발휘한 전문 기술로 이름이 알려졌다. 나르졸레는 1987년에 타이태닉 호 난파 지점에 최초로 유인 잠수정을 조종하여 내려갔고, 그후에도 30회 이상의 잠수 기록을 남겼다(매키니스와 함께 간 적도 있었다. 이 불운한 배에 관한 아이맥스 다큐멘터리 영화를 제작한 매키니스는 친구인 제임스 캐머런에게 타이태닉 호의 으스스한 아름다움에 관한 찬사를 늘어놓았고, 그후 캐머런은 타이태닉 호에 관한 자신만의 작은 영화를 제작하게 된다).

 회의가 끝날 무렵 버클은 마지막으로 이렇게 당부했다. "이 배에 처음 탄 분들에게 말씀드립니다. 이 배는 상당히 활기찬 배입니다. 아주 많이 흔들리죠."

 매캘럼도 고개를 끄덕였고 사무실 밖에 놓여 있는 쟁반을 가리켰다. 그 위에는 마치 작은 약국처럼 멀미약들이 차려져 있었다. "마음껏 드세요. 진짜 심하게 흔들리는 것 같다면 스터제론을 먹는 것을 권합니다."

 "먹는다고 겁쟁이 되는 거 아닙니다. 안 먹으면 바보죠." 버클이 경고했다.

 "그 근처에 육지가 있나요?" 방 뒤편에서 누군가가 물었다.

 버클이 고개를 저었다. "전혀요. 그곳에는 숨을 곳이 없습니다."

✳

구명정 훈련을 마친 후 나는 습식 연구실에서 제이미슨을 만났다. 금속 작업대와 싱크대가 늘어서 있는 길고 좁은 방이었다. 2대의 초저온 냉동고 안에는 초심해저대의 동물들이 들어 있었고, 내가 너무나 보고 싶었던 심해어 표본들도 포름알데히드에 절여진 채 보관되어 있었다. 이 무렵에 제이미슨은 이미 63회의 랜더 잠수를 통해서 10테라바이트 분량의 영상을 촬영하고 과학계에 DNA를 기증할 귀중한 생물들을 확보한 후였다. "해구의 가장 얕은 곳부터 가장 깊은 곳까지 분포하는 개체군을 조사하고 있어요." 제이미슨이 두꺼운 고무장갑을 끼면서 말했다.

화학 물품 보관함은 갑판 위에 있었다. 제이미슨은 보관함의 문을 열고 단단하게 밀봉된 플라스틱 통을 꺼냈다. "숨 쉬지 마세요." 그가 뚜껑을 돌려 열면서 말했다. 그리고 포름알데히드 용액 안에 손을 집어넣어 대구 크기만 한 물고기를 꺼냈다. "가장 얕은 곳에서 발견된 그레나디어예요. 전형적인 쥐꼬리물고기죠."

나는 몸을 기울여 그 물고기를 들여다보았다. 크고 뾰족한 머리, 축 처져서 슬퍼 보이는 입, 단단한 자회색 몸에 끝으로 갈수록 좁아지는 긴 꼬리를 가진 물고기였다. 감압 때문에 눈이 툭 튀어나와 있어서 꼭 무엇인가에 충격을 받은 것처럼 보였다. "쥐꼬리물고기는 아주 호기심이 많은 녀석들이에요. 소시지 냄새를 맡은 개들처럼 수염으로 랜더를 이리저리 더듬어보죠." 제이미슨이 물고기의 턱 아래에 늘어진 굵은 수염을 가리키며 말했다. "여기로 맛을 느끼거든요."

제이미슨에 따르면 이 표본은 수심 2,500미터 부근에서 잡혔지만, 수심 7,900미터에서 발견된 쥐꼬리물고기 종도 있다고 했다. "바다에서 가장 흔한 물고기 중에 하나예요. 특별한 매력이 없기 때문에 TV에 나오지도 않아요." 그는 쥐꼬리물고기를 뒤집어서 상태를 확인했다. "피부가 정말 신기해요. 굉장히 질기죠." 그는 물고기를 액체 속에 다시 집어넣고 장갑을 수건으로 닦았다. "이런 물고기는 잘 보존돼요. 꼼치는 그렇지 않죠. 걔들은 녹아버리거든요."

초심해저대의 꼼치는 몸 안에 부레나 공동空洞이 없으며, 내장은 부력이 있는 투명한 젤에 감싸여 있다. 몸에 광물 성분이 없어서 뼈대가 물렁

물렁하고, 머리뼈가 완전히 닫혀 있지도 않다. "수압이 있어야 몸의 형태가 유지돼요." 제이미슨은 말했다. "그래서 손에 쥐어보면 굉장히 연약해요. 꼭 물을 채운 콘돔을 만지는 것 같죠. 손 안에서 막 미끄러져요."

제이미슨은 보관함 안에서 밀폐용기를 하나 꺼냈다. 그 안에는 비닐봉지에 담긴 투명한 복숭아색의 끈적끈적한 물질과 젤리처럼 보이는 덩어리들이 들어 있었다. 꼼치의 사체였다. "지금은 볼 게 별로 없죠. 그러나 살아 있을 때는 정말 아름다워요." 제이미슨은 좀더 짙은 색의 덩어리들을 가리켰다. "이건 꼼치의 간이에요. 이건 위, 이건 장이죠. 그리고 이 두 개의 검은색 부분은 눈이고요."

지금까지 제이미슨과 초심해저대 생물학자들은 연구를 통해서, 꼼치가 무려 수심 8,320미터까지 내려갈 수 있다는 사실을 알아냈다. 또한 그 이유도 밝혀냈다. 초심해저대 꼼치의 몸에는 세포 내부에서 지지대 역할을 하는 유기 분자인 TMAO(트리메틸아민-N-옥사이드)가 가득하다. 그래서 다른 물고기들보다 더 깊은 곳에서도 외부의 압력과 균형을 유지할 수 있다. 그러나 TMAO에도 한계가 있다. 충분히 큰 압력이 가해지면 꼼치의 세포도 무너지고 만다. 진화로 그 균형의 공식이 바뀌지 않는다면, 수심 9,000미터의 해구에 사는 다양한 생명체들 사이에서 물고기는 한 마리도 찾아볼 수 없을 것이다.[4]

꼼치라는 동물은 알면 알수록 더 매력적이었다. 지구에서 가장 혹독한 환경에 사는 최상위 포식자들 사이의 승자가 고작 그런 분홍색 젤리라니? "꼼치가 대단한 이유는 세계에서 가장 깊은 곳에 사는 물고기인데 사실은 심해어가 아니라는 점 때문이에요." 제이미슨이 설명했다. "원래 얕은 물에 사는 물고기인데 워낙 용감하다 보니 심해어보다 더 깊은 곳으로 내려가버린 거죠." 지금도 수백 종의 꼼치들이 수면과 가까운 얕은 물속에 산다. 그런데 약 2,000만 년 전, 꼼치 일부가 더 깊은 곳으로 내려가기 시작했다. 조수 웅덩이와 강어귀에서 햇빛을 받으며 살다가, 갑자기 초고속으로 진화하여 초심해저대의 해구에서 단각류를 사냥하기 시작한 것이다. 이제 꼼치는 경쟁자가 거의 없고 하루 종일 식사를 즐길 수 있는 영역을 지배한다. 게다가 그곳에는 그들을 잡아먹는 포식자도 존재하지 않는다.

대신 한 가지 대가를 치러야 했다. 초심해저대 꼼치의 수명은 상대적으로 짧아서 약 6-12년밖에 되지 않는다(일부 심해 어류는 80년까지도 산다).[5] 그러나 그 또한 진화적으로 보면 이치에 맞는다. 해구는 워낙 불안정한 곳이어서 어차피 그곳에 사는 생물들이 장수를 기대할 수는 없다. 2011년 일본 대지진 후에 과학자들이 일본 해구 안으로 카메라를 내렸는데, 그곳은 화산 폭발로 멸망한 폼페이의 잔해처럼 변해 있었다. "그래서 빠르게 산란할 수 있도록 진화한 거예요." 제이미슨은 말했다. "엄청나게 위험한 곳에서 개체수를 유지하는 방식인 거죠."

제이미슨은 꼼치를 다시 용기에 넣고 뚜껑을 닫은 후 보관함 안에 집어넣었다. 나는 물었다. "놀라운 일은 없었나요? 정말 예상하지도 못한 것을 봤다든가요." 제이미슨은 잠시 생각에 잠겼다. "대부분 예상 가능한 것들이었죠." 그가 이렇게 말하더니 갑자기 환한 표정을 지었다. "아, 자와 해구에서······그 크고 투명한데 개의 머리와 촉수가 달린 생물이 찍힌 영상을 봤는지 모르겠네요."

"뭐라고요?"

"가요, 보여줄게요."

✳

 우리는 제이미슨의 사무실로 돌아왔다. 건식 연구실 한쪽에 있는 작은 공간으로 책상 하나와 의자 2개가 겨우 들어가는 정도였고, 그 안은 과학 논문, 커피잔, 카메라, 책, 심해 관련 기념품들로 가득했다. 제이미슨은 의자 위에 쌓인 종이들을 치우고 컴퓨터 앞에 앉아서, 랜더가 촬영한 영상의 하이라이트 편집본을 재생했다. 사우스 샌드위치 해구의 일부가 화면에 나타났다. "초심해저대에서 유일하게 수온이 영하인 곳이에요. 온갖 다양한 서식지가 있는 아름답고 복잡한 해구죠."[6] 제이미슨이 설명했다. 전경에 황갈색 진흙 위로 암석 조각들이 흩어져 있는 모습이 보였다. "수심 6,000미터의 화산에서 날아온 화쇄류예요. 작은 화산 파편들이 수없이 방출되었죠. 그리고 저걸 봐요. 새로 발견된 꼼치 종이에요."

 천천히 헤엄쳐 지나가는 꼼치의 모습이 보였다. 띠 모양의 꼬리는 홀로그램처럼 안이 투명하게 들여다보였다. 랜더의 불빛이 물고기의 몸에 반사되어 진주색으로 빛났다. 막대 사탕만 한 크기에 올챙이처럼 체중의 대부분이 머리 쪽에 집중된 모양새였다.

 제이미슨은 심해 꼼치의 머리 안에 입이 2개 있다고 알려주었다. 첫 번째 입으로는 단각류를 빨아들인다. "근데 단각류를 입안에 넣으면, 그 녀석들이 머리부터 먹어치우면서 밖으로 나올 거란 말이죠." 그 문제를 해결하기 위해서 꼼치의 두 번째 입은 먹이를 분쇄할 수 있는 2개의 판으로 이루어져 있다.

 영상이 계속되면서 배경은 자와 해구로 바뀌었다. 무대처럼 조명이 환하게 비치는 미사 지대 위에서 랜더가 두 개의 금속 막대를 뻗어 고등어 사체를 받쳐 들고 있었다. 고등어의 피부가 은빛으로 반짝이고 있었는데 사체가 해저에 내려온 지 얼마 되지 않았다는 뜻이었다. 이미 이 미끼 주변에 해구의 청소부인 단각류가 떼 지어 모여 있었다.

단각류가 사체를 먹어치우는 모습을 보면, 절대로 바닷속에 묻히고 싶지 않아진다. 그러나 그 민첩함에는 감탄하지 않을 수 없다. 약 1.5킬로미터 밖에서도 물고기 사체를 감지하고 모여드는 이 생물들은 결코 소식가가 아니다. 자신의 몸무게의 3배나 되는 양을 소화시킬 수 있다. "물고기가 깔끔하게 뼈만 남은 채로 돌아오죠." 제이미슨은 말했다. "현미경으로 관찰해봐도 아무것도 없어요. 완전히 사라져버려요."

안타까운 일이지만 단각류에게 공짜 식사란 없다. 곧 몰래 기회를 노리는 꼼치의 모습이 화면 안에 들어왔다. 그다음에는 길고 두터운 몸통에 붙은 둥근 갈색 머리가 옆쪽에서 튀어나왔다. 힌덴부르크 비행선처럼 생긴 이 물고기는 바늘구멍 같은 작은 눈과 불쑥 내민 커다란 입을 가지고 있었다. 제이미슨은 그것이 첨치, 그중에서도 로버스트애스피시robust assfish(직역하면 '튼튼한 엉덩이 물고기'라는 뜻이다/역주)라는 그다지 아름답지 않은 이름으로 불리는 종임을 알아보았다. 꼼치와 마찬가지로 첨치의 관심사는 미끼가 아니라 미끼를 먹으러 온 갑각류였다. 그 물고기들은 마치 아무도 자신의 존재를 모르기를 바라는 듯이 미동도 없이 떠 있었다. 그러다가 큼직한 붉은 새우 한 마리가 지나가자 갑자기 입을 떡 벌려서 마치 진공청소기처럼 새우와 단각류 수십 마리를 빨아들였다.

그다음 방문객은 그보다는 덜 폭력적이었다. "수심 6,000미터에 사는 덤보문어라니 누가 상상이나 했겠어요?" 제이미슨이 말했다. 섬세한 흰색과 분홍색을 띤, 포켓몬 캐릭터처럼 생긴 동물이 카메라 앞을 지나갔다. 덤보문어는 만화 속 코끼리 덤보처럼, 머리 옆에 붙어 있는 2개의 지느러미를 퍼덕여서 이동하는 희귀하고 원시적인 동물이다. 종 형태의 몸통과 작고 검은 눈, 그리고 우산처럼 펼쳐서 물속을 누빌 수 있는 물갈퀴 달린 팔을 가지고 있다.[7] 그전까지 문어가 발견된 가장 깊은 곳은 수심 5,145미터였다. 따라서 그보다 900미터나 더 깊은 곳에서 문어를 본 것은 놀라운 발견이었다(제이미슨은 나중에 수심 약 7,000미터에서 또다른 덤보문어를 촬영하게 된다).

덤보문어가 떠난 후 영상을 앞으로 돌리자 새로운 시간대로 넘어갔다. "잘 봐요." 제이미슨이 말했다. 어둠 속에서 유령처럼 나타나 미끼를 향해 미끄러지듯이 다가오는 형체가 보였다. 우리는 그것이 카메라를 향해 오는 모습을 조용히 바라보았다. 유령, 허깨비, 또는 환각과도 같은 그것은 제이미슨의 말처럼 하얀 덩굴손을 늘어뜨린 젤리 같은 개의 머리의 모습이었다. 머리는 빛났고 비눗방울처럼 투명했으며 전체적으로 옅은 보라색과 황옥색을 띠는 가운데 이따금 청록색과 흰색의 빛이 반짝였다. 머리 속에 떠 있는 빛나는 구체들은 마치 영화감독 리들리 스콧이 만들어낸 사이보그 뇌 속의 전극처럼 보였다. 랜더 앞에 도착한 그것은 90도로 방향을 틀어 개처럼 생긴 옆모습을 확실히 보여준 후 화면 오른쪽으로 사라졌다.[8] "우리가 지금까지 본 것 중에 가장 기이한 생물이에요." 제이미슨이 이렇게 말하면서 그것이 자루가 달린 해초류海鞘類 또는 멍게라고 덧붙였다. 다만 지금껏 아무도 본 적이 없는 종이었다.

영상은 꼼치, 애스피시, 덤보문어, 그리고 또다른 운 나쁜 새우늘이 고등어 사체 주변에 모여 있는 장면으로 끝났다. 마치 해구의 동물들이 단체 사진을 찍기 위해서 모여 있는 것 같았다. 제이미슨은 영상을 끄고 의

자를 뒤로 빼며 무덤덤하게 미소를 지었다. "보시다시피 많은 일이 일어나고 있어요. 그러니까 심해가 황량하고 생물이 살지 않는 곳이라는 말은 헛소리일 뿐이죠."

※

매캘럼의 날씨 예측은 정확했다. 그날 밤, 순조롭게 전진하던 배가 갑자기 거세게 요동치기 시작하는 바람에 나는 놀라서 잠에서 깼다. 비스코티(이탈리아식 쿠키/역주)와 제로 콜라, 드라마민(멀미약 상표명/역주)으로 가벼운 아침 식사를 마친 나는 이리저리 흔들리며 복도를 지나고 사다리처럼 생긴 계단을 오르고 갑판을 가로질러 격납고로 향했다. 레이히와 탐사 대원들이 잠수정의 사전 안전 점검을 하는 중이었다. 하늘에는 묵직한 구름이 가득했고 바다는 힘이 넘쳐 보였다. 우리는 그날 오후에 해구에 도착할 예정이었다. 그리고 날씨가 허락한다면 그다음 날 아침 8시에 베스코보가 단독으로 잠수할 계획이었다.

리미팅 팩터 호는 선미 쪽으로 열려 있는 격납고 내부 공간의 대부분을 차지하고 있었다. 무게 11톤의 이 잠수정은 높이 4미터, 너비 2.7미터, 길이 4.6미터 규모였다. 하얀색의 미끈한 선체만 보면 그 안이 얼마나 복잡한지 알 수 없었다. 그러나 그 매끈한 외관 안에는 미로처럼 복잡한 회로, 고장을 대비해 중복으로 설치된 각종 시스템이 가득했다.[9] 모두 한 가지 목적, 즉 1,100기압의 압력 아래에서 탑승자들의 목숨을 지키기 위한 것이었다.

나는 잠시 서서 사람들이 일하는 모습을 지켜보았다. 레이히는 잠수정 안에서 제어반을 확인 중인 맥도널드와 무전기로 통신하고 있었다. 머기와 롬바도는 로봇 팔을 조정하고 있었는데, 마치 자신들만의 언어로 대화를 나누는 것처럼 들렸다. "다시 배치해야겠어요." 머기가 잠수정 뒤편으로 사라지면서 말하자 롬바도가 물었다. "HPU는요? 넣었어요?"

레이히가 일을 마친 후 격납고 앞쪽으로 걸어와서 나에게 말했다. "괴물을 보러 왔군요." 나는 잠수정을 올려다보며 그 독특한 모습을 눈에 담았다. 파이시스 호나 앨빈 호와는 마치 포르셰와 택배 트럭만큼이나 달랐다. 리미팅 팩터 호는 속도, 특히 수직 속도를 낼 수 있도록 설계된 잠수정이다. 주로 위아래 방향으로 이동하기 때문이다. 수천 미터 깊이의 토스터에 빵을 넣는다고 상상해보라. 이 잠수정도 그런 식으로 물기둥 속을 내려간다.

처음에 베스코보는 트라이턴에 윌리엄 비비의 잠수구를 개량한 정도로, 불필요한 설비가 없는 단순한 형태의 잠수정 제작을 요청했다. 이제는 그 일을 회상하며 웃지만, 당시에는 잠수정 개발이 지나치게 복잡하고 비용이 많이 드는 비현실적인 일이 될까 봐 걱정했다고 한다. 과도한 욕심을 부리다가는 오히려 난관에 빠질 수도 있겠다고 말이다. 그래서 베스코보는 레이히에게 이렇게 말했단다. "그냥 나를 쇠공 안에 집어넣고 볼트로 고정하고 위아래로 움직여주기만 해요. 그거면 됩니다."

"창문이 없어도 상관없다고 하더라고요." 레이히가 코웃음을 치며 회상했다. "그래서 내가 그랬죠. '그렇게는 못 한다, 두 사람이 탈 수 있고 창문도 있는 잠수정을 만들어주겠다'라고요. 유압식 팔이 달려서 연구 목적으로도 쓸 수 있어야 하고, 한 번 잠수하고 박물관으로 들어갈 물건이 아니라 초심해저대로 수천 번씩 잠수를 해서 인간과 심해의 관계를 바꿔놓을 잠수정이어야 한다고요. 그냥 그곳으로 내려가는 게 전부가 아니에요. 내려가서 무엇을 할 수 있느냐가 중요하죠."

그가 자신의 목표를 이루어냈음을 보여주는 증거물이 우리 앞에 있었다. 다만 누구나 상상할 수 있겠지만 초심해저대로 가는 길은 지옥처럼 험난했다. "잠수정의 모든 부품을 새로 개발해야 했다고 해도 과장이 아니에요." 레이히는 말했다. "왜냐하면 아무것도 없었으니까요. 바다의 가장 깊은 곳으로 내려가기 위해서 우리가 구입할 수 있는 기성품이 말 그대로 전무했어요."

레이히는 수십 년의 해저 사업 경력을 활용하여, 초심해저대에 맞는 제품을 제작해줄 만한 능력과 배짱이 있는 업체들을 전 세계에서 수소문했다. 특히 까다로운 문제였던 배터리 문제를 해결해줄 회사는 스페인에서 찾아냈다. 영국의 한 공학기술사는 초심해용 신택틱 폼 제작에 동의했다. 잠수정에 들어갈 두께 25센티미터의 아크릴 현창은 독일에서, 음파탐지기는 캐나다에서, 수중 모뎀은 오스트레일리아에서 왔으며, 그외에도 많은 부품을 그런 식으로 제작했다.

잠수정의 가장 기본적인 요소라고 할 수 있는 속이 빈 금속 구체 또한 3개 대륙을 통해서 어렵게 만들어졌다. 먼저 트라이턴의 책임 설계공학자인 존 램지와 책임 전기공학자인 톰 블레이즈가 자신들의 고향 영국 데번의 컴퓨터 앞에서 구상을 시작했다. 그들의 설계안은 플로리다 주와 텍사스 주로 전달되었고, 램지, 레이히, 베스코보는 구체 제작에 강철을 써야 할지, 티타늄을 써야 할지 혹은 니켈-크로뮴 합금을 써야 할지를 함께 고민했다. 그리고 알루미늄과 바나듐이 소량 포함된 5등급 티타늄으로 결정했다. 그들은 오스트레일리아의 금속공학자인 트렌트 매켄지를 고용하여, 합금의 연성과 강도를 최적화할 방법에 관한 조언을 위스

콘신 주에 있는 기업 ATI 메탈스로부터 구했다. 구체는 10센티미터 두께의 티타늄 판으로 이루어진 두 개의 동일한 반구를 이어서 만들었는데, 레이히에 따르면 그 제작 과정이 "거의 원시적"이었다고 한다.

한 가지 핵심적인 요구 사항이 있었다. 바로 완벽한 구체여야 한다는 것이었다. 어느 정도 완벽하거나 완벽에 가까운 수준이 아니라 절대적으로 완벽해야 했다. 즉, 두 개의 반구가 정확하게 맞아떨어져야 했다. 이 반구는 미국 로스앤젤레스와 스페인 바르셀로나에서 제작하여 합체했다. 현창과 해치도 보석을 세공하듯이 정밀하게 절단해 만들었다. "기밀실은 보통 용접을 해서 제작하죠." 레이히는 이렇게 설명했다. "하지만 용접을 하면 재료에 불연속적인 부분이 생겨서 특정 지점의 응력이 높아질 수 있어요." 아무리 작은 약점이라도 해구에서는 문제가 될 수 있다. 매키니스의 원색적인 표현대로라면, 제작 과정의 아주 작은 실수만으로도 잠수정에 탄 사람들이 "분홍색 고깃덩어리"가 되어버릴 수 있다.

구체가 다음으로 향한 곳은 러시아의 상트페테르부르크였다. 소련 시절에 설립된 해양공학 연구 시설인 크릴로프 국영 연구 센터로 보내야 했기 때문이다. 세상에 하나뿐인 무게 4톤짜리 '파베르제의 달걀'을 지구 반대편으로 이동시키는 것은 즐거운 일이 아니었고 러시아가 사업을 하기에 편한 장소도 아니었지만, 반드시 보내야 하는 이유가 있었다. 잠수정을 조립하기 전에 모든 부품이 수심 1만3,000미터 수준의 압력을 견딜 수 있는지 확인해야 했기 때문이다. 이것은 바다의 가장 깊은 곳보다 20퍼센트 더 높은 압력이었다. 그런데 이 구체를 수용할 만큼 큰 고압실을 갖춘 곳은 전 세계에서 크릴로프 센터 한 곳뿐이었다.

레이히는 기술자들이 구체를 고압실 안에 넣고 혹시 내파될 경우에 발생할 충격파를 완화하기 위해서 물을 채우는 모습을 초조하게 지켜보았다(구체가 내파될 때의 충격은 폭탄이 터질 때와 비슷하다). 그후 기술자들은 압력을 점점 높였다. 구체는 이틀 동안 이 시련을 견디며, 지구의 그 어떤 곳보다도 깊은 해구로의 모의 잠수를 여러 번 거쳤다. 조금이라도 휘어지거나 금이 가거나 금속이 약해지는 기미가 보이면 계획은 종료될 운명이었다. 그러나 그런 현상은 전혀 없었다. 구체는 고문 같은 시험을 이겨냈고 크릴로프 센터에는 박수 소리가 울려 퍼졌으며 제어실 안에 있던 레이히는 드디어 마음을 놓을 수 있었다. 물론 잠시 동안이었지만 말이다.

✳

구체가 플로리다 주로 무사히 돌아온 후 잠수정 건조가 시작되었다. 수 킬로미터에 달하는 전선과 수천 개의 부품들을 설치하는 작업이었다. 그러나 모든 부품을 조립한 후에도 완성까지는 아직 갈 길이 멀었다. 완전히 새로운 잠수정을 만드는 것과 그것을 마리아나 해구로 자신 있게 내려보내는 일 사이에는 커다란 간극이 있다. 보통 트라이턴의 새로운 잠수정은 소유주가 처음 탑승하기 전까지 수개월간의 해상 시험을 거친다. 소유주가 수심 8,200미터 아래로 첫 단독 잠수를 할 계획이라면 더 말할 것도 없다.

그러나 파이브 딥스 탐사의 일정상 그것이 불가능했다. 극지방에서는 기온이 낮아질수록 얼음의 면적이 점점 늘어나기 때문에 잠수할 수 있는 기한이 엄격하게 제한되어 있었다. 북극 잠수는 8월에, 남극 잠수는 2월에 해야 했다. 그 짧은 기간을 놓치면 다시 1년이라는 긴 시간을 기다려야 했다. 수십 명의 사람들이 직장을 그만두고 바다에 나갈 준비를 하고 있었다. 매캘럼과 탐사진은 일 처리가 느린 전 세계의 공무원들로부터 각종 허가를 받아내느라 수개월을 보낸 후였는데, 잠수 일정이 크게 변경되면 그 허가들은 효력이 없어졌다. 베스코보도 일정을 비워놓고 기다리고 있었다. 레이히가 러시아의 고압실에 직접 들어갔다고 해도 그보다 더 심한 압박을 받지는 않았을 것이다.

밤샘과 긴장, 결함의 연속이었다. 트라이턴의 작업 현장에서는 각종 문제가 정신없이 터졌다. 밀폐가 제대로 되지 않았고 케이블이 맞지 않았다. 배터리는 리튬 폴리머의 불안정한 화학 구조상 휘발성이 높아서 항공 운송이 어려워 멈춰 있는 상태였다. 버전 1.0의 불완전한 잠수정을 처음으로 물속에 넣자 시스템 오작동이 너무 많이 발생해서, 결국 트라이턴으로 돌아와 해체 후 재조립을 거쳐야 했다. 재조립한 잠수정이 프레셔 드롭 호에 실릴 때쯤에는 최소한의 시험 잠수를 할 수 있는 시간밖에 남아 있지 않았다.

베스코보는 트라이턴이 그의 차고에 설치해준 모의 잠수정 안에서 조종 훈련을 했지만, 해구로 내려가기 전에 당연히 바다에서 진짜 잠수정을 조종해봐야 했다. 실전 경험을 쌓는 동시에 잠수정에서 발생할 수도 있는 다양한 문제에 대비하는 집중 훈련도 받아야 했다.

베스코보가 레이히와 함께한 시험 잠수에서도 온갖 문제가 발생했다. 경보기가 울리고 경고등이 깜박였다. 물이 해치 안으로 쏟아져 들어와서 잠수가 중단되기도 했다. 한번은 수심 5,200미터에서 내부에 연기가 피어올랐다. 비상 시스템을 가동하기는 했지만, 그들은 수면으로부터 2시간 반 거리에 내려가 있었다(다행히 불이 난 것은 아니고 전선의 절연체가 녹은 것이었다). 50만 달러짜리 랜더가 수면 위로 다시 올라오지 못했고, 35만 달러짜리 로봇 팔의 볼트가 부러져서 깊은 바닷속으로 사라져버렸다. 진수와 회수도 순탄하지 않았다. A자형 기중기가 충분히 길지 않은 탓에 잠수정을 물에 넣거나 들어올릴 때 프레셔 드롭 호의 선미와 지나치게 가까운 것이 문제였다. 배와 충돌해서 잠수정이 파손되는 일도 여러 번 있었다.

매일 밤 트라이턴의 탐사진은 리미팅 팩터 호를 현장에서 시험하기 전에는 미처 예상하지 못했던 문제들과 씨름했다. 해상 시험을 거치면서 고장을 수리하는 것은 일반적인 업무이지만, 이 잠수정은 그 난도가 한층 더 높았다. 고객이 등 뒤에서 지켜보고 있는 데다가 한시가 급하다 보니 신경이 곤두섰다. 레이히는 그때를 떠올리며 얼굴을 찡그렸다. "하늘을 날면서 비행기를 고치고 있었던 셈이죠."

베스코보가 푸에르토 리코 해구로 첫 단독 잠수를 하기 전날에는 어떤 도박사라도 그의 성공에 돈을 걸기 힘들었을 것이다. 잠수정은 삐걱거렸고 탐사진의 사기는 바닥을 쳤다. 해치에서는 여전히 물이 샜다. 베스코보는 지연되는 일정과 잠수 중단, 대서양에 흩뿌려진 값비싼 부품들 때문에 지쳐 있었다. 레이히는 고개를 저으며 회상했다. "타격을 너무 많이 받았어요. 실패를 수도 없이 했죠."

그러나 36시간 동안 배선을 교체하고 수리한 끝에 뜻밖의 일이 일어났다. 모든 것이 제대로 작동하기 시작한 것이다. 베스코보는 신경을 긁는 경보음을 단 한 번도 듣지 않고 8,400미터 깊이의 해구 바닥까지 잠수했다. 부드러운 갈색 진흙으로 덮인 해저에는 해초인 모자반 덩어리가 여기저기 흩어져 있었다. 베스코보는 1시간 동안 놀라움에 가득 찬 눈으로 주변을 둘러본 후, 운명에 순응하고는 밸러스트 추를 버리고 무사히 수면 위로 올라왔다. 그리고 집게손가락을 당당하게 치켜올린 채 해치 밖으로 나왔다. 파이브 딥스 탐사의 첫 잠수를 완수한 것이었다.

"배의 분위기가 완전히 바뀌었죠." 레이히는 말했다. "갑자기 무엇이든 못할 일이 없을 것 같았어요."

6개월간 4곳의 해구를 탐사하고 나자 초반의 악전고투는 과거의 일이 되고 그 흔적만 남았다. 이제 모두가 걱정하는 것은 오직 그다음 잠수에서 발생할지도 모르는 문제들뿐이었다. 심해로 들어가는 일에 난관이 없을 수는 없었다. 그래서 레이히가 내린 결론은 이것이었다. "그냥 일어나서 툭툭 털고 나아가는 수밖에 없어요. 이런 종류의 도전이 원래 그렇죠." 그가 이 말을 할 때 군함조 한 마리가 우리 머리 위로 날아올랐다. 날개를 펼치고 바람을 타는 새의 뒤편으로 두 갈래로 갈라진 꼬리 깃털이 펄럭였다.

롬바도가 담배를 피우러 선미로 나왔다. 뒤이어 머기도 갑판에 묻은 기름을 닦을 수건을 들고 장비 창고에서 올라왔다. 이 두 사람은 리미팅 팩터 호의 험난했던 시작에 관한 이야기를 굳이 들을 필요가 없었다. 몸소 경험한 사람들이니까 말이다.

"죽도록 고생했죠." 머기가 어깨를 으쓱하며 말했다. 롬바도는 난간 너머로 몸을 내밀어 담뱃재를 털었다. "겨우 25번 잠수한 잠수정이잖아요. 그 정도는 아무것도 아니에요."

"아직 시제품 단계죠." 머기도 동의했다.

레이히도 고개를 끄덕이며 말했다. "맞아요. 그러니까 빅터가 시험 조종을 하게 된 상황이었던 거예요. 원래는 그런 식으로 하지 않거든요."

머기가 나를 돌아보며 미소를 지었다. "극적인 사건을 원해요? 바로 여기에 있답니다."

※

아침이 되자 바람이 20노트(시속 약 37킬로미터)의 속도로 불고, 바다에는 파도가 일렁이고, 일출의 색은 이상할 정도로 짙은 진홍색이었다. 그러나 진수 준비는 모두 완료되어 있었다. 나는 빨리 갑판에 나가고 싶어서 서둘러 옷을 입었다. 동이 트기 전에 랜더를 배 옆으로 내리는 소리가 들렸다. 베스코보가 해저에 도달하기 전에 먼저 자리를 잡고 있으려고 일찍 내리는 것이었다.

아침 식사는 느긋한 분위기와는 거리가 멀었다. 사람들은 식당으로 급히 들어와서 간단하게 무엇인가를 먹고 커피를 들이킨 다음 서둘러 나갔다. 티셔츠, 카고 반바지, 야구 모자가 사라지고 방염복, 안전모, 아드레날린이 그 자리를 채웠다. 나는 지원 보트 1척을 조종하기 위해서 나가던 매캘럼과 복도에서 마주쳤다. 그의 사무실 밖 화이트보드에는 그날의 위험 요소들이 적혀 있었다. "극한의 수심, 열대의 태양, 야간 회수 작업." 그리고 맨 아래에 빨간색으로 강조해놓은 문구, "방심 금지"가 있었다. 그가 마지막 잠수 회의에서 강조했던 "이런 때에 조심하지 않으면 업보가 돌아온다"는 뜻이었다.

나는 밖으로 나가 중장비를 피해 난간 옆에 서 있었다. 전날 오후에 매캘럼, 머기, 롬바도는 나를 포함해 배에 처음 탄 사람들을 대상으로 기중기와 권양기가 작동할 때 안전하게 피해 있는 방법에 관한 교육을 엄격하게 실시했다. 눈 하나를 잃거나 발이 으스러지거나 팔이 뜯겨 나가거나 혹은 더 심한 일이 일어나기가 너무 쉬운 환경이었다. 레이히는 해상 시험 당시 팽팽하게 당겨져 있던 케이블이 끊어져서 하마터면 목이 잘릴 뻔했다고 했다.

"잠수함 진수는 스트레스가 엄청난 일이에요." 머기는 우리에게 말했다. "정말이에요. 이 녀석을 내려보낼 때면 스트레스 수치가 하늘을 뚫는다니까요."

롬바도도 그 말에 동의하면서 거친 어조로 경고했다. "뭐든 잘못되려면 언제든 잘못될 수 있어요. 11톤짜리 티타늄과 신택틱 폼이 공중에서 이리저리 흔들리고 있으니까 장난이 아니죠."

"요령을 터득하기 전까지는 정말 엉망이었어요." 머기가 씁쓸하게 웃으면서 덧붙였다. 나는 그가 남극해에서 까다로운 진수 작업 도중에 스트레스로 인한 편두통으로 갑판에 쓰러져서 몸 왼쪽의 모든 감각을 잃은 적이 있다는 사실을 알고 있었다. 그는 허리를 다친 채로 비행기에 탔을 때에도 7시간 동안 꾹 참고 버텼던 강인한 사람이기도 했다.

8시에 카운트다운이 시작되었다. 승조원들이 매캘럼의 지원 보트를 요동치는 바다 위로 내리고 트라이턴의 탐사 대원들이 각자의 자리에 앉았을 때 나 또한 아드레날린이 솟구치는 것을 느꼈다. 긴장감으로 가득한 배 안은 온통 북새통이었지만 단 한 사람, 베스코보만은 너무나도 차분해 보였다. 나는 그가 조종사용 체크리스트를 훑어보고, 자신의 장비를 잠수정에 싣고, 오트밀 한 그릇을 먹는 모습을 지켜보았다. 내내 조용히 집중하고 있는 모습이 평소와 다른 일을 하러 떠나는 사람처럼 보이지 않았다. 출근을 하려고 지하철에 탈 준비를 하는 사람이라고 해도 믿을 것 같았다.

이러한 차분함은 현실 부정의 결과가 아니었다. 오히려 정신 수양의 증거였다. 베스코보는 자신이 가는 곳이 어디인지 알고 있었고, 아직 불완전한 잠수정을 타고 그곳에 간다는 사실도 알고 있었다. 돈 월시와 테리 커비가 지적한 것처럼, 지나친 흥분이 최악의 상황을 막는 데에 도움이 된 적은 한 번도 없었다. 사람을 나약하게 만드는 신경과민은 해치 밖에 놔두고 가야 했다. 생사를 다투는 일에 도가 튼 베스코보는 제멋대로 날뛰는 감정이 결코 도움이 되지 않는다는 점을 잘 이해했다. "패트릭과 나는 항상 말해요. 내일은 지루한 잠수를 하자고요." 베스코보는 자신의 철학을 이렇게 설명했다. "탐사 도중 영웅적인 행동이 나온다면, 누군가가 일을 망쳤다는 뜻입니다."

그 지루한 잠수가 곧 시작되려고 했다. 베스코보가 갑판에 섰고, 수많은 기계들로 이루어진 오케스트라의 지휘자인 머기가 모든 인력을 각자의 위치로 보냈다. 선교에 있는 버클은 배를 이동시켜서 잠수정 진수 구역이 바람의 방해를 받지 않도록 막아주었다. 물 위에서는 2척의 지원 보트가 파도에 흔들리고 있었다. 권양기가 끼익거리며 돌아가는 동안 격납고가 열렸고, 강철 선로를 따라서 밖으로 나온 리미팅 팩터 호를 기중기가 들어올려 바다 위 몇 센티미터 높이까지 내렸다. 그러자 잠수복과 안전 조끼, 헬멧, 고무장화 차림의 팀 맥도널드가 잠수정 위로 올라갔다. 그가 맡은 역할은 "스위머"였다. 진수와 회수가 이루어지는 동안 고리와 줄, 끈 등으로 잠수정을 고정시켜서 베스코보가 잠수정에 타고 내릴 수 있게 도와주는 위험한 일이었다. "나는 여기에서 없어도 되는 사람이거든요. 그래서 날 투입하는 거예요." 맥도널드의 농담이었다.

리미팅 팩터 호가 물 위에 매달려 있는 동안 맥도널드는 베스코보가 안으로 들어가는 것을 도와준 후 해치를 닫았다. 여러 개의 줄로 기중기에 연결된 잠수정이 조심스럽게 바닷속으로 내려졌다. 동시에 버클이 프레셔 드롭 호를 앞쪽으로 조금씩 움직여 잠수정과의 간격을 벌렸다. "이 둘이 물에 뜬 채로 붙어 있을 때가 가장 위험해요." 그가 전에 나에게 이렇게 설명해준 적이 있었다. "파도에 밀려 올라가서 서로 부딪칠 수도 있거든요."

맥도널드는 야생마를 몰듯이 잠수정에 올라타서 재빨리 줄들을 풀었다. 그의 서핑 경력이 도움이 되는 순간이었다. 내가 서 있는 위치에서 보니 파도가 계속 밀려오는 것이 보였다. "팀이 스위머를 맡고 나서 잠수정과 배를 분리하는 속도가 훨씬 빨라졌어요." 버클은 나에게 말했다. "첫 스위머 2명도 좋은 사람들이었지만 나이가 많고 유연성이 떨어졌거든요. 1명은 손가락이 다 있지도 않았고요."

잠수정이 수면 위에서 시소를 타듯이 거칠게 흔들렸다. 바다가 잠수정을 위아래로 뒤흔들며 마치 샌드백처럼 두들기고 있었다("내가 안전벨트를 설치해야 했던 첫 잠수정입니다." 레이히는 이렇게 말했다). 맥도널드가 작업을 마치고 물속으로 뛰어들자 매캘럼이 그를 끌어올렸다. 리미팅 팩터 호의 하강 준비가 끝났다. 우리는 그 잠수정이 푸른 우주 속의 하얀 별처럼 파도 속에서 흔들리는 모습을 지켜보았다. 잠시 후 그 별은 시야에서 사라졌다.

※

레이히는 건식 연구실에서 트라이턴의 책임 전기공학자인 톰 블레이즈와 나란히 앉아 노트북을 들여다보고 있었다. 블레이즈는 키가 크고 목소리가 나긋나긋한 30대의 영국인이었다. 두 사람은 앞으로 10시간 동안 그 자리에 꼼짝 않고 앉아서 블레이즈가 개발한 소프트웨어를 사용해 잠수정의 움직임을 추적할 예정이었다. 현재 베스코보는 초속 1미터의 속도로 하강 중이었다. 일반적인 엘리베이터 속도였다. 베스코보는 15분마다 음향 모뎀을 통해서 수심과 방향을 전송했는데, 그의 목소리가 기이한 잡음들 속에서 희미하게나마 들려왔다. 초심해저대에 들어가면 잠수정의 하강 속도는 느려진다. 높은 수압이 잠수정을 압박하기 때문이다.

잠수가 진행되는 동안 배 위는 고요했다. 밤을 꼬박 새운 사람들은 각자의 선실로 돌아가 잠을 청했다. 잠도 안 오고 다른 일을 할 상태도 아니었던 나는 그저 베스코보의 진행 상황을 보여주는 화면만 멍하니 보고 있었다. 누군가가 수천 미터 아래로 내려가 그동안 아무도 본 적 없는 세계에 있다는 사실을 알면서도 평소와 같은 일상을 보내고 있다니 이상한 일이었다. 초심해저대로 내려가서 그 고요함과 어둠과 경이로움을 목격한 유일한 온혈 동물이 되는 경험이 어떨지 오직 상상만 할 수 있을 뿐이었다. 너무나 어마어마하고 환상적이어서 한 사람을 완전히 바꾸어 놓기에 충분할 경험일 것 같았다. 아마 현실 감각도 바뀔 것이다. 바다나 육지, 자신의 삶, 혹은 생명 자체에 대한 인식이 그전과는 같을 수 없을 터였다. 우주에서 나라는 존재가 차지하는, 아름답지만 미미한 위치를 잊을 수 없는 방식으로 깨닫게 되는 것이다. 어쩌면 그것이 베스코보가 고독을 즐기는 이유인지도 몰랐다. 그는 홀로 잠수하는 일을 사랑했다.

이미 베스코보는 그토록 과학적으로 중요한 잠수에 빈 좌석을 남겨두었다는 이유로 비난을 받았다. 탐사에 참가하지 못한 심해 전문가들이

트위터에서 투덜거리기도 했다. 캘리포니아 주의 한 해양지질학자는 이렇게 불평했다. "내가 보기에 파이브 딥스 탐사는 연구라기보다는 19세기의 '신사 탐험가들'이 벌이던 것과 같은 자기 과시적 계획에 가깝다. 그 계획에 들어간 막대한 자금으로 얼마나 많은 연구를 지원할 수 있었을지 생각해보라." 베스코보는 이기적이고 과시적이며 백인의 특권과 남성우월주의를 상징하는 인물이 되었다. 그러나 나는 그를 비난하는 사람들 중에 누구라도 그와 함께 잠수할 기회가 온다면 거절하지 않았으리라고 생각한다.

나도 그런 비난을 어느 정도는 이해했다. 그런 곳에 다시 갈 수 있는 기회가 올 때까지 또 얼마나 오랜 세월이 걸릴지 누가 알겠는가? 수십 년? 수백 년? 어쩌면 영원히 오지 않을지도 모른다. 그러나 또 한편으로는 자신의 돈을 수천만 달러씩 투자하여 잠수정을 만든 사람이 그 잠수정을 어떻게 써야 할지에 대해서 확고한 의견을 가지는 것이 그렇게 부당한 일처럼 보이지는 않는다. 하루쯤 네모 선장이 되고 싶지 않은 사람이 누가 있겠는가? 나라도 통가 해구에서 베스코보와 자리를 바꿀 수 있다면, 나의 몸에서 조금 덜 중요한 장기를 기꺼이 팔았을 것이다.

"어떤 경험이든 다른 사람과 나누면 더 풍요로워지죠." 레이히는 나에게 모든 트라이턴 잠수정에 좌석이 두 개 이상 있는 이유를 설명하며 이렇게 말한 적이 있다. 나도 무심코 고개를 끄덕였지만 머릿속으로는 다른 생각을 하고 있었다. 아니, 어떤 사람들은 그렇게 태어나지 않는다. 예를 들면 대부분의 작가와 예술가들, 그리고 극한에 도전하는 운동선수들이 그렇다. 영적인 탐구자, 열성적인 독서가, 다양한 종류의 내향적인 사람들도 마찬가지이다. 그렇다. 동행이 있다면 유쾌하거나 즐거울지도 모르지만, 어떤 사람들에게는 그런 편안함보다는 길들여지지 않은 내면의 세계가 더 흥미로운 법이다. 그곳에는 동행이 허용되지 않는다.

남극에서 베스코보는 수심 7,433미터까지 내려가던 도중 약 3,200미터 지점에서 통신 시스템이 끊기는 바람에 수면 위와 교신할 수 없게 되었다. 갑자기 찾아온 강렬한 고립감은 그조차 불안하게 만들었지만 그런 감정도 잠시뿐이었다. 통신 중단은 잠수정의 성능에 영향을 미치지 않기 때문에 베스코보는 계속 잠수하기로 결정했다. "나에게는 완벽한 잠수정이 있으니 계속 내려가야겠군." 그는 이렇게 생각했다고 한다. 그러나 배 위의 사람들이 그런 결심을 알 리 없었다. 누구든 갑작스러운 무선 침묵 상태에는 심각한 이유가 있다고 생각할 만했다(배 위에 있던 사람들에 따르면 레이히는 베스코보가 실종되었을 때 몹시 당황해서 마치 주문을 외듯이 "빌어먹을" 소리를 반복했으며 시시각각으로 흰머리가 더 하얗게 세는 것처럼 보였다고 한다).

모두가 걱정할 것을 알고 있었기 때문에 베스코보는 해저에 머무는 시간을 3시간에서 1시간으로 줄였다. 그러나 중요한 것은 지구에서 누구보다도 고립된 상태였던 그가 그곳에서 만족감을 느꼈다는 사실이다. 베스코보에게 고독은 영혼의 양식이었다. 고독을 단순히 원하는 정도가 아니라 꾸준히 느껴야만 했고, 그 필요에 따라서 자신의 삶을 조정해온 사람이었다. "내가 결혼한 적도 없고 아이도 없다고 해도 아무도 놀라지 않겠지요."

아침이 지나고 사람들이 일을 하고 점심 식사가 나오는 동안, 베스코보는 통가 해구를 향해 계속 내려가고 내려가고 또 내려갔다. 조 매키니스는 레이히와 블레이즈의 옆을 차분히 지키고 있었다. 마라톤 훈련 중인 헤더 스튜어트는 자그마한 운동실의 러닝머신에서 열심히 달리고 있었고, 제이미슨은 자신의 사무실에서 랜더의 영상을 검토하고 있었다. 폴-앙리 나르졸레는 주 갑판 위를 돌고 있었는데 그의 손에는 잠수정의 외부 해치 구역에 놓인 채 높은 수압을 그대로 받으면서도 챌린저 해연까지 무사히 내려갔다가 올라온 달걀이 들려 있었다. 달걀에는 검은색 마커로 "세계에서 가장 깊은 곳에 다녀온 달걀"이라고 쓰여 있었다.

매캘럼은 컴퓨터 앞에서 탐사 계획과 씨름 중이었다. 앞으로 3개월간 탐사진은 통가, 푸에르토 리코, 뉴펀들랜드를 거쳐 노르웨이로 이동할 예정이었다. 배는 그들을 따라가면서 사모아 제도에서 재급유를 하고 파나마 운하를 빠져나가 대서양에 도달하고, 그곳에서 왼쪽으로 방향을 틀어 북쪽의 북극해로 나아갈 계획이었다. 파이브 딥스 탐사진의 종착지는 런던이었다. 빅토리아 시대부터 어니스트 섀클턴, 로알 아문센(인류 최초로 남극점과 북극점에 도달한 영국의 탐험가/역주), 로버트 팰컨 스콧(남극점 최초 도달을 놓고 아문센과 경쟁했던 영국의 탐험가/역주) 등의 탐사를 지원했던 왕립 지리 학회에서 발표하는 것이 마지막 일정이었다.

오후 1시 직전에 나는 화면을 통해서 베스코보가 수심 1만700미터 지점을 통과하고 잠시 후 호라이즌 해연에 도달하는 모습을 보았다. "생명 유지 장치 이상 없음." 그의 목소리는 마치 기다란 줄이 연결된 깡통에서 나오는 것처럼 멀고 희미하게 들렸다. "해저 도착. 반복한다. 해저 도착." "알았다. LF(리미팅 팩터 호)." 레이히가 한 음절씩 크고 천천히, 명확하게 발음하며 응답했다. "수심 1만807미터. 생명 유지 장치 이상 없음. 해저 도착 확인. 축하한다."

환호성이 터지고 모두의 긴장이 풀렸다. 그러나 우리는 아직 잠수가 끝나지 않았다는 사실을 알고 있었다. "그와 잠수정이 모두 갑판에 올라오기 전까지는 절대로 흥분하지 않아요." 레이히는 전에 이렇게 털어놓은 적이 있었다. "이유는 몰라요, 그냥 그래요. 미신이라고 해두죠. 행운이 도망갈까 봐요." 모든 안전 조치를 취했다고 해도 초심해저대로의 여행이 100퍼센트 안전할 수는 없다. 통가 해구에는 언제든 위험이 닥칠 수 있었다. 그리고 15분 후, 정말로 그런 일이 터졌다.

※

만약 그 순간 호라이즌 해연을 들여다볼 수 있었다면, 마치 갓 내린 눈처럼 옅은 금빛의 진흙이 매끄럽게 덮여 있는 곳에 베스코보가 착륙하는 모습을 보았을 것이다. 모든 생물, 심지어 단각류조차 사라지고 없는 듯한 그곳은 마치 음산한 유령 도시 같았을 것이다. 그리고 리미팅 팩터 호가 해구 바닥을 가로지르며 이동할 때 추력기가 휘저은 미세한 퇴적물이 담배 연기처럼 물속에 피어오르는 모습도 보았을 것이다.

해저에 도착한 베스코보는 해구의 가장 깊은 곳에 도착해 있던 랜더인 스캐프에 음파 탐지 시스템으로 신호를 보냈다. 탐지기는 스캐프가 약 300미터 떨어진 곳에 있다고 알려주었다. 그 랜더를 찾아내기까지는 45분이 걸렸고 그동안 베스코보는 황량한 주변을 둘러보며 불안감을 느꼈다. 앞으로 나아가는데도 계속 제자리에서 달리는 느낌이었다. 20대 시절 사우디아라비아에 잠시 살았던 베스코보는 잠수정 창밖으로 보이는 풍경을 바라보며 '비어 있는 구역'이라는 뜻의 이름을 가진 끝없는 사막, 룹 알 할리를 떠올렸다. 설상가상으로 잠수정 뒤편에서는 이상한 소음까지 들려왔다. 바깥에서 보면 잠수가 계획대로 진행되는 것처럼 보였을 것이다. 그러나 베스코보가 기밀실 안에서 보는 상황은 달랐다. 온갖 시스템에 이상이 발생하고 있었다.

처음에는 우현 쪽 배터리 뱅크에서 경보가 울렸다. 리미팅 팩터 호는 125킬로그램의 외부 배터리 6개로 전력을 공급받고 있었는데, 그중 3개에 이상이 생겼다. 베스코보의 머리 뒤쪽에 있는 제어반에서는 회로 차단기들이 꺼지기 시작했다. 잠수정의 추진기 10개 중에 2개가 작동을 멈췄다. 내부 전력 공급이 줄어들면서 앞쪽에 있는 제어반에도 빨간 경고등이 깜박이고 전압 수치가 날뛰었다. 이제 모든 배터리가 방전되어가고 있었다. 로봇 팔을 움직여보려고 했지만 이미 먹통이었다.

베스코보는 문제가 무엇인지 짐작했고 나중에 그 짐작이 맞았음이 밝혀졌다. 첫 번째 배터리에 전기 화재가 발생한 것이었다. 고압 환경에서 불꽃도 연소도 없이 발생하는 이 특수한 형태의 심해 화재로 갑자기 전류가 폭발적으로 증가하면서 폴리카보네이트 소재의 튼튼한 접속함이 타버리고 그 안에 있는 회로가 전부 녹았다. 잠수정의 전기 시스템을 보호하기 위해서 기름으로 채워져 있는 구획에 바닷물이 새어 들어와서 퓨즈가 끊어졌고 그 결과 고열이 방출되었다. 결국 우현 쪽의 전기 기능이 하나씩 마비되기 시작했다.

수심 약 1만 1,000미터에서 이것은 결코 좋은 소식이 아니었다. 그러나 최악의 상황도 아니었다. 잠수정의 시스템은 잘 분산되고 구획되어 있어서 좌현 쪽은 아무 영향을 받지 않았다. 베스코보는 전에도 전력이 바닥나는 경험을 한 적이 있었다. 그것도 다름 아닌 챌린저 해연에서였다. 그는 생명 유지 장치에만 문제가 없다면, 전력이 없어도 추를 버리고 무사히 상승할 수 있다는 사실을 알고 있었다. 그래서 에너지를 절약하고 피해를 최소화하기 위해서 가능한 한 모든 장치를 끄고 그후 90분 더 통가 해구를 탐사했다. 그리고 배터리 수명이 거의 다 떨어지자 이제 위로 올라갈 때라고 마음먹었다.

※

5시간 후인 6시경 나는 안전모와 작업복 차림으로 선미 쪽에 서서 회수 과정을 지켜볼 준비를 하고 있었다. 나르졸레와 매키니스도 똑같은 차림으로 나의 옆에 서 있었다. 머기와 롬바도는 자리에 앉아 물속에 잠수정의 불빛이 보이는지 주시하고 있었다. 베스코보가 조금 일찍 올라오리라는 것은 알고 있었지만 그 이유는 정확히 몰랐다. 간단한 교신으로는 긴 설명을 할 여유가 없었기 때문이다. 잠수 시간이 짧아진 이유가 무엇인지는 몰라도 대단히 긴급한 상황 같지는 않았다. 걱정보다는 호기심이 앞섰다.

 태양이 수평선 너머로 진 후에도 하늘에는 아직 약간의 빛이 남아 있었다. 어두워지는 바다 위로 모여든 강철빛 구름을 살구색 노을이 부드럽게 물들였다. 바람과 파도가 전보다 심하지 않아서 다행이었다. 맥도널드는 몇몇 동료들과 함께 고무보트 안에 앉아서 또다시 위험한 수영을 할 준비를 하고 있었다. 주변이 어두워지면서 그들의 모습도 희미해졌다. 맥도널드의 헤드램프와 모두가 입고 있는 작업복의 빛나는 줄무늬만이 어두컴컴한 바다 위에 그들이 있음을 보여주었다.

 "저기 있다!" 누군가가 외쳤다. 리미팅 팩터 호가 선미에서 약 300미터 떨어진 곳에서 LED 등을 환히 밝힌 채 모습을 드러냈다. 보트가 서둘러 접근하자 맥도널드가 물속으로 뛰어들어 잠수정 쪽으로 헤엄쳐 가서는 배와 연결된 예인용 밧줄을 잠수정에 걸었다. 그리고 그 위로 기어올라가서 권양기가 잠수정을 끌어당기는 동안 해치 옆에 웅크리고 있었다. 맥도널드는 잠수정에서 전기 장치가 타는 냄새가 난다는 사실을 알아차리고 긴장했다. 그는 프레셔 드롭 호와 약 20미터 떨어진 지점에서 해치의 상부를 열고, 두꺼운 끈으로 된 연결 장치를 꺼냈다. 그리고 머리 위에서 흔들리고 있는 기중기의 거대한 갈고리를 잡아서 재빨리 그 장치의 구멍에 끼워넣었다. 드디어 리미팅 팩터 호가 돌아온 것이었다.

물 밖으로 끌어올려진 잠수정이 범퍼에 고정된 후 맥도널드가 내부 해치를 열자 베스코보가 밖으로 나왔다. 그는 유난히 창백하고 지친 모습으로 희미하게 미소를 지으며 손을 흔들었다. 갑판으로 올라온 베스코보는 레이히와 악수를 하고, "힘들었습니다"라며 보고하고는 곧장 자신의 선실로 향했다. 배터리가 떨어졌다는 것은 난방이 안 된다는 뜻이었다. 베스코보는 꽁꽁 얼어붙어 있었다.

잠수 후 정비 작업이 곧바로 시작되었고, 얼마 후 레이히와 전기공학자 블레이즈는 건식 연구실에서 다 타버린 접속함을 들여다보며 고심했다. 접속함은 마치 전쟁이라도 겪은 듯한 상태였고 플라스틱 공장에 불이 났을 때와 같은 유독한 냄새가 났다. "어렵네요." 블레이즈가 얼굴을 찡그리며 말했다. "손상이 너무 심해서 원인을 알아내기가 어려워요. 누수가 발생했을지도 모르지만 밀봉재가 이미 녹아버리고 없어서요. 그냥 다시 만들어야겠어요." 그 말을 들은 레이히가 말했다. "톰은 어떤 일에도 끄떡하지 않죠. 나하고는 달라요."

그러자 블레이즈가 정정했다. "나도 속으로는 비명을 지르고 있어요."

한 가지는 확실했다. 그다음 날에는 그 누구도 잠수를 할 수 없었다.

"모터 제어 장치에도 물이 스며들지 않았는지 확인해야겠어요." 레이히가 이렇게 설명하면서 수리에 적어도 48시간은 걸릴 것이라고 덧붙였다. 까다로운 배터리 수리는 육지에서 하는 것이 안전했다. 스튜어트에게는 참담한 소식이었다. 잠수 일정을 다시 잡더라도 지질학자의 꿈인 통가 해구에서는 이제 할 수 없게 되었기 때문이다. 그곳에서 기다리다가는 뉴질랜드에서 발생한 폭풍이 닥칠 것이 분명했다. 더 이상 기상 조건이 허락하지 않았다.

※

베스코보는 두꺼운 스웨터를 껴입고 식당에 혼자 앉아 있었다. 그는 차를 마시고 볼로네제 스파게티를 먹으며 체온을 회복하려고 애쓰고 있었는데, 그 모습이 그의 뒤쪽 벽에 걸려 있는 냉전 시대 스릴러 영화 「제브라 작전」의 포스터와 어쩐지 잘 어울렸다. 나는 그와 합석해도 될지 묻고는 앉았다. 아직 회복 중인 상태인데 잠수 이야기를 꺼내도 괜찮을까 싶었지만, 베스코보는 이야기하는 것이 즐거운 듯했다. 다만 가장 마지막으로 들어간 해구에서는 좋은 인상을 받지 못한 모양이었다.

"적대적이었어요." 베스코보가 단호하게 말했다. "그렇게 표현해야겠네요. 생기가 없고 차가웠습니다. 날 반겨주지 않았어요. 내가 그곳에 있는 것을 원하지 않는 듯했습니다."

"다른 해구들과는 달랐군요?"

"아, 그럼요. 마리아나 해구에서는 말미잘을 봤어요. 해저에 도착한 지 10분도 되지 않아 해삼이 펄럭거리며 헤엄쳐 가는 걸 봤지요. 주황색, 빨간색, 노란색의 세균들이 깔려 있었고요. 살아 있는 곳이었어요. 자와 해구에도 생물들이 잔뜩 있었죠. 남극해는 거대한 식료품점이나 다름없었고요." 그는 고개를 저었다. "그런데 여기는 달랐어요. 가장 생경한 곳이었어요."

베스코보는 주머니에서 휴대전화를 꺼내더니 물었다. "호라이즌 해연을 보여줄까요?"

세계에서 두 번째로 그곳을 목격한 사람이 되고 싶으냐고? 당연히 좋았다. 그의 손에서 휴대전화를 낚아채지 않은 것이 다행일 지경이었다. 베스코보는 잠수정 현창을 통해서 찍은 영상을 재생한 후 내가 볼 수 있게 화면을 돌려주었다. 단 한 번도 빛이 든 적이 없었던 곳에 잠수정의 조명이 비치면서 그곳이 밝고 선명한 푸른색으로 빛나고 있었다. 물은 눈이 시릴 정도로 투명했다. 배경에서는 잠수정의 추진기가 마치 먼 행성에서 고래가 부르는 노래처럼 높은 소리를 내고 있었다. 돌도 자갈도 용암도 보이지 않았다. 아기의 피부처럼 부드러운 퇴적물뿐이었다. 해저는 미세한 굴곡이 있을 뿐 대체로 평평했지만, 가끔씩 나타나는 바위는 크기가 트럭만 했다. 베스코보의 말이 맞았다. 호라이즌 해연은 그곳에 오래 머무는 일을 반기는 곳이 아니었다. 초현실적이면서도 최면을 거는 듯한 그곳의 정적이 말 없는 위협처럼 느껴졌다. 나는 베스코보에게 영상을 다시 재생해달라고 부탁했다.

영상을 서너 번쯤 보았을 때 매키니스가 들어오더니 의자를 끌어와서 앉았다. 그리고 몸을 기울여 그 영상을 함께 보았다. 매키니스는 팟캐스트를 위해서 1주일 내내 배 안의 사람들을 인터뷰하며 그들과 바다의 관계에 관한 진솔한 이야기를 끌어내려고 애쓰던 중이었다. 그는 통가 해구의 어두우면서도 장엄한 아름다움을 알아본 듯했다. 나는 베스코보

역시 일단 몸이 녹으면 그 아름다움을 깨달을 것이라고 확신했다(나중에 잠수 영상을 몇 시간씩 들여다본 스튜어트와 제이미슨은 호라이즌 해연의 기이한 매끈함이 "최근에 발생한 대규모의 퇴적물 이동" 즉, 해저 사태의 결과라는 결론을 내렸다).

"있잖아요, 조." 베스코보가 매키니스에게 고개를 끄덕이며 말했다. "수전에게도 방금 말했지만 이곳은 지금까지 내가 본 해구 중에서 가장 혹독한 곳이에요. 그리고 끔찍하게 추웠어요. 10시간 동안 냉동고 안에 앉아 있는 것 같더군요."

북극의 얼음 아래에 있는 해저 거주지 "서브 이글루"에서 지낸 경험이 있는 매키니스는 먼저 베스코보의 말에 공감한 후 배터리 화재에 관해서 물었다. "완곡하게 말하자면 '열과 관련된 사고'가 발생했다는 느낌이 오더군요." 베스코보는 타이어 펑크 같은 가벼운 사고를 이야기하듯이 아무렇지도 않게 말했다. "배터리의 전력이 점점 떨어져가는 게 보여서 절전 모드로 전환했어요. 전기 문제가 발생했을 때에는 시스템의 전원을 차단하는 게 가장 좋은 방법이죠." 그는 차를 한 모금 마시며 찻잔의 온도로 손을 데웠다. "과민한 사람이라면 즉시 철수했겠지만 난 그런 사람이 아닙니다." 완벽하게는 아니지만 어쨌든 잠수정은 작동하고 있었다고 베스코보는 말했다. "말을 안 듣는 헬리콥터를 조종하려고 애쓰는 느낌이었어요." 그런데 엔진에 불이 붙어 있었지. 나는 속으로 생각했다.

"그런데 수면 아래로 11킬로미터나 내려가 있었잖아요." 매키니스가 그 상황을 떠올리며 움찔했다. "너무 멀리 떨어진 곳이고요."

베스코보는 한숨을 쉬었다. "꼭 내가 가장 밑바닥에 내려가 있을 때 그런 일이 생긴다니까요. 하강이나 상승 중에는 그런 일이 안 일어나요."

그때 마치 흥미로운 생각이 떠오른 것처럼 그의 눈빛이 반짝였다. "역사상 가장 깊은 곳에서 발생한 잠수정 화재군요!"

나는 이 기회에 그동안 묻고 싶었던 질문을 던졌다. 어떤 계기로 베스코보가 가장 깊은 바닷속으로 들어가는 일에 시간과 에너지, 돈을 들이고 위험을 무릅쓰게 되었는지 궁금했다. 어쨌든 평범한 목표는 아니었으니 말이다. 일반적인 억만장자들은 조세 회피 방법이나 골프에 더 관심이 많다. 단지 명예를 원하는 것이라면 더 쉽고 더 화려하고 비용도 덜 드는 방법들이 있었다. "모험을 위해서죠." 베스코보는 대답했다. "인생에 어느 정도의 모험이 없다면 반쪽짜리 삶이라고 생각해요." 그는 지구에서 가장 깊은 곳을 탐사하는 임무가 오랫동안 방치되어왔다고 생각했고, 자신이라면 해낼 수 있겠다는 생각에 그냥 결정했다고 한다. 물론 "약간의 자존심"도 개입되었으며 "최초가 되는 것을 무척 좋아한다"는 점도 인정했다. 그러나 더욱 끌리는 보상은 경험 그 자체, 진정한 미지의 영역을 방문할 기회였다.

"이 탐사를 시작하기 전에도 바다를 사랑했나요?"

베스코보는 잠시 망설이다 대답했다.

"바다를 **그냥 좋아했죠**. 그게 더 맞는 말일 거예요. 이제는 바다의 진가를 더 깊이 이해하게 되었습니다. 그 안이 얼마나 신비로운지를 직접 보고 점점 더 애착을 느끼게 되었죠."

매키니스가 미소를 지었다. "바다의 마법에 걸렸군요."

"맞아요, 그런 것 같죠?" 베스코보가 웃으며 대답했다. "망할 것."

※

그날 밤 나는 침대에 누워 창문을 통해서 태평양을 바라보았다. 바닷물이 오르락내리락하고, 파도가 흰 물결을 일으키며 지나가고, 배가 지나간 흔적은 달빛을 받아 은색으로 빛났다. 이제는 프레셔 드롭 호의 흔들림이 오히려 마음을 달래주는 듯했지만 그날은 쉽게 잠들 수 없었다. 머릿속에 생각이 너무 많았다.

"관심을 두어야 할 곳은 사물의 표면이 아니다." 환각제의 현자 테런스 매케나가 한 말이다.[10] 바다에 관해서라면 확실히 진리인 말이다. 그런데 바닷속의 깊은 곳에 대해서 아는 사람이 몇이나 될까? 지금으로서는 극소수에 불과하다. 그래서 통가 해구를 살짝 들여다보는 일조차 매혹적인 것이다. 베스코보의 영상을 보면 두려움이나 불길함을 느낄 수도 있다. 나는 마리아나 해구를 "무시무시한 웜홀"이라고 묘사한 기사를 읽은 적이 있다. 마치 누구나 그렇게 인정한다는 듯한 표현이었다. 그러나 반대로 초심해저대와 그곳이 품은 태고의 아름다움, 격렬함, 진실에 매혹되고 그곳을 있는 그대로 바라볼 수도 있다. 그곳은 바로 우리가 사는 이 세계에도 아직 발견되지 않은 장소들이 있다는 증거이다.

왜 우리는 심해의 그토록 많은 부분을 그토록 오랫동안 무시해왔을까? 보물과 예술품과 신기한 동물들로 가득한 대저택에서 살면서 대부분의 방 안을 굳이 들여다보지 않는 것이나 마찬가지이다. 아무리 좋게 보아도 호기심 부족이고, 우리가 사는 보금자리에 이상할 정도로 무지한 근시안적 태도이다. 우리는 창의력과 상상력이 풍부한 종답지 않게 활동 범위를 제한시켜서, 오직 바깥쪽과 위쪽만 중요하다는 듯이 그 방향으로만 관심을 가져왔다. 어쩌면 그렇기 때문에 1만1,000미터 아래의 물속을 지배할 위치가 못 되는지도 모른다. 심해에서 인류는 그곳을 지배하는 흉내조차 낼 수 없다. 물론 우주도 지배하지 못하지만, 위로 올라가는 탐사는 새로운 영토를 정복하면서 우리의 끝없는 욕망을 실현해나가는 듯한 환상을 심어준다. 그러한 사고방식으로 본다면 심해로 내려가는 것은 우리가 이미 가지고 있는 것에 안주하는 일처럼 생각된다.

리미팅 팩터 호는 정복하지 않는다. 그저 복종한다. 그러면 초심해저대에 들어갈 수 있다. 그 대신 초심해저대가 내거는 강력한 조건을 따라야 한다. 조종사가 누구든, 실제로 조종석에 앉아 있는 존재는 언제나 바다이다. 나는 그런 점에 강렬한 매력을 느꼈고 이 배에 탄 다른 사람들을 포함한 많은 이들도 마찬가지였다. 그러나 일반적으로 우리 인간은 의식적이든 무의식적이든 심해에는 우리의 통제권을 포기할 만큼의 가치가 없다는 잘못된 믿음을 고수해왔고, 지구에서 가장 큰 부분을 차지하는 그곳이 그 위에 있는 모든 것의 초석이라는 사실을 외면해왔다. 이제 그런 인식도 달라지고는 있지만, 그 속도는 느렸고 그조차도 오직 생존을 위해서는 어쩔 수 없기 때문이었다.

"지구라는 유인 우주선에 탄 사람들 중에 99퍼센트는 화성이나 달에 가지 못할 거예요." 돈 월시는 오리건 주에서 나에게 이렇게 말했다. "어쨌든 우리는 우리가 사는 곳과 그곳이 어떤 식으로 삭동하는지 혹은 작동하지 않는지, 우리가 그곳에 어떤 영향을 미치는지를 알아야 해요."

독보적으로 뛰어난 잠수정과 랜더와 음파 탐지기를 갖춘 프레셔 드롭 호는 심해의 비밀을 볼 수 있는 맨 앞좌석이나 다름없다. 올라우스 망누스, 에드워드 포브스, 찰스 와이빌 톰슨, 윌리엄 비비라면 그런 기회를 얻기 위해서 어떤 일이든 마다하지 않았을 것이다. 레이히는 흥분에 찬 목소리로 이렇게 말했다. "우리가 바다의 이 드넓은 구역에 조명을 켜는 거예요. 곧 보게 되겠지만 지형이 **정말 대단해요**. 뾰족한 봉우리와 해산과 절벽과 온갖 형태들이……." 그는 새롭게 발견된 지형을 일일이 댈 수 없어 말끝을 흐렸지만, 그의 말이 끝나는 지점에서 나의 상상은 계속 이어졌다. 나는 누쿠알로파로 돌아온 후 그 배를 떠날 예정이었지만, 결국 계속 함께하기로 결정했다. 반세기 동안 바닷속에 무엇이 있는지 알고 싶었던 나에게 드디어 그것을 볼 수 있는 기회가 온 것이었다.

6
"모든 난파선의 어머니"

이렇게 해서 그는 북쪽으로 4리그를 가면⋯⋯18세기 스페인의
갈레온 선이 물속에 가라앉아 있으며 그 배에는 5,000억 페소어치가
넘는 순금과 보석이 실려 있다는 사실을 알게 되었다.
몹시 놀라운 이야기였지만, 그 이야기를 다시 떠올린 것은 석 달이나
지나서였다. 사랑에 빠진 그의 마음속에서 바닷속에 가라앉은 보물을
인양하여 페르미나 다사가 금으로 목욕을 하게 해주고 싶다는
강렬한 욕망이 깨어났던 것이다.
— 가브리엘 가르시아 마르케스, 『콜레라 시대의 사랑』[1]

콜롬비아 볼리바르 주 카르타헤나 데 인디아스
미국 플로리다 주 애번투라

카르타헤나 항구에서 약 50킬로미터 떨어진, 카리브 해의 약 600미터 깊이 해저를 로봇 레무스 6000이 격자 모양으로 누비면서 307년 전에 실종된 스페인의 갈레온 선을 찾고 있었다. 열대어 렙토바르부스처럼 생긴 길이 3.7미터의 레무스는 티타늄으로 된 뼈대와 인공지능 신경 시스템을

갖추고 센서, 카메라, 네 종류의 수중 음파 탐지기를 싣고 있었다.[2] 음파 탐지기들 중에 하나로는 마치 X선처럼 퇴적물 아래를 들여다볼 수 있었다. 해저에 묻혀 있는 잔해라도 음파를 이용해서 보는 이 로봇의 눈에 띄지 않을 수는 없었다.

그런데 그 갈레온 선이 여기에 있기는 했던 것일까? 이 지역이 **맞기는** 한 것일까? 수십 년간 수색이 이루어졌지만 아무런 성과도 없었다. 가장 최근인 2015년 11월의 탐사 역시 실망스러운 결과로 끝날 가능성이 커 보였다. 약 230제곱킬로미터의 수색 범위를 6개 구역으로 나누어 진행했지만, 그중 5개 구역의 수색이 아무런 소득도 없이 끝났다. 음파 탐지 이미지에 나타난 것은 돌과 모래뿐이었다. 할 일을 마친 레무스가 수면 위로 올라와 자신의 위치를 신호로 알리자 얼마 후 갈고리와 기중기가 이 로봇을 콜롬비아 해군 함정인 ARC 말펠로 호 위로 끌어올렸다. 배 위에서는 우즈홀 해양 연구소의 공학자들이 기다리고 있었다.

광섬유 케이블에 연결되지 않은 채 자유롭게 돌아다니는 이 로봇이 심해에서 무엇을 보았는지 아직 아무도 몰랐다. 로봇의 내부 컴퓨터에 기록된 데이터가 신속하게 하드 드라이브로 옮겨졌고, 이것을 넘겨받은 해안 경비정이 재빨리 육지로 달려갔다. 그리고 콜롬비아 해군 장교 한 명이 이 하드 드라이브를 항구 근처의 한 건물로 가져갔다. 그곳에서는 두 사람이 컴퓨터와 해저 지형도로 뒤덮인 긴 탁자에 앉아 일하고 있었다.

그중 한 사람인 해양고고학자 로저 둘리가 이 대담한 도박을 이끈 장본인이었다. 둘리는 갈레온 선의 마지막 안식처에 관한 해묵은 단서를 찾아냈다고 믿었고, 그 믿음에 자신의 경력과 평판을 걸었다. 수색 지역의 위치를 정한 사람도, 최첨단 장비를 동원해 수색을 진행할 수백만 달러의 자금을 마련한 사람도, 지원을 받기 위해서 콜롬비아 대통령을 설득한 사람도, 기록 보관소에서 오래된 문서들을 세세한 부분까지 뒤지며 연구한 사람도 모두 둘리였다. 평생에 걸친 그의 집념이 바로 이 순간으로 이어진 것이다. 그는 확신에 차 있었다. 그러나 심해의 해저는 어떤 약속도 해주지 않았다.

둘리와 함께 있는 사람은 캐나다의 음파 탐지 전문가인 개리 코잭이었다. 훈련되지 않은 사람의 눈에 다중 빔, 측면 주사走査, 지층 탐사로 얻은 해저의 이미지는 눈으로 보는 백색 소음일 뿐이다. 또한 음향 데이터들 속에서 신호를 분간해내는 일 역시 하나의 기술이자 과학이다. 코잭은 대양 크기만 한 짚더미 속에서 바늘을 찾아내는 일의 귀재였다. 그는 마이크로소프트의 공동 창업자인 고故 폴 앨런의 지원을 받는 수색진의 일원으로서 심해에서 제2차 세계대전 당시에 난파된 중요한 함선 수십 척을 찾아내기도 했다. 일본 잠수함의 어뢰에 맞아 단 12분 만에 수심 5,500미터로 가라앉은 비운의 함선 USS 인디애나폴리스 호가 그중 하나였다(당시 약 900명의 미군 해병들이 상어를 피해가며 나흘 동안 바다 위를 떠다닌 끝에야 구조대가 도착했다. 최종 생존자는 316명뿐이었다). 그뿐 아니라 코잭은 전함보다 훨씬 작은 물체도 찾아낼 수 있었다. 익사한 희생자의 시체를 발견한 것도 여러 번이었다.

갈레온 선 수색이 이루어지는 몇 주일 동안 코잭은 레무스의 데이터를 면밀히 검토했지만 결과는 실망스러웠다. 그런데 그 전날 음파 탐지 기술자들이 "이상 현상"이라고 부르는 것을 발견했다. 해저에 마치 점자처럼 볼록하게 두드러져 보이는 밝은 색의 혹 같은 것이 여러 개 모여 있었다. "자연적인 지형처럼 보이지 않는 무엇인가가 있어요." 코잭이 둘리에게 말했다. "분포 모습 보이죠?" 둘리는 말펠로 호에 무전으로 연락해서 레무스를 다시 내려보내 근접 사진을 찍어달라고 부탁했다. 그 이상한 부분들이 침몰한 갈레온 선의 잔해인지, 혹은 녹슨 드럼통처럼 특별할 것 없는 물체인지 알아내기 위해서였다. 그렇게 해서 찍은 사진이 든 하드 드라이브가 해안으로 급하게 운반되어온 것이었다.

둘리는 코잭이 하드 드라이브를 컴퓨터에 연결하고 첫 번째 이미지를 띄우는 모습을 함께 지켜보았다. 곧 해저의 돌처럼 보이는 파편들을 위에서 내려다보며 찍은 이미지가 화면을 가득 채웠다. 흥미로웠지만 명확하지는 않았다. 두 번째 이미지가 떴다. 화면 왼쪽에 쥐꼬리물고기 한 마리가 레무스의 환한 조명 아래에 그림자를 드리우며 맴돌고 있었다. 그리고 오른쪽에 퇴적물 위로 튀어나와 있는 청동 대포 3문의 장엄한 모습이 확실하게 보였다. 바닥에 흩뿌려진 금화들 사이로는 나중에 강희제 시대의 것으로 밝혀지게 될 중국의 도자기 잔들이 흩어져 있었다. "맙소사." 둘리가 벅찬 감정을 주체하지 못하고 이마에 손을 짚으며 말했다. 코잭은 할 말을 잃고 화면만 멍하니 바라보았다.

바로 그곳에 티에라 피르메 함대의 위풍당당한 기함이자 당대 가장 강력한 함선이었던 스페인의 갈레온 선, 산 호세 호가 있었다. 1708년 5월 28일 파나마의 포르토벨로에서 출항한 이 배에는 금, 은, 에메랄드 등 온갖 보물이 가득 실려 있었다. 스페인 부르봉 왕조의 펠리페 5세가 스페인 왕위 계승 전쟁의 자금을 조달하기 위해서 아메리카 대륙으로부터 필사적으로 빼오려던 것들이었다.[3] 당시 스페인과 프랑스는 이 전쟁으로 영국, 네덜란드 공화국을 비롯해 사실상 유럽의 모든 나라들과 맞서 싸우고 있었다. 스페인 왕국은 혼란에 빠져 있었고 상황은 더욱 악화될 예정이었다.

 산 호세 호의 마지막 항해는 결코 즐거운 여정일 수 없었다. 카리브 해에는 해적들이 들끓었다. 또한 70문의 대포를 장착한 거대한 HMS 익스피디션 호가 이끄는 영국 전함대가 콜롬비아의 해안을 돌아다니고 있었다. 영국군의 지휘관 찰스 웨이저는 그 갈레온 선이 물에 떠다니는 귀중품 수송 차량이나 다름없다는 사실을 잘 알고 있었다. 1708년 6월 8일의 늦은 오후, 산 호세 호와 16척의 또다른 배들이 카르타헤나 항구의 안전한 곳에 도착하기 전에 영국군이 진격해왔고 전투가 시작되었다. 바다 위에 어둠이 드리워질 때까지 서로 포격을 주고받던 중에 자욱한 연기와 혼란과 어둠 속에서 갑자기 산 호세 호의 뱃머리 쪽에 있던 화약고가 폭발했다. 잠시 후 이 갈레온 선은 바닷속으로 사라졌다.

 산 호세 호의 지휘관인 돈 호세 페르난데스 데 산티얀은 배와 함께 물속으로 가라앉았다. 약 600명의 장교, 귀족, 관료, 상인, 군인, 선원들도 함께였다. 3명의 북 연주자, 1명의 기수, 1-2명의 사제, 몇 마리의 염소와 닭들도 같은 운명을 맞았다. 단 14명만이 물 위에 뜬 돛대 파편을 붙들고 살아남아 영국군의 포로가 되었다.[4] 웨이저는 전투에서 이겼지만, 보물은 깊은 바다에 빼앗기고 말았다.

 산 호세 호를 찾아낼 수 있는 기술이 발달한 이후로 해양고고학자들과 보물 사냥꾼들(이들은 보통 서로를 혐오한다는 것외에는 전혀 의견이 일치하지 않는 앙숙 관계이다)은 언제나 이 갈레온 선을 찾고 싶어 안달이었다. 역사적 가치만큼이나 금전적 가치도 어마어마하기 때문이었다. 고고학자의 관점에서 보면 산 호세 호는 못 하나하나까지 공들여 연구할 가치가 있는 더없이 귀중한 문화유산이었고, 보물 사냥꾼의 관점에서 보면 진작에 건져 올렸어야 할 거대한 보물 더미였다. 모든 사람이 그 배를 찾고 싶어했다. 그러나 바다는 넓었으며, 그 전투가 일어났던 정확한 장소에 관한 영국과 스페인의 기록은 서로 일치하지 않고 모호했다. 그런데 이제 그 위치를 알게 된 것이다. 그러나 카르타헤나에서 샴페인이 터질 때, 심해고고학의 쓰라린 진실도 모습을 드러낼 준비를 하고 있었다. 난파선을 찾아내는 일은 그나마 쉬운 부분이라는 사실이었다.

※

심해의 광대한 보관소에는 우리가 상상할 수 있는 모든 배의 잔해가 보관되어 있다. 페니키아의 갤리 선, 바이킹의 용선, 로마의 전함, 중국의 정크 선, 포르투갈의 캐러벨 선 등 온갖 크기와 목적의 배들, 지금까지 벌어졌던 모든 해전에서 싸웠던 배들이 그곳에 있다. 유네스코는 해저에 남아 있는 배의 수를 약 300만 척으로 추정한다.[5] 우리가 찾아낸 것은 그 중 극히 일부에 불과하다.

 난파선의 대부분은 해안에서 가까운 바닷속에 있는데, 암초에 부딪치거나 폭풍을 만나 산산조각이 나 있다. 그러나 차가운 심해에 가라앉은 배들은 놀라울 정도로 잘 보존되어 있기도 하다. 퇴적물 속에 묻힌 덕분에 세월에 의한 침식이나 파도와 해류의 공격, 나무를 갉아먹는 좀조개, 어부의 그물, 인간의 손길을 피할 수 있기 때문이다. 심해의 난파선은 과거에서 온 밀항자와도 같다. 그들은 존재와 부재 사이의 연옥 속에 숨은 채, 사라졌지만 여전히 이 세상에 있는 상태로 영원히 실종된 듯하다가 아주 드문 확률로 발견되고는 한다.

 레무스가 찍은 사진을 보면, 산 호세 호의 상태는 대단히 좋은 것이 분명했다. 배는 똑바로 선 채로 내려앉았고, 선체는 미세한 퇴적물 속에 묻혀 있었다. 진흙 속에 봉인되어 있어서 연체동물의 먹이가 될 일이 없었다. 뱃머리가 사라지기는 했지만 그동안 갈레온 선의 구조를 연구해온 둘리는 남아 있는 부분이 온전하며 화물도 그대로 보존되어 있다는 사실을 곧바로 알아차렸다. 그 배를 발굴하면, 17세기로 곧장 연결되는 포털을 여는 것이나 다름없었다.

그 일을 해내려면 무엇이 필요할까? 약 800미터 깊이의 바닷속에 누워 있는 난파선을 세심하고 철저하게 조사하려면? 그 배의 보물과 이야기를 함께 끌어올리고, 현장의 구석구석에서 지식을 캐내려면? 답은 네 가지이다. 전문 지식, 인내심, 로봇, 그리고 돈이 필요하다. 특히 돈이 중요하다. 심해의 난파선을 철저히 조사한 사례가 손에 꼽는 이유는 비용이 수백만 달러 수준까지 치솟기 때문이다. 그리고 해양고고학자들은 그런 돈이 있을 만한 사람들이 결코 아니다.

어부와 해면 채집 잠수부들이 바다에서 유물들을 건져 올리기 시작한 지는 무척 오래되었지만, 과학의 한 분야로서 해양고고학이 시작된 것은 스쿠버 다이빙이 널리 보급된 1950년대 후반의 일이었다. 그때도 물속에서 연구하는 일에 흥미를 가진 사람은 거의 없었다. 20세기의 전반기에는 마추 픽추, 라스코 동굴, 투탕카멘의 무덤 등이 발굴되면서 육지를 무대로 한 고고학의 위상이 높아졌다. 그러나 해저의 진흙을 파내는 일에는 그만한 매력이 없었다. 해양고고학은 부차적인 분야로 치부되었다. 초기부터 연구 자금 지원은 거의 없는 것이나 마찬가지였다.

1960년에 한 무리의 고고학 전공 대학원생들이 튀르키예 남부 해안의 난파선들을 조사하기 시작했다. 이들은 장비도 근근이 마련했고 텐트를 살 돈도 없어서 해변에서 고생스럽게 생활했다. 그렇게 해서 수심 30미터에서 청동기 시대 상선의 잔해를 찾아내는 데에 성공하여(해저에서 발굴된 최초의 고대 선박이었다)[6] 기원전 13세기의 해상 무역이 우리의 생각보다 훨씬 더 발전되어 있었다는 사실을 밝혀냈지만, 돌아온 것은 고고학계의 비웃음이었다. 지상에서 연구하는 고고학자들은 현장 조사, 지도 작성 및 측정, 모든 유물의 위치 및 고도 기록, 손상되기 쉬운 물건들의 온전한 발굴 등 시간이 오래 걸리는 섬세한 작업들을 공기 탱크, 오리발, 고무 마스크를 착용하고 물속을 들락날락하면서 제대로 해낼 수는 없다고 단언했다.

"정말 힘겨운 싸움이었죠." 그 학생들 중에 한 사람인 펜실베이니아 대학교의 조지 배스는 그로부터 50년 후의 인터뷰에서 이렇게 회상했다.[7] "우리는 비웃음거리였습니다. 콩과 쌀과 토마토만 먹으면서 지냈는데 어떤 날에는 식량이 완전히 떨어지기도 했죠. 먹을 것이 아무것도 없었습니다. 아무것도요."

그러나 배스는 어쩐지 이런 고된 수중 생활과 잘 맞았고, 결국 훗날 해양고고학의 아버지로 불리게 되었다. 그는 동료들과 함께 흥미로운 난파선들이 수없이 가라앉아 있는 에게 해에서 고군분투했다. 매일 잠수병의 위험을 무릅쓰고 한계 수심까지 스쿠버 다이빙을 했다. 낡은 바지 선을 잠수대로 사용했고, 악취가 풍기는 어선의 선창에서 잠을 잤으며, 몸을 물어뜯는 파리 떼를 견뎠다. 초창기에 배스는 이렇게 기록했다. "우리는 항상 몸이 젖어 춥고 지쳐 있었으며, 다들 인정하고 싶지 않겠지만 사실 약간 두려울 때가 많았다."[8] 그러나 그들은 새로운 도구를 제작하고, 해저 발굴을 위한 새로운 방법을 고안하면서, 놀라운 발견들을 거듭해

나갔다. 배스는 해저를 세계에서 가장 큰 박물관이라고 생각했다. "정교한 보석류부터 이집트의 피라미드를 쌓는 데에 쓰인 거대한 석재 덩어리까지 사실상 인간이 만든 모든 것은 한번쯤 수상으로 운송된 적이 있기 때문"이었다.

7세기 동로마 제국의 배에서는 수많은 도자기가 나와서 이라클리오스 왕조 시대의 삶을 엿볼 수 있게 해주었다.[10] 고고학 전공의 한 학생이 나무로 된 이 선체의 파편들을 수년에 걸쳐 이어 붙여서 유난히 날렵했던 그 형태를 밝혀냈다. 또다른 학생들은 그 배 안의 물건들을 조사하여 선장이 성직자였으며 교회의 후원을 받아, 페르시아와 전쟁 중이던 동로마 제국의 군대에 포도주를 공급하러 가던 길이었다는 사실을 알아냈다. 또한 1025년경에 상선이 침몰한 곳에서는 고고학자들이 해저에서 치과용 도구와 핀셋을 이용해서 3톤에 달하는 색색의 유리 조각들을 캐냈다(자신의 영역을 지키기 위해서 사람 손에 든 물건을 자꾸 낚아채가는 문어들을 피해가면서 작업해야 했다).[11] 그리고 약 20년에 걸쳐 이 조각들을 복원하여 세계 최대 규모의 중세 이슬람 유리 유물 컬렉션을 완성했다. 인내심이 필요하다고 했던 것은 이런 이유이다.

※

1960년대에 반쯤 굶주린 배스와 동료들은 약 30년 후에 자신들이 20세기 최고의 고고학적 발견을 해내서 찬사를 받게 될 줄은 상상도 못 했을 것이다. 그들이 발견한 것은 바로 약 3,300년 전 이집트의 파라오 아케나텐과 그의 왕비 네페르티티가 통치하던 시절의 왕실 선박이었다. 울루부룬 난파선이라고 불리는 이 배에는 미케네의 컵, 가나안의 등잔, 메소포

타미아의 석재 인장, 키프로스의 구리, 아프리카의 흑단, 아시아의 상아, 이집트의 금까지 고대 세계의 곳곳에서 온 보물들이 실려 있었다.[12] 오리 모양으로 조각된 화장품 통, 하마의 이빨을 깎아서 만든 트롬본, 네페르티티의 이름이 새겨진 황금 풍뎅이도 있었다. 배스와 동료들은 11년간 수심 60미터라는 믿기 힘든 깊이까지 2만2,500회나 잠수를 해서 약 1만5,000점의 유물과 레바논 삼나무로 만들어진 선체의 일부를 건져 올렸다. 그들은 수수께끼 같은 지식의 공백을 메우고 오래된 수수께끼를 풀어 역사책에 새로운 장章을 추가함으로써 회의론자들을 바보로 만들었다. 그러나 그것은 훗날의 일이었다. 그전까지는 더 많은 궁핍과 고생을 겪어야 했다.

  수심 90미터의 해저를 그물로 훑던 튀르키예의 해면 채집 잠수부들이 2점의 고대 그리스 조각상을 건져냈을 때, 배스는 그 조각상들의 출처를 꼭 조사해보고 싶었다. 그런 걸작품을 운반했다면 분명히 중요한 배였으리라고 생각했기 때문이다. 그러나 1960년대의 스쿠버 장비로는 어림도 없었다. 난파선과 함께 수장되어버릴 것이 분명했다. 수심 60미터 아래라면 다른 종류의 장비가 필요했다. 배스는 자신의 회고록인 『바다 밑의 고고학*Archaeology beneath the Sea*』에 이렇게 썼다. "나는 잠수함을 사용하기로 마음먹었다. 그러나 어떻게?"[13]

  그때 행운이 찾아왔다. 제너럴 다이내믹스의 자회사인 일렉트릭 보트에서 2인용 잠수정을 제공해주겠다고 나섰다. 개인용 잠수정 시장 개척에 적극적이었던 이 회사는 자사의 모델이 고대 문명의 유물을 찾는 데에 사용된다는 사실을 광고 문구로 활용하기에 딱이라고 판단했다. 그렇게 해서 1964년에 잠수정이 튀르키예로 운반되었다. 배스는 잠수정을 사용하면 깊은 곳의 난파선을 수색하는 동시에 얕은 물속에서의 발굴 비용도 낮출 수 있을 것이라고 확신했다. 잠수부들이 하면 몇 주일씩 걸리는 조사 작업도 몇 시간이면 끝낼 수 있으리라. 그의 생각은 옳았다. 그러나 그런 이점을 오래 누릴 수는 없었다. 고고학자들은 책임 보험료를 감당하지 못해 결국 잠수정을 포기해야 했다.

그러나 사라진 배를 찾는 일에 해면 채집 잠수부들 대신 기계가 핵심적인 역할을 하게 되는 것은 단지 시간문제일 뿐이었다. 1985년에 비약적인 발전이 일어났다. 해양학자 밥 밸러드가 이끄는 탐사진이 아르고ARGO라는 예인 카메라 시스템을 사용하여 역사상 가장 유명한 심해 난파선 RMS 타이태닉 호를 찾아냈다. 대서양의 어두운 바닷속 약 4,000미터 깊이에 거대한 선체가 연필처럼 부러진 채 가라앉아 있었고, 카메라는 그 배의 세세한 부분까지 선명하게 촬영해냈다. 밸러드는 나중에 이렇게 썼다. "타이태닉 호 주변에는 해저까지 내려왔거나 온전한 상태로 쏟아져 나온 물건들이 수천 점 흩어져 있었다. 똑바로 서 있는 도자기 찻잔, 은제 쟁반, 수많은 포도주 병들이 보였는데 그중에서도 가장 가슴 아픈 것은 구식 단추가 달린 주인 없는 신발들이었다. 그 신발들이 널려 있는 각도와 거리로, 주인들이 그걸 신은 채로 바닷속에 가라앉았음을 알 수 있었다."[14]

로봇을 이용한 심해 탐사의 필요성을 열렬하게 주장했던 밸러드에게 로봇이란 어디든 돌아다니면서 어떤 난파선이든 찾아낼 수 있는 "무인 유선 안구"였다.[15] 그는 원격조종 잠수정 제이슨의 초기 버전을 시험하면서 역사적인 무역로 아래의 해저를 탐색하기 시작했다. 드넓은 바다를 건너다 보면 언제나 예상하지 못한 폭풍을 만날 위험이 있는 곳이었다.

그리고 1989년에 시칠리아 해협의 수심 760미터 지점에서 여러 척의 로마 선박이 가라앉아 있는 것을 발견했다. 제이슨은 그 지역의 지형을 파악한 후에 점토로 만든 암포라(양쪽에 손잡이가 달린 형태의 고대 항아리/역주)를 비롯한 여러 유물들을 자신의 팔에 장착된 집게로 조심스럽게 건져 올렸다. 이것은 커다란 진전이었으며, 제대로 된 장비만 있다면 심해에서도 정밀한 발굴 작업이 가능하다는 사실을 보여주었다. 물론 비용은 만만치 않겠지만 말이다.

2005년에 노르웨이의 고고학자들에게도 그런 시도를 해볼 기회가 생겼다. 예상하지 못했던 후원자가 나타난 덕분이었는데, 해저에 1,167킬로미터 길이의 파이프라인을 설치할 계획이었던 석유 회사 노르스크 하이드로였다. 완공되면 노르웨이 심해의 오르멘 랑에 가스전에서부터 영국 북동부까지 이어지며 영국 천연 가스의 20퍼센트를 공급하게 될 파이프라인이었다. 석유 회사들이 좋아하는 대규모의 계획으로, 노르웨이 해의 수심 900미터에 110억 달러 규모의 산업 단지를 지어서 더 많은 돈을 벌어들이려고 했다. 그런데 골칫거리가 하나 있었다. 계획 중인 파이프라인 경로 한가운데에 역사적인 난파선이 자리를 잡고 있었다.

노르스크 하이드로의 입장에서는 그 난파선을 그냥 없애버리고 싶었겠지만 노르웨이에는 엄격한 문화유산 보호법이 있기 때문에 그렇게 할 수 없었다. 파이프라인의 경로를 바꾸는 방법으로 문제를 해결할 수도 없었다. 주변의 다른 곳에도 역사적인 난파선들이 널려 있었기 때문이다.[16] 게다가 그 지역은 지형도 복잡했다. 오르멘 랑에 가스전 주변의 해저는 8,200년 전 대규모로 일어난 스토레가 해저 사태砂汰[17]의 흔적들로 들쑥날쑥했다(이 사태의 원인에 관해서는 지질학자들의 의견이 갈리지만,

노르웨이 대륙붕의 일부가 붕괴되면서 발생한 거대 쓰나미가 북유럽을 강타했다는 것만은 확실하다).[18] 다른 방법이 없었다. 방해가 되는 난파선을 세심하게 철거해야만 했다.

이 계획을 이끌었던 노르웨이 과학기술대학교의 프레드리크 쇠레이데는 저서인 『깊은 바닷속의 배들 Ships from the Depths』에서 오르멘 랑에의 난파선에 관해서 썼다. 세계 최초로 로봇을 사용한 심해고고학 발굴 작업에 관한 글을 읽는 일은 특별히 즐거운 경험이었다. 여러 가지 선구적인 방식, 최첨단 장비, 맞춤 제작한 소프트웨어, 그 작업만을 위해서 특별히 설계된 원격조종 잠수정(파손되기 쉬운 물건을 섬세하게 집어 올릴 수 있는 팔과 정밀 측정용 레이저 장비를 갖추고 있었다),[19] 그리고 고해상도 영상 촬영을 위한 또 한 대의 원격조종 잠수정까지 동원하느라 그 석유 회사가 무려 1,000만 달러를 썼다는 사실을 알고 있었기 때문이다.[20] 그런데 바닷속에 가라앉아 있던 그 배의 정체는? 일단 스페인의 보물선은 아니었다.

고고학자들은 그 배가 술을 한가득 싣고 러시아로 향하던 18세기 후반의 이름 모를 상선이라는 사실을 알아냈다.[21] 현장의 해저에는 마치 술에 취한 거인이 성이 나서 집어던지기라도 한 것처럼 1,000개가 넘는 술병들이 흩어져 있었다. 그래도 쇠레이데는 다음과 같이 긍정적으로 기록했다. "그 배는 수익성이 높은 주류를 운반하고 있었던 것으로 보인다. 곡물이나 소금 또는 그와 비슷하게 부패하기 쉬운 화물이 함께 실려 있었을 가능성도 있지만, 그런 화물들은 살아남지 못했다." 술병 외에도 흙을 구워 만든 통, 러시아 주화, 석판 같은 물건들이 발견되었다.

오르멘 랑에의 배 그 자체로는 특별한 것이 없었지만, 심해의 난파선을 과학적으로 분석하려는 사람들을 위한 모범 사례로 남았다. 둘리는 산 호세 호 역시 그런 방식으로 발굴하리라고 다짐했다. 어느 부분 하나 소홀히 하지 않고 비용도 아끼지 않을 작정이었다. 고고학자, 로봇 공학자, 해양생물학자, 역사학자, 보존 전문가들을 한데 모으고 자율 로봇과 원격조종 로봇, 그리고 가능하면 유인 잠수정까지 동원해볼 생각이었다. 그가 갈레온 선 발굴에 들 것이라고 추정한 비용은 약 5,000만 달러였다.

✳

침몰한 배에는 본질적으로 사람의 마음을 뒤흔드는 무엇인가가 있다. 불행한 운명을 맞이하여 물속에 잠들어버린 배들은 있어서는 안 될 곳, 있어서는 안 될 시간 속에 갇힌 인류 진보의 상징이다. 한때는 바다를 누비던 튼튼한 배였지만 이제는 생물의 사체처럼 변하여, 늑골은 미세한 흙에 덮이고 철이 산화되어 생긴 녹 줄기가 촛농처럼 배 옆으로 흘러내린다. 보이지 않는 곳에서 그렇게 부패해버린 모습을 보면서 인간의 유한성을 떠올리지 않기란 힘들다.

  죽음을 초월하는 이러한 특성이 산 호세 호에 저항할 수 없는 매력을 부여한다. 이 배를 찾아내는 일은 전설을 현실로, 죽음을 삶으로 바꾸는 것과 같다. 발굴이라기보다는 부활에 가깝다는 뜻이다. 이 배의 용맹함, 비극, 잃어버린 보물에 관한 이야기는 그 이야기를 듣는 모든 이의 도파민 수용체를 자극한다. 책상 앞에서, 통근길 차 안에서, 휴대전화 화면을 넘기면서, 세탁소를 향해 뛰어가면서 보내는 날들에는 신비로움도, 경외감도 없다. 산 호세 호는 그 두 가지를 모두 제공한다. 그러나 이 갈레온 선은 수중 세계에 너무나 깊이 숨어 있어서 가장 헌신적인 탐험가만이

"지금껏 그 누구도 해본 적이 없는 일" : 빅터 베스코보가 역사적인 연속 잠수를 위해 통가에서 잠수정에 탈 준비를 하고 있다.

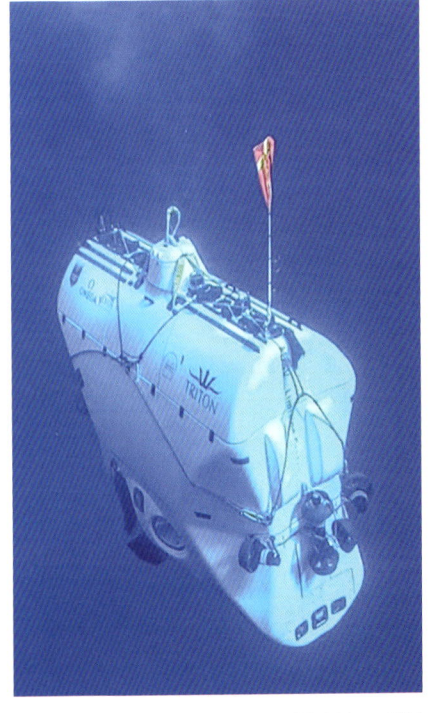

리미팅 팩터 호 : 바다에서 가장 깊은 곳으로 반복 잠수가 가능한 혁신적인 심해 잠수정(왼쪽과 위).

돈 월시 대령과 과학자 패트리샤 프라이어가 첫 챌린저 해연 잠수를 마치고 돌아온 베스코보를 축하하고 있다(위). 리미팅 팩터 호의 해양 전체 수심 인증 잠수를 마치고 해치에서 나오는 패트릭 레이히. 그의 뒤에는 스위머 역할을 맡은 팀 맥도널드가 서 있다(아래).

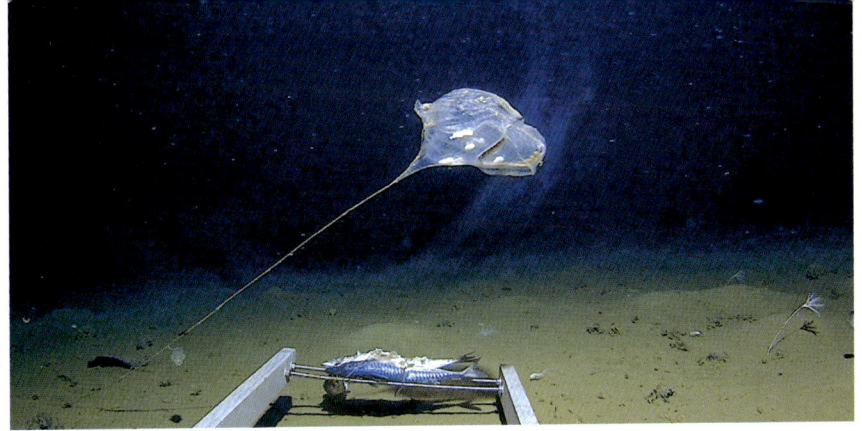

"지금까지 본 것 중에 가장 기이한 생물" : 자와 해구에서 촬영된 새로운 종의 자루 해초류(위). 파이브 딥스 탐사의 수석 과학자인 앨런 제이미슨이 랜더를 손보고 있다(왼쪽 아래).

거대 등각류.

쥐꼬리물고기 무리와 애스피시 2마리가 미끼를 단 랜더를 살펴보고 있다.

"그다지 아름답지 않은 이름으로 불리는 종" : 초심해대 랜더 앞에 모인 단각류, 애스피시(위, 아래), 그리고 흰색의 초거대 단각류(아래).

자와 해구에서 미끼를 단 랜더에 접근하고 있는 덤보문어, 로버스트애스피시, 붉은새우.

세계에서 가장 깊은 곳에 서식하는 물고기인 초심해대 꼼치(위, 오른쪽).

리미팅 팩터 호에 있는 앨런 제이미슨과 팀 맥도널드(아래).

탐사대장 롭 매캘럼(위), 트라이턴의 프랭크 롬바도, 켈빈 머기, 스티브 셔펠(아래).

프레셔 드롭 호에 탄 스튜어트 버클 선장.

헤더 스튜어트, 셰인 아이글러, 캐시 본조반니, 폴-앙리 나르졸레(위에서 아래로)

초심해저대에 다녀온 리미팅 팩터 호가 수면 위로 부상하고 있다.

랜더 스캐프(위), 선내 습식 연구실 안에 있는 빙하등가시치(아래).

파이브 딥스 탐사 : 북극해의 몰로이 해연 잠수를 완수한 빅터 베스코보.

잠수정 현창을 통해 촬영한, 챌린저 해연 동쪽 분지 서쪽의 험준한 절벽들(위), 해저의 암석에 붙어 있는 바다나리(아래).

케르마데크 해구의 "목이 베인 상어."

찾아낼 수 있었다. 그 사람이 바로 둘리였다. 그리고 그런 사람답게, 그를 찾는 일 또한 쉽지 않았다.

내가 처음 산 호세 호를 알게 된 것은 그 배의 발견 소식이 보도되었던 2015년 12월이었다. 언제나처럼 심해에 관한 기사들을 훑어보던 나의 눈에 "잠수 로봇이 물속에 가라앉은 220억 달러어치의 금을 찾아내다"와 "수세기 동안 바닷속에 숨어 있던 보물선의 성배, 콜롬비아에서 마침내 발견" 같은 제목이 눈에 띄지 않을 리 없었다. 나는 모든 기사를 빠짐없이 읽었지만, 대부분 짜증날 정도로 짧고 동어반복의 연속이었다. 사실보다는 과장된 부분이 많았는데 특히 보물의 가치에 관한 내용들이 그러했다. 보도된 보물의 추정 가치는 10억 달러에서부터 300억 달러까지 다양했다. 대부분의 언론사는 170억 달러로 정리했지만 그 숫자가 어떻게 나온 것인지에 관한 설명은 없었다. 기사에서는 발굴의 공을 해양고고학 연구진에 돌렸지만 연구원들의 이름은 언급하지 않았다. 우즈홀 해양 연구소는 단지 계약자로서 참여했을 뿐이었다. 난파선은 콜롬비아 해군이 지키고 있었고 정확한 위치는 국가 기밀이었다. 약탈자들이 나타날지도 모르기 때문이었다.

그것은 타당한 우려였다. 불법 인양은 심지어 심해에서도 무자비할 만큼 효율적으로 이루어졌다. 누군가는 소수의 범죄자들이 제2차 세계대전 당시 침몰한 전함을 분해하여 수백 미터 깊이로부터 끌어올린 후 다시 운반하여 고철로 판매하는 일이 불가능하다고(혹은 적어도 대단히 어려운 일이라고) 생각할지도 모른다. 그러나 그렇지 않다. 2006년부터 2016년까지 자와 해에서만 영국 전함 3척, 네덜란드 전함 3척, 오스트레일리아 전함 1척, 그리고 미국 잠수함 1척이 해저에서 인양되었다.[22] 이러한 금속 해적질은 전 세계적으로 벌어졌다.[23] 도둑들이 단지 구리와 강철을 훔치기 위해서도 그 정도의 수고를 감수하는데, 진짜 금이 있다면 과연 어떨지 상상해보라.

갈레온 선의 위치와 다른 세부 사항들은 비밀로 유지하는 것이 당연해 보였다. 나는 지칠 줄 모르는 호기심이 기본으로 장착된 사람이라 단편적인 기사들만으로는 만족할 수 없었다. 그러나 궁금한 것이 수없이 많아도 물어볼 곳이 없다 보니, 얼마 후에는 산 호세 호의 일을 자연스럽게 잊어버렸다. 그러다가 2019년에 실종된 MH370편에 관한 기사를 쓰던 중에 그 수색 작업의 자문 역할을 맡았던 개리 코잭에 관해서 알게 되었다. 인터뷰를 준비하면서 살펴본 코잭의 웹사이트에는 그가 "산 호세 호 수색 작업의 자율 무인 잠수정 임무 계획 및 음파 탐지 데이터 분석을 담당했다"고 소개되어 있었다.[24]

나는 코잭에게 전화를 걸고 바로 본론으로 들어갔다. 알고 보니 그는 갈레온 선을 찾는 일에 한 번만 참여한 것이 아니었다. "처음 그 배의 수색에 참여한 건 1980년대 초였어요." 코잭이 이렇게 말하고는 웃으며 덧붙였다. "재미있는 일이 있었죠. 카르타헤나 항구에서 해적들이 우리 배에 올라온 적도 있어요."

"정말이요?"

"정말이라니까요. 바로 그곳에서 해적들이 올라왔어요. 다행히 선실은 잠겨 있었지만 선외 엔진이며 닻이며 갑판 위에 있는 것은 손에 잡히는 대로 다 훔쳐가더라고요. 흥미진진했어요."

바닷속에서 40년간 경험을 쌓은 코잭은 매력적인 이야기꾼이었다. 그는 다양한 해저 수색 작업에 참여했으며 네스 호의 괴물을 찾는 일에도 여러 번 참가했다(그중 한 번은 커다란 플레시오사우루스의 지느러미처럼 보이는 것이 사진으로 찍혔다). 나는 계속해서 대화의 주제를 산 호세 호로 돌리려고 애썼다. 코잭은 그 배를 찾은 과정을 차례차례 설명해주었다. "모든 작업을 완벽하게 해내는 장비는 없어요. 그래서 표면에 있는 물체는 측면 주사 음파 탐지기, 묻혀 있는 물체는 지층 탐사기와 자기계를 사용해서 찾죠." 그러나 그는 자신을 고용한 사람의 신원을 밝히는 데에는 주저했다. 내가 계속 이름을 알려달라고 하자 한숨을 쉬더니 이렇게 말했다. "그 사람한테 먼저 연락해보고, 괜찮다고 하면 연락처를 보내줄게요." 그리고 코잭은 잠시 입을 다물었다가 말을 이었다. "그 사람이 산 호세 호를 찾겠다고 했을 때 난 속으로 약간 비웃었어요. 그게 가능할 리가 없다고 생각했죠. 그러나 로저는 진짜 대단한 사람이에요. 이 일은 그 사람의 오랜 꿈이었죠."

✳

"내가 지금부터 할 얘기는 비밀이에요. 그 누구도 모릅니다. 콜롬비아 대통령도 모르고 아내도 모르죠. 전체적인 내용을 아는 사람은 그 누구도 없습니다. 지금까지 그 누구한테도 말하지 않았거든요. 미리 말해두는 거예요." 로저 둘리는 잠시 숨을 고르고는 자신의 집 거실에 있는 흰색 가죽 소파로 나를 안내했다. 천장에서부터 바닥까지 이어진, 고층 아파트의 창문 너머로 플로리다 주의 내륙 수로를 오가는 배들과 푸르른 대서양, 그리고 뜨거운 태양 아래 이글거리는 마이애미 비치의 드높은 건물들이 보였다.

주변 환경은 느긋한 휴식을 찬미하는 듯한 분위기였지만 둘리 자신은 그렇지 않았다. 그전에 전화로 몇 시간에 걸쳐 이야기를 나눴기 때문에 그가 쉽게 흥분하는 사람이라는 사실은 알고 있었다. 일흔네 살이었지만 전혀 그 나이처럼 보이지 않았다. "나는 1인 오케스트라와 비슷해요." 둘리의 말이다. 그는 키가 크고 연한 색의 곱슬머리와 창백한 푸른 눈, 살짝 붉은 기가 도는 피부를 가진 사람이었다. 표정이 풍부한 얼굴을 은빛의 턱수염과 콧수염이 감싸고 있었다. 가장 두드러지는 특징은 목소리였다. 둘리는 뉴저지 주 뉴어크에서 태어나 어린 시절의 대부분을 뉴욕 주 브루클린에서 보낸 후 열세 살 때 쿠바의 아바나로 이주했다고 한다. 그 결과 출신을 알 수 없게 되어버린 그의 억양에는 부드러운 스페인식 자음과 밋밋한 뉴욕식 모음, 위스키와 담배를 즐기는 사람의 특징인(그중 하나라도 정말 즐기는지는 알 수 없지만) 걸걸한 저음이 마치 언어의 믹서기에 넣고 돌린 것처럼 뒤섞여 있었다. 말하는 속도는 폭주하는 기관차처럼 빨랐다.

내가 앉아서 공책에 최대한 빠르게 받아 적는 동안 둘리는 방 안을 돌아다니며 벽에 걸린 배 그림들을 시속 100만 킬로미터쯤 될 것 같은 속도로 설명했다. 이야기는 역사 강의로 시작되었다. "사람들은 온갖 배를 다 갈레온 선이라고 하는데요. 갈레온 선은 특정 시대의 특정한 배를 가리키는 말입니다. 1580년대 초부터 1700년대까지 만들어진 배요. 그게 다예요."

1698년 산 호세 호의 명명命名은 한 시대의 종말을 상징했다. 16세기와 17세기에 스페인은 대서양을 지배하며 쿠바, 플로리다, 서인도 제도, 멕시코, 중앙아메리카, 그리고 남아메리카의 대부분을 차지했다. 에르난 코르테스와 프란시스코 피사로가 이끈 정복자들은 오직 탐욕으로 가득

차서 아즈텍과 잉카 문명을 약탈했다. 갈레온 선은 그들의 제국적 야망에 딱 맞는 배였다. 금고처럼 튼튼했고, 대포로 단단히 무장하고 있었으며, 수백 명의 사람과 수 톤의 금은을 실을 수 있을 만큼 컸다.[25] 그러나 그 어떤 제국도 영원할 수는 없다. 1700년경에는 영국의 해군과 더 빠르고 민첩한 새로운 세대의 전함이 부상하면서 스페인의 해상 패권도 도전을 받았다.

마지막 갈레온 선이었던 산 호세 호는 유난히 강력하고 아름다운 배이기도 했다. 길이 43미터, 너비 12미터, 용골 36미터 규모에 두 개의 포갑판, 우뚝 솟은 세 개의 돛대, 뛰어오르는 돌고래 모양으로 주조된 손잡이가 달린 청동 대포 62문을 갖추고 있었다. 둘리에 따르면 도금한 조각품과 성인聖人의 그림들로 화려하게 장식된 배였다고 한다. 그는 방 한쪽의 벽감 안에 있는 책상 앞으로 나를 데리고 갔다. 책상에는 역사책을 읽지 않고 갈레온 선에 대해서도 잘 모르는 대중을 위해서 둘리가 제작한 산 호세 호의 포스터 네 장이 붙어 있었다. 삽화, 도표, 설명으로 가득 차 있는 화려한 포스터였다. "이 배가 진짜 어떻게 생겼는지 사람들한테 알려주고 싶어요." 둘리는 짜증 섞인 말투로 말했다. "박물관이며 책이며 출판물들 전부 한숨이 나와요. 다 잘못 알고 있다니까요."

둘리는 17세기의 조선 기술, 화폐학, 히스패닉 도자기, 네덜란드 유리, 종교 도상, 대포, 권총, 닻 분야의 전문가들인 미술사학자, 군사역사학자, 조선 기사들을 초빙하여 자신이 수집한 자료를 보완했다. 모아놓은 연구 자료가 워낙 많아서 창고를 하나 빌려야 할 정도였다. 둘리가 세상에서 가장 좋아하는 장소는 스페인 식민지 제국의 문서가 무려 8,000만 건이나 보관되어 있는 스페인 세비야의 인디아스 고문서관古文書館이다.

"그곳에서 한 달쯤 지내라고 해도 아무 문제 없어요!" 둘리가 이렇게 말하고는 힘주어 덧붙였다. "난 이 일을 안 하면 못 삽니다."

심해의 난파선을 찾아내려면 진지한 수색 작업이 필요하다. 기록을 샅샅이 뒤지고, 오래되거나 부정확한 지도들을 해석하고, 현대의 해양학 지식을 새롭게 적용해야 한다. 최고의 난파선 사냥꾼들은 여기에 약간의 직관을 가미한다. 수색 구역을 선택한다는 것은 해양 지도의 한 지점에 핀을 꽂고 바로 그 지점, 해저의 그 알 수 없는 한 구역의 미사微砂 더미 속에 어쩌면 작은 물체가 묻혀 있을지도 모르니 거액을 투자해 조사할 가치가 있다고 선언하는 일이다. 당연히 성공률은 낮다. 내가 읽은 바로는 침몰된 갈레온 선들 중에서 지금까지 발견된 것은 5척뿐이었는데, 아무래도 너무 적은 것 같아서 둘리에게 사실인지 물어보았다.

"맞아요. 그중 2척을 내가 찾았죠."

나는 그를 빤히 바라보았다. "산 호세 호 말고 **또 다른** 갈레온 선을 찾아내셨다고요?"

둘리가 고개를 끄덕였다. "시작은 1984년이었어요."

✺

둘리가 어떻게 여러 척의 스페인 갈레온 선을 발굴하게 되었는지를 알려면 그의 인생 배경을 어느 정도 이해해야 한다. 열쇠와 자물쇠처럼 서로 맞물려 있는 이야기들이기 때문이다. 둘리가 브루클린에 계속 살았다면 갈레온 선은 한 척도 발견하지 못했을 가능성이 크다. 그러나 그의 쿠바인 어머니가 아일랜드계 미국인 아버지와 이혼하고 쿠바의 호텔리어와 재혼하면서, 둘리도 티에라 피르메 함대처럼 쿠바로 향하게 되었다.

1957년은 참으로 혼란스러운 시기여서 미국의 어린아이가 아바나에 가기에 좋은 때는 아니었다. 아바나에서는 카스트로 형제와 체 게바라가 이끄는 게릴라 전쟁이 한창이었다. 힐튼 호텔을 자주 이용하던 피델 카스트로는 그곳에서 야간 관리자로 일하던 둘리의 계부와 친해졌다. 둘리는 호텔 주방에서 요리하는 것을 좋아하던 카스트로와 저녁을 함께 먹었던 적도 있다고 회상했다. "그러다가 혁명이 일어났어요. 나도 거기에 참가했죠." 당시 열네 살이었던 둘리는 총을 들고 민병대의 일원이 되었다. 1962년 피그스 만(코치노스 만) 침공 당시 시내 중심부에 있는 공군 기지에 배치된 둘리는 구덩이를 파고 그 안으로 들어가서 추가 지시를 기다리라는 명령을 받았다. 자신이 폭격 목표물의 정중앙에 앉아 있다는 사실을 깨달은 둘리는 술집으로 몰래 도망칠까 생각했지만 실행에 옮기지는 않았다.

그러다가 둘리는 잠수와 작살 낚시로 관심을 돌렸다. 혁명전쟁보다는 그쪽이 훨씬 마음에 들었다. 1968년에 그는 해양학을 공부하기 위해서 쿠바 과학원에 입학했다. 그러나 해양고고학에 관한 책을 우연히 접한 후로 다른 모든 것은 관심 밖으로 밀려났다. 당시에는 그렇게 생각되지 않았겠지만 사실 그는 좋은 환경에 있었다. 가난하고 혼란스러운 공산주의 국가 쿠바는 식료품점에서 물건을 구하는 것조차 운이 좋아야 가능한 나라였지만, 역사적인 난파선이라면 얼마든지 있었기 때문이다. 아바나는 과거에 스페인 선박들이 식민지로 가기 위해서 통과하는 관문이었다. 어떤 배든 그곳에서 기항했다. 또한 위험한 암초와 갑작스러운 허리케인 때문에 많은 배가 침몰한 곳이기도 했다.

"쿠바 전체에 고고학자라고는 딱 두 명뿐이었어요." 둘리가 말했다.

"둘 다 육지고고학자였죠." 그에게 바다는 활짝 열려 있는 공간이었다. 과학의 기초를 공부하고 고고학 석사 학위를 받은 둘리는 쿠바 전역을 돌면서 어부들을 만나 유물을 발견하거나 그물이 닻에 걸렸던 경험이 있는지 물었다. 그리고 국립 기록 보관소를 뒤져 난파선에 관한 문서들을 찾았다. "정보가 어마어마했습니다." 둘리는 회상했다. "목표 난파선의 목록도 만들었죠. 하지만 쿠바에는 돈이 없었어요. 1년에 책을 2권만 구해도 대단한 일이었으니까요."

1984년에 둘리는 정부의 지원을 받는 한 잠수 회사에서 일하고 있었다. 이 회사 역시 사라진 배들을 찾는 일에 관심이 있었다. 오랜 수색 끝에 둘리는 그가 쿠바에서 가장 중요한 난파선이라고 생각하던 배를 찾아냈다. 바로 1698년에 암초와 충돌하여 침몰한 스페인의 갈레온 선 누에스트라 세뇨라 데 메르세데스 호였다. 메르세데스 호는 산 호세 호와 같은 함대에 속해 있던 부기함이었다. 다만 활동 시기가 조금 더 일렀다. 이 배에도 보물이 실려 있었지만, 약 9미터 깊이의 얕은 물에 빠졌기 때문에 침몰 직후 대부분 회수할 수 있었다. 그후 남은 잔해들은 폭풍우로 인해서 더 넓은 지역으로 흩어졌다. 이 현장에서 둘리는 고고학적 조사를 통해서 커다란 닻과 대포 2문을 찾아냈다. 마침내 제대로 된 발굴 작업을 할 기회가 온 것이었다. 그러나 상사로부터 현장의 유물을 무단으로 빼내라는 지시를 받은 둘리는 그 자리에서 그만뒀다.

그러나 메르세데스 호가 단지 놓쳐버린 기회에 지나지 않았던 것은 아니다. 그 배에 관해서 조사하면서 둘리는 세비야의 고문서관에 가보았다. 그리고 그곳에서 아바나의 총독이 스페인 국왕에게 보낸 서신을 살펴보다가, 그 안에 잘못 분류되어 들어가 있던 산 호세 호에 관한 편지

묶음을 발견했다. 카르타헤나 총독이 쓴 그 편지들에는 전투와 그 여파, 금이 실린 갈레온 선의 실종에 관한 내용이 들어 있었다. 둘리는 그 내용에 마음을 빼앗겼다. 그때부터 그가 정리하기 시작한 자료는 그후 30년이 넘는 세월 동안 아코디언처럼 점점 불어났다.

시간은 계속 흘렀다. 둘리는 해양 다큐멘터리를 제작하고, 카리브 해의 암초 어류에 관한 책을 쓰고, 작은 난파선들을 찾아내고, 미국으로 돌아왔다. 산 호세 호를 잊은 적은 없었다. 다만 다시 생각해도 방법이 없었다. 심해 수색은 그저 구상만으로도 많은 돈이 들었다. 또다른 문제도 있었다. 시 서치 아마다라는 미국의 보물 탐사 단체가 산 호세 호의 인양 조건을 놓고 콜롬비아 정부에 소송을 제기했던 것이다.[26] 보물 사냥꾼들은 1981년에 그 배를 찾아냈다고 주장하며, 물에 젖은 나무 조각들, 전혀 맞지 않는 좌표 등 미심쩍은 증거를 제시했다.[27] 이에 대응하여 콜롬비아 정부는 인양업체의 지분을 선박 가치의 5퍼센트로 제한하고, 여기에 45퍼센트의 세금을 부가하는 법안을 통과시켰다. 그 정도면 인양 비용도 충당하기 힘들었다. 콜롬비아 정부는 이 업체의 탐사 허가를 취소하고 다른 허가도 내주지 않았다. 시 서치 아마다가 갈레온 선을 실제로 발견하지 못했다는 사실과는 별개로 이 소송 자체가 준 교훈이 있었다. 값어치가 있는 난파선은 대개 추잡한 갈등을 부른다는 사실이었다.

2007년에도 시끄러운 사건이 있었다. 오디세이 마린 익스플로레이션이라는 회사가 포르투갈 앞바다 수심 1,100미터에 가라앉아 있던 난파선에서 17톤의 금화와 은화를 끌어올려 상자에 담은 후 걸프스트림 GV기와 보잉 747 전세기에 실어 플로리다 주로 옮겼다. 오디세이는 주식 시장에 상장된 보물 탐사 회사였기 때문에 5억 달러에 달하는 보물을 찾아냈다는 소식을 언론에 대대적으로 알렸고, 회사의 주가는 급등했다. 그러나 이 회사는 보물의 출처에 대해서는 이상하게 말을 아꼈다.[28] 주화들이 어디에서 온 것인지는 확실하지 않다고 했다. 누군가가 바닷속에 던져버린 것일까? 그러나 이 주화들은 사실 1804년에 영국군이 침몰시킨 스페인의 호위함에서 꺼내온 것임이 밝혀졌고 스페인은 오디세이와 미국 연방 대법원까지 가는 법정 다툼 끝에 결국 승소했다(참고로 "찾은 사람이 임자"라는 원칙보다 우선하는 법률이 여럿 존재한다). 2012년에 이 보물 탐사 회사는 주화들을 대서양 너머로 돌려보내야 했다. 스페인의 한 공무원은 화가 난 말투로 이렇게 말했다. "이것들은 그냥 돈이 아니라 우리의 역사입니다."[29]

문제는 심해의 역사를 발굴하려면 돈이 필요하다는 것이다. 오디세이의 행동만큼이나 끔찍한 것은(게다가 그 회사가 발굴 현장을 다룬 방식은 고고학과는 거리가 멀었다) 만약 그 회사가 수백만 달러를 들여 찾아내지 않았다면 애초에 논쟁의 대상이 될 주화가 존재하지 않았으리라는 사실이다. 따라서 물속에 가라앉은 문화유산에 대해서 더 많이 알아내는 것이 목표라면, 아무도 원하는 것을 얻지 못할 때가 많다. 해양고고학자들은 전문 지식을, 정부는 권리를, 기업은 로봇과 돈을 가지고 있지만 공짜로는 아무것도 하지 않으려고 한다. 원자를 분열시키는 방법도 알아낸 현대 사회에, 이렇게 서로 다른 이해관계의 균형을 맞출 방법 정도는 찾아낼 수 있지 않을까?

우리가 서로 소송을 벌이느라 바빠서 심해의 난파선을 조사하지 못한다면 금화보다 훨씬 더 중요한 것들을 잃게 된다. 알렉산드리아 도서관과 달리 해저는 불에 타버리지 않았다. 그곳의 미세한 흙 속에는 역사를 재구성할 수 있는 힘을 가진 유물들이 묻혀 있다. 1900년에 그리스의 해면 채집 잠수부들은 크레타 섬 근처 수심 약 60미터에서 난파선 하나를 발견했다. 배 안에는 몸통들이 뒤얽혀 있었는데 사람의 시체가 아니라 대리석 조각상이었다. 잠수부들은 2,000년 된 그 배를 더 뒤져서 루브르 박물관에 들어가도 될 만한 예술품들을 무더기로 찾아냈다. 그런데 그 중에서도 유난히 경이로운 물건이 하나 있었다. 청동 덩어리처럼 보였던 그 물건은 알고 보니 기가 막힐 정도로 복잡한 천문 계산기로서, 수백 개의 정교한 톱니바퀴로 이루어져 있었다. 말하자면 천체의 움직임을 예측하는 아날로그 컴퓨터였다. 발굴된 지 한 세기 이상이 지난 지금도 연구자들은 여전히 이 장치를 X선으로 촬영해가며 연구를 계속하고 있다. 안티키테라 기계라고 불리게 된 이 장치는 위대한 수학자 아르키메데스가 설계한 것으로 추정된다. 최근 이 기계에 관한 한 논문에서 저자들은 다음과 같은 결론을 내렸다. "이 장치는 우리가 고대 그리스인들의 기술적 역량에 관해서 품고 있던 모든 선입견에 도전한다."[30]

그렇다. 심해의 역사적인 유물을 발굴하는 일은 쉽지 않다. 그러나 어쨌든 우리는 그 일을 해야 하며 경제적, 문화적으로 모두 만족스러운 방식을 찾아내야 한다. 2013년에 콜롬비아의 후안 마누엘 산토스 대통령이 관련 법을 개정하면서 새로운 문이 열렸다. 이제 산 호세 호를 발견한 사람은 "비非문화재" 보물의 최대 50퍼센트까지 지분을 주장할 수 있게 되었다. 황금 성배, 진주 목걸이, 선내 예배실의 제단화 같은 오직 하나뿐인 유물들은 절대로 판매할 수 없다. 그러나 자루에 든 에메랄드 원석이나 수백만 개의 비슷비슷한 주화들이라면 어떨까? 산토스 대통령은 그런 물건들은 상품에 더 가깝기 때문에 일부는 판매할 수 있다고 판단했다. 적절한 상대만 나타난다면 콜롬비아는 거래를 할 의향이 있었다.

이 소식을 들은 둘리는 바로 행동을 개시했다. 그는 자신이 조사한 자료들을 취합했다. 그리고 라틴아메리카에서 투자자를 찾는 데에 실패하자 영국에서 적임자를 찾아냈다. 이름을 밝히지 않기로 한 사업가가 둘리의 산 호세 호 수색에 자금을 지원하기로 합의했다. 그는 정밀한 고고학적 발굴을 해야 한다는 생각에 찬성했으며, 카르타헤나에 최첨단 예술품 보존 연구소와 산 호세 박물관을 설립할 의향도 있었다(만약 배가 발견되면 투자자는 투자금을 회수할 수 있고, 문화재가 아닌 보물을 판매하여 수익도 얻을 수 있을 것으로 예상되었다). 자금을 확보한 둘리는 이제 콜롬비아 정부의 허가를 받아야 했다. 그는 곧장 가장 높은 사람을 찾아가기로 결심했다.

그 일을 회상하는 둘리의 이글거리는 눈빛에는 산토스 대통령을 꼭 만나야만 했던 당시의 절박함이 그대로 담겨 있었다(짐작하겠지만 국가 원수에게 연락을 한다고 바로 원하는 결과를 얻을 수는 없다). 수개월간 끈질기게 노력한 끝에 둘리는 마침내 맨해튼의 한 연회장에서 산토스를 설득할 기회를 얻었다. 그는 산토스에게 그동안 알려져 있지 않았던 18세기의 지도 한 장을 선물했다. 이 지도에는 산 호세 호의 위치에 관한 흥미로운 단서가 담겨 있었는데, 그 위치는 지금껏 다른 사람들이 찾던 지점과 수 킬로미터나 떨어져 있었다. 둘리는 대통령에게 말했다. "제가 그 배를 찾을 수 있습니다."

✳

"1729년의 바호 델 아미란테를 보세요. '제독의 모래톱'이라는 뜻이죠.

바로 여기요." 둘리가 거실 벽에 걸려 있는 그 지도의 복제본을 가리키며 말했다. 상아색 종이에 적갈색 잉크로 그려진 지도는 복제본인데도 유물 같은 느낌이 들었다. 카르타헤나 주변 해역을 그린 이 지도에는 다른 지도 제작자들이 놓친 작은 섬이나 모래톱들이 포함되어 있었다. "20년 후에는 이 이름이 콜롬비아의 어떤 지도에서도 보이지 않아요. 사라져버렸죠." 만년필로 거의 알아보기 힘들 정도로 휘갈겨 쓴 그 작은 글씨가 중대한 힌트였다. "나는 웨이저 제독이 싸웠던 곳이 바로 이곳이었기 때문에 이런 이름이 붙었다고 믿습니다." 둘리가 설명했다. "그 전투가 있은 후 얼마 지나지 않았을 때 그려진 지도예요. 기억이 아직 생생하게 남아 있을 때 말입니다."

둘리는 식탁으로 걸어가서 현대의 해도를 펼쳤다. "봐요. 지금까지 그 누구한테도 보여준 적 없는 거예요." 나는 그 해도를 들여다보면서 카르타헤나의 방향을 파악하려고 했지만 축척이 너무 커서 해안이 보이지 않았다. 둘리가 등심선等深線(해저의 지형을 표현하기 위하여 같은 깊이의 수심을 가진 지점을 연결한 선/역주) 위의 한 부분을 손가락으로 짚었다. "시서치 아마다는 바로 여기에서 난파선을 찾았다고 했죠. 여기에는 **아무것도 없어요. 그럼 어디일까요?**" 그는 해도의 다른 부분으로 손가락을 옮겼다. "바로 여기예요."

둘리는 머리를 손으로 쓸어 올리며 잠깐 입을 다물었다가 말을 이었다. "난파선이 여기에 있다는 걸 내가 어떻게 알았을까요? 아, 그건 아주 복잡한 이야기예요. 이 난파선은 굉장히 복잡하다는 말이죠. 그러니까 이렇게 된 거예요." 그러고 나서 둘리는 빠른 속도로 영국의 항해 일지, 스페인의 항해 일지, 생존자들의 증언, 풍향, 배의 위치, 전투 전략, 시점,

여러 섬의 위치 등에 관한 이야기를 17세기 항해사의 논리로 술술 풀어냈다. "그 사람들은 배가 바다 한가운데에서 침몰했다고 말하지 않거든요. 가장 가까운 곳의 이름을 대죠." 둘리가 오래된 지도를 가리켰다. "난파선이 있는 곳까지의 거리를 재보면 그곳이 가장 가까운 곳이에요. 바호 델 알미란테."

거기까지는 좋았다. 둘리의 도박은 성공했다. 산 호세 호가 발견되었을 때 산토스는 그에게 이렇게 말했다. "우리는 당신에게 영원히 감사해야 할 빚을 졌습니다." 2016년에 둘리는 더 큰 배와 더 많은 로봇, 60명의 연구자들을 이끌고 그 난파선이 있는 곳으로 돌아와서 투자받은 돈 수백만 달러를 들여 현장을 조사하고, 10만4,000장의 사진을 찍고, 2,000쪽에 달하는 보고서를 작성하고, 발굴 계획을 세웠다. "모든 게 준비되어 있었어요."

그런데 모든 것이 중단되고 말았다. 발굴 작업이 시작되기 전에 콜롬비아에서 새롭게 선출된 이반 두케 대통령은 "비문화재" 보물을 판매하여 수색 자금을 조달한다는 아이디어를 즉각 저지했다. 두케 정부는 산 호세 호의 **모든 것이** 문화재라고 선언했다. "작은 파편 하나든 꽃병이든 주화든 돌이든 난파선 근처에서 발견된 것이라면 어떤 것도 판매할 수 없다."[31] 그러나 콜롬비아가 금화를 전부 보유하려면(그리고 주화 수백만 개에 대한 보험과 금고 보관 비용을 영구적으로 부담하려면) 발굴 비용도 어떤 식으로든 직접 대는 수밖에 없었다. 계획은 중단되었다. 레무스가 산 호세 호의 위치를 밝혀낸 지 4년이 넘었지만, 심해 발굴 작업은 더 이상 진전이 없었다.

둘리가 그런 상황 때문에 고심하는 모습을 보자니 마음이 아팠다. 그의 꿈은 바로 코앞에 있으면서도 동시에 너무 멀었다. "이건 재앙이에요." 둘리는 탄식했다. 그리고 금 때문에 그밖의 모든 것이 가려지는 것도 문제라고 덧붙였다. 해저에 묻힌 수십억 달러어치의 보물, 그것이 사람들을 미치게 만들었다. 두케 대통령의 선언 이후, 전에는 갈레온 선의 발견을 경축했던 콜롬비아 언론도 비난의 목소리를 높이기 시작했다. 고성능 로봇을 가지고 남의 나라의 영해에 뻔뻔하게 들어오려는 이 침략자는 대체 누구인가? 몇몇 비평가들은 히스테리에 가까운 반응을 보였다. 그 덕분에 둘리는 "악당", "신新해적", 그리고 "파렴치한 범죄 음모"의 주동자라는 비난을 받았다.

"난 고고학자예요!" 둘리는 방 안을 서성이며 큰 소리로 외쳤다. "금에는 관심도 없습니다! 그 배 안에 금화보다 훨씬 중요한 게 수백 가지는 있어요! 지금까지 그 누구도 본 적 없는 특별한 것들이라고요! 가장 중요한 건 그거예요! 산 호세 호에서 가장 중요하지 않은 게 바로 그 보물이란 말입니다."

나는 둘리를 믿었다. 그는 보물 사냥꾼이 아니었다. 조지 배스는 "고고학자에게 금 자체의 가치는 납이나 나무와 다를 것이 없다"고 쓴 적이 다.[32] 둘리도 같은 철학을 가지고 있었다. 그는 산 호세 호의 포차砲車 바퀴가 2개인지 4개인지와 같은 난해한 역사적 수수께끼를 풀 생각에 더 흥분해 있는 것처럼 보였다. 난파선의 사진 속에서 둘리가 발견한 것들은 일반인의 눈에는 아무것도 아닌 울퉁불퉁한 덩어리들에 불과했지만, 그에게는 흥미진진한 수수께끼였다. 그중에는 관장용 주사기 상자도 있었다. "대체 그런 게 배 안에 왜 있었을까요?" 둘리는 웃으며 자문자답을 했다. "프랑스인들 때문이었죠." 루이 14세 시대의 프랑스에서 관장용 주사기가 대유행이었으며, 심지어 장식품 역할도 했다는 사실을 누가 알았겠는가? "상인들이 유럽에 가져가서 팔려고 했던 거예요. 거대한 암시장이 형성되어 있었거든요."

의료 목적으로 사용되었던 네모난 진gin 병들("박물관에 그런 네모난 병이 몇 개나 있는지 알아요? 한 개도 없습니다!"), 산 호세 호의 병사들이 몸에 지니고 있었던 곡선 형태의 튀르키예 군도軍刀("그게 그 어떤 금보다도 가치 있단 말입니다!"), 그리고 무엇이 들어 있을지 알 수 없는 밀봉된 밀수품 상자 수백 개는 또 어떤가? "발굴해보기 전에는 결코 모르는 거예요." 둘리는 침울하게 말했다.

물론 그런 날이 언제 올지, 혹은 과연 오기는 할지는 170억 달러가 걸린 질문이다. 둘리를 가장 좌절하게 만든 것은 그러한 교착 상태의 불합리함 그 자체인 듯했다. 갈레온 선의 "파편 하나"까지 귀중한 유물이라고 선언하고 해저에서 썩도록 내버려두는 것이 대체 무슨 도움이 된다는 말인가? 더 나쁜 경우 난파선이 약탈을 당할 수도 있었다. 그러나 어쩌면 상황이 다시 바뀔지도 몰랐다. 어쩌면 콜롬비아의 다음 대통령이 계획을 승인해줄 수도 있고, 어쩌면 발굴 비용과 보존 연구소, 박물관 설립 자금을 대줄 독지가篤志家가 나타날 수도 있었다. 어쩌면 꿈은 아직 끝나지 않았을 수도 있었다. 그러나 한 가지는 확실했다. 만약 산 호세 호에 대해서 더 알고자 한다면, 그러한 특권에 대한 대가를 치러야 한다는 것이었다. 심해는 언제나 대가를 요구한다.

나는 공책을 덮었다. 오후는 저물어가고 창밖의 대서양은 멍든 것처럼 어두워져 있었다. 아름답고 변덕스럽고 무자비한 대서양, 수많은 분위기와 수많은 비밀을 가진 그 바다가 곧 나의 세상을 완전히 뒤흔들어놓지만 그때는 아직 그 사실을 알지 못했다. 내가 아는 것은 비행기를 타고 건너게 될 그 바닷속에 웅장한 스페인 갈레온 선이 적어도 1척 이상 가라앉아 있다는 사실이었다. "그 안에 배가 통째로 묻혀 있습니다." 둘리가 이제는 쉬어버린 목소리로 말했다. "화물까지 모두! 타임캡슐이란 말입니다. 그 안의 **모든** 것이 특별해요! 박물관을 10곳은 지을 수 있을 거예요! 엄청나다니까요! 산 호세 호 같은 배는 또 없습니다! 그 배는 모든 난파선의 어머니예요."

7
시작의 끝

바다는 모순적인 장소이다.
—레이철 카슨[1]

영국 런던

대왕오징어와의 약속에 늦은 나는 아메리카 마스토돈과 만텔리사우루스와 30억 년 된 암석을 지나쳐 런던 자연사 박물관의 휑한 중앙 홀을 반쯤 뛰다시피 가로질렀다. 유모차를 미는 인파가 아직 몰려들기 전인 일요일 오전 9시여서 오직 나의 발소리만이 화강암 바닥에서 메아리쳤다. 머리 위에는 물속에 뛰어드는 듯한 자세의 대왕고래 뼈대가 빅토리아 시대의 식물화로 장식된 대성당식 천장에 매달려 있었다. 138년의 역사를 가진 이 박물관은 8,000만 점의 표본, 8킬로미터 길이로 복잡하게 얽혀 있는 지하 통로, 부속 건물, 전시실, 극장, 연구실, 보관실, 수백 명의 연구원들, 뼈와 화석, 광물과 식물, 방대한 양의 곤충, 조류, 포유류, 어류가 한데 모여 있는 기적과도 같은 장소로서, 사우스 켄싱턴에 자리 잡은

DNA의 방주이자 자연계를 체계적으로 분류하려는 인류의 가장 원대한 시도였다.

이곳의 소장품 중에는 현존하는 가장 희귀한 심해 생물 표본들이 있었다. 공개 전시품은 아니지만, 가이드와 함께 가면 볼 수 있었다. 나는 미리 예약을 잡아둔 가이드를 홀 끝에서 만났다. 나의 가이드인 마크는 활기찬 태도에 날카로운 비음이 섞인 말투가 특징인 사람으로 특히 거들먹거리며 말하는 재능이 있었다. 그는 과학자가 아니라 도슨트였지만, 출입구의 비밀번호와 모든 물건의 위치를 알고 있었고, 나에게 필요한 것은 그것이 전부였다.

박물관에서 오래 머무를 생각은 없었다. 런던에서 지낼 수 있는 시간은 나흘뿐이었고 그중 대부분은 2019년 9월, 파이브 딥스 탐사가 막을 내리는 순간을 보는 데에 할애해야 했다. 그날 오후, 북극을 마지막으로 약 7만6,000킬로미터의 항해를 마친 프레셔 드롭 호가 템스 강을 따라 올라와서 카나리 워프에 정박할 예정이었다. 후원자, 언론, 대중들이 탐사진을 맞이하고 리미팅 팩터 호를 직접 볼 수 있도록 파티, 강연, 선박 투어 등의 행사가 준비되어 있었다. 모든 심해 탐사가 그렇듯이 이번 탐사도 대중의 눈에 띄지 않는 곳에서 진행되었다. 그러나 마지막은 예외였다. 나는 그들의 성공을 기념하는 순간을 놓칠 수 없었다. 그리고 런던에는 절대 외면할 수 없는 또 하나의 기회가 있었다. 바로 이 박물관 지하에 있는, 세계에서 가장 완벽한 대왕오징어의 표본을 볼 수 있는 기회였다.

예의상 나누는 잡담이 잠깐 오간 후 마크가 빠른 걸음으로 앞장섰고, 곧장 우리는 다윈 센터라고 불리는 현대적인 건물 안쪽에 들어갔다. 강철과 유리로 지어진 8층짜리 청결한 건물 안에는 연구실과 각종 시설들이 미로처럼 얽혀 있었다. 우리가 들어갔을 때에는 사람 없이 한적했고, 사체의 살들을 먹어치우느라 초과 근무 중인 수시렁이 무리뿐이었다. 마크는 박물관의 과학자들이 표본의 뼈만 남겨야 할 때 "비늘이나 털만 제거하고 나면 나머지는 이 녀석들이 알아서 해준다"고 설명했다. 앞면이 유리로 된 방에는 수시렁이들이 탈출하지 못하도록 막는 각종 덫과 경고문이 잔뜩 붙어 있었다. "이 조그만 녀석들이 일을 꽤 잘해요." 마크는 감탄하듯이 고개를 끄덕이며 덧붙였다. "달리 할 일이 없으면 개들이 먹는 비스킷을 좀 줘서 움직이게 만들죠."

건물의 아래쪽으로 내려가는 구불구불한 통로를 계속 걸어가다가 마크가 육중한 문 앞에서 멈춰 섰다. "이제 밀폐 공간으로 들어갑니다." 문을 열자 또다른 문이 나왔고 그 너머에는 서버실을 연상하게 하는, 금속 캐비닛들이 늘어선 긴 복도가 있었다. 그 캐비닛 안에는 컴퓨터 대신 종별로 세심하게 분류된 생물들이 보관되어 있었다. 온도가 10도쯤 뚝 떨어진 것이 느껴졌다. "여긴 왜 이렇게 춥게 유지하는 걸까요?" 마크가 마치 초등학교 3학년 아이들에게 퀴즈를 내는 듯한 말투로 물었다. 내가 빤히 쳐다보고만 있자 그가 스스로 대답했다. "주된 이유는 증발을 막기 위해서죠." 표본들은 에틸알코올에 넣어 보관하는데 이 물질은 변질을 방지하고 DNA를 보존하고 해로운 미생물을 막아주지만, 동시에 인화성이 강하고 온도에 민감하다. 용기가 단단히 밀봉되지 않았거나 보관 상태가 올바르지 않을 경우 유독한 기체가 방출될 수 있고, 알코올이 너무 많이 증발해버리면 아무리 탄탄한 표본도 육포처럼 변한다.

한쪽 벽에는 유리병이 줄지어 있는 선반들이 있었고 병마다……무엇인가가 들어 있었다. "저는 여기를 공포의 작은 상점이라고 부르죠." 마크가 킥킥거리며 이렇게 말하더니 병 하나를 가리켰다. "이 안에는 향유고래의 눈알이 들어 있어요. 아, 그리고 저건 매너티죠. 저 뒤에는 새끼 호랑이들이 있어요. 줄무늬까지 다 보여요. 오리너구리도 있고, 웜뱃도 있고, 얼룩말 태아도 있죠. 라벨 보이시죠? 라벨에 왜 라틴어를 쓸까요? 제가 설명해드릴게요. 과학에서는……."

마크가 말하는 동안 나는 복도 안쪽으로 계속 들어갔다. 모두 흥미로운 것들이었지만 나는 둥둥 떠 있는 눈알을 보러 온 것이 아니었다. 내가 조급해하는 것을 눈치챈 마크는 얼른 나를 앞질러 가서 과장된 동작으로 또다른 문을 열며 말했다. "자, 이제 큰 게 보고 싶으시죠?"

✳

안으로 들어서자 화학 물질의 냄새가 훅 끼쳤다. 마크가 전등을 켰다. "여긴 수조실이에요."² 눈앞의 광경에 입을 떡 벌리고 있는 나에게 그가 말했다. 공장 같은 분위기의 넓은 공간 안에는 금속제 수조가 줄지어 있고, 머리 위에는 노출된 배관과 철제 대들보, 환기용 호스들이 가로지르고 있었다. 방의 가장자리를 따라서 놓여 있는 튼튼한 선반들 위에는 수백 개의 커다란 유리 용기가 쌓여 있고, 그 안에는 액체에 절여진 동물들이 들어 있었다. 프랑켄슈타인 박사가 물고기에 집착하는 사람이었다면 꾸며놓았을 법한 모습의 실험실이었다. 수직으로 줄지어 매달려 있는 상어들, 송곳니를 드러낸 늑대장어, 그리고 완전한 형태의 코모도왕도마뱀이 한눈에 들어왔다. 백악기에 멸종된 줄 알았으나 인도양에서 살아 있는 상태로 발견된 원시 물고기 실러캔스도 두 마리 있었다. 마크는 못처럼 생긴 이빨들을 가진 드래곤피시를 가리키며 말했다. "영화 「에이리언」 보셨어요? 저거 꼭 체스트버스터(영화 「에이리언」에 나오는 괴물의 별칭/역주) 같지 않나요?"

한구석에는 잠겨 있는 유리문 너머로 대체 불가능한 모식模式 표본(한 종을 대표하는 표본)들과 역사적으로 특히 중요한 가치가 있는 생물들이 보관되어 있었다. 그중 한 유리병에는 찰스 다윈이 비글 호를 타고 항해할 때 같은 선실에서 지냈던 자그마한 문어 한 마리가 들어 있었다. 바닷물이 든 수조 안에 살면서 형태를 바꾸고, 먹물을 뿜고, 피부색을 변화시키는 능력으로 위대한 생물학자를 감탄시켰던 동물이었다. 선반 위에 있는 또다른 동물들은 HMS 챌린저 호가 해저에서 끌어올린 것들이었다. 그러나 이 공간의 주인공은 방 전체를 가로지르는 약 12미터 길이의 유리 수조 안에 든 아르키테우티스 둑스*Architeuthis dux*, 줄여서 아르키라고 불리는 대왕오징어였다.

"굉장하죠?" 마크가 물었다. 물어볼 필요도 없는 질문이었다. 길이 약 8.5미터의 아르키는 어린 암컷이었지만 수조의 끝에서 끝까지 걸어가는 데에 30초는 족히 걸렸다. 대왕오징어는 거대한 로켓 형태의 외투막에서 뻗어나온, 아나콘다만큼 굵은 8개의 팔과 어마어마하게 긴 2개의 사냥용 촉수를 가지고 있으며 그 끝에는 톱니 모양의 빨판들이 박혀 있다(대왕오징어의 머리는 외투막과 팔 사이에 끼어 있어서, 인간으로 치면 엉덩이에서 얼굴이 나와 있는 것과 같다). 이 10개의 부속지는 고무줄처럼 신축성이 있어서 정확한 길이 측정이 쉽지 않지만, 과학자들이 추정하는 아르키 성체의 최대 길이는 약 12미터, 무게는 약 1톤에 달한다.[3]

그러나 단지 덩치 때문에 대왕오징어가 그토록 무시무시한 명성을 얻게 된 것은 아니다. 인간의 상상 속 크라켄이 사악한 존재였던 이유는 우리가 그 괴물이 교활하며 악의가 있다고 생각했기 때문이다. 배구공만 한 눈을 가진 미끈미끈한 야수가 다음 공격을 계획하며 음모를 꾸미지 않을 리 있겠는가? 오징어는 해양 연체동물의 한 종류인 두족류에 속하며, 여기에는 문어, 갑오징어, 앵무조개도 포함된다. 이 무척추동물군의 몇몇 동물은 지능이 높은 것으로 유명하고 다수의 척추동물(일부 포유류도 포함된다)보다도 뛰어난 인지 능력을 가지고 있다. 그러나 과학자들은 아르키가 사나운 포식자인지 혹은 소심한 기회주의자인지, 그러니까 고도로 발달한 뇌와 눈을 이용하여 또다른 거대한 생물, 예를 들면 천적인 향유고래를 쫓아다니는지 혹은 피해 다니는지 확실히 알지 못한다. 다시 말해, 누가 누구를 사냥하는 것일까?

향유고래가 입 밖으로 약 6미터 길이의 오징어 촉수를 늘어뜨린 채 유유히 돌아다니는 모습도 여러 번 목격되었지만, 한편으로는 거대한 오징어가 수면 위에서 향유고래들과 싸워 승리를 거두는 것처럼 보였다는 역사적 기록들도 남아 있다. 예를 들면 1875년에 폴린 호라는 스쿠너 선(돛대가 2개 이상인 범선/역주)의 선장 조지 드레바는 "괴물 같은 바다뱀이 커다란 향유고래를 두 바퀴나 휘감고 있는" 모습을 보았다고 묘사하면서 그 "괴물"이 촉수를 "지렛대처럼 사용하여 자신의 몸과 희생양을 대단히 빠른 속도로 함께 비틀어 감았다"고 설명했다.[4] 15분간의 몸부림 끝에 고래는 머리부터 깊은 바닷속으로 끌려 들어갔고, 드레바는 "매의 발톱에 잡힌 작은 새처럼 포악한 괴물에게 휘감겨 힘도 못 쓰는 가련한 고래의 마지막 사투를 지켜보면서……등골이 오싹해졌다"고 한다.

비교적 최근인 2003년에도 세계 일주 경주 대회에 참가한 프랑스 팀의 길이 33미터짜리 3동선(3개의 선체를 연결한 배/역주)이 대서양 한가운데에서 갑자기 멈추는 일이 있었다. 선장인 올리비에 드 케르소종은 어망에 걸린 모양이라고 짐작했다.[5] 그러나 선체의 현창을 통해서 물속을 살펴보던 1등 항해사 디디에 라고의 눈에 들어온 것은 자신의 허벅지만큼 굵은 촉수였다. "그 촉수가 배를 휘감으려는 것 같았어요. 배가 심하게 흔들렸죠." 라고는 이렇게 회상했다. "바닥이 삐걱거리고 키가 휘기 시작하더라고요. 선미 부분이 뚝 하고 부러지겠다 싶었을 때 갑자기 사방이 고요해졌습니다." 무슨 이유에서인지 오징어는 배를 그냥 놔주고 깊은 바닷속으로 물러났다. "오징어가 우릴 놔주지 않았다면 어떻게 했을지 모르겠어요." 나중에 케르소종은 이렇게 인정했다. 『해저 2만 리』에서 도끼를 휘두르며 거대한 오징어를 쫓아냈던 네모 선장과 달리, 그들은 "주머니칼로 그 녀석을 공격할 마음은 없었다(아이러니하게도 이 프랑스 선원들은 "쥘 베른 트로피"를 받기 위해서 경쟁하던 중이었다)."

대왕오징어의 공격성에 대한 증거가 충분히 많은 듯하지만, 향유고래의 위장 속 내용물을 들여다보면 이야기가 또 달라진다. 오징어의 팔 한가운데에는 앵무새 부리처럼 생겨서 먹이를 잘게 찢어주는 입이 있다. 주방용 믹서기의 칼날처럼 생긴 이 부위는 다른 동물들이 소화를 시키지 못한다. 과학자들이 향유고래의 뱃속에서 찾아낸 이 덜그럭거리는 부리들의 수로 미루어볼 때, 아르키가 꽤 만만하지 않은 상대일지는 몰라도 향유고래가 심해의 헤비급 챔피언이라는 사실에는 반박의 여지가 없다.

수조실 안의 사체만으로는 대왕오징어의 행동에 대한 어떤 통찰도 얻을 수 없었다. "새를 박제로 만들어 유리 상자에 넣어두는 방법으로는 하늘을 날아다니는 새의 경이로움을 이해할 수 없다"고 썼던 영국의 철학자 앨런 와츠의 말은 옳다.[6] 세포 수준으로 자세히 관찰하는 연구자들에게는 유용했지만, 아르키는 이제 레몬색 액체 속에 떠 있는 너덜너덜한 조직 덩어리에 불과했다. 고속도로처럼 뻗은 신경계와 5억 개의 뉴런 모두 온전히 남아 있고 도넛 모양의 뇌와 3개의 심장도 그대로였지만, 구리 기반의 헤모시아닌이 함유된 파란색 피는 사라지고 없었다(철 기반의 헤모글로빈이 함유된 피는 붉은색이다). 이제 아르키의 피부는 두족류 특유의 화려한 무지개빛 대신 영원히 창백한 베이지색으로 남게 되었다.

2012년에 일본의 해안과 멕시코 만에서 은둔하던 아르키가 미국의 해양생물학자 에디스 위더가 고안한 발광 미끼에 이끌려 카메라의 촬영 범위 안으로 들어왔다.[7] 그리고 그렇게 촬영된 영상을 수백만 명이 온라인으로 시청했다. 그전까지 살아 있는 대왕오징어의 모습을 본 사람은 거의 없었다. 때때로 어부들이 그물에 걸려 몸부림치는 대왕오징어를 발견하고 당황하기도 했지만(아르키도 그렇게 잡혔다) 그렇게 잡힌 오징어는 오래 살아남지 못했다. "아르키가 여기에 도착했을 때에는 몸이 얼어 있었어요." 마크가 설명했다. "녹이는 데에 나흘이 걸렸죠." 그리고 아르키의 보존 작업을 하던 과학자들이 방독면을 착용해야 했다는 이야기도 덧붙였다.[8] 대왕오징어의 몸에는 암모니아가 함유되어 있다.[9] 이 화학 물질은 바닷물보다 가볍기 때문에 중성 부력을 유지할 수 있게 도와준다. "최악의 화장실 악취를 상상해보세요. 바로 그런 냄새였죠."

아마도 아르키의 가장 놀라운 점은 심해에서 가장 큰 오징어가 아니라는 사실일 것이다. 아르키가 들어 있는 수조에는 남극하트지느러미오징어의 절단된 사체도 함께 들어 있다. 아르키보다 팔은 더 짧지만 외투막은 더 두껍고 사냥용 촉수에는 고양이의 발톱처럼 휘어진 갈고리가 달려 있어서 전체적으로 좀더 강력한 동물이다. 두 종 모두 수심 900미터 아래의 물속에서 생활하며 사냥하는 수수께끼의 생물이지만,[10] 남극하트지느러미오징어에 대해서는 알려진 사실이 더욱 적다. 흥미롭게도 연구자들은 초거대 남극하트지느러미오징어로 추정되는 생물의 더 큰 부리를 발견한 적이 있다.

과학 소설가 허버트 조지 웰스는 1896년에 이렇게 썼다. "동물학의 어떤 분야에도 심해 두족류만큼 우리가 잘 모르는 대상은 또 없다."[11] 120여 년이 지난 지금에도 이 문장은 여전히 진실이다. 다만 앞으로도 오랫동안 그렇지는 않을 것 같다. 5세기 전 올라우스 망누스는 오징어에 대해서 다음과 같이 묘사했다. "그들의 형태는 끔찍하다. 머리는 네모지고 온통 가시로 덮여 있으며 마치 뒤집힌 나무의 뿌리 같은 길고 날카로운 뿔들에 둘러싸여 있다."[12] 그후로 오징어의 생태 연구는 꾸준히 발전해왔다. 우리는 심해를 탐사함으로써 대왕오징어의 존재가 가지는 모순성을 있는 그대로 이해할 수 있게 될 것이다. 요트를 휘감을 수 있을 만큼 강력한 포식자이자 향유고래에게 잡아먹힐 수도 있는 먹잇감, 노련하지만 조심스럽고, 호기심이 많지만 숨어 지내는, 사악함과는 거리가 멀지만 우리를 피해 다닐 정도로 충분히 영리한 존재 말이다.

나는 아르키의 수조 옆면을 손으로 훑으며 조용히 경의를 표했다. "오징어 요리 좋아하세요?" 마크가 물었다.

나는 대답했다. "이젠 아니에요."

＊

트라팔가 광장에 자리 잡은 술집 애드미럴티는 넬슨 제독의 배인 HMS

빅토리 호의 내부를 연상시키도록 설계되었다. 만약 수제 맥주를 파느라 바쁘지만 않다면, 3층짜리 건물 안을 채운 선박 분위기의 실내 장식과 기념품들 덕에 술집 전체가 나폴레옹 전쟁에 참전하기 위해서 막 항해를 떠날 것만 같은 인상을 준다. 건물 밖에 있는 2개의 화려한 분수대에서는 포세이돈의 아들인 트리톤이 여자 인어, 남자 인어, 돌고래들과 신나게 어울리고 있었다. 해양 탐사를 마무리하는 파티를 열기에 완벽한 장소였다.

게다가 파이브 딥스 탐사를 기념하는 행사는 지하층에서 열리고 있었으니 지난 1년간 바다 아래를 탐사한 사람들에게는 더욱 적절했다. 만약 그 술집이 배였다면 선창에서 파티가 열리는 셈이었다. 좁은 계단을 내려가자 아래층에서부터 새어나오는 시끌벅적한 소음과 음악 소리가 들려왔다.

공식적인 행사는 전날 저녁에 있었다. 런던의 왕립 지리 학회에서 열린 칵테일 파티와 발표회가 그것이었는데 역사적으로 의미가 깊은 곳에서 열리는 만큼 정장과 넥타이 차림에 격식을 갖춰야 하는 자리였다. 사람들 사이를 돌아다니며 축하를 받는 빅터 베스코보의 복장과 세련된 태도에서 그가 사모 펀드 은행가로서 살고 있는 평행 세계의 모습도 엿볼 수 있었다. 내가 그전에 마지막으로 베스코보를 본 것은 누쿠알로파에서였다. 그때 그는 맨발에 청바지 차림이었고 하나로 묶은 머리카락은 고무줄 밖으로 삐져나와 흐트러져 있었으며, 그런 모습으로 스카이 바에서 마가리타를 들이켜면서 노래방 기계의 반주에 맞춰 자신이 지은 가사의 노래를 열창하고 있었다.

나는 파이브 딥스 블루스에 빠졌네

통가의 선교에 앉아

수심 1만 미터에서 배터리에 불이 붙었지

나는 그저 집에 가고 싶을 뿐이야

  카나페가 서빙되고 있는 연회실 안을 둘러보니 파이브 딥스 탐사 대원들은 육지에서의 새로운 생활에 여전히 적응하는 중인 듯했다. 배 위에서 덥수룩하게 기르던 턱수염 대신 깨끗하게 면도한 얼굴과 산뜻하게 자른 머리들이 보였다. 팀 맥도널드도 길게 길렀던 콧수염을 희생시킨 후였다. 그는 북극 지방에서 1주일 더 머물면서 북극곰을 찾아 스발바르 제도를 누비고 다닌 후에야 문명으로 돌아올 준비가 된 것 같았다고 나에게 말했다. 바다에 나가 배 안에만 갇혀 생활하다가 낯선 이들과 어울리려면 연습이 필요하다. 그래서인지 완충제 역할을 해줄 가족들을 데려온 사람들도 있었다.

  발표회가 시작되고 목재로 마감된 강당 안으로 청중들이 줄지어 들어갈 때 나는 돈 월시가 맨 앞줄로 안내되는 모습을 보았다. 그의 이름이 소개되자 기립 박수가 쏟아졌다. 그날 밤 월시는 기자들, 해양사 애호가들, 사인을 받으려는 사람들에게 에워싸여 그곳을 마지막으로 떠날 수밖에 없었다. "내가 일종의 상징물이 된 것 같네요." 나중에 그는 재미있다는 듯이 이렇게 말했다.

  롭 매캘럼이 사회자로 나서서 탐사 대원들을 소개하고 파이브 딥스 탐사의 업적을 하나하나 읊었다. 리미팅 팩터 호는 바다에서 가장 깊은 지점 13곳에 도달했고 그 와중에 베스코보도 여러 기록을 세웠다. 앨런 제이미슨의 과학 연구진은 랜더를 총 103회 잠수시켜서 10만 점이 넘는 생물 표본을 채집하고 40가지의 새로운 종을 찾아냈으며(이 수는 더 늘어날 예정이다) 500시간 분량의 영상을 촬영했다. 탐사진은 음파 탐지 작업을 통해서 프랑스 전체의 면적과 맞먹는 약 55만 제곱킬로미터의 고해상도 심해저 지도를 만들었다.[13] 그중 60퍼센트는 그동안 지도에 기록된 적이 없는 지역이었다(이 지도는 2030년까지 완전한 해저 지도 작성을 목표로 하는, 유럽 연합EU의 대양 해저 지형도 프로젝트에 기증될 예정이다).

베스코보는 기조연설에서 이렇게 회고했다. "이런 질문을 자주 들었습니다. '진정으로 탐험할 곳이 아직도 남아 있나요?' 물론 남아 있습니다. 대양의 80퍼센트는 탐험되지 않았습니다. 수심 2,000미터 아래로 내려간다고 하면 사람들은 이렇게 말하죠. '아, 그런데 그곳에는 아무것도 없잖아요.' 글쎄요, 제 생각은 다릅니다."

마지막으로 질의응답 시간이 되자 해골과 두 개의 뼈가 그려진 깃발을 달고 전 세계를 항해한 사람들의 집단적인 개성이 드러나기 시작했다. 한 질문자가 10분 정도 장황한 이야기를 늘어놓은 후 거창한 어조로 이렇게 물었다. "……그러니까 50년 후에도 생명으로 가득한 바다가 존재할 거라고 생각하시나요?" 그러자 관객석에서 월시 옆에 앉아 있던 제이미슨이 벌떡 일어나 무대로 달려가더니 마이크를 잡았다. "네." 한마디로 간단히 대답한 그는 재빨리 자기 자리로 돌아갔다.

※

이제 제이미슨은 술집 애드미럴티에서 스코틀랜드인 동료들인 스튜어트 버클 선장과 2등 기관사 찰리 퍼거슨과 함께 맥주를 마시고 있었다. 세 사람 모두 킬트(스코틀랜드의 전통 의상인 남성용 치마/역주) 차림이었다. 그들에게 인사를 한 뒤 나도 맥주 한 잔을 주문했다. 두꺼운 나무 바닥과 아치형의 낮은 벽돌 천장이 있는 술집 안은 아늑하고 사교적인 분위기를 풍겼다. 선실과 비슷한 작은 구석 공간 안에 놓인 탁자들에서 대화 소리가 울려 퍼졌다. 매캘럼이 화려한 하와이안 셔츠를 입고 지나갔고, 포도주 한 병을 든 패트릭 레이히가 뷔페를 찾으며 그 뒤를 따랐다.

　방 건너편에서는 베스코보가 사람들에게 휴대전화로 무엇인가를 보여주고 있었다. 나는 혹시 잠수정에서 찍은 영상인가 싶어서 가보았는데 알고 보니 그가 기르는 반려견 사진이었다. 베스코보가 휴대전화를 집어넣기 전에 나는 혹시 최근에 잠수했을 때 찍은 영상이 있는지 물었다. 그는 최근에 단독으로 타이태닉 호에 내려갔다가 온 적이 있었다. 내가 듣기로 그 난파선은 잔해가 이리저리 얽혀 있는 지뢰밭이나 다름없어서 잠수정 조종사가 혼자 가기에는 최악의 장소였다. 철을 먹는 세균 때문에 배의 부분부분이 무너지거나 약화되었고 언젠가는 배 전체가 잡아먹힐 운명이었다. 선체에서는 금속 파편들이 날카롭게 튀어나와 있고 전선, 철사, 대빗davit(닻이나 작은 보트를 배에 올리고 내리기 위한 장치/역주), 지지대 등 잠수정이 걸릴 만한 곳은 수도 없이 많았으며 만약 그럴 경우 거기에서 구조될 방법은 없었다. "맞아요." 베스코보가 한숨을 깊이 내쉬며 말했다. "롭과 패트릭이 나한테 여러 번 와서 말했어요. '빅터, 안 하는 게 좋겠어요. 너무 위험해요. 잠수정에는 두 사람 이상 타야 해요.' 그래도 나는 내려갔죠. 그러나 롭과 패트릭 말이 맞았어요. 다시는 그러지 않을 겁니다."

　베스코보는 타이태닉 호에서 약 800미터 떨어진 곳에 내려가자마자 그곳이 평온한 수역이 아니라는 사실을 깨달았다. 수심 약 4,000미터의 대서양 심해는 혼탁하고 음침하며 예측하기 힘든 해류로 요동치는 곳이었다. 베스코보는 한기를 떨치려고 애쓰면서 방향을 조정하여 난파선이 있는 방향으로 나아갔다. "음파 탐지기에 뱃머리의 형태가 보이더군요." 그는 이렇게 회상했다. "그 배와 점점 더 가까워지면서 해저의 균열도 점점 더 심해지고, 음파 탐지기 데이터로는 10미터 떨어져 있다는데 창밖을 내다봐도 아무것도 안 보이는 거예요. 그저 한없이 검고 검고 또 검었죠. 그때 문득 깨달았어요. 내가 그 배의 바로 앞에 있구나. 내가 보고 있는 그 시커먼 것이 타이태닉 호의 우현이었던 거죠. 그래서 추진기를 작동해서 위로 올라가니 2초도 안 되어서 줄지어 늘어선 둥근 창문들이 보이더라고요. 그런 창문이 한 줄 더, 또 한 줄 더……." 베스코보는 자신이 하는 말을 강조하기 위해서 잠시 입을 다물었다가 말을 이었다. "그때 생각했죠. 맙소사! 이거 엄청나게 크네."

오른손으로 조종간을 꽉 쥐고 잠수정을 조금씩 앞으로 밀고 나가면서 베스코보는 난파선을 둘러보았다. 배에서 흘러내린 녹이 만들어낸 울퉁불퉁한 종유석이 표면을 얼룩덜룩하게 뒤덮어 거의 지질학적인 풍경 같다는 느낌마저 주었다. 하얀 말미잘과 산호도 마치 추모용 꽃처럼 난파선을 점점이 덮고 있었다. 서로 600미터쯤 떨어진 뱃머리와 선미 사이에는 각종 잔해들이 흩어져 있었다. 그것은 해저에서 터진 비극적인 피냐타(멕시코에서 과자나 장난감 따위를 넣어놓고 막대기로 쳐서 터뜨리면서 노는 인형/역주)였다. 뒤틀린 파이프들, 뒤엉킨 밧줄, 부서진 기계 장치, 깨진 그릇, 그리고 바지 한 벌.

"보시다시피 선미가 바닥에 부딪치면서 그냥 터져버렸어요." 베스코보가 말했다. 그는 휴대전화를 뒤져서 한때 4만6,000톤의 배를 지탱할 만큼 튼튼했던 강철 막대들이 관절염에 걸린 그렌델(북유럽의 고대 서사시 「베오울프」에 등장하는 괴물/역주)의 발톱처럼 휘어져 있는 사진들을 보여주었다. "이렇게 커다란 것들이 여기저기 튀어나와 있어요. 이런 것들 근처에는 안 가는 편이 좋습니다. 어디에 걸릴지 모르니까요." 베스코보는 고개를 저으며 휴대전화를 주머니에 다시 집어넣었다. "내가 해본 것 중에 가장 위험한 일이었어요. 무서워 죽는 줄 알았다니까요. 그래도 그럴 만한 가치가 있는 일이었죠."

※

타이태닉 호를 떠난 탐사진은 북극해에서 가장 깊은 지점인 몰로이 해연을 향해 북쪽으로 나아갔다. 수심 5,550미터로 파이브 딥스 탐사의 목표 지점 중에서는 가장 얕은 곳인 몰로이 해연은 다른 지점들과 달리 초심해저대 해구의 일부가 아니다. 오히려 유라시아 판과 북아메리카 판이 갈라지는 확장 중심의 남쪽 끝에 있는, 그릇 모양의 지형에 가깝다.[14]

시시하게 들릴지도 모르지만 사실은 그 반대이다. 북극의 심해는 복잡하게 요동치고 있다. 접근하기가 극도로 어렵고, 얼음으로 막혀 있으며, 뼈가 얼어붙을 정도로 춥고, 독특한 동물과 미생물이 가득한 곳이다. 기후 변화가 우리의 삶을 어떻게 완전히 바꿔놓을지를 이해하는 데에 핵심이 되는 곳이기도 하다. 대양의 주요 해류가 이곳에서 만난다.[15] 대서양의 따뜻한 염수가 극지방의 차가운 담수와 만나서 형성된 환류, 와류, 소용돌이가 복잡한 춤을 추듯이 오르락내리락하면서 열을 순환시킨다.

극북 지방에서 심해 활동의 규모가 어느 정도인지 짐작하려면, 그린란드와 아이슬란드 사이에 위치한 덴마크 해협 폭포를 생각해보라. 지구에서 가장 높고 장대한 이 폭포는 높이가 3,500미터, 폭은 160킬로미터에 달하고 초당 500만 세제곱미터(50억 리터)의 물을 쏟아낸다.[16] 이런 폭포가 해수면으로부터 600미터 아래에 자리를 잡고 있다. 또한 북극은 화산 지형으로 이루어진 수중 장애물 경주 코스나 마찬가지이다. 봉우리, 능선, 계곡, 단층, 절벽, 대륙붕, 열수공이 한데 섞여 있으니, 만약 북극의 심해가 음악이라면 나인 인치 네일스(미국의 록 밴드로, 거칠고 복잡한 음악으로 유명하다/역주)의 라이브 앨범과 비슷할 것이다.

베스코보는 그곳에서 3번의 잠수를 했다. 혼자서, 그 다음은 헤더 스튜어트와 함께, 그리고 마지막은 제이미슨과 함께였다. "완전히 미친 짓이었죠." 제이미슨은 나에게 이렇게 말했다. "처음부터 끝까지 아주 험난한 협곡 잠수였어요. 한순간도 마음을 놓을 수 없었죠. 자동차만 한 바위들이 갑자기 튀어나오니까요. 무엇인가에 너무 세게 부딪쳐서 잠수정이 앞으로 45도 정도 기울어지기도 했어요."

"몰로이 해연은 성격이 완전히 다른 곳이었어요." 베스코보도 그 잠수를 떠올리며 동의했다. "마치 알프스 산맥을 등산하는 것 같았죠. 그곳에서 우리가 수집한 생물 표본의 양도 어마어마했습니다. 랜더의 트랩이 완전히 꽉 찼죠. 탐사 전체에서 가장 큰 수확이었어요." 그는 마지막 잠수가 끝난 후에야 그 일의 의미를 실감했다고 말했다. "맙소사, 우리가 해냈어. 우리가 파이브 딥스 탐사를 해낸 거야. 모두 무사히."

나는 베스코보에게 탐사가 끝난 후 아드레날린 금단 증상 같은 것은 없는지 물었다. 런던에서 테킬라를 홀짝이는 것 정도로는 미지의 심연으로 뛰어들 때와 같은 짜릿함을 느낄 수 없다. 엔도르핀에 취한 상태를 오래 겪은 사람은 에너지가 고갈되어 모험 후에 찾아오는 우울감에 빠지는 일이 잦다. "아, 당연하죠." 베스코보가 대답했다. "마리아나 해구로 연속 세 번이나 잠수하는 일이 평범하지는 않잖아요. 난 그런 일을 대체로 즐기지만 그래도 휴식이 필요해요. 일종의 감압이 필요한 거죠."

그러나 그다지 오래는 아니었다. 왕립 지리 학회에서 베스코보는 "불의 고리"라는 이름의 새로운 탐사 계획을 발표했다. 환태평양 지역의 초심해저대에서 진행하는 이 일련의 잠수 탐사는 6개월 내로 시작될 예정이었다. 베스코보는 원래 파이브 딥스 탐사가 끝난 후 잠수정과 선박, 랜더를 팔 계획이었는데, 구매자가 나타나지 않자 어차피 해양 탐사에 푹 빠진 김에 다시 바다로 나가지 않을 이유가 없다고 생각한 것이었다.

"필리핀 해구를 탐사하고 싶어요." 베스코보는 자신의 계획을 쏟아내듯이 말했다. "수심 1만500미터인데 아무도 가본 적이 없거든요. 케르마데크 해구, 뉴 헤브리디스 해구도요. 허가를 받을 수만 있다면 쿠릴-캄차카 해구도요. 챌린저 해연에도 다시 갈 겁니다. 그냥 잠수만 하는 것이 아니라 3개의 분지를 모두 조사해서 완벽한 지도를 만들 거예요. 1960년의 트리에스테 호 이후로는 서쪽 분지에 사람이 간 적이 없거든요. 그런 다음에는 마리아나 해구의 북쪽 지역, 네로 해연, 그밖의 몇몇 곳들을 탐사할 거예요." 그는 나를 기다려주는 것처럼 말을 멈췄다. 나는 그가 하려는 말의 숨은 의미를 이해했다. 이것은 무엇인가의 종결이 아니었다. 그저 시작의 끝일 뿐이었다.

"정말 많은 장비로 정말 많은 잠수를 할 겁니다." 베스코보가 말을 맺었다.

"같은 탐사 대원들하고요?"

그는 고개를 끄덕였다. "다들 다시 오고 싶어해요."

※

파티는 계속되었다. 건배와 술과 애정 어린 욕과 웃음이 오갔다. 1년간 서로 어깨를 맞대고 살았던 사람들인데도 여전히 함께 있는 것이 즐거워 보였다. 나는 트라이턴의 책임 설계공학자인 존 램지와 잠깐 이야기를 나누었다. 램지를 만난 것은 처음이었지만 레이히에게 그에 관한 평가를 들은 적은 있었다. "진짜 굉장한 사람이에요. 잠수정 설계 분야의 레오나르도 다 빈치죠." 「이코노미스트*Economist*」도 그 의견에 동의했다. 이 잡지는 개인용 잠수정을 요트 소유주들의 필수 장식품으로 소개한 기사에서 램지를 "제임스 본드의 Q도 아마추어처럼 보이게 만드는 사람"이라고 묘사했다.[17]

아름다운 기계를 만들어내는 램지의 능력이 일종의 비밀 병기인 것은 사실이었다. 심해 장비는 크고 투박하며 공학 기술이 미학을 압도하기 쉬운데, 트라이턴의 잠수정은 형태와 기능의 우아한 조합이 특히 두드러진다. 제임스 본드도 탐낼 만한 잠수정들이니, 007의 자동차를 만든 영국의 회사 애스턴 마틴이 첫 심해 잠수정 제작을 위해서 트라이턴과 손을 잡은 것도 놀라운 일은 아니다.[18] 그 결과 고성능 스포츠카처럼 작동하는 날렵한 2인용 잠수정이 탄생했다.

내가 인사를 하러 다가갔을 때 램지는 벽 앞에 서서 사과주를 음미하고 있었다. 흐트러진 갈색 머리에 조용하고 건조한 유머 감각을 가진 그는 마흔 살이 조금 안 된 영국인이었다. 그의 얼굴 표정은 여기에서 꽤 즐거운 시간을 보내고 있지만, 사실 파티를 별로 좋아하지 않는다고 말하는 듯했다. 자신의 뇌로 웬만한 도시 하나를 돌아가게 만들 수 있는 사람들이 모두 그렇듯이 램지도 자신의 머릿속에서 시간을 보내는 쪽을 편안해했다. 잉글랜드 남서부에서 자란 그는 실제로는 존재하지 않지만 더 멋진 세상이라면 있을 법한 발명품, 제품, 물건들을 스케치하며 소년 시절을 보냈다.

"나는 바다를 정말 사랑하니까 이 사실을 인정하면 안 되겠지만, 실은 잠수함에는 별 관심이 없어요." 램지가 나에게 말했다. "그냥 설계하는 일이 좋아요. 그런데 잠수정 설계는 믿을 수 없을 정도로 개척되지 않은 분야거든요. 아무도 해본 적 없는 일을 처음으로 시도하는 빅토리아 시대의 공학자가 된 것 같죠. 그러니까 무엇이든 하고 싶은 대로 하고, 마음껏 바꿀 수 있어요."

그토록 자유로운 상상력을 가진 사람에게 심해판 달 착륙선을 만들 수 있다는 것은, 램지의 표현을 빌리자면 "궁극"의 기회였다. 베스코보를 만나기 전부터 수년간 램지와 레이히는 대양의 전 영역을 탐사할 수 있는 3인용 잠수정의 개념을 계속 논의해왔다. 그런 잠수정의 이상적인 모습은 어떠해야 할까? 그것을 어떻게 만들어야 할까? 사람들이 심해를 바라보는 방식을 어떻게 근본적으로 바꿀 수 있을까? 그들은 그 해답이 유리에 있다고 믿었다. 직관적으로는 잘 이해되지 않겠지만, 압력을 받는 상황에서는 유리가 티타늄보다 강할 수 있다. 바닷속의 어디든 갈 수 있는 둥근 유리 방울을 타고 떠다닌다고 상상해보라. 이론적으로는 가능한 일이었다. 다만 현실적으로는 유리 구체를 최적화할 방법을 찾기 위해서 훨씬 더 많은 연구가 필요했다. 베스코보의 잠수정에 티타늄을 쓴 것은 현실적인 선택이었다(그러나 유리도 분명히 논의 대상에 포함되어 있었다. "조만간 이루어질 겁니다. 10년 안에 최초의 유리 기밀실을 볼 수 있을 거예요." 레이히는 이렇게 확신했다).

사람이 타는 잠수정을 설계하는 일에는 어마어마한 책임감이 따른다는 점도 생각해야 한다. 소파나 잔디 깎는 기계나 칫솔을 설계하는 것과는 다르다. 그런 물건의 결함은 기껏해야 약간의 불쾌감이나 가벼운 불편을 유발할 뿐이다. 램지는 리미팅 팩터 호의 시험 잠수 당시 안절부절못했다는 사실을 인정했다. "심장이 입까지 튀어나오는 것 같았어요." 잠수정의 성능이 입증된 후에도 레이히와 함께 챌린저 해연으로 들어갈 때에는 완전히 마음을 놓을 수 없었다.

"음······. 아크릴 모델을 타고 갈 때처럼 즐거운 잠수라고 할 수는 없죠." 자신이 만든 잠수정을 타고 초심해저대로 들어갈 때 어떤 기분이었는지 묻자, 램지가 머뭇거리더니 대답했다. "전혀 다른 종류의 경험이에요. 그 안에서 12시간을 보내야 하니까요." 램지는 가벼운 폐소공포증이 있어서 상황이 더 어려웠을 것이다. 게다가 해저에 내려갔을 때에는 로봇 팔이 그의 창문 앞에서 아무 이유도 없이 발작적으로 회전하거나 무엇인가를 움켜쥐는 시늉을 했다("그런 현상을 '외계인 손 증후군'이라고 한다더군요." 레이히가 설명했다. "진짜예요, 그런 게 정말 있어요." 수면 위로 돌아온 후, 전자 장치에 물이 들어가서 그러한 이상이 발생했다는 진단이 내려졌다).

머리 위로는 약 11킬로미터 깊이의 바다가 있고, 1제곱센티미터당 약 1,100킬로그램의 수압이 나를 끝장내기 위해서 온 힘을 다하고 있으며, 로봇 팔은 나의 얼굴을 향해 찌르는 시늉을 해대는데, 그 모든 것을 막아주는 것은 나의 계산에 따라서 만들어진 얇은 티타늄 껍데기 하나뿐이라면? 사무실에서 보내는 평범한 하루와 같을 수는 없다. 파워포인트로 발표를 하거나 주주들 앞에서 연설하는 것보다는 아무래도 훨씬 더 긴장감 넘치는 일이다. 램지의 직업은 그저 취미 삼아 해보려는 사람이나 일솜씨가 서투른 사람이나 수학에 재능이 없는 사람은 들어올 수 없는 분야였다. 내가 그런 이야기를 하자 그는 싱긋 웃었다. "내가 좋아하는 일과 이것보다 더 가까운 직업은 또 없을 거예요."

※

"여기는 술 안 마시는 탁자예요." 레이히가 메를로 포도주가 든 잔을 들고 나를 부르며 농담을 던졌다. 그는 긴 의자에 아내와 함께 앉아 있었다. 곱슬거리는 모래빛 금발을 풍성하게 늘어뜨린 레이히의 아내 티치아나는 다정한 성격의 이탈리아인 오페라 가수였다. 나는 몸을 숙여 그들의 맞은편에 앉았다. 둥글고 아늑한 천장 밑에 있으니 마치 잠수함 안에 웅크리고 앉은 느낌이었다. 그 점을 눈치챈 레이히가 웃었다. "난 아무래도 좁은 공간에 있는 게 편한가 봐요."

포도주 병을 들어 나에게 한 잔 따라주려던 레이히가 매캘럼이 지나가는 것을 보고 외쳤다. "이봐, 롭! 이리 와서 같이 앉아, 이 한심한 자식아!" 그 소리를 들은 매캘럼이 돌아서서 우리 탁자로 왔다. 그가 자리에 앉자 레이히가 물었다. "술 마셨어? 약간 비틀거리던데."

"툭하면 이래요." 매캘럼이 레이히를 가리키며 나에게 말했다. 그럴 만도 했다. 두 사람은 각자 경력을 쌓는 내내 이런저런 일을 함께 해왔다. 그동안 다른 잠수정, 다른 선박, 다른 탐사, 다른 고객, 그리고 수많은 다른 술자리가 있었다. 심해 탐사라는 공통점으로 뭉친 두 사람은 대부분의 일에 의견이 일치하는 한편, 때로는 치열한 언쟁을 벌이면서도 여전히 잘 지낼 수 있는 사이였다. 신선하게도 두 사람 모두 자만심이 강하지 않았다. 각자 맡은 역할에 잘 맞는 특징이었다. 바다가 요구하는 덕목이 하나 있다면 그것은 바로 겸손이기 때문이다.

어쩌면 그래서 파이브 딥스 탐사 축하 행사가 지하의 술집에서 비공개로 열린 것인지도 모른다. 마치 세상의 주목을 받는 것이 아니라, 그 탐사진의 일원이라는 기쁨이 보상인 것처럼 내부에 초점이 맞춰진 행사였다. 내가 그런 느낌에 관해서 말하자 레이히가 순식간에 진지해지며 응답했다. "이번 탐사 대원들만큼 자랑스러운 사람들이 없어요. 왜냐하면 정말이지 쉽지 않았거든요."

매캘럼도 얼굴을 찡그리며 말했다. "맙소사, 초반에는 진짜 엉망진창이었죠."

"몇몇 사건들이 좀 있었죠." 레이히가 동의했다. "그렇지만 인생이 그런 거 아니겠어요? 흥미롭고 두렵고 보람 있는 경험들의 연속이죠, 안 그래요?"

"나도 흥미로운 경험을 좀 했죠." 매캘럼이 말했다. "심리 치료 덕분에 몇 가지 기억은 희미해지고 있지만요."

그때 다른 방에서 환호성이 터지더니 박수 소리, 발을 구르는 소리, 휘파람 소리가 이어졌다. 아직 그 누구도 떠날 준비는 되어 있지 않았지만, 역사상 가장 깊은 곳에 다녀온 이 탐험가들은 얼마 후 비록 잠시일지라도 각자의 길을 갈 예정이었다. 베스코보는 텍사스 주 댈러스에서의 본업을 버려둘 수 없었고 제이미슨도 뉴캐슬 대학교의 연구실로 돌아가야 했다. 램지는 콘월 근처에 있는 사무실에서 새로운 잠수정을 개발할 예정이었다. 이미 런던을 떠난 월시는 타히티 섬으로 가는 중이었다. 그다음 날 아침에 레이히는 트라이턴의 최신 잠수정 딥뷰 호의 시험 잠수를 위해서 바르셀로나로 날아가야 했다. 미래적인 외관을 갖춘 딥뷰 호는 원통형의 아크릴 선체 안에 24명을 태울 수 있는 관광용 잠수정이었다. 매캘럼의 다음 목적지는 모나코 요트 쇼였다. 그의 회사가 설계에 참여한 "탐사용 슈퍼요트"가 그곳에서 판매용으로 전시될 예정이었다. 두 곳의 헬리패드(간이 헬리콥터장/역주), 감압실을 갖춘 잠수 센터, 여러 대의 잠수정을 보관할 수 있는 격납고가 있는 극지등급 쇄빙선이었다. "탐사 계획이 터무니없을 정도로 많아요." 매캘럼이 행복에 겨운 표정으로 말했다.

그 이야기를 들으며 포도주 잔의 손잡이를 빙글빙글 돌리던 나는 잠수정을 실을 수 있는 슈퍼요트에서의 삶을 상상했다. 마음만 먹으면 언제든 심해를 탐험할 수 있다면 얼마나 즐거울지를 생각하니 거의 고통스러울 정도였다. 나의 간절한 마음이 눈에 보일 정도여서 레이히도 눈치를 챈 모양이었다. 파티의 떠들썩한 소음과 음악 속에서 그가 탁자 너머로 몸을 기울여 나에게 조용히 약속했다. "잠수할 때 데려가줄게요."

8

이제 박광층으로 들어갑니다

만약 누군가가 잠수한 후에 자신이 본 것과 다녀온 곳의 경이에
대한 깊은 깨달음과 놀라움으로 할 말을 잃고
수면 위로 올라온다면, 그곳에 몇 번이고 다시 갈 자격이 있다.
만약 그가 아무 감흥도 느끼지 못하거나 실망한다면, 그에게 남은
것은 그저 땅 위에서 죽음을 기다리는 길거나 짧은 시간뿐이다.
—윌리엄 비비[1]

바하마 뉴프로비던스 섬

분홍빛으로 물든 바하마의 새벽은 부드럽고 따뜻하고 흠잡을 데 없이 아름답다. 허리케인 기간에는 그 아름다움이 덜할 수도 있지만, 내가 바하마의 수도인 나소에서 보낸 첫날 아침에는 솜사탕 같은 구름 사이로 장밋빛 일출을 볼 수 있었다. 나는 대서양의 짭짤한 내음이 풍겨오는 선착장에서 기대에 못 미치는 커피를 마시며 오전 6시 30분에 올 보트를 기다렸다. 그 고무보트는 나를 태우고 MV 알루시아 호를 향해서 달려갈 예정이었다. 알루시아 호는 해안에서 800미터 정도 떨어진 곳에 정박해

있어서 내가 서 있는 곳에서도 그 모습이 보였다.

겉모습만 보면 알루시아 호는 일 잘하는 말 같았다. 말하자면 길이 56미터에 회색과 흰색이 섞여 있고 얼음을 뚫고 지나갈 수 있을 정도로 튼튼한 짐마차용 말이었다. 선미 쪽에는 튀어나온 기중기가 보였다. 그러나 외관만 보고 평범하다고 판단하면 오산이었다. 알루시아 호의 내부는 모든 면에서 완벽한 탐사용 슈퍼요트이자, 밝은 색 목재, 모듈형 소파, 세련된 전자 기기들로 꾸며진 안식처였다. 갑판의 격납고에는 트라이턴의 잠수정과 제트스키, 카약, 서핑 보드, 스쿠버 장비 등 바다 모험에 필요한 모든 것이 갖춰져 있었다. 내가 그 배에 탑승한 2019년 11월에는 10명의 잠수정 조종사도 함께였다.

그렇게 많은 잠수정 조종사들을 고용하여 그런 식으로 전 세계를 항해할 수 있는 사람은 단 한 사람뿐이다. 바로 바다를 사랑하는 억만장자 레이 달리오이다. 열정적인 스쿠버 다이버인 달리오는 동료들이 우주여행에 집착할 때, 파도 아래의 우주에 더 큰 관심을 가졌다. 그는 바다를 "우리 지구의 가장 큰 자산"이라고 부르며, 탐사보도 프로그램인 「60분」과의 인터뷰에서는 더 놀라운 볼거리와 더 가치 있는 지혜, 그리고 더 나은 투자 수익을 제공하는 심해가 있는데도 로켓에 그토록 많은 돈을 쏟아붓는 "자원 분배"를 이해할 수 없다고 말하기도 했다. 2011년에 달리오는 수심 1,000미터까지 내려가는 트라이턴의 아크릴 선체 잠수정 3300 / 3을 타고 레이히와 함께 잠수했다. 이 경험에 매료된 그는 즉시 그 잠수정을 구매했고, 그다음에는 원래 프랑스의 잠수정 노틸 호의 모선이었던 알루시아 호를 사들여 대대적으로 개량했다.

세계 최대의 헤지 펀드 회사 창립자인 달리오는 당연히 이 잠수정을 혼자 쓸 수도 있었다. 그러나 달리오와 뛰어난 수중 영화 제작자인 아들 마크는 더 웅대한 꿈을 품었다. 두 사람의 목표는 심해를 모든 사람과 공유하고, 그럼으로써 사람들이 심해에 더 큰 애착을 가지도록 만드는 것이었다. 바다의 위대함을 지적으로 인식하는 것만으로는 인간의 해양 오염 및 파괴를 막지 못했기 때문이다. 달리오는 한 인터뷰에서 이렇게 설명했다. "인류는 자신이 사랑하는 것을 구해야 할 때 대단한 능력을 발휘할 수 있다고 생각합니다."[2]

사람들의 마음과 정신을 움직이는 가장 강한 힘은 서사와 과학에서 나온다고 생각한 달리오 부자는 전자를 위해서는 제임스 캐머런과, 후자를 위해서는 우즈홀 해양 연구소와 손을 잡았다. 두 사람은 오션X라는 비영리 단체를 출범시키고 자금을 아낌없이 지원했다. 이 단체의 사명은 간단했다. 바로 경외감을 전파하는 것이다. 오션X의 계획은 더 작고 더 세련된, 바다의 항공 우주국이 되어서 별 대신 심해를 탐험하고 미디어를 통해서 그 여정을 대중과 공유하는 것이었다. "우주에서는 외계인을 보지 못할 거예요." 달리오는 말했다. "하지만 바닷속으로 들어가면 볼 수 있을 겁니다."

해양과학자들에게 알루시아 호에 승선해달라는 초청은 평소와 다른 호화로운 환경에서 연구할 수 있는 기회를 의미했다. 그 기회는 또한 순수한 탐구, 즉 정부 기관의 지원을 받지 않고 오직 호기심에 기반한 탐사를 떠날 수 있는 기회이기도 했다.

또다른 많은 이들에게는 그 의미가 훨씬 더 컸다. 최초로 심해에 직접 들어가는 여정이었기 때문이다. 비용을 아껴야 하는 일반적인 과학 탐사에서는 로봇이 잠수를 하고 사람은 그저 갑판 위에 머문다. 정산표에서 따져보면 그것이 맞는 방법이겠지만, 사람들의 마음을 움직이려면 활동의 중심에서 누군가의 심장이 뛰고 있어야 한다. 캐머런은 오션X의 철학을 이렇게 요약했다. "커서 로봇이 되기를 꿈꾸는 아이는 없다. 아이들은 탐험가가 되기를 꿈꾼다."³

달리오 부자 덕분에 재취항한 알루시아 호는 그후 9년간 BBC 프로그램 「블루 플래닛 Ⅱ」를 비롯하여 수많은 TV 쇼와 다큐멘터리에 출연했다. "레이는 시작하자마자 놀라운 여행들을 떠났어요." 레이히는 이렇게 말하면서 살아 있는 대왕오징어의 영상을 처음으로 촬영했던 2012년의 탐사, 파푸아뉴기니의 심해 동굴에서 실러캔스를 촬영하러 나선 후속 탐사, 그리고 데이비드 애튼버러가 잠수정 승객석에 앉아 내레이션을 삽입했던 그레이트 배리어 리프 조사 여행 등을 언급했다. 카메라가 돌아가는 동안 오션X의 조종사들이 과학자들을 데리고 남극의 얼음 아래와 갈라파고스 제도의 해저화산 안으로 들어가기도 했다. 멕시코 만에서는 매혹적이지만 위험한, 해저의 초염수 호수 위를 떠다녔다. 심해 촬영을 위해서는 물속에 잠수정 두 대가 들어가는 편이 편리했다. 한 대가 조명 플랫폼 역할을 하면서 가끔씩은 카메라 프레임 안으로 들어와 상대적인 크기 비교를 할 수 있게 해주기 때문이다. 그래서 딥 로버 2호라는 2인용 잠수정이 달리오의 3인용 잠수정 나디르 호와 합류하게 되었다.

그리고 이제 트라이턴의 또다른 3300 / 3인 넵튠 호가 오션X의 세 번째 잠수정이 되었다. 비눗방울처럼 반짝이는 이 구체 형태의 아크릴 잠수정은 알루시아 호의 격납고에서 준비 태세를 갖추고 있었다. 해안에서부터 나를 태우고 온 고무보트에서 내려서 부채꼴의 선미에 발을 디뎠을 때 처음 본 것이 바로 그 잠수정이었다. 그때 넵튠 호는 너무 반짝반짝한 새것이라 최대 심도까지 잠수할 수 있다는 인증 절차를 아직 밟는 중이었다. 내가 도착한 날은 잠수함 등급 인증 협회인 DNV-GL의 공학자들이 최종 점검을 하는 날이었다. 리미팅 팩터 호에 인증 도장을 찍어주었던 바로 그 기관이었다. 넵튠 호가 검사를 통과한다면, 그다음 날 오전에 첫 잠수를 하게 되어 있었다. 그리고 그전에 내가 너무 흥분해서 죽지만 않는다면, 나도 함께 내려갈 예정이었다.

✳

나는 선실에 짐을 내려놓은 후 오전 작업 회의에 참석하러 선교로 올라갔다. 내부는 사람들로 붐비고 있었고, 해상 시운전, 정비 작업, 비상 훈련, 조종사 훈련 등의 일정도 꽉 차 있었다. 알루시아 호는 2주일 동안 심해 적응 훈련을 하러 바하마에 온 것이었다. 내가 잠수 훈련에 참여할 수 있게 된 것은 레이히 덕분이었다. 레이히가 레이 달리오의 사무실과 연결해준 덕분에 오션X의 선임 조종사이자 잠수정 탐사원 대표인 벅 테일러와 통화할 수 있었다. "레이는 그곳에 무엇이 있는지 사람들에게 정말 보여주고 싶어해요." 테일러는 나에게 말했다. "그리고 기술을 사랑하는 사람이죠. 그래서 우리가 심해를 세상에 알릴 최신 기술을 시험하고 있는 거예요."

테일러에게 이보다 더 잘 어울리는 직업을 상상하기는 어려울 것이다. 그는 잠수정을 타고 잠수한 경험이 4,000회에 달하는 사람이다. 수중 폭탄 제거를 전문으로 했던 영국 해군 잠수부 출신이며, 구난 잠수정을 조종하여 침몰한 군 잠수함에 갇힌 사람들을 구조하기도 했다. 수많은 위험을 겪으며 경력을 쌓은 인물인데, 실제로 만나보니 쾌활한 인상이었다. 마흔아홉 살의 테일러는 안전과 즐거움 사이의 완벽한 균형을 찾아낸 모습이었다. 그는 자주 미소를 지었고, 적갈색 수염이 듬성듬성 자란 뺨은 햇볕에 탄 채 반짝이고 있었다.

"이렇게 많은 탐사 대원이 한배에 탄 건 처음입니다." 테일러가 한데 모여 있는 탐사 대원들을 나에게 소개하면서 말했다. 방 안을 둘러보다 보니 낯익은 얼굴이 보였다. 5명의 조종사로 이루어진 테일러의 탐사원들과 함께 오션X 잠수정 조종 훈련을 받고 있는 4명의 신참 중에 팀 맥도널드가 끼어 있었다. 내가 보기에는 적임자였다. 바다에서 일한 경험도 많고 성격도 느긋하고 잠수정 조종사에게 필수적인 공학 기술도 갖추고 있으니 말이다. 맥도널드는 여기저기 떠도는 것이 천성이니 알루시아 호와도 잘 맞았다. 나와 통화할 때 테일러도 자신의 탐사 대원들을 "바다의 집시 무리"라고 불렀다.

회의는 그날 할 일들을 배정한 후 짧게 끝났다. 오전에는 두 번의 잠수가 있고 넵튠 호의 최종 시운전도 계획되어 있었다. 오후에는 정비 작업, 점검, 그리고 잠수정이 어디인가에 얽혔을 때 다른 잠수정이 유압식 톱을 사용해 구조하는 방법에 관한 강의가 있을 예정이었다.

8시가 되었다. 앞바다로 나아간 배는 약 1,200미터 깊이의 물 위에 멈춰 서 있었다. "8시 반에 들어갑니다." 테일러가 회의를 마무리하면서 이렇게 알렸다. 그리고 신참들에게 말했다. "오늘부터 여러분의 땀을 좀 빼겠습니다." 그러자 긴장된 웃음소리가 터져 나왔다. 모두 준비하러 간 후 테일러는 나에게 자신의 훈련 방식을 설명해주었다. "가장 먼저 할 일은 압박이 심한 상황에 집어넣고 어떻게 반응하는지 보는 거예요." 그는 씩 웃으며 말을 이었다. "침착함을 유지하면서 문제를 체계적으로 해결할 수 있는 사람들이 필요해요. 조종간을 잡고 '맙소사! 어떡하지!' 하고 있으면 작은 문제도 순식간에 굉장히 커질 수 있거든요."

테일러는 잠수 중에 비상 상황을 가장하여, 과장되게 반응하거나 지나치게 자신만만해하거나 쉽게 겁을 먹는 사람들을 가려낼 생각이었다. 왜냐하면 모든 조종사는 언젠가 실제로 비상 상황을 맞닥뜨리게 되기 때문이다. "잠수정에 불이 난 적도 있었어요." 테일러가 위험했던 순간들을 손가락으로 꼽으며 말했다. "잠수정 안에 물이 허리까지 차올랐던 적도 있고, 어망에 끼어서 14시간 동안 꼼짝 못한 적도 있었죠. 그런 일들이 실제로 벌어져요."

한번은 갈라파고스 제도에서 내부파에 휩쓸린 적이 있었는데, 그 충격이 무시무시했다고 한다. "물속에 들어간 지 2시간쯤 되었을 때였어요." 그 사건을 떠올리며 테일러가 말했다. "갑자기 한쪽에서 커다란 녹색의 벽이 우리 쪽으로 다가오는 게 흘깃 보였어요." 그 순간 잠수정은 순식간에 소용돌이에 휩쓸려 마치 묘기를 부리는 요요처럼 이리저리 휘둘리면서 바위들 쪽으로 밀려갔다. 소용돌이에 휩쓸린 잠수함이 2대였고, 서로 바로 옆에 있었기 때문에 더 위험했다. "서로가 보이지도 않는 상태에서 계속 파도에 얻어맞고 있었어요. 완전히 통제 불능이었죠." 만약 두 잠수정이 충돌하면 치명적일 수도 있었다.

얼마 후 파도는 밀려왔을 때만큼이나 순식간에 다시 사라졌다. 시야가 맑아지자 테일러는 충격에 떨고 있는 BBC의 진행자 리즈 보닌과 또 다른 조종사인 토비 미첼이 괜찮은지 확인했다. 세 사람은 잠시 마음을 진정시켰다. "그런데 그때 또 들이닥친 거예요." 그들은 총 3번이나 파도의 공격을 받아 이리저리 튕기고 내동댕이쳐지면서 점점 더 깊은 물속으로 끌려들어가다가 가까스로 그 안에서 빠져나올 수 있었다. 테일러는 이 이야기를 다음과 같은 교훈으로 마무리했다. "바다는 그런 식으로 그곳의 주인이 누구인지를 일깨워주죠."

＊

수심 1,000미터. 3,300피트. 0.6마일. 내가 잠수할 깊이였다. 나는 중층원양대, 또는 박광층이라는 좀더 매력적인 이름으로 불리는 구역으로 잠수할 예정이었다. 유광층이 끝나는 부분에서 시작되는 박광층은 심해의 맨해튼과도 같은 곳으로, 말하자면 끊임없이 움직이는 생물들로 북적이는 대도시와도 같다. 잡아먹지 않으면 잡아먹히는 이곳에서는 생물이 내는 빛들이 신호탄처럼 번쩍인다. 이빨을 드러낸 채 떡 벌린 입 앞에서 먹이를 유혹하는 미끼가 빛나고, 날렵한 몸들이 고동치듯이 반짝이며 지나가고, 1,000조 마리는 되는 물고기들의 배에 줄지어 붙어 있는 형광색 발광기들이 깜박인다.

내가 1,000조라는 말을 쓰기는 했지만 사실 **수천조**라고 하는 것이 더 정확할 것이다(참고로 말하자면, 우리 은하에 있다고 추정되는 별의 수는 겨우 수천억 개에 불과하다). 박광층에 얼마나 많은 물고기가 있는지 정확히 아는 사람은 없다. 연구자들은 추정치를 계속 상향하고 있다.[4] 다만 우리는 그곳에 있는 어류의 생물량이 바다의 다른 모든 구역을 합친 것보다 많다는 사실만을 확실히 알 뿐이다. 특히 솔니앨퉁이라는, 이빨이 많고 반짝이는 포식자들이 많이 살고 있다. 헤엄을 친다기보다는 꿈틀거린다고 할 수 있는 솔니앨퉁이는 만약 한 마리씩 지나간다면 우리 눈에 띄지 않을 가능성이 크다. 크레용의 절반 정도 크기밖에 되지 않기 때문이다. 사실 해양과학자들을 제외하면 솔니앨퉁이를 실제로 본 사람이나 그것이 어떻게 생겼는지(피라미 크기의 창꼬치를 상상해보라) 아는 사람, 혹은 그런 물고기가 존재한다는 사실을 아는 사람조차 드물다. 사실 이것은 놀라운 일이다. 왜냐하면 솔니앨퉁이는 지구에서 개체 수가 가장 많은 척추동물이기 때문이다.[5] 인간 1명당 약 10만 마리의 솔니앨퉁이가 존재한다.

그다음으로는 천문학적인 수로 존재하는 또다른 작은 물고기인 샛비늘치가 있다. 크고 둥근 눈과 유난히 반짝이는 발광기를 가진 귀여운 물고기이다. 게다가 샛비늘치과에 속하는 250여 종은 종마다 고유한 무늬의 발광기를 가진다. 납작앨퉁이도 둥글둥글한 생김새의 귀여운 수은빛 물고기이다. 이들은 칼날처럼 얇은 몸과 작은 꼬리, 공항 활주로의 조명처럼 강렬한 푸른빛을 내는 발광기를 가지고 있다. 몸집이 작은 납작앨퉁이는 포커 칩 정도 크기밖에 되지 않고 비교적 큰 개체라도 손바닥 안에 들어올 정도이다.

박광층에는 그다지 귀엽다고 할 수 없는 생물들도 산다. 섬뜩하다 못해 악몽에서 곧장 튀어나온 것처럼 소름 끼치게 생긴 물고기들이다. 몸 없이 머리만 있는 것처럼 보이는 물고기도 있고 온통 이빨뿐인 물고기도 있다. 독사고기의 송곳니는 너무 길어서 입 밖으로 튀어나와 얼굴을 감쌀 정도이다. 그리고 이 문제를 해결하기 위해서 턱 관절을 풀어 90도 각도로 벌릴 수 있다. 드래곤피시의 이빨은 백상아리의 이빨보다 튼튼하며 빛을 반사하지 않는 나노 결정으로 보강되어 있다.[6] 그 덕분에 이들의 턱은 보이지 않는 덫이 되어 먹잇감을 끌어들인다. 그밖에도 귀신고기, 블랙드래곤, 란도어, 주름상어, 검은악마아귀 등 많은 물고기들이 칼날이

나 얼음송곳 같은 이빨로 가득한 입을 가지고 있다(다행히 대부분 몸집은 작다).

기묘한 눈을 가진 물고기도 많다. 심해의 캄캄한 어둠 속에서는 앞을 보기 어렵고 숨을 곳도 없기 때문에, 그런 환경에 영리하게 적응한 눈이 있다면 도움이 된다. 딸기오징어는 커다란 노란색 눈으로는 위쪽을 보고 작은 파란색 눈으로는 아래쪽을 본다. 눈이 네 개인 스푸크피시는 두 개의 눈이 각각 반으로 나뉘어서 렌즈보다는 거울과 같은 기능을 한다. 그러나 만약 눈의 기묘함을 겨루는 올림픽이 있다면, 통안어를 이길 생물이 없을 것이다.[7] 녹색의 관처럼 생긴 이들의 눈은 투명한 머리의 내부에 자리 잡고 있으며 위쪽 방향으로 회전이 가능해서 자신의 머리 위쪽을 볼 수 있다.

속이 비치는 문어, 나사 형태의 촉수를 달고 헤엄치는 벌레, 펠리컨의 입처럼 커다랗게 벌어지는 입을 가진 장어, 약 7.6센티미터 길이의 반딧불오징어 등 박광층은 기이한 생명체가 넘쳐난다는 점에서는 타의 추종을 불허하는 곳이다. 또한 우리가 알고 있는 해파리 종의 대부분이 마치 길 잃은 UFO처럼 이곳의 물속을 떠다닌다. 젤리들로 이루어진 이 우주에는 관해파리라는 최상위 포식자도 살고 있다. 복제된 세포들이 연결되어 만들어지는 이 반짝이는 사슬 형태의 생물은 쏘는 그물로 먹잇감을 잡아들이며 최대 45미터까지 자라난다. 아름답고 환상적인 생김새의 육식동물인 유즐동물도 있다. 빗해파리라고도 불리는 이 투명한 구체 형태의 생물은 작은 털처럼 줄지어 있는 섬모로 물을 저으며 돌아다닌다. 이 섬모가 빛을 산란시키기 때문에 구형의 몸통이 무지갯빛으로 물결치는 것처럼 보인다. 게다가 대부분의 유즐동물은 생물발광을 하기 때문에 더욱 강렬하게 빛난다.

※

지금쯤은 여러분도 이 활기찬 중층수역이 오랫동안 사막으로 생각되었다는 사실이 그다지 놀랍지 않을 것이다. 에드워드 포브스는 바다의 대부분이 텅 비어 있다고 생각했다. 심지어 챌린저 호 탐사를 이끈 찰스 와이빌 톰슨도 심해의 생물들은 수면 근처에서 헤엄치거나 해저 근처에 숨어 있으며 그 사이의 "중간 구역"은 무시해도 상관없다고 믿었다.[8] 이제 우리는 그것이 얼마나 잘못된 생각이었는지 알게 되었지만, 박광층 연구에 평생을 바친 과학자들도 그곳에 대한 우리의 지식이 여전히 얼마나 보잘것없는지에 좌절하고는 한다.[9]

지구 전체를 뒤덮고 있는 칠흑처럼 검은 물속, 게다가 그 안은 어마어마한 수의 움직이는 생명체로 가득하고 그중 다수는 투명하거나 그물로 건지기에는 너무 연약하거나 음향 센서로 탐지하기에는 너무 미세하거나 혹은 탐지를 피하는 데에 능숙하니, 그런 곳을 연구하는 일이 쉽지는 않다. 게다가 박광층은 언제나 변화한다. 그곳의 주민들은 밤이 되면 수면 가까운 곳을 향해 수백 미터씩 올라간다. 어둠에 가려져 눈에 덜 띄고 덜 취약해진 이 해저의 방문자들은 얕은 바다에서 햇빛을 받고 자란 식물성 플랑크톤(해양 단세포 식물)을 잡아먹고 새벽이 되면 심해로 돌아간다. 밤에 일어나는 이러한 수직 이동은 지구에서 가장 큰 규모의 동물 이동으로, 365일 내내 빠짐없이 일어난다.[10]

샛비늘치나 크릴새우가 매일 그렇게 먼 거리를 헤엄치는 것은 마치 매일 아침 식탁에 앉기 위해서 산을 오르는 것과 같다. 모든 생물이 그런 힘든 이동을 하는 것은 아니다. 어떤 종들은 상시 숨어 지내다가 이동으로 지친 생물들이 방심하고 지나갈 때 기습하는 전략을 택한다.[11] 과학자들은 매일 밤 박광층 생명체의 절반 정도가 이동한다고 추측한다. 물고기, 갑각류 등의 생물 수조 마리가 마치 바다 전체가 숨을 쉬듯이 일제히 오르락내리락하는 것이다. 어떻게 보면 정말로 숨을 쉬는 것과도 같다. 동물들은 수면 근처의 플랑크톤을 먹고(들숨) 다시 아래로 내려가서 배설함으로써(날숨) 대기 중의 탄소를 심해로 운반한다. 그리고 이 탄소는 수백 년, 때로는 수천 년간 그 안에 격리된다. 이 작은 생물들이 바닷속으로 가라앉히는 탄소의 양은 매년 약 44억 톤에 달하는데[12] 이것은 미국의 연간 총 배출량과 맞먹는 수치이다.

박광층을 실제로 본다면 장관일 것이 분명했다. 지구의 비밀스러운 파티가 가장 웅장하고 생생하게 펼쳐지는 곳, 24시간 내로 나는 그곳에 갈 예정이었다. 생각만 해도 테일러가 겪었다던 격렬한 내부파가 나의 머릿속을 휩쓸고 지나가는 것처럼 숨이 막혔다. 한편으로는 빨리 잠수를 하고 싶었지만, 또 한편으로는 그 짜릿한 흥분이 가득한 잠수 직전의 순간에 계속 머물고 싶기도 했다. 훈련은 끝났고, 넵튠 호는 공식 인증을 받았다. 갑판 위로 다시 옮겨진 잠수정은 두 번, 세 번씩 점검과 청소를 거친 후 그다음 날 오전에 잠수할 준비를 마쳤다. 내가 이리저리 서성거리는 동안 신참 조종사들은 테일러와 함께 보고를 듣고 있었다. 그들은 가상의 모든 비상 상황에 놀라울 정도로 침착하게 대응했다. 그러나 나는 신경 안정제가 필요할 지경이었다.

초저녁 무렵이 되어서야 겨우 마음을 진정시킬 수 있었다. 산홋빛 노을이 손짓하자 우리는 다 함께 수영을 하러 나갔다. 록 밴드 사운드가든의 음악이 흐르는 가운데 사람들이 알루시아 호의 선미에서 물속으로 뛰어들었다. 물이 너무 따뜻해서 우리는 꽤 오래 그 안에 있었다. 우리가 물속을 떠다니며 웃고 떠드는 동안 황혼은 어둠 속으로 서서히 사라져 갔다.

※

"저는 오늘의 조종사인 팀입니다. 이쪽은 트레이너인 벅이고요."

베이지색 옷을 입고 헤드셋을 착용한 팀 맥도널드는 자신의 첫 번째 수심 1,000미터 잠수를 위해서 조종석에 앉아 있었다. 테일러와 나는 팀의 앞쪽에 있는 승객석에 앉았다. 둥근 잠수정 안에 탄 우리 세 사람은 신발 없이 양말만 신은 채 출발을 기다리고 있었다. 수상 작업 담당자인 오션X의 조종사 리 프레이가 갑판 위를 분주히 오가며 모든 준비가 제대로 되었는지 확인하는 모습이 보였다. 그보다 앞서 프레이는 나의 몸무게를 재고 테일러가 나오는 안전 교육 영상을 보여주었다. 영상 속에 등장한 테일러는 또렷한 영국식 억양으로 설명했다. "안전 지침 카드는 여러분의 자리 아래에 있습니다. 만의 하나라도 무슨 문제가 발생할 경우……" 물속에서 비상 상황이 발생하면 안전 지침 카드가 별 도움이 될 것 같지는 않았지만, 나는 그냥 고개를 끄덕였다. 네. 그럼요. 알겠어요. 그리고 이제는 맥도널드가 나에게 잠수 전 안전 안내를 해주는 중이었다.

"이 안에는 공기를 제어하는 생명 유지 장치가 돌아가고 있어요. 그 장치에 문제가 생겨서 공기가 불안정해질 경우에는 좌석 왼쪽에 호흡 장비가 있습니다. 일반적인 스쿠버 호흡기와 비슷하니까 그냥 입에 물고 숨을 쉬면 됩니다. 만약 그것도 못 쓰게 되면 이 아래쪽에 연기 흡입을 막

아주는 재호흡기가 있고요. 그리고 혹시 어떤 이유로든 벽과 내가 의식을 잃으면, 수전이 수면 위와 직접 통신을 해야 해요."

"네, 그 부분을 알려주세요." 내가 말했다.

맥도널드는 자신의 헤드셋을 나에게 건네주었다. "이 헤드셋을 착용하고 이 작은 버튼을 눌러서 말을 하면 돼요. '엑스레이, 엑스레이, 엑스레이'라고 말하면, 수면으로 다시 올라오는 법을 상대방이 가르쳐줄 거예요. 먼저 주 밸러스트 탱크에 공기를 채워야 해요. 바깥에 있는 크고 노란 탱크예요. 이 밸브 두 개를 닫고 이쪽에 있는 밸브들은 열어야 됩니다. 그런 다음에는……."

"아주 좋아. 근데 좀 지나치게 진지하네." 테일러가 끼어들었다. "승객이 긴장한 상태에서 그런 설명을 들으면 굉장히 불안해질 거야. 간단하게 해. 가볍게 이야기를 나누면서 말이야. 구석에서 울면서 힘들어하는 사람은 없는지 확인하고. 승객들 상태를 살펴야 해." 그는 무엇보다 폐소공포증 환자가 없는지 확인하라고 강조했다. "누군가가 공황 발작을 일으킨다면 물속에서보다는 차라리 갑판 위에서 그러는 편이 훨씬 나아. 특히 해저에서 그러면 큰일이지."

맥도널드가 고개를 끄덕였다. "수전? 혹시 폐소공포증이 있나요?"

"아뇨." 나는 대답했다. 사실 완전히 없다고는 할 수 없었다. 하와이 제도에서 스쿠버 훈련을 받을 때 탱크를 메고 바닷속에 뛰어들자마자 과호흡을 일으켜서 다이빙용 보트 옆에 매달려 겨우 정신을 차린 적이 있기는 했다. 탱크가 시멘트처럼 무겁게 나를 해저로 끌어내려 그 아래에 영원히 갇힌 채 다시는 숨을 쉬지 못하게 될 것 같았고 그런 생각이 드는 순간 공황이 찾아왔다. 나는 결국 자격증을 취득했지만, 그후에도 가끔씩 비슷한 공포에 사로잡히고는 했다. 그러나 잠수정 안에서도 그러리라는 생각은 들지 않았다. 우리는 바싹 붙어 있지 않았고 각자 자신의 가죽 의자에 앉아 있었다. 서 있을 만한 공간은 없었지만, 천장이 머리를 짓누르고 있지도 않았다. 구체의 내부는 답답하지 않고 안전하게 느껴졌다.

나디르 호가 우리 눈앞에서 철제 트랙 위를 굴러가기 시작했다. 먼저 출발해 수면 아래에서 대기하다가, 우리와 함께 수심 약 1,000미터로 동시에 하강하기 위해서였다. 우리는 기중기가 나디르 호를 들어올려 물에 내려놓는 모습을 지켜보았다. 물속에 있던 스위머가 줄을 풀자, 노란색 잠수정은 몇 초 동안 떠 있다가 좌현 쪽으로 기울더니 이내 시야에서 사라졌다. 선미에 있던 프레이가 우리 쪽을 확인하기 위해서 돌아왔다.

맥도널드는 초단파 무전기로 다음과 같이 보고했다. "수상, 여기는 넵튠. 해치 폐쇄 확인, 생명 유지 장치 작동 중, 안전 안내 완료, 잠수 준비 완료." 잠수정이 물속에 잠기면 무전기는 무용지물이 되므로 음향을 이용한 통신에 의존해야 할 것이었다.

"넵튠, 여기는 수상, 안전 안내 완료 확인." 프레이가 말했다. "잠수 준비 완료."

※

출발은 순조롭고 평탄했다. 아크릴 구체 위로 파도가 철썩이더니 물이 우리의 머리 위를 덮었다. 차갑고 파란 식도 속으로 삼켜지는 기분이었다. 그냥 파란색이 아니라 영혼을 뒤흔드는 파란색, 배시스피어 호에 탄 윌리엄 비비가 찬미했던 바로 그 "다른 색을 생각할 여지를 주지 않는" 파란색이었다.[13] 수심 약 60미터에 도달하자 잠수정 안의 빨간색 물체들이 검은빛으로 변했고, 노란색은 초록색, 초록색은 남색이 되었다. 남은 것은 에너지가 가장 큰 파장의 빛, 순수한 군청색뿐이었다. 비비는 그 광경의 감각적인 인상을 형용사로 묘사하려고 애쓰다가 결국에는 포기했다. "평범한 용어로 분류하기에는 너무나 다른 무엇인가를 마주한 느낌이었다."[14]

나는 개인적으로 그 빛을 1급 마약으로 분류하고 싶다. 넋을 잃고 그곳에 앉아 있노라니 마치 꿈을 꾸는 것 같았다. 아크릴 구체라는 경계는 전혀 느껴지지 않았다. 우리가 그 파란색을 보고 있는 것이 아니라 그 속에 직접 들어가 있는 것 같았다. "이 빛은……." 맥도널드도 나처럼 넋이 나간 채 말했다. "지구의 다른 어느 곳에서도 볼 수 없어요. 재현할 수도 없죠." 테일러도 동의했다. "맞아요. 바로 여기가 내 일터랍니다."

수심 90미터, 그리고 120미터. 우리는 휘몰아치는 바다눈을 뚫고 내려가고 있었다. 우리 속도가 더 빨랐기 때문에 바다눈 입자들이 위로 올라가는 것처럼 보였다. 더욱 초현실적인 것은 그 눈송이들이 살아 있다는 사실이었다. 믿을 수 없을 정도로 작은 생물들이 잠수정의 조명 속을 반짝거리며 쏜살같이 지나가고, 해파리들이 시야에 갑자기 들어왔다가 이내 사라졌다. 너무나 작은 동물들이었지만 그 존재감은 어마어마했다. 그곳의 물은 한없이 맑고 고요해서 우리의 뇌가 그것을 **물**이라고 인식하게 할 만한 시각적 단서가 전혀 없었다. 오직 생물들의 움직임을 통해서만 우리가 텅 빈 공간이 아닌 어떤 매질을 뚫고 지나가고 있다는 사실을 알 수 있었다. 그러나 동시에 그것은 단순한 매질이 아니라 생명의 행렬이었다.

수심 약 200미터를 지나며 우리는 세계의 경계를 넘었다. 이제 우리는 심해에 있었다. 박광층에 진입한 것이었다. 위를 올려다보면 마지막 남은 남색 빛의 흔적이 보이고 아래를 내려다보면 오직 어둠뿐이었다. 그 경계 지점에서 비비는 그가 "푸르른 한밤중의 암흑"이라고 부른 풍경에 푹 빠졌다. 그런데 이상하게도 비비도, 나도 정확히 어떤 지점에서 파란색이 검은색으로 바뀌는지 알 수 없었다(나중에야 그 이유를 알았다. 우리는 인간 시각의 한계에 도달한 것이었다. 사실 파란빛은 여전히 그곳에 있고 수심 900미터까지 희미하게 퍼져 나가지만, 우리의 눈이 더는 그 색을 인식할 수 없다).

"저 소리 들려?" 갑자기 테일러가 바짝 긴장한 태도로 맥도널드에게 물었다. "저런 소리는 처음 듣는데. 병이 굴러가는 소리나 뭐 그런 걸 수도 있지만 저런 소리가 들리면 분명히……."

맥도널드가 자신의 헤드램프를 켜고 경보 계기판을 꼼꼼히 살펴보았지만, 별 이상은 없어 보였다. 잠시 후 테일러도 긴장을 풀었다. "수압이 높아지면 잠수정이 우리에게 말을 하거든요." 그가 설명했다. "나디르 호는 특히 말이 많아요. 삑삑거리고 끙끙거리면서 심해에 적응해나가죠. 잘 살펴보고 계속 조심하면서, 물이 새는 부분은 없는지 확인해야 해요." 테일러의 긴장감 서린 목소리를 듣자 잊고 있던 사실이 떠올랐다. 이것은 넵튠 호가 공식 인증을 받은 후의 첫 잠수였다. 테일러는 그 점을 잊지 않고 있었던 것이 분명했다.

나는 아크릴에 코 자국이 남지 않을 정도로만 최대한 몸을 기울인 채 눈앞의 장관을 바라보며 생물들의 종을 알아보려고 애썼지만 거의 성공하지 못했다. 한 생물이 거의 잠수정에 부딪칠 정도로 가까운 거리에서 빙글빙글 돌며 지나갔다. 거꾸로 뒤집어놓은 찻잔과 비슷한 모양과 크기였는데, 몸의 윗부분은 미키 마우스의 머리처럼 생겼고 그 위에는 두 눈이 넓은 간격으로 붙어 있었다. 내가 보기에는 흡혈오징어 같았다. 흡혈오징어는 핏빛의 작은 외투막, 귀처럼 생긴 지느러미, 실처럼 가는 두 개의 긴 촉수, 물갈퀴 같은 막으로 연결된 8개의 팔을 가진 원시적인 두족류이다. 이름은 흡혈오징어이지만 오징어가 아니고, 오징어와 문어 모두의 먼 친척이라고 할 수 있다. 다른 종과 헷갈리기 어려울 만큼 독특한 종이지만, 목격하는 순간 너무 깜짝 놀라서 확신할 수가 없었다.

"이제 생물발광이 보이기 시작하네요." 테일러가 이렇게 말하고는 맥도널드에게 지시했다. "주행등 꺼도 돼."

"알겠습니다." 맥도널드가 대답했다. 곧 잠수정이 어둠에 잠겼다. 구체 안은 고요했고 통신 시스템의 지지직거리는 잡음과 펌프가 낮게 웅웅거리는 소리만 들렸다. 나의 왼쪽에서는 관해파리가 성운처럼 빛나고 있었다. 또다른 해파리 한 마리가 깜박거리는 빛을 내며 달리아 꽃 같은 모습을 드러냈다. 장어처럼 생긴 물고기가 지그재그를 그리며 정신없이 빠르게 지나가기도 했다. "갈치의 한 종류예요." 테일러가 알려주었다. "저 녀석들 이빨은 정말 엄청나죠."

우리는 빗발치는 불꽃놀이 속을 뚫고 계속 아래로 내려갔다. 이동하는 잠수정에 밀려난 동물과 미생물들이 빛을 터뜨리며 반응했다. 박광층 주민의 대부분은 생물발광을 한다. 그곳에서 떠다니거나 헤엄치는 생물이라면, 대부분 빛을 내는 능력이 있을 가능성이 크다. 육지에서 빛을 내는 생물은 소수이다. 반딧불이를 비롯한 몇몇 곤충, 벌레, 진균, 세균들 정도이다. 그러나 바다의 중층수역에서 생물발광은 생명의 핵심 요소이자 생존의 열쇠이다.[15] 심해에서는 빛이 전략이자 도구이자 무기이다.[16]

또한 하나의 언어, 즉 지구에서 가장 흔히 쓰이는 소통 수단이기도 하다. 심지어 세균조차 그 언어를 능숙하게 사용한다.

생물발광은 특정한 규칙에 따라 빛을 반짝여서 짝짓기 상대를 유혹하거나 빛나는 미끼를 매달고 다니면서 먹잇감을 유인하기 위한 것이다. 포식자로부터 도망치기 위해서 강한 빛을 발하기도 하는데, 이것은 범죄 현장에 강렬한 스포트라이트를 비추는 것과 비슷한 행동이다.

생물발광은 공격과 방어 모두에 유용하다. 콜로보네마*Colobonema*라는 해파리의 투명한 종 형태의 몸에는 32개의 촉수가 붙어 있다.[17] 이들은 위협을 받으면 빛을 발하는 촉수들을 작은 폭죽처럼 흔들다가 어느 순간 몸에서 분리시켜 떨어뜨린다. 그리고 공격자가 그 빛나는 스파게티 덩어리처럼 생긴 것에 정신이 팔린 사이에 종 모양의 몸만 몰래 빠져나간다(촉수는 나중에 다시 자라난다). 드래곤피시의 한 종류인 신호등긴턱고기(쥐덫고기)는 눈 아래에 있는 빨간색 발광기로 빛을 낸다. 대부분의 심해 생물은 파란색 빛에 고도로 적응되어 있어서 빨간색 빛을 전혀 보지 못하기 때문에, 신호등긴턱고기는 사실상 야간 투시경을 쓰고 먹잇감을 추적하는 셈이다. 오징어는 빛을 끄고 사냥을 다니다가 갑자기 눈부시게 밝은 빛을 내뿜어서 먹잇감을 꼼짝 못하게 한다. 어떤 생물은 소량의 발광 물질을 뿜어서 적의 몸에 표시를 한다. 혹은 발광기를 마치 밝기 조절 스위치처럼 위아래로 움직이면서 자신들의 외형을 감추는 방식으로 위장하는 생물도 많다. 이런 것은 단지 몇몇 가지 예에 불과하다. 박광층의 생물들이 빛을 사용하는 방법은 미러볼의 거울 조각만큼이나 무수하다.[18]

✳

계획에 따르면 두 잠수정은 전체 수심의 절반인 약 500미터 지점에서 만나기로 되어 있었다. 나디르 호는 우리보다 60미터 정도 아래에 있었고 그곳에서 나오는 빛이 희미한 두 개의 푸른 점처럼 보였다. 중층수로 내려가서 근거리에서 만나는 일은 말처럼 쉽지 않아서 테일러가 맥도널드를 지도해주고 있었다.

"하향등을 켜." 테일러가 말했다. "그리고 하강 속도를 늦춰. 지금 여기에 작용하는 관성의 크기가 8톤이라는 사실을 잊지 마. 8톤짜리 잠수정이 내려가고 있어."

"물을 채울까요?" 맥도널드가 약간 긴장된 목소리로 물었다.

"그래도 되지."

"5리터?"

"글쎄." 테일러가 장난스럽게 말했다. "포스를 써라, 루크(영화 「스타 워즈」의 대사/역주). 그래도 나디르 호 위에 착지하지는 않도록 해. 그러면 보기 좋지 않으니까."

그는 나를 돌아보며 말했다. "가끔은 우리가 자유낙하 중이라는 사실을 잊어버리거든요. 느껴지지 않겠지만 지금 우리는 천천히 회전하면서 내려가고 있어요(유체역학의 기본 원리 때문이었다. 로봇 팔의 무게 때문에 잠수정이 그 팔을 중심으로 회전하면서 내려가고 있었다. 그러나 주변에 고정된 물체가 없어서 우리가 회전하고 있다는 것을 느낄 수 없었다)."

"500미터입니다." 맥도널드가 말했다. 이제는 나디르 호의 조명이 우리 쪽 조명과 같은 높이에서 환하게 보였다.

"아주 좋아, 긴장 풀어. 이제 가까이 다가가보자."

"조종실, 조종실, 여기는 넵튠." 맥도널드가 수면 위에 알렸다. "현재 수심 500미터, 나디르와 나란히 있다."

테일러는 웃었다. "나디르 호가 맞아야 할 텐데. 러시아의 첩보 잠수함일 수도 있잖아."

마침내 두 잠수정이 서로 상대편의 얼굴을 볼 수 있을 정도로 가까워진 채 물속에 함께 떠 있게 되었다. 불빛 속에서 빠르게 지나가는 생물들만 무시한다면, 마치 성간 공간에서 두 대의 우주선이 도킹하는 장면처럼 보였다. 공포증이 있는 사람이라면, 엄청난 양의 바닷물 아래 잊힌 공간 속에 붕 떠 있는 두 기계의 으스스한 모습에 두려움을 느꼈을 것이다. 그러나 나에게는 인생에서 가장 행복했던 순간이었다.

"나디르, 여기는 넵튠. 벅이 보내는 메시지이다." 맥도널드가 통신 시스템으로 전달했다. "앞장서서 수심 1,000미터로 하강하라."

나디르 호가 후진하여 하강하기 시작할 때 하향등의 빛 속을 거대한 그림자 하나가 뚫고 지나갔다. 테일러와 나는 그게 무엇인지 알아보려고 애썼지만 이미 어둠 속으로 사라져서 볼 수 없었다. "여기에 사는 생물들은 보통 더 작은데, 가끔 큰 놈들도 있기는 하죠." 테일러가 한쪽 눈썹을 치켜올리며 말했다. "난 항상 우리가 여기에 온 걸 알고 지켜보고 있는 무엇인가가 있지 않을까 궁금해요."

우리는 자유낙하를 계속했다. 생명체들이 우리 주변에서 소용돌이쳤다. 수심 약 600미터의 바닷속은 해파리들의 패션쇼 무대와도 같았다. 매번 전보다 더 화려한 모습의 해파리가 나타났다. 주름진 우산을 쓰고 투명한 실들을 뒤로 늘어뜨린 채 뽐내듯이 지나가는 모습이 화려한 조명

속에서 최신 의상을 선보이는 모델들 같았다. 흔히 해파리는 "단순한" 생물이라고 생각된다. 뇌, 피, 뼈, 심장이 없기 때문이다. 그러나 직접 보고 있자니 그런 수식어가 터무니없게 느껴졌다. 해파리는 움직이는 복잡성 그 자체이다. 비록 몸의 95퍼센트가 물이어서 거의 존재하지 않는 것이나 다름없지만, 연약해 보이는 겉모습과 달리 동물계에서 가장 실력이 뛰어난 수영 선수이다. 또한 물고기, 갑각류, 심지어 동족까지 가리지 않고 잡아먹는 능수능란한 사냥꾼이기도 하다. 상자해파리에게는 24개의 눈이 있고 그중 일부는 수정체, 각막, 망막까지 갖췄다.[19] 게다가 지구에서 가장 강한 독침도 있다. 어떤 해파리 종은 생물학적으로 불사不死의 존재이다.[20] 생애 주기를 되돌려서 다시 태어날 수 있으니 대단히 진보된 기술이 아닐 수 없다.

이 젤리 같은 생명체들은 캄브리아기 초기부터 바닷속을 헤엄쳐 다녔다. 공룡이 지구 위를 걸어다니던 때보다 2억 5,000만 년이나 전의 일이다(게다가 이 단순한 생물들은 인간이 사라진 후에도 이곳에서 오랫동안 번성할 것이다). 이들은 상상하기 힘들 정도로 오랫동안 진화해왔다. 잠수정 안에서 보고 있노라니 해파리들은 몸의 형태에 관한 규칙이 제각기 다른 듯했다. 어떤 해파리는 강렬한 보랏빛 고리 모양에 유연한 흰색 촉수들이 늘어져 있는데 그 끝이 형광 보라색으로 빛나고 있었다. 어떤 해파리는 심장처럼 박동하는 불투명한 황금빛 왕관이었고, 어떤 해파리는 여러 개의 끈이 달린 풍선이었다. 어떤 해파리는 어린아이가 그린 태양이었고, 또 어떤 해파리는 술 장식이 달린 멕시코 모자였다. 유령처럼 보이는 해파리도 있었다.

해저에 가까워졌을 때 가장 아름다운 해파리가 나타났다. 눈물방울 모양의 종 형태에 빛나는 노란색과 연보라색의 줄무늬가 있고 10여 개의 멋진 촉수를 늘어뜨리고 있었다. 해파리는 불빛을 깜박이며 우리 쪽으로 슬금슬금 다가왔다. 맥도널드는 360도로 천천히 회전하면서 잠수정이 바위에 부딪치거나 구멍에 끼는 일을 막기 위해서 음파 탐지기로 해저를 훑고 있었다. "제발 추진기 안으로는 들어가지 마라." 테일러가 몸을 돌려 해파리가 지나가는 모습을 지켜보며 말했다. "좋아, 다행히 해파리가 으깨지지 않았군."

몇 초 후 해저의 지형이 흐릿하게 시야에 들어왔다. 잠수정의 조명이 비춘 곳은 눈처럼 흰 미사微砂가 쌓인 고원이었지만, 이곳에는 파란색의 파장만 존재하기 때문에 마치 카리브 해의 수영장 같은 청록색으로 빛나고 있었다. 내가 어떤 풍경을 기대했었는지는 잘 모르겠다. 아마도 갈색이나 베이지색의 진흙으로 덮인 모습을 상상했을 것이다. 그러나 청록색 빛을 뿜는 새하얀 모래사막 같은 모습은 전혀 예상하지 못한 것이었다. 나는 그 아름다움에 말을 잃었다.

"잊지 마, 바닥이 온통 미사야." 테일러가 맥도널드에게 경고했다. "잠수정이 무거운 것보다는 부력이 조금 있는 편이 더 나아. 현재 수심은 몇이지?"

"997미터입니다." 맥도널드가 대답했다. 그가 착지를 위해서 방향을 조정하는 동안 추진기에서 끼익끼익 소리가 났다.

"저 앞에 있는 건 큰 바위인가요?" 내가 물었다.

"거대한 암벽면이에요." 테일러가 대답했다. "높이 300미터짜리 절벽의 아랫부분이죠."

"998미터입니다." 맥도널드가 다시 보고했다.

"좋아. 앞으로 더는 가지 마." 테일러가 지시했다. "그냥 천천히, 조심스럽게 아래로 내려가. 해저에 잘 착지해야 해."

"1,000미터입니다."

이제 바닥이 선명하게 보였다. 우리는 위쪽을 바라보며 경사면에 착지했다. 하얀 미사 위로 석회석 바위와 암석 조각들이 튀어나와 있고, 이런저런 자국과 구멍들이 점점이 나 있었다. 약 4.5미터 앞에는 스키장의 최상급자 코스처럼 가파른 암벽이 솟아 있었다. 우리의 왼쪽에 있는 나디르 호의 불빛이 그 암벽의 높은 곳에서 떨어져 내린, 스톤헨지(영국에 있는 고대의 거석 기념물/역주)만 한 암석 조각의 윤곽을 비춰 드러냈다.

"여기는 일종의 지뢰밭이야." 테일러는 맥도널드에게 어디인가에 부딪치지 않도록 음파 탐지기를 계속 켜두라고 주의를 주었다. 나는 잠수하는 내내 행복감에 젖어서 해저의 산사태나 충돌, 압력, 혹은 우리가 수면에서부터 1시간 이상 내려왔다는 사실에 관해서 깊이 생각하지 않고 있었다. 그러나 우리가 처한 상황의 무게를 떠올리니 그런 생각을 피할 수 없었다. 나는 잠수정에 마치 달걀처럼 금이 가는 모습을 상상했다.

"조명 끄고 바닥 상태 기록해." 테일러가 지시했다. 맥도널드가 스위치를 끄자 우리는 갑자기 암흑 속으로 빠져들었다. 근처에 있는 물고기들이 내는 녹색의 불빛 몇 개가 번쩍였다. 테일러가 몸을 돌려 계기판을 확인했다. "가스 괜찮아? 산소는? 무슨……." 그때 날카로운 경보음이 그의 말을 가로막았다. 놀라서 펄쩍 뛸 만큼 요란하지는 않지만 확실히 주의를 끄는 소리였다. 그때 나의 몸에 심박수 측정기가 연결되어 있었다면 분명히 변화가 기록되었을 것이다.

"좋아." 테일러가 사무적인 어조로 말했다. "무슨 일인지 알아봐. 그쪽에 뭐가 보여?"

"안에 물이 들어왔습니다." 맥도널드의 목소리에는 긴장감이 가득했다. "헤드램프를 켜고 상황을 확인하겠습니다."

잠깐 동안 나는 혹시 이것도 테일러가 꾸민 비상 상황이 아닐까 생각했다. 그러나 몸을 숙이고 살펴보던 맥도널드가 정말로 자신의 발 근처에서 물기를 발견했다.

"일단 가장 먼저 할 일." 테일러가 말했다. "맛을 봐. 민물이야, 바닷물이야?"

나는 숨을 죽이고 기다렸다.

"민물입니다."

테일러가 고개를 끄덕였다. "주변을 잘 살펴보고 한 번 더 확인해봐. 응결되어서 맺힌 물은 민물이야. 그리고 지금 이 안으로 밀려들어와서 우리를 익사시키려고 안달이 난 저 거대한 물은 민물이 아니지."

"알겠습니다." 맥도널드가 마음이 놓인 듯한 목소리로 대답하고 경보음을 껐다.

"그 물이 민물이고 누수 부위도 보이지 않는다면 걱정할 것 없어." 내가 겁에 질리지는 않았는지 곁눈질로 살피며 테일러가 말했다. "다들 괜찮죠? 좋아요. 이제 주행등을 켜고 무엇이 있나 보러 갑시다."

※

우리는 나디르 호 쪽으로 이동해서 그 옆에 멈춰 섰다. 그쪽에서는 로봇팔을 이용해서 퇴적물의 코어 표본(긴 원기둥 형태로 채취하는 표본/역주)을 채취하는 연습을 하고 있었다. 두 잠수정 모두 조명을 켜서 해저를 밝히고 있었기 때문에 주변 동물들의 모습을 총천연색으로 볼 수 있었다. LED 조명의 도움이 없었다면 새우와 해파리의 그 화려한 주홍색과 진홍색을 볼 수 없었을 것이다. 심해에는 빨간색이 존재하지 않는다. 아니, 사실 존재한다. 빨간색 동물은 많이 있다. 그러나 그들의 색을 있는 그대로 보여줄 빨간색 파장이 없기 때문에 주변의 밤바다처럼 새카맣게 보일 뿐이다. 이것은 뛰어난 위장술이다. 심해 어류 종 일부는 이러한 은폐 기술을 극단적으로 발달시켰다. 칠흑처럼 **새카만** 이런 물고기들의 피부는 모든 빛의 99.5퍼센트를 흡수하는 색소들로 가득 차 있다.[21] 나는 가느다란 몸에 갈라진 꼬리가 달린 물고기를 본 적이 있는데 잠수정의 눈부신 불빛 아래에서도 오직 몸의 윤곽만 보인 것을 보면 그 녀석도 아마 그렇게 몸을 숨기고 다니는 자객이었을 것이다.

나디르 호의 표본 채취 작업 때문에 퇴적물이 구름처럼 피어올라서 우리는 그 자리를 떠나기로 결정했다. 위로 올라갈수록 암벽의 어마어마한 규모가 더욱 잘 보였다. "우리가 얼마나 하찮은 존재인지 갑자기 깨닫게 되죠." 테일러가 씩 웃으며 말했다. "우리가 보고 있는 건 이곳의 바늘구멍만 한 일부분에 불과해요. 아니, 그 정도도 못 돼요! 그리고 장담하는데, 우리가 이곳을 목격한 최초의 인간입니다."

우리는 왼쪽으로 방향을 틀어 반짝이는 눈보라를 다시 헤치며 돌들로 뒤덮인 하얀 미사 언덕 위로 나아갔다. 해파리 한 마리가 마치 입처럼 뻐끔거리면서 굉장한 속도로 지나갔다. 수직으로 서 있는 길쭉하고 가느다란 물고기 옆으로 나비를 닮은 무엇인가가 획 하고 스쳐가기도 했다. 극장 간판의 조명처럼 알파벳 J 자 모양으로 빛나는 관해파리도 보였다. "해저 위를 훑으면서 지나가봐." 테일러가 맥도널드에게 말했다. "우리가 들어갈 만한 가파르고 근사한 골짜기들이 좀 있을 거야."

"저거 오징어예요?" 맥도널드가 물었다.

우리는 앞으로 몸을 기울였다. 정말 오징어였다. 그러나 내가 그동안 본 어떤 오징어와도 달랐다. 멀리서 보면 해저를 가로지르며 펄럭이는 검은색 연 같기도 했다. 길이는 60센티미터 정도였고 마름모꼴의 우아한 지느러미를 흔들며 천천히 이동하고 있었다. 외투막 위로 팔과 촉수들이 꽃다발처럼 모여 있었다.

"저 녀석 진짜 멋진데." 테일러가 맥도널드에게 오징어를 따라가보라고 재촉하며 말했다. "계속 내려가봐. 측면 추진기를 써."

우리는 골짜기 안으로 내려가 오징어의 뒤쪽으로 접근했다. 가까이에서 보니 부드럽고 풍부한 붉은색을 띠고 있었고 우리를 별로 신경 쓰지 않는 것 같았다(나중에 이 만남을 촬영한 영상을 본 스미스소니언 국립 자연사 박물관의 두족류 부문 전시 책임자 마이크 베키오네에 따르면, 폴리도테우티스 아다미 *Pholidoteuthis adami*라는 오징어였다. 비늘오징어라고도 불리는데 외투막을 덮고 있는 연골성 "피부층"이 물고기의 비늘과 비슷해서 붙은 이름이다). 오징어에만 집중하던 나는 하마터면 그 옆에 있던 커다란 해파리를 보지 못하고 지나칠 뻔했다. 강렬한 분홍색의 몸에서 하얀 머리카락 같은 촉수들이 폭발하듯이 퍼져 나와 있는 해파리였다.

"정말 엄청나네요." 내가 말했다. "이런 동물은 상상으로도 못 만들어 내겠어요."

테일러가 고개를 끄덕였다. "너무 재미있어서 우리가 아주 위험한 환경에 있다는 사실을 잊기 쉽죠."

이제 우리는 암석 지대를 벗어나 희고 거대한 모래언덕 위를 미끄러지듯이 지나가고 있었다. 표백된 사하라 사막처럼 황량한 장소였다. "이 능선을 따라가자." 테일러가 말했다. "그러면 반대쪽으로 내려갈 수 있어."

"우측으로 방향을 틀까요?" 맥도널드가 물었다.

"그래." 테일러가 대답하고는 나의 무릎을 툭 하고 쳤다. "조종 한번 해볼래요?"

잠깐 동안 그 질문을 곱씹은 후에야 그가 진심이라는 사실을 깨달았다. 테일러는 정말로 나에게 수심 1,000미터에서 우리 세 사람이 탄 잠수정을 조종해보겠냐고 묻고 있었다.

"당연하죠!" 사실 당연하지 않았다. 내가 정말 사람을 태우고 잠수정을 조종해도 될까 싶었다. 예전에 나는 비행기 조종을 배우다가 처참하게 실패했고 보트를 몰다가도 사고를 낸 적이 있었다. 그러나 만약 지금 거절한다면, 평생 후회하리라는 사실도 알고 있었다.

한편 테일러는 무척 즐거워 보였다. "자리 교대 한번 색다르게 해봐요." 맥도널드와 내가 몸을 굽혀서 자리를 바꾸는 동안 옆쪽으로 한껏 몸을 붙인 테일러가 말했다. 조종석은 살짝 높아서 시야가 340도로 탁 트여 있었다. 나는 숫자와 그림들이 넘실대는 제어반 앞으로 미끄러져 들어가서는 땀에 젖은 손으로 조종간을 잡았다.

"지금이에요." 테일러가 선언했다. "이제 마음껏 해봐요. 당신이 선장이 된 거예요."

나는 그 말이 사실이 아니기를 바랐다. 제발 테일러의 손이 닿는 곳에 또다른 조종 장치가 있기를. 잠수정은 이미 한쪽으로 약간 기울어진 상태였고, 우리는 가파른 모래언덕을 향해서 곧장 나아가고 있었다. 나는 긴장한 채 조종간을 앞으로 밀었다. 요란하게 끼익 하는 소리가 났다.

"그냥 편하게 해요." 테일러가 말했다. "비틀지 말고 부드럽게 앞으로 밀면 돼요. 저기에 경사면 보이죠? 그걸 따라서 올라가 봐요."

"올라가요? 이렇게요?" 내가 추력 조절기를 돌리며 물었다.

"그래요. 그 정도면 돼요. 그렇게 꽉 쥘 필요 없어요. 이제 천천히 저 언덕을 올라가는 거예요."

잠수정은 약간 비틀거리기는 했지만 나의 의도대로 앞으로 나아갔다. 몇 분쯤 지나자 한결 매끄럽게 움직이며 산등성이를 따라가거나 산 아래로 내려갔다가 다시 올라오기도 할 수 있었다. 아직 긴장을 풀 수는 없었지만, 그래도 3차원 공간 안에서 잠수정이 이동하는 감각에 점점 익숙해졌다. 그곳의 풍경은 아틀란티스처럼 환상적이면서도 지구 그 자체처럼 원초적이었다. 나는 오랫동안 개념으로서가 아닌 진짜 심해의 모습을 알게 되기를 꿈꿔왔는데, 이제 작은 노란색 잠수정을 타고 마치 장을 보러 가듯이 그 안을 누비고 있었다. 그 순간만큼은 현실이 나의 상상을 뛰어넘었다.

"잘하고 있어요." 그때 테일러가 나의 천국 속으로 비집고 들어와서 말했다. "근데 지금 뒤로 가고 있는 것 같은데."

✳

우리가 박광층 안에 얼마나 있었는지 누가 알까? 10시간이었을 수도 있고 10분이었을 수도 있다. 그곳은 시간의 속박에서 벗어난 장소였다. 구체적으로 말하자면, 인간의 수명을 기준으로 시계와 달력을 이용해 측정하던 시간의 개념이 없었다. 심해에는 늦은 것도, 이른 것도 없었다. 오직 심원한 시간, 지구의 지질학적 시계가 무한히 느리게 째깍거리는 소리뿐이었다. 하얀색 석회암으로 이루어진 이 경이로운 땅은 언제부터 해저에 존재했을까? 수백만 년 전? 수억 년 전? 지구 생물권의 95퍼센트는 심해이며 그 바다의 역사는 40억 년에 달한다. 그런 숫자들에 대해서 골똘히 생각하다 보면 두려움이 밀려올 수도 있다. 그러나 심해의 숭고한 차원 앞에 머리를 조아릴 때 찾아오는 은총도 있다. 사물의 진정한 질서 속에서 자신의 위치를 깨달음으로써 얻게 되는 마음의 평화이다.

나에게는 그러한 겸허가 황홀경처럼 느껴졌다. 넵튠 호 안에서 나는 세계를 처음으로 만난 듯한 느낌이었다. 왜냐하면 그것이 우리가 세계를, 세계 자체의 방식으로 만날 수 있는 유일한 방법이기 때문이다. 해양 지각의 생명체를 연구하던 지구미생물학자 고故 카트리나 에드워즈는 다음과 같이 간단하게 설명했다. "우리는 빛 속에 살고 있기 때문에 빛에만 지나치게 관심을 가진다. 그러나 사실 생물권의 대부분은 어둠 속에 존재한다."

심해를 최초로 목격한 윌리엄 비비는 그 광대함을 단지 연대적, 물리적이 아닌 영적인 방식으로 인식했다. 심해와 마주하는 일은 우리의 믿음을 재정립하고 관점을 영구적으로 변화시키는 경험이다. 비비는 "일단 심해를 목격하면 인생에서 가장 생생한 기억으로 영원히 남을 것"이라고 쓰고, 그것은 "오직 그 한없는 섬뜩함과 고립감, 영원하고 절대적인 어둠과 그곳에 사는 생물들의 형언할 수 없는 아름다움 때문"이라고 덧붙였다.[22] 모든 해양 생물, 그 헤아릴 수 없이 많은 물고기들 하나하나가 지구라는 거대한 무대에서 각각의 작은 역할들을 수행하기 위해 그곳에 있었다. 우리 역시 마찬가지였다.

우리는 다른 생물들과 그러한 동맹을 맺을 수 있다는 사실에 고마운 마음으로 벅차올라야 마땅하겠지만 현실은 그렇지 않다. 인류는 무대 위에 아주 잠깐 등장하는 존재이지만 한 번도 스스로를 조연으로 여긴 적이 없다. 우리는 우리만의 세계를 창조했고 그 세계는 박광층의 형언할 수 없는 아름다움 같은 것에는 관심조차 없는 하나의 기계와도 같다. 반짝이는 물고기들로 가득한 장엄한 야생의 세계를 보여주면, 그 기계 세계는 이러한 언어로 응답한다. "중층원양대의 자원이 새로운 계절 어업의 대상이 될 수도 있으므로, 동일한 배로 서로 다른 관리 상태의 서로 다른 어종을 잡아들이는 복합 어업 선박들에게는 지속 가능한 어획량을 설정하는 일이 더 복잡해질 수 있다."[23] 다시 말해 박광층은 그 놀라운 생명력 때문에 오히려 표적이 된다. 다른 모든 생태계와 마찬가지로 박광층도 산업형 어업의 직접적인 위협을 받고 있다.

수천 미터 깊이의 물속을 거대한 그물로 훑으면서 엄지만 한 물고기들과 젤리 형태의 조직 덩어리들을 건져 올린다는 생각은 인류가 그동안 떠올린 형편없는 아이디어들 중에서도 명예의 전당에 오를 만하다. 그 누구도 먹고 싶어하지 않는 생물들이지만 그것들을 갈아서 양식하는 물고기에게 먹일 수 있다는 생각인데, 우리가 물고기를 양식하는 이유 또한 과거에 거대한 그물을 이용해서 무차별적인 어획을 한 탓이다. 무엇보다도 박광층 생태계의 균형을 무너뜨리면 바다가 대기 중의 탄소를 제거하는 능력이 줄어들고, 바닷속 먹이그물이 교란되거나 더 나아가 붕괴될 수도 있다. 중층원양대 안에서 일어나는 여러 복잡한 과정을 이해하기 위해서 애쓰는 과학자들은 인간에게 이로운 그 모든 과정들이 심해의 나머지 부분, 궁극적으로는 지구 전체와 불가분하게 연결되어 있다는 사실을 발견했다(중층원양대의 탄소 격리 작용이 없다면, 지구의 평균 기온은 섭씨 3-6도 정도 상승할 것으로 추정된다).[24] 박광층에서 상업적인 어획을 하겠다는 것은 터무니없이 어리석은 생각이다. 그러나 인간이 어리석은 짓을 결코 하지 않는 것은 아니다.

노르웨이와 파키스탄은 이미 중층원양대 어업 면허를 발급했으며 다른 국가들도 검토 중이거나 과거에 이미 시도한 적이 있다.[25] 그렇게 작디작은 생물들을 잡으려면 아주 촘촘한 그물을 사용해야 하는데, 그러면 근방에서 헤엄치는 무엇이든 부수적으로 어마어마하게 건져 올리게 된다. 게다가 박광층의 대부분은 공해公海에 위치해서 규제가 어렵다. 그렇게 깊은 바닷속에서 어획을 할 때 얻을 수 있는 수익보다 비용이 아직은 더 크지만, 더 큰 어종들이 고갈되면 상황은 분명히 달라질 것이다. 다시 말하지만 그렇게 해서 건져 올리는 샛비늘치, 해파리, 크릴새우를 우리가 먹지는 않는다. 모두 분쇄하여 어분魚粉, 가금류 사료, 건강 기능성 오일, 비료로 만들 것이다. 내가 앞에서 자연을 보는 기계적 관점의 예시로 인용했던 산업 연구 논문에는 「노르웨이 중층원양대 어업의 제도적 기초」라는 따분한 제목이 붙어 있다. 저자들은 박광층의 생물들을 "저가치종"이라고 칭하면서 그 생물들이 "경제적 가치"를 가지려면 "대규모의 어획량"이 필요하다고 말한다. 기계의 시각으로 보면 그 생물들은 "원료"에 불과하다.

※

맥도널드가 다시 조종석에 앉은 후 우리는 위로 올라가기 시작했다. 나는 마지못해 조종간을 넘겼다. 겨우 15분 조종한 것으로는 아쉬웠다. "잠수정 조종사가 되려면 약간 미쳐야 해요." 내가 심해에 푹 빠져 있는 모습을 보고 테일러가 농담을 했다. "한번 일해보고 싶어요?"

올라갈 때는 우리가 앞서고 나디르 호가 수백 미터 아래에서 뒤를 따랐다. 테일러가 그런 식으로 위치를 잡은 것은 우리 잠수의 극적인 피날레를 준비하기 위해서였다.

"지금 몇 미터지?" 테일러가 맥도널드에게 물었다.

"700미터입니다."

"좋아, 이제 들어온 것 같군. 이제 이 성가시게 밝은 불빛들을 다 끄자. 제어반 위에 수건을 덮어. 다들 준비되었죠? 눈을 감아요. 내가 셋까지 셀게요. 셋에 눈을 뜨는 거예요. 하나, 둘……."

둘을 세면서 테일러는 잠수정의 가장 밝은 조명을 켰다가 껐다가 하며 깜박였다.

"셋!"

나는 눈을 떴다. 박광층의 생물들이 사방에서 반짝이며 우리가 보낸 신호에 응답하고 있었다. 마치 유성우의 한가운데에 있는 것 같았다. 어둠속을 보석처럼 밝히는 빛줄기와 섬광과 후광이 시야의 끝까지 펼쳐지면서 별자리 같은 불꽃들로 우리를 감쌌다.

"세상에." 내가 할 수 있는 말은 그것뿐이었다.

"저기 저것들 좀 봐요." 테일러가 경탄했다. "이제 얼마나 많은지 보이는군요. 정말 어디에나 있네요."

맥도널드가 고개를 저으며 웃었다. "이런 게 가능하다니 믿어지지 않아요. 천문관 안에 들어와 있는 것 같아요."

잠시 후 회로가 끊긴 것처럼 불빛들이 사라졌다. 우리는 약 60미터를 더 올라갔다. "자, 눈 감아요!" 테일러가 지시했다. "하나, 둘, 셋!"

물속이 다시 환해지면서 우리에게 인사하듯이 반짝였다.

"아아!" 나는 말조차 제대로 나오지 않았다.

"말도 안 돼!" 맥도널드가 반복해서 말했다.

"아무리 봐도 질리지 않는다니까." 테일러도 감탄했다.

우리가 깊은 바닷속을 뚫고 올라가면서 빛을 깜박이면 그 안의 생물들도 깜박거리며 응답했다. 테일러는 최신 저조도 카메라로도 이 교감을 포착할 수 없다고 말했다. 너무나 순식간이고 너무나 섬세하며 그것이 일어나는 순간과 장소와 떼어놓을 수 없기 때문이다. 그 장면을 포착하려고 하면 놓쳐버리고 만다. 그러한 환영 인사는 눈에 보이는 형태라기보다는 에너지에 가까워서, 나 자신이 그것의 일부가 되어야만 경험할 수 있다. 우리는 밖에서 안을 들여다보는 것도, 안에서 밖을 내다보는 것도 아니었다. 안쪽에서 더 깊은 안쪽을 바라보고 있었다.

※

수심 120미터 지점부터 마치 해 질 녘의 시간이 거꾸로 흘러가는 것처럼 바닷물이 미묘하게 남색으로 바뀌었다. 내려올 때와 마찬가지로 눈으로 직접 보지는 못했지만, 심해가 우리를 놓아준 후 경계선을 넘어 햇빛이 드는 곳으로 건너가는 순간 명치께에서 무엇인가가 느껴졌다. 놀랍게도 나를 덮친 감정은 슬픔이었다. 쿡쿡 쑤시는 듯한 아픔, 어렴풋한 그리움으로 시작된 그 감정을 처음에는 억눌렀다. 흥분과 슬픔을 동시에 느낀다는 것이 터무니없게 느껴졌기 때문이다. 그러나 그 감정은 목구멍으로 계속 치밀어올랐다. 나는 이제 다시는 심해를 경험하지 못할지도 모른다는 사실을 알고 있었다. 이 한 번의 만남으로 모든 것이 끝나버렸다고 생각하니 고통스러울 정도로 슬펐다. 마치 누군가와 사랑에 빠진 후 다시는 만날 수 없게 된 것 같았다. 잠수정에서 내리고 싶지 않았다.

수면에 가까워지자 제 모습을 되찾은 푸른색이 점점 더 강렬해져서 견디기 어려울 정도였다. 우리는 잔물결 속에서 흔들리며 거품의 막을 뚫고 밖으로 나왔다. 하늘도 푸른색이었지만 상대적으로 창백해 보였다. 나는 햇빛이 눈부셔 눈을 가렸다.

맥도널드가 도착을 알렸다. "수상, 여기는 넵튠. 탱크 비우고 차단기 껐다, 오버."

프레이가 응답했다. "알았다. 넵튠, 복귀를 환영한다. 스위머 투입 준비 완료."

배로 돌아오자 포옹과 하이파이브가 이어졌다. 나는 모두에게 아낌없이 감사 인사를 했지만, 내가 느낀 상실감에 대해서는 이야기하지 않았다. 한낮에 바다 위로 돌아온 그날 내내 나의 머릿속에는 1,000미터 아래의 청록빛 물속에 잠긴 해저의 모습이 화면 보호기처럼 계속 떠올랐다.

저녁 식사 후에는 조종실(내가 애틀랜티스 호에서 데이터를 기록할 때 들어가 있던 컨테이너와 비슷한 금속 상자였다)에서 테일러와 조종사들을 만나 진토닉 칵테일을 마시며 회의를 했다. 테일러는 책상에 앉아 있고 다른 사람들은 의자에 앉거나 벽에 기대어 있었다. 다들 여전히 잠수의 흥분에 젖어 있는 상태였다. 맥도널드의 조종 능력을 평가하는 순서가 되자 테일러가 간단히 말했다. "내 생각에는 잘한 것 같아." 그리고 맥도널드 쪽을 보며 말했다. "더 하고 싶은 말 있어?"

맥도널드는 미소를 지었다. "네, 진짜 끝내줬어요. 엄청나더라고요."

전적으로 옳은 말이었다. 그 말이 나의 머릿속을 떠나지 않았다. 배에서 내려 집으로 돌아온 후 나는 가장 먼저 레이히에게 전화를 걸었다. 그리고 잠수하는 동안 어떤 일이 있었는지, 무엇을 보았는지, 어떤 느낌이었는지, 그 일이 나에게 어떤 영향을 미쳤는지를 쏟아내듯이 세세히 설명했다. 그리고 레이히라면 이해해줄 것이 분명한 나의 슬픔에 대해서도 이야기했다.

"충분히 그럴 수 있어요." 내가 잠시 말을 끊자 레이히가 동의했다. "전에는 경험해본 적 없는 방식으로 바다와 연결된 거예요. 지구의 생명력 안에 들어온 거죠." 그는 그런 감정적인 반응을 보인 사람이 나뿐은 아니었다고도 덧붙였다. 유인 잠수정의 목적 자체가 그런 본능적인 교감이었다. 레이히, 그리고 오션X의 핵심 철학이기도 했다. "우리는 감각적인 존재예요. 심해를 눈으로 직접 보고 나면, 그곳에 대한 감정이 달라지죠."

나의 경우에 그것은 변화라기보다는 원래 지녔던 신념, 즉 바다는 마법으로 들끓고 있으며 깊이 들어갈수록 더욱 매혹적이리라는 믿음을 확인하는 일이었다. 당연히 나는 더 깊이 들어가고 싶었다. 레이히에 따르면 그때 리미팅 팩터 호와 프레셔 드롭 호가 바르셀로나에서 정비 중이었는데, 곧 불의 고리 탐사에 나설 예정이었다. 그 무렵 매캘럼은 2020년 1월부터 2020년 7월까지의 일정을 나에게 이메일로 보내면서 "이번 탐사 계획에는 잠수 지점이 아주 많다"고 알려주었다. 일정을 훑어보던 나에게 한 가지 아이디어가 떠올랐다. 내가 다음으로 전화를 건 사람은 베스 코보였다.

그는 댈러스에 있는 자택에서 파이브 딥스 탐사의 여운을 여전히 곱씹으면서도 다시 바다로 나가고 싶어 안달이 나 있었다. 초심해저대에는 아직 탐험할 곳이 많았다. 그는 다음 탐사 때 더 많은 승객, 특히 과학자들을 잠수정에 함께 태울 계획이라고 말했다. "영웅 노릇은 해봤으니 이제 그 경험을 공유해야죠."

그 말을 들은 나는 기회를 놓치지 않았다. "가능할지 모르겠는데요." 나는 긴장한 채 말을 꺼냈다. "혹시 저도 함께 잠수하러 갈 수 있을까요?"

"가능하냐고요?" 베스코보는 이렇게 대답한 후 잠시 입을 다물었다. 나는 정중한 거절을 들을 마음의 준비를 했다.

그러나 내가 들은 대답은 이것이었다. "그래요, 가능할 것 같네요."

9

심해를 팝니다

선택할 시간은 아직 남아 있다.
—실비아 얼

파푸아뉴기니 라바울

심해는 누구의 소유인가? 마치 하늘이 누구 소유인지 묻는 것만큼 터무니없는 질문이다. 그러나 심해저대는 가치가 높은 부동산이다. 지구 표면의 절반은 수심 3,000미터에서 6,000미터의 바닷속에 잠겨 있다. 돈이 최고인 세상에서 그런 자산이 주인 없이 방치되는 경우는 드물다. 그렇다면 **정말로** 심해를 소유한 사람은 누구인가? 좋은 소식은 여러분도 소유주 중에 한 사람이라는 것이다. 그리고 나쁜 소식은 아마 여러분이 들어본 적도 없을 자메이카 킹스턴의 한 단체가 그곳을 관리하고 있으며 심해를 채굴하지 못해 안달이 나 있는 다른 단체들에게 심해를 넘겨주고 있다는 것이다. 말도 되지 않는 소리 같다면 이야기를 끝까지 들어보기 바란다. 알면 알수록 더 황당하니까 말이다.

1873년, 시작은 순수했다. 챌린저 호 탐사진이 오늘날 망가니즈 단괴團塊라고 불리는 기묘한 검은색 덩어리들을 건져 올렸다. 당시 그 단괴들은 과학계의 수수께끼였다. 화산 활동으로 생겨난 것일까? 아니면 운석처럼 우주에서 떨어진 것일까? 왜 많은 단괴 속에 상어의 이빨이 들어 있을까? 그것들은 대체 그 깊은 바닷속에서 무엇을 하고 있었을까?

연구자들은 거의 한 세기가 지나서야 그러한 단괴들을 해저에 있는 상태 그대로 들여다보고 사진을 찍을 수 있게 되었다. 마침내 우리가 심해의 여드름투성이 얼굴을 본 것이다. 심해저 평원의 퇴적물 위로 단괴들이 점점이 흩어져 있었다. 구슬만큼 작은 것도 있고 야구공만큼 큰 것도 있었다. 수심 약 4,500미터의 심해, 특히 태평양에 풍부하게 있었다. 해저 지도 제작 분야의 선구자였던 미국의 지질학자 브루스 히즌은 그 단괴들이 "지구 최대의 광물 매장지"라고 선언했다.¹ 그 안에는 망가니즈뿐 아니라 니켈, 구리, 코발트, 그리고 미량의 다른 금속들이 있었다. 수조 개에 달하는 그 덩어리들의 가치를 누군가가 계산해보게 되는 것은 필연적인 일이었다.

실제로 누군가가 그렇게 했다. 1965년에 미국의 또다른 지질학자 존 머로가 저서인 『바다의 광물 자원*The Mineral Resources of the Sea*』에서 그 가치를 계산했던 것이다.² 이 책을 읽어보면, 머로가 생각하는 이상적인 세상에서는 바다 전체가 노천 광산이 되어 있을 것이라는 느낌이 든다. 그는 심해가 명확하게 "문명을 위한 물질 자원의 무궁무진한 저장소"인데도 불구하고 "그 잠재력에 비해서 상대적으로 거의 개발되지 않았다"며 한탄했다.

머로는 단지 단괴에 대해서만 이야기하지는 않았다. 그는 바닷물에서

"광물질"을 뽑아내고 심해의 진흙을 시멘트의 대체품으로 이용하고 싶어했다. "사용료를 내지 않고 이용 가능하다"는 것이 그 이유였다.[3] 해저 채굴은 더욱 까다롭겠지만 아예 불가능한 일은 아니었다. "핵폭발 장치를 사용하면……광물이 포함된 해저의 암석들을 분쇄할 수 있을지도 모른다."[4] 머로는 멍게의 점액에도 광물이 들어 있으므로[5] 이 "슈퍼 광물 농축기를 번식시켜서" 그 조직을 "광석으로 이용할 수 있을 것"이라고 열변을 토했다(만약 그가 외계인이었다면, 우리의 몸을 훑어보고는 다른 외계인들에게 우리의 치아와 뼈를 녹이면 훌륭한 건축 자재가 될 것이라고 이야기했으리라).

머로의 책은 딱딱한 주제를 다룬 얇은 책 치고는 큰 주목을 받았다. 기업가들은 그의 주장에 충격을 받았다. 머로의 계산에 따르면 심해에는 "세계 인구 200억 명"에게 수천 년간 공급할 만한 금속이 있었다.[6] 바닷물에는 금이, 암석에는 인이, 진흙에는 텔루륨이 들어 있지만, 일단은 망가니즈 단괴가 가장 확실한 시작점이었다. 머로는 "무한궤도형 심해선"이 해저에서 거대한 "채집 장치"를 끌고 다니면서 "구형의 유인 조종실을 갖춘 대형 화물 잠수함"에 단괴들을 싣는 모습을 상상했다.[7] 혹은 대충 그와 비슷한 무엇인가를 말이다.

그후에는 심해를 향한 상업적인 경주가 이어졌다. 브리티시 페트롤륨, 로열 더치 쉘, 미쓰비시, US 스틸 같은 기업들이 앞다투어 심해 채굴 준비에 나섰다. 어느 기업도 수심 4,500미터에서 채굴을 해본 적은 없었으므로 그러한 작업을 할 수 있는 기계를 개발하는 것이 가장 먼저 할 일이었다.

1974년에 괴짜 억만장자 하워드 휴스가 선두에 나서는 듯했다. 그는 길이가 188미터에 달하는 으리으리한 채굴선인 휴스 글로마 익스플로러 호를 망가니즈 단괴가 풍부하다고 알려진 하와이 제도 앞바다의 한 지점으로 보냈다. 20층 높이의 기중기, 단괴 채굴장비를 내릴 수 있는 문 풀moon pool(장비를 물속으로 내릴 수 있도록 갑판에서부터 바닥까지 뚫어놓은 통로/역주)을 갖춘 배였다. 심해 채굴이 본격적으로 **시작된** 것이었다. 익스플로러 호는 심해 채굴이라는 개념의 실현 가능성을 입증하는 사례였다. 적어도 겉보기에는 그랬다. 그러나 사실 휴스의 계획은 CIA의 정교한 책략이었다. 그의 배가 찾고 있던 것은 다른 종류의 금속, 바로 소련의 침몰한 핵무장 잠수함이었다. 미국은 1968년에 가라앉은 그 잠수함을 해저에서 찾아내어 몰래 인양하려고 했던 것이다. 실제로 수면 위로 떠오른 것은 냉전 기밀뿐이었다.

언론이 익스플로러 호의 정체를 폭로한 후에도 망가니즈 단괴의 매력은 커져만 갔다. 1981년에 「워싱턴 포스트*Washington Post*」는 다음과 같이 요란하게 떠들었다. "그것은 보물 사냥꾼의 꿈이자 가장 부유한 황제라도 흥분할 만한 엄청난 보상이다. 수백 킬로미터에 걸쳐 펼쳐진 광대한 평원이 세계에서 가장 희귀하면서도 수요가 많은 광물들로 뒤덮여 있는 모습을 상상해보라."**8**

이런 표현은 그 보상을 누구든지 원하면 가져갈 수 있음을 전제로 한 것이었지만, 실제 권리의 문제는 좀더 복잡했다. 국가들은 심해가 누구의 소유인지를 놓고 갈등을 빚어왔고 그 결론이 명확하게 내려진 적은 없었다. 망가니즈 단괴 열풍에 경각심을 느낀 국제 연합UN은 심해의 광물 자원이 일부 기업의 대차대조표에 올라갈 항목이 아니라 "인류 공동의 유산"이라고 선언하고 이를 뒷받침할 국제법 제정에 나섰다.

그러한 노력의 결과 "해양법에 관한 UN 협약"이 채택되었다.[9] 국가의 관할권이 아닌 해역에서 누가, 어디에서, 무엇을 할 수 있는지를 규정한 방대한 분량의 조약이었다. 지구 해양의 무려 54퍼센트를 차지하며 약 260만 제곱킬로미터가 넘는 드넓은 심해저가 하나의 "구역"으로 명명되었다. 이 협약을 비준한 국가는 그 구역 내의 일부를 할당받아 채굴할 수 있고, 그렇지 않은 국가는 채굴 범위가 자국의 영해 내로 제한되었다(미국은 이 협약에 서명했지만 아직 비준하지는 않은 소수의 국가에 속한다).

심해저의 보안관이 되어 "인류"를 대표해 심해를 관리한다니, 이 얼마나 대단한 책임인가. UN 해양법 협약은 그 역할을 수행할 기구를 새로 설립했다. 바로 국제 해저 기구ISA였다. 국제 해저 기구는 국제 연합과는 별도로 자율적으로 운영되며, 상당한 권한을 가질 예정이었다. 또다른 모든 관료 조직들과 마찬가지로 총회, 위원회, 이사회 등을 갖추고, 내부자 외에는 그 누구도 알지 못하는 전문 용어와 두문자어를 남발하게 될 터였다. 국제 해저 기구는 심해의 환경이 파괴되지 않도록 보호하는 동시에 해저의 채굴 구역을 분배할 권한을 법적으로 부여받았다.[10] 마치 그 두 가지가 상충되는 일이 아니라는 듯이 말이다.

그러나 이 모든 것이 확정된 것은 1994년의 일로, 그전까지 기업들은 심해의 일부분을 차지하기 위해서 계속 경쟁했다. 머로는 더욱 가치가 높은 단괴가 있다는 사실을 발견했다. 단괴의 금속 농도와 분포 밀도는 위치에 따라서 크게 달랐다. 어떤 곳에는 단괴가 잔뜩 있었고 또 어떤 곳에는 드문드문 흩어져 있거나 아예 없었다. 망가니즈 단괴가 가장 풍부하다고 생각되는 곳은 태평양의 클라리온-클리퍼턴 단열대였다. 클라리온-클리퍼턴 단열대는 하와이 제도에서부터 멕시코까지 펼쳐진 심해저

심해를 팝니다 341

평원과 언덕, 해산들로 이루어진, 넓이 약 440만 제곱킬로미터의 구역이다. 이곳에는 A급 단괴가 210억 톤이나 매장되어 있는 것으로 추정되었다. 육지의 매장량을 압도하는 어마어마한 양이었다.

협력이 경제적으로 합리적인 방법이었기 때문에 1970년대와 1980년대 초, 즉 UN 해양법 협약이 아직 발효되지 않았을 때 기업들은 클라리온-클리퍼턴 단열대 채굴 방법을 연구하기 위한 협력단을 구성했다.¹¹ 목적도 단일하고 독창성도 부족한 기업들이었기 때문에, 하나같이 해양관리주식회사, 해양광물회사, 해양채굴주식회사, 해양채굴제휴사 같은 이름들을 달고 있었다. 해양관리주식회사는 정빙기整氷機처럼 해저를 훑으면서 단괴를 채집하는 기계를 발명했다.¹² 해양채굴제휴사는 압축 공기를 이용해 단괴를 파이프 안으로 쏘아올려 수면 위로 옮기는 방식을 고안했다. 해양광물회사는 채굴선으로 위장했던 글로마 익스플로러 호를 임대했는데, 그 배로는 단괴를 건져 올릴 수 없다는 사실만 알게 되었다.

이 모든 일이 벌어지는 동안 실비아 얼이라는 해양과학자가 등장했다. 듀크 대학교와 하버드 대학교에서 학위를 받은 얼은 작은 체구에 열정적인 성격으로 유난히도 두려움을 몰랐다. "나는 바다의 가장 깊은 곳까지 가보고 싶어요. 누가 그렇지 않겠어요?" 1970년에 얼은 여성으로만 이루어진 탐사진을 이끌고 해저에서 2주일 동안 생활하며, 윌리엄 비비와 오티스 바턴의 배시스피어 호 잠수가 그랬듯이 대중의 주목을 받았다. 비비처럼 얼도 언변이 대단히 뛰어났다. 말하자면 타고난 바다의 대변인이었다. 심해에 대한 얼의 열정과 심해를 최대한 이용하려는 단괴 채굴업자들의 연구 목적은 놀라울 정도로 평행선을 달렸다. "그들이 탐사에 투자를 하던 때였죠." 최근에 만난 얼은 이렇게 회상했다. "그 안에 무엇이 있는지 알아내려고 애쓰던 그 시기에 내가 자연스럽게 끼어든 거예요."

 채굴을 원하는 기업들에게 망가니즈 단괴는 움직임이지 않는 돌들에 불과했다. 그러나 얼은 그 이상한 검은색 구체들이 현무암이나 석탄 덩어리와는 완전히 다르다는 사실을 알아보았다. 단괴들은 해저에서 자라난다. 다만 그 형성 과정은 지금까지도 과학자들이 명확히 밝혀내지 못한 수수께끼이다.[13] 바닷물 속의 광물은 심해의 특정한 환경에서 해저에 있는 어떤 단단한 조각을 핵으로 삼아서 그 주위에 원자 단위로 층층이 달라붙으며 점점 커진다. 이 과정에 미생물이 관여하는 듯하지만, 정확한 원리는 밝혀지지 않았다. 이렇게 형성된 단괴는 마치 산호초의 산호처럼 위쪽, 아래쪽은 물론이고 내부까지도 각종 생물의 서식지이자 미생물 군집의 터전이 된다.

 머로는 단괴들이 빠른 속도로 자라나며 따라서 심해 채굴자들이 "채굴 속도보다 성장 속도가 더 빠른 광산이라는, 아주 흥미로운 상황과 마주할 것"이라고 믿었다.[14] 그러나 실은 그 반대이다. 망가니즈 단괴는 자연계에서도 손꼽힐 정도로 느린 반응을 통해서 형성된다. 100만 년간 주변에서 복잡한 생태계가 진화해나가도, 단괴는 단 몇 밀리미터밖에 자라지 않을 수도 있다.

 어떤 기업도 중생대부터 그 누구도 손댄 적이 없는, 해저의 살아 있는 층을 제거하는 것이 과연 좋은 생각인지에 대해서 의문을 품지 않았다. 머로의 책에는 환경 문제에 관한 언급이 단 한 문장도 없었다. DDT를 무분별하게 살포하던 그 시절에 생태계 기능 유지는 기업의 우선순위가 아니었다. 그러나 대중의 인식은 고려해야 했다. 중요한 서식지를 파괴하거나 매력적인 동물을 멸종시키면, 홍보에 엄청난 악영향을 미칠 것이 분명했다. 다행히 심해저 평원은 텅 빈 곳처럼 보였다. "그 사람들은 아주 조잡한 방식으로 표본을 채취하고 생물들의 특징을 분석했어요." 얼은 이렇게 회상했다. "미생물 다양성이라든가 생태계라든가 그런 개념이 통하지 않을 때였죠. 그 사람들은 그저 눈에 보이는 것만 생각했어요. 제가 그 당시에 읽었던 보고서에는 해저에 별다른 게 없다고 쓰여 있었죠. 그냥 해삼과 벌레 몇 마리뿐이고, 그런 걸 누가 신경이나 쓰겠느냐고 말이에요."

※

오늘날 실비아 얼은 우리 시대의 가장 영향력 있는 해양과학자로 알려져 있으며 "잠수함을 탄 잔 다르크"라고 불릴 만큼 강력한 바다의 수호자이다. 심해저로부터 약 1,500미터 아래에까지도 생명체가 가득하다는 사실이 밝혀지자 사람들은 비록 눈으로 볼 수는 없어도 그러한 생물들을 중요하게 생각하게 되었다.[15] 환경에 대한 인식도 발전해서 기업도 사업을 계속하고 싶다면 환경에 신경을 쓸 수밖에 없게 되었다. 그러나 지난 40년간 변하지 않은 한 가지가 있다면, 돈에 지극히 관심이 많은 사람들이 여전히 망가니즈 단괴를 탐내고 있다는 사실이다.

1980년대에 금속 시장이 붕괴되면서 심해 채굴 열풍도 사그라졌다. 더는 망가니즈가 필요하지 않았고 코발트는 1톤을 준대도 가져갈 사람이 없었다. 그러나 컴퓨터, 스마트폰, 충전식 배터리, 태양광 패널 등 현재 우리가 의존하는 기술에는 모두 대량의 금속이 필요하다.[16] 여기에는 이트륨, 디스프로슘처럼 으스스한 이름을 가진 희토류 원소도 포함된다(사실 이 원소들은 희귀한 것이 아니라 그저 채굴 비용이 많이 들 뿐이며, 심해에는 풍부하게 존재한다). 우리는 언제나 무엇이든 더 많이 필요로 하고, 지구 온난화가 심화됨에 따라 배터리용 금속의 수요는 점점 더 증가할 것이다. 이런 여러 이유들이 맞물려서 심해 채굴에 관한 논의가 다시 이루어지고 있다. 그리고 이번에는 실현될 가능성이 크다.

그러나 격렬한 갈등 또한 피할 수 없을 것이다. 국가가 자국의 대륙붕 내에서 해저 채굴을 하는 것을 막을 방법은 없다. 노르웨이와 일본을 포함한 몇몇 국가들은 이미 그렇게 할 계획을 세우고 있다. 그러나 국제 해저 기구의 심해 채굴 계획은 또다른 문제이다. 심해저가 인류 전체의 자산이라면, 그 지역이 금속 채굴을 목적으로 분할되어 판매되는 것, 그리고 소수의 관료들이 지구 절반의 운명을 결정하는 것이 과연 옳은지에 관해서 당연히 모든 사람이 발언권을 가져야 한다.

1994년에 국제 해저 기구가 설립된 이후로 168명의 회원들(현재는 167개국과 유럽 연합의 대표들로 구성되어 있다)은 매년 자메이카의 본부에서 회의를 열어왔다. 역사상 최대 규모의 자원 채굴, 혹은 한 해양과학자의 표현대로 "인류가 심해 생태계에 가하는 가장 큰 공격"을 준비하기 위해서이다.[17]

딱딱한 형식적 절차, 국제 연합에서 쓰는 난해한 용어, 두꺼운 공식 문서, 비공개 회의 등의 요소들 때문에 국제 해저 기구에서 무슨 일이 벌어지는지를 파악하기란 쉽지 않다. 그러나 간단히 말하자면, 채굴업자가 아닌 이상 실망스러운 소식일 것이다. "해양 환경을 보호 및 보존해야 할" 법적인 의무가 있음에도 불구하고[18] 국제 해저 기구의 지도부는 채굴산업 쪽으로[19] 심하게 편향되어 있다(결정 권한의 대부분은 법률 및 기술 위원회가 가지는데, 이곳은 대놓고 채굴을 지지해온 41명의 위원들로 구성된 불투명한 조직이다).[20] 국제 해저 기구의 사무총장을 맡고 있는 영국의 변호사 마이클 로지는 과학자와 환경 단체들의 우려가 "절대주의와 교조주의, 광신에 가까운 믿음"이라고 일축하면서,[21] 심해 채굴은 "지속 가능한 세계를 구상하는 데에 필수적인 요소"라고 설명했다.[22]

현재까지 국제 해저 기구는 31건의 채굴 탐사 계약을 승인했다.[23] 이 계약이 아우르는 면적은 약 155만 제곱킬로미터로 알래스카 주의 면적과 맞먹는다. 그중 19건은 단괴 채굴을 위한 계약이지만, 나머지 12건은 채굴자들이 해산의 윗부분을 깎아내거나 열수공을 분쇄할 수 있도록 허용했다. 머로가 보았다면 기뻐했을 정도로 광범위한 채굴이다.

탐사 계약을 따내는 일이 어렵지는 않은 모양이다. 국제 해저 기구는 지금까지 들어온 모든 신청을 승인했다. 어떤 회원국이든 50만 달러의 수수료를 지불하고 절차를 따르기만 하면, 곧 해저의 일부에 대한 독점적인 권리를 가질 수 있다.[24] 면적도 아낌없이 제공한다. 클라리온-클리퍼턴 단열대 내의 평균 계약 면적은 약 7만 7,700제곱킬로미터에 달한다. 일부 국가는 이미 여러 건의 계약을 따냈으며(중국은 5건을 성사시켰다) 국제 해저 기구의 회원국이 민간 채굴회사를 대신해 계약을 보증하는 방식으로 더 많은 계약을 따내는 것을 막을 방법은 없다(이 경우 채굴회사는 자금을 대고 사업을 운영하여 수익의 대부분, 즉 이론적으로는 수십억 달러에 달하는 돈을 챙긴다. 계약을 보증한 국가는 소액의 사용료를 받으며[25] 문제가 생길 경우 손해에 대한 책임을 부담해야 할 수도 있다).

국제 해저 기구는 채굴 작업마다 사용료를 받기 때문에 모든 계약으로부터 이익을 얻는다.[26] 그렇게 들어오는 현금의 일부는 개발도상국에 배분될 예정이지만, 일부는 국제 해저 기구 자체로 흘러들어간다. 산업을 규제하는 역할도 맡은 기관에는 부적절한 이해 충돌이 아닐 수 없다.[27] 게다가 국제 해저 기구는 "엔터프라이즈"라는 이름으로 자체적인 단괴 채굴권 개발 계획까지 세워놓고 있으니[28] 더욱 터무니없는 일이다.

  현재 국제 해저 기구와 회원국 대표들은 심해저에서 상업적 채굴을 시작하기 전에 마련해야 하는 "채굴 규정", 다시 말해 "개발"을 위한 규칙을 정하기 위해서 협상 중이다.[29] 그러나 탐사 단계는 이미 수년 전에 시작되었다.[30] 채굴 계약을 맺은 기업들은 현장을 조사하고, 장비를 시험하고, 의무적으로 해야 하는 환경 기초 연구(그곳에 무엇이 있는지, 어떤 생물이 사는지)와 영향 평가(그 구역이 얼마나 심하게 손상될지, 심해의 생물들이 얼마나 많이 죽을지)를 준비하고 있다.

  과거에 존재한 적 없던 산업이 그동안 그 누구도 본 적 없는 수천 제곱킬로미터 넓이의 해저에 미칠 영향을 명확히 예측한다는 것은 어떤 상황에서든 쉽지 않은 일이다. 게다가 이동하는 생물, 어디인가에 붙어 사는 생물, 굴을 파는 생물, 크기가 아주 작은 생물이나 미생물이 그곳에 얼마나 많이 사는지는 아무도 모른다. 전문적인 과학 기관이라도 종합적인 보고서를 내놓는 데에 수년은 걸릴 일이다. 그러나 채굴 계약자들은 국제 해저 기구에 자발적으로 보고서를 제출하고 있다.[31] 규정 준수의 정도도, 데이터의 질도 각각 달라서 그들이 얼마나 조사를 잘했는지 검증하기는 어려울 것이다. 적어도 채굴이 미칠 한 가지 영향만은 쉽게 예측할 수 있다. "직접적인 채굴이 이루어지는 지역에서 어떤 생명체든 살아남으리라는 기대는 할 수 없습니다." 매사추세츠 공과대학교의 해양학자 톰 피콕은 최근에 이렇게 단언했다. "모두 사라질 것입니다."[32]

※

내가 처음 심해 채굴에 관심을 가지게 된 것은 2015년이었다. 그때 나는 파푸아뉴기니에서 배를 타고 있었다. 우연히도 그 무렵 그 나라의 해역에서는 세계 최초의 심해 상업 광산이 문을 열 예정이었고, 또 우연히도 그때 나는 실비아 얼과 함께 여행 중이었다. 얼이 100명의 해양과학자, 예술가, 환경 보호 운동가들이 참여하는 회의를 주최했는데 나도 초청을 받았던 것이다. 미션 블루 II라는 이름의 이 모임은 길이 약 100미터의 날렵한 크루즈선인 내셔널 지오그래픽 오리온 호 위에서 열렸다. TED 조직위원회가 주관하는 여행이었기 때문에 저녁이면 우리는 갑판에 모여 20분짜리 강연을 들었다. 그리고 낮에는 해양 생물 다양성의 꽃이라고 할 수 있는 산호 삼각지대를 항해하면서 때때로 잠수하여 신이 만든 예술품과도 같은 산호초를 탐험했다.

이 지역은 환경오염, 지구 온난화, 그리고 시안화물이나 다이너마이트 같은 도구를 사용하는 어업 등 온갖 종류의 위험에 처해 있었기 때문에 얼은 이곳에 대한 관심을 환기시키려고 했다. 그 위험의 목록에 이제 심해 채굴까지 들어가게 되었다. 우리가 파푸아뉴기니의 라바울 항에서 오리온 호에 승선할 때 그곳으로부터 약 50킬로미터 떨어진 곳에는 "솔와라 1"이라고 불리는 열수공 지대가 있었다. 노틸러스 미네랄스라는 회사가 파괴하려고 하는 여러 해저 지역들 중에 첫 번째 장소였다.

라바울은 태평양의 비스마르크 해에 면한, 가느다란 초승달 형태의 섬인 뉴브리튼 섬의 북동쪽 끝에 있다. 도시를 세우기에 적절한 장소는 아니었다. 뉴브리튼 섬이 물속에 가라앉은 분화구의 가장자리처럼 보이는 이유는 실제로 그런 곳이기 때문이다. 그리고 라바울은 화쇄류를 분출하는 화산의 칼데라 안에 위치해 있다. 폭발적인 분화가 일어나서 그곳의 건물들이 화산재에 덮이고 무너진 적도 여러 번이었다. 비스마르크 해는 수심 약 9,000미터의 뉴브리튼 해구를 포함하는 불안정한 섭입대의 일부로, 이곳의 해저에는 해저화산과 열수공들이 흩어져 있다.

여행이 시작된 지 며칠 후 나는 심해생물학자인 신디 밴 도버의 강연을 통해서 더 많은 것을 알게 되었다. 듀크 대학교 해양 연구소의 소장인 밴 도버는 최초의, 그리고 현재까지는 유일한, 앨빈 호의 여성 조종사였다. 그 잠수정을 몰고 앞장서서 블랙 스모커들을 탐사했으며 캐나다의 "고질라", 갈라파고스 제도의 "로즈 가든(장미 정원)", 대서양 중앙 해령의 "브로큰 스퍼(끊어진 돌출부)"와 같은 전설적인 열수공들을 직접 목격한 사람이었다. 그녀는 이렇게 회상했다. "그곳에 내려가면 정말로 그런 환경이 지구 생명의 요람이었을지도 모른다는 사실을 느끼게 되죠."[33]

밴 도버는 부드러운 말투로 이야기하는 60대 초반의 여성이었다. 누구보다 열수공을 잘 아는 사람이니, 강연이 열수공을 중심으로 이루어지는 것도 당연했다. 그런데 반전이 있었다. 밴 도버가 지난 10년간 노틸러스 미네랄스의 자문 역할을 해왔다는 사실이었다.

망연자실해지는 이야기이지만 실은 흔한 일이다. 채굴회사에는 자신들의 계획에 관한 정보를 제공해줄 과학자들이 필요하고, 과학자에게는 현장 연구(특히 비용이 많이 드는 심해 연구)를 위한 자금이 필요하다. 노틸러스와 계약을 함으로써 밴 도버는 파푸아뉴기니 열수공 지대의 어디에든 접근할 권한, 그리고 기초 연구를 수행하여 해당 산업의 피해를 줄일 수 있는 지침을 마련할 기회를 얻은 것이다.[34] "정책에 영향을 미칠 수 있는 과학적 지식을 일부러 제공하지 않는 것은 현명한 일도, 옳은 일도 아니라고 생각합니다." 밴 도버는 한 인터뷰에서 이렇게 설명했다. "잘못된 상황이 벌어지고 있는데 외면하고 불평만 할 수는 없어요."[35] 비스마르크 해를 항해하는 동안 그곳을 잘 아는 밴 도버는 우리 아래에 있는 해저와 그곳에 일어나게 될 일들에 관해서 설명해주었다.

단괴와 마찬가지로 황화물을 분출하는 열수공에도 구리, 금, 은, 아연 등 금속이 풍부하게 포함되어 있다. 다만 이 열수공들은 단괴와는 달리 수평 방향으로 많은 공간을 차지하지 않는다. 우리에게 알려진 심해의 활성 열수공 지대를 모두 합쳐도 아이오와 시티 정도의 면적(약 65제곱킬로미터/역주)에 불과하다(솔와라 1은 축구 경기장 10개 정도의 크기로, 그 안에는 약 4만 개의 열수공이 있다). 그러나 열수공 지대의 수직형 구조는 광상鑛床이 해저 깊은 곳까지 이어진다는 사실을 의미한다.[36] 열수가 분출될 때 그 안에 든 금속 황화물이 굴뚝처럼 생긴 구조물을 형성하면서 기반암과 융합되어 굳어버리기 때문에, 그 안에서 광석을 추출하려면 대단히 파괴적인 방법을 써야 한다. "사실상 노천 채굴입니다." 밴 도버는 노틸러스가 해저의 작업 현장을 설명하기 위해서 만든 슬라이드를 보여주며 말했다.

그것은 아이들이 읽는 이야기책에 나올 것만 같은 단면도였다. 밝은 원색의 작은 배들이 바다 위에 평화롭게 떠 있는 모습이 그려져 있었다. 그 아래로 빨대처럼 생긴 파이프가 바다 밑까지 뻗어 있었고 (마치 이 모든 일의 목적을 잊어서는 안 된다는 듯이) 해저는 금빛이었다. 작은 바위 성들로 둘러싸인 곳에서 개미처럼 생긴 귀여운 기계가 깔끔한 자취를 남기며 해저를 훑고 있었다. 한없이 목가적으로 보이는 풍경이었다.

그러나 현실은 그 그림과 같을 수 없었다. 노틸러스의 계획대로 2018년에 채굴이 시작되면 그곳은 부서진 암석들과 퇴적물, 그리고 소음, 진동, 빛으로 난장판이 될 것이 분명했다. 300미터 높이의 혼탁한 구름이 현장을 맹렬하게 집어삼키며 주변의 모든 생물들을 덮칠 것이다. 밴 도버는 우리에게 당시 실제로 제작 중이던 그림 속 귀여운 기계들의 사진을 보여주었다. 그 기계는 실제로는 눈앞의 모든 것을 부수고 갈아서 걸쭉한 혼합물을 만든 후 파이프를 통해서 약 1,500미터 위로 쏘아 올리도록 설계된 250톤짜리 괴물이었다. 동물과 광물이 한데 섞인 그 혼합물 속에 물고기, 조개, 벌레, 갑각류 등 열수공 지대의 생물들이 모두 휩쓸려 들어가 수면 위로 쏘아 올려질 것이다(열수공마다 우리가 알지 못하는 고유한 생물들이 살고 있기 때문에 많은 생물종이 우리와 만나기도 전에 사라지게 된다).[37] 배 위에서는 금속을 걸러내는 작업을 한다. 그리고 그 외의 모든 물질, 다시 말해 그 혼합물의 대부분은 다시 바다 밑으로 쏟아낸다.[38] 지속적으로 쏟아져 내리는 이 덩어리들은 수 킬로미터 거리까지 퍼져 나가다가 결국 해저를 뒤덮을 것이다.

노틸러스는 이런 방식으로 3년에서 5년에 걸쳐 하루 24시간, 1년 365일 내내 약 200만 톤의 광석을 채굴할 계획이었다.[39] 그러면 열수공 지대가 있던 자리에는 약 200미터 깊이의 구멍만 남게 된다. 일단 계획은 그러했다. 아무도 시도해본 적이 없었으니 모든 것이 예측 불가능한 실험이었다.

밴 도버가 그다음에 보여준 비스마르크 해의 지도에서는 그런 우려를 전혀 느낄 수 없었다. 그 지도는 해저 채굴 예정지들을 표시한 깃발로 가득 차 있었다. 노틸러스는 파푸아뉴기니 정부로부터 개발 면허를 여러

건 받아둔 상태였다.[40] 또한 통가, 피지, 솔로몬 제도, 그 밖의 다른 남태평양 국가들의 해역으로까지 사업을 확장할 계획을 세우고 있었다. 밴도버는 조금 주저하는 듯한 말투로 이렇게 말했다. "과학자인 우리는 채굴을 지지하지도 반대하지도 않아요. 그러나 실제로 이루어진다면 어떤 방법이 가장 좋을지를 고민해봐야죠."

나는 다른 사람들도 같은 생각일까 싶어서 주변을 둘러보았다. 나에게는 노틸러스의 계획이 미친 짓처럼 들렸다. 그보다 더 나쁜 일이 있다면 노틸러스가 그 계획을 실현할 수 있도록 돕는 것이었다. 과학에 어느 정도의 중립성이 요구되는 것은 사실이다. 또한 피해를 최소화하는 것도 중요한 일이다. 그러나 화학합성의 경이로움을 발견하고 섭씨 300도의 열수공에서 상상도 하지 못했던 다양한 동물들을 목격하면서 생명의 세계에 우리가 알던 것보다 훨씬 더 많은 차원이 존재한다는 사실에 겸허함과 놀라움을 느끼고 돌아온 후, 바로 그런 생태계를 하나의 채굴회사가 파괴하는 모습을 지켜봐야 한다는 사실에서 오는 감정적인 충격은 헤아릴 수 없이 컸다.

강연이 끝난 후 나는 곧장 스탠드바로 향했다. 얼도 뒤따라왔다. 그때 얼은 파란색과 녹색이 섞인 우아한 재킷과 세련된 검은색 바지를 입고 있었지만, 여든의 나이에도 그녀가 가장 선호하는 옷은 잠수복이었다. 내가 채굴 문제에 관한 의견을 묻자 얼은 기가 막힌다는 듯한 표정을 지었다. 그녀가 운영하는 미션 블루는 전 세계적으로 해양 보호 구역을 지정하여 2030년까지 해양의 30퍼센트를 상업적 개발로부터 보호하는 것을 목표로 삼고 있었다(현재까지 보호 구역은 전체의 8퍼센트에 불과하다). 당연히 심해 채굴산업의 등장은 얼에게 반가운 소식이 아니었다.

"굳이 안 해도 되는 일을 왜 하려는 걸까요?" 얼은 고개를 저으며 말했다. 그녀의 목소리는 낮고 허스키하고 울림이 있어서 사람의 마음을 끄는 힘이 있었다. 그녀는 그런 목소리로 한마디씩 천천히, 신중하게 말했다. "해저에만 영향을 미치지 않고 해수층에도 영향을 미칠 거예요. 그렇게 대규모로 바다를 휘저으면 해양의 화학적, 생물학적 균형이 위태로워져요." 얼은 바텐더에게 건네받은 포도주 잔을 내려놓고 나를 바라보았다. 그녀의 눈빛은 내가 느끼는 감정을 이미 알고 있다고 말해주는 듯했다. "**생각해봐요**. 그게 바로 우리가 생존할 수 있게 해주는 체계예요. 심해가 지금까지 우리를 비교적 안전하게 지켜준 거예요. 건드리면 안 된다고요."

※

2019년에 노틸러스 미네랄스는 파산했다. 7억 달러에 달하는 돈을 날리고 주식은 휴지 조각이 되었으며 단 한 개의 열수공도 채굴하지 못했다.[41] 거대한 채굴장비를 실을 어마어마하게 큰 배가 필요했지만, 그 배를 건조할 비용조차 감당하지 못했다.[42] 게다가 파푸아뉴기니 주민들도 노틸러스의 계획에 반대 운동을 벌였다. "솔와라 전사 연합"이라는 단체는 다음과 같이 선언했다. "우리는 해저 채굴을 결코 용납할 수 없다. 노틸러스와 그 투자자들에게 경고한다. 우리는 이 사업을 저지할 것이고 당신들은 대가를 치르게 될 것이다!" 이 단체에 따르면 노틸러스는 해안 주민에게 채굴이 해양 생태계에 "아무 영향도 미치지 않을 것"이라고 약속해놓고는[43] 자사의 주주들에게는 "채굴사업이 실제로 환경에 미치는 영향은 아직 확실히 밝혀지지 않았다"고 인정했다고 한다.[44] 한 여성은 온라인 게시판에서 현지의 정서를 다음과 같이 대변했다. "헛소리죠! 환경 파괴는 자기네 바다에 가서 하라고 해요!"

독립적으로 노틸러스의 계획을 분석한 과학자들의 평가 또한 혹독했다. 평가자들은 솔와라 1 계획이 "전 세계적으로 희귀하며 아직 잘 알려지지 않은 생물 군집에 심각하고 장기적이며 광범위한 영향을 미칠 것"이고 "지상의 광산들이 전 세계 삼림 서식지에 미친 영향보다 훨씬 더 큰" 피해를 입힐 것이라고 보았다. 매년 1,000만 톤의 오염수가 심해로 배출될 것이고, 기계들의 소음이 비스마르크 해에서 수백 킬로미터에 걸쳐 울리면서 고래나 돌고래 등의 해양 생물들이 서식지와 번식지에서 떠나게 되리라는 것이었다. 또한 광산에서 피어오르는 퇴적물은 여과 섭식을 하는 동물들을 질식시키고 생물발광을 방해하며 해양의 먹이사슬을 독성 입자들에 노출시킬 것이라는 예측이었다. 위험 요소의 목록은 수 쪽에 달했다.[45]

파푸아뉴기니 정부는 솔와라 1 계획의 지분 15퍼센트를 사들이기 위해 빌렸던 1억2,000만 달러의 돈을 모두 날리고 말았다. 인구의 상당수가 전기조차 쓰지 못하는 나라에서 참으로 많은 일을 할 수 있었던 돈이었다. 지금도 노틸러스의 채굴기계들은 이 나라의 수도인 포트 모르즈비 인근에서 녹슬어가고 있다. 구글 어스에서도 보이는 거대한 기계들이다.

✳

이러한 대실패를 경고 신호로 받아들였어야 할 국제 해저 기구는 그저 이곳저곳과 계약을 맺느라 바빴다. 사무총장인 마이클 로지 또한 솔와라 1 계획을 "흥미진진한 기회"라고 칭송한 바 있었다.[46] 노틸러스도 치명타를 입었어야 마땅하지만 문서상으로만 그러했다. 이 기업이 거느린 수많은 자회사들 중에 일부는 살아남았고[47] 그중에는 국제 해저 기구의 회원국인 통가와 나우루의 보증으로 클라리온-클리퍼턴 단열대의 단괴 채굴권을 확보한 두 회사가 포함되어 있었다. 한편 노틸러스의 중역과 투자자들은 회사가 무너지기 전에 돈을 챙겨 빠져나가서 딥그린 메탈스라는 회사를 설립했고[48] 이 회사는 곧 업계에서 가장 적극적으로 사업을 펼치기 시작했다.

누구나 예상 가능하듯이 통가와 나우루에 있는 노틸러스의 자회사는 곧 딥그린 메탈스의 소유가 되었다.[49] 딥그린은 또다른 국제 해저 기구 회원국인 키리바시와 손을 잡고 추가로 단괴 채굴 계약을 따냈다. 단괴가 풍부한 클라리온-클리퍼턴 단열대에서 개발도상국에 할당된 약 22만5,000제곱킬로미터의 해저에 대한 독점적인 권리를 사기업이 가지게 되었다는 뜻이다. 국제 해저 기구는 여기에 대해서 아무 불만이 없는 듯했다. 마이클 로지는 딥그린의 로고가 찍힌 안전모를 쓰고 이 회사의 홍보 영상과 사진 속에 등장했다.[50]

지금도 심해 채굴업계는 깊은 바닷속을 영구적으로(적어도 인간의 시간 척도상에서는) 바꿔놓을 준비를 하고 있지만, 대중은 이 사실을 거의 알지 못한다. 그리고 만약 알게 되면 좋은 반응을 보이지 않는다. "이건 정말 끔찍하고, 끔찍하고, 끔찍한 생각이다. 어떻게 이런 일이 허용되는지 알 수가 없다." 이 주제를 다룬 「뉴욕 타임스」의 기사에 달린 대표적인 댓글이다. "바다를 건드리지 마라", "결과가 좋을 리 없다", "너무 역겹다"와 같은 댓글도 있었다. 이 정도로 규모가 크고, 전례가 없으며, 끔찍하도록 위험하고, 가슴 아플 정도로 안타까운 산업을 대중이 받아들일리 없었다. 이미지를 바꿀 필요가 있었다. 그리고 딥그린의 최고 경영자인 제러드 배런은 그런 일의 적임자였다.

입심 좋은 50대 중반의 오스트레일리아인인 배런은 채굴회사 중역으로서는 이례적인 재능을 가지고 있었는데, 바로 마케팅의 전문가라는 것이었다. 전에는 온라인 광고 대행사를 경영했던 그는 노틸러스에 22만 6,000달러를 투자하여 3,100만 달러를 벌어들였다. 배런은 심해 채굴회사의 이미지 개선 작업에 착수했다. 심지어 자신의 이미지도 새롭게 바꾸었다. 2013년에 찍힌 사진 속의 그는 면도를 말끔히 하고 깔끔한 정장을 입은 모습이었다. 그러나 수년 후 딥그린의 얼굴이 된 배런은 마치 록 밴드 에어로스미스의 기타리스트가 거친 밤을 보낸 다음 날의 모습처럼 헝클어진 머리에 수염을 기르고 딱 붙는 티셔츠와 가죽 재킷, 굵은 남성용 팔찌를 착용한 모습으로 나타났다.

이제 망가니즈 단괴는 "다금속" 단괴가 되었고, "돌멩이 속의 전기차 배터리"라는 슬로건도 따라붙었다. 배런은 인터뷰를 할 때마다 마치 마술사처럼 주머니에서 단괴를 꺼내 들고 그 슬로건을 읊었다. 심해 채굴을 다룬 「60분」의 한 코너에서 그는 스스로를 "광부라고 생각하지 않는다"면서 그보다는 "녹색 전환"을 위해서 금속을 "수확하고 있다"고 말했다.[51] "우리는 이 일이 멋져 보였으면 합니다."

이야기는 점점 거창해졌다. 딥그린의 단괴 채굴은 세상을 구하는 일이 되었다. 배런은 어디에서든 그 이야기를 장황하게 늘어놓았다. 그는 열대우림 파괴, 아프리카의 아동노동, 유독성 폐기물, 화석 연료, 인권 침해 문제를 일으키는 육상 채굴과 "골프 연습장의 골프공들처럼 말 그대로 해저에 널려 있는" 단괴의 재생 가능 에너지, 폐쇄 루프 재활용(재료의 손실 없이 다시 사용할 수 있는 재활용/역주), 지속 가능성을 대비시켰다. 배런은 이렇게 말했다. "제가 이 일을 하는 것은 지구와 지구의 아이들을 위해서입니다."[52]

또한 곧 나스닥에 상장될 8.1퍼센트의 지분을 위해서이기도 했다.[53] 2021년에 딥그린은 기업인수목적회사 합병을 통해서 상장되었으며 회사 이름도 메탈스 컴퍼니로 바뀌었다. 회사의 평가 가치는 29억 달러였는데, 아무 수익도 없고 유일한 자산이라고는 인류 전체의 것이라고 생각되는 해저에 대한 권리뿐이라는 점을 생각하면 상당히 높은 액수였다.

메탈스 컴퍼니의 주가는 11.05달러로 시작해서 15.39달러까지 치솟았다가 한 달도 지나지 않아 3.48달러로 급락했다(그후에는 1달러 아래로 떨어졌다).[54] 회계 문제가 불거졌고 소송이 뒤따랐다. 집단 소송을 제기한 주주들은 메탈스 컴퍼니가 "실질적으로는 허위인 말들로 사람들을 오도했다"고 주장했다.[55] 반대로 메탈스 컴퍼니는 사모 펀드 투자자들을 상대로 2억 달러의 손실에 대한 소송을 제기했다.[56] 노틸러스 때와 비슷한 난장판에 또다른 솔와라의 전사들이 등장했다. 섬나라들의 환경 운동가 모임인 "퍼시픽 블루 라인"은 이렇게 선언했다. "누구도 심해 채굴을 필요로 하지 않고, 원하지도 않고, 그것에 동의한 적도 없다! 메탈스 컴퍼니에 경고한다. 당신들은 점점 더 늘어나는 우리 편 사람들의 격렬한 저항에 맞닥뜨리게 될 것이다."[57]

이와 동시에 국제 연합과 연계된 영향력 있는 단체인 국제 자연보전연맹은 심해 채굴이 환경에 미치는 영향이 확실히 밝혀지기 전까지 관련 활동을 중단하고 추가적인 채굴 계약 체결을 중지하며 국제 해저 기구를 개혁할 것을 요구했다.[58] 수백 명의 해양과학자들이 이에 동의하는 청원

서에 서명하면서 "생물 다양성, 생태계, 생태계 기능의 영구적인 대규모 손실 위험"을 그 이유로 들었다.[59] 구글, 삼성, BMW, 볼보 등 대기업도 심해에서 채굴한 금속을 공급망에 사용하지 않겠다고 선언했다(앞으로도 기업이 단괴 공급을 절실히 원할지는 확실하지 않다. 리튬 이온 배터리는 코발트나 니켈이 필요 없는 새로운 배터리로 빠르게 대체되고 있기 때문이다).[60]

자금 흐름이 막히고 저항이 거세지자 메탈스 컴퍼니는 곧 채굴을 시작하지 않으면 기회를 놓칠 위기에 처했다. 국제 해저 기구가 채굴 규정을 신속하게 마련하고 개발권을 넘겨주어야 했다. 그러나 수년째 진행 중인 협상은 합의에 이르지 못한 상태였다. 그 과정이 더욱 복잡해진 것은 산업적 규모의 심해 채굴을 허용하는 동시에 해양법의 요구대로 심해를 유해한 영향으로부터 보호하는 것이 불가능하다는 사실 때문이었다.[61]

애초에 심해에 무엇이 있는지, 그곳이 어떻게 작동하는지를 모르는데 그곳이 파괴되지 않으리라고 누가 보장할 수 있겠는가? 하와이 대학교의 명예교수이자 해양학자로 클라리온-클리퍼턴 단열대 전문가인 크레이그 스미스는 과학자들이 표본을 채취한 범위가 그곳의 0.1퍼센트도 되지 않으리라고 추정한다.[62] 해저뿐 아니라 그 위의 해수도 영향을 받을 수밖에 없다. 메탈스 컴퍼니는 해저에 묻힌 단괴와 퇴적물, 주변의 생물들을 모두 배로 끌어올린 후에 단괴만 분리해내고, 열수공 채굴 방식처럼 나머지 물질은 모두 바닷속 박광층의 바닥으로 쏟아낼 계획이었다. 심해 연구자인 스티븐 해덕과 어넬라 초이는 한 사설에서 "바닷속에 떠다니는 이 물질들이 해양 생태계에 심각하고도 다양하며 전 지구적 규모의 영향을 미치리라는 사실은 무서울 정도로 명백하다"라고 썼다.[63]

현명하고 이성적이고 윤리적인 선택은 속도를 늦추는 것이지, 더욱 박차를 가하는 것이 아니었다. 얼은 이렇게 말했다. "그냥 **멈춰요. 기다려요.** 우리가 대안을 생각해볼 기회를 줘요. 그곳에 있는 것은 그냥 돌과 물이 아니에요. 그곳은 살아 있어요. **모든 것이 다요.** 한번 사라지면 돌이킬 수 없다고요."

※

메탈스 컴퍼니는 기다릴 여유가 없었다. 게다가 기다릴 필요가 없도록 도와줄 협력자도 있었다. 바로 태평양의 섬나라 나우루였다. 뻔뻔하게도 이 나라는 회원국이 국제 해저 기구를 상대로 정해진 기한 내에 채굴 규정을 확정해줄 것을 요청할 수 있도록 허용한 해양법상의 조항을 이용했다.64 이 조항을 적용한다면, 나우루가 채굴 규정 마련을 요청한 시점으로부터 2년 후인 2023년 7월 9일 이후에는 관련 규정의 확정 여부와 상관없이 개발 계약을 발효할 수 있었다. 샌프란시스코 공항만 한 크기의 작은 나라가 상업적 채굴회사를 대신하여 전 세계 해양의 미래에 영향을 미칠 최후통첩을 보낸 것이었다.65

나우루가 심해 채굴 정책을 주도하도록 맡겨두는 것은 헌터 S. 톰슨(미국의 작가로, 그의 자전적 소설인 『라스베이거스의 공포와 혐오』의 등장인물들은 술과 약물에 취해 온갖 기행을 저지른다/역주)에게 라스베이거스로 가는 길의 운전을 맡기는 것만큼이나 현명하지 못한 일이다. 약 21제곱킬로미터 면적에 인구는 1만1,000명에 불과한 이 섬나라는 환경에 관한 잘못된 결정의 결과를 보여주는 전형적인 예이다. 무분별한 인광석 채굴로 사실상 껍데기만 남은 곳이기 때문이다. 섬의 80퍼센트는 말 그대로 사라지고 내부는 모두 파헤쳐져서 한때 숲이 울창했던 열대 환초의 뼈대만 남아 있다. 「뉴욕 타임스 매거진New York Times Magazine」의 필자인 잭 히트는 나우루를 방문한 후에 "내가 지금까지 본 것 중에 가장 무시무시한 광경"이었다고 회상했다.[66]

당연히 관광업은 생각할 수도 없다. 표토가 거의 남아 있지 않으니 농사를 지어 식량을 생산할 수도 없다. 새도 없고 야생동물도 없다. 나무가 없어서 바깥에 그냥 노출된 석회암은 어마어마하게 뜨거워질 수밖에 없고 그 열기가 상승하여 구름을 밀어내기 때문에 가뭄이 끊임없이 이어진다. 식수조차 수입해야만 한다.

이 모든 것이 나우루의 잘못은 아니다. 식민주의도 탐욕스럽게 한몫을 했다. 다만 이 나라는 1968년에 독립한 후로 50년 이상 스스로 채굴을 계속하다가 황폐화되고 말았다. 한동안은 채굴이 좋은 생각처럼 보였을지도 모른다. 1970년대와 1980년대에 나우루인들은 세계에서 손꼽히게 부유한 사람들이었고, 1인당 소득은 사우디아라비아 다음으로 2위였다. 그러나 얼마 지나지 않아 순진함, 부패, 무분별한 투자로 인해서 12억 달러의 인광석 광산 사용료 신탁 기금을 날려버렸다. 런던에서 만들어진 「뮤지컬 레오나르도 : 사랑의 초상」의 제작을 지원한 일도 그중 하나였다. 레오나르도 다 빈치가 모나리자를 임신시키는 내용의 이 뮤지컬은 5주일 만에 막을 내렸다. 나우루를 연구해온 오스트레일리아의 경제학자 헬렌 휴스는 이 나라가 "사기꾼들에게 갈취당한 역사를 가지고 있다"고 지적했다.[67]

1990년대에 나우루는 직접 사기꾼이 되기로 마음먹고 세계에서 돈세탁이 가장 활발한 나라로 변모했다.[68] 1998년에는 700억 달러에 달하는 러시아 돈이 나우루의 유령 은행을 통해서 세탁되었다. 미국은 나우루가 "금융 범죄의 기회를 제공한다"고 비난하면서 가장 강력한 제재를 가하며 개혁을 강요했다. 나우루는 여권도 판매했는데[69] 일부는 알-카에다 조직원들의 손에 들어갔다. 또한 자국의 전화선을 1-900 성인용 전화 서비스에 제공할 것을 검토하기도 했다.[70] 현재는 오스트레일리아 정부로부터 돈을 받으며 황폐화된 인광석 채굴지에 혹독한 환경의 난민 수용소를 운영하고 있다(인권 단체의 시위와 차라리 전쟁으로 피폐해진 고국으로 돌아가게 해달라는 난민들의 애걸이 이어지자 나우루는 언론인들의 입국을 금지했다).[71] 그리고 이제 메탈스 컴퍼니의 보증국으로서 심해 채굴에 눈을 돌리고 있는 것이다.

"나우루는 국제 심해저 구역의 해저 단괴 관리를 위한 법적인 토대 개발에 선도적인 역할을 자랑스럽게 담당해왔다."[72] 이 나라는 언론에 이렇게 발표하면서 "우리는 이런 문제를 앞장서서 이끄는 일에 자신이 있다"고 덧붙였다.

*

잘못될 일이 무엇이 있을까? 나우루가 제시한 2년의 기한이 끝나고 클라리온-클리퍼턴 단열대가 열린 후 메탈스 컴퍼니의 단괴 채굴기가 해저를 빨아들이면서 중층수역에 퇴적물과 단괴 파편을 뿌려대기 시작하면, 어떤 일이 일어날까? 그들이 무엇을 얻게 될지는 명확하다(달러 기호가 그려진 얼굴 이모티콘). 그렇다면 우리는 무엇을 잃게 될까? 상업적인 심해 채굴이 미칠 영향은 아직 알 수 없지만 오래 지속될 것이다. 따라서 이 질문은 채굴이 시작된 후에도 오랫동안 이어질 것이다.

심해에서 자연은 **빠르게** 움직이지 않는다. 그곳은 가장 크고 안정적인 생태계로서 지구를 담요처럼 감싸주고 있다. 심해의 진흙은 미세하고 끈적끈적하며 클라리온-클리퍼턴 단열대의 해저수는 티 하나 없이 맑다. 채굴기가 일으킨 퇴적물 구름은 다른 지역에서보다 더 오래 떠다닐 것이다. 이에 대해서 배런은 이렇게 말했다. "채집 과정에서 약간의 폭풍을 일으키기는 할 것입니다. 먼지가 조금 피어오르겠죠. 큰 문제는 아닐 것입니다."[73]

큰 문제는 아닐 것이다. 메탈스 컴퍼니에게는 말이다. 수심 약 5,000미터 아래의 클라리온-클리퍼턴 단열대에서는 자연적인 퇴적률이 극도로 낮아서 퇴적물이 1,000년에 1센티미터도 쌓이지 않는다.[74] 그곳에 절묘하게 적응한 동물들, 즉 단괴에서 위로 올라와서 바다눈의 잔재를 먹고 사는 해면, 말미잘, 산호, 바다나리, 거미불가사리, 갑각류 등은 혼탁한 환경에서 살아남지 못할 것이다. 클라리온-클리퍼턴 단열대 생물의 50퍼센트는 단괴와의 공생 관계 때문에 그곳에 있는 것이다.[75] 그들은 단괴의 단단한 표면에 달라붙어 살거나 단괴에서 먹이 또는 은신처를 얻는다. 헤엄쳐서 도망칠 수 있는 동물들도 아니다. 채굴이 시작되면 모두 질식하거나 매몰되거나 압사하거나 갈기갈기 찢길 운명이다. 그리고 그들이 의존해 살던 단괴처럼, 그들도 금방 돌아오지 못할 것이다. 어쩌면 영원히 말이다.

배런과 그의 탐사진의 말만 들으면 클라리온-클리퍼턴 단열대는 이미 더없이 황량하고 그 누구도 그리워하지 않을 쓸모없는 장소이다. "단조롭고", "생명 없는 사막"이며 "지구에서 가장 흔한 지역"이자 "생물이 살기에 매우 힘든 장소"여서 "생명체의 수가 지상의 활기찬 생태계보다 최대 1,500배나 적은" 곳이다.76 권위 있어 보이는 통계와 인포그래픽으로 가득한 메탈스 컴퍼니의 보고서 속에서 나는 다음과 같은 문단을 발견했다.

> 생명은 바다에서 시작되었을 가능성이 크고 바다가 지구 표면의 70퍼센트를 차지하기는 하지만, 지구 생물의 대부분은 육지에 살고 있다. 생물량의 단 3퍼센트만이 바다에 존재하며 나머지 97퍼센트는 육지에 산다. 바다는 광대하지만 대부분의 구역에 식물이 살지 않기 때문에 생명이 진화할 수 있는 기회가 제한적이다.77

어디에서부터 시작해야 할지 모르겠지만, 아마도 생태학적 가치는 무게로 결정되지 않는다는 사실부터 지적해야 할 것 같다. 중요한 것이 생물량뿐이라면, 100마리의 소가 100마리의 벌새나 100만 마리의 샛비늘치, 혹은 무수히 많은 식물성 플랑크톤보다 훨씬 더 귀중할 것이다. 육지 생물권의 무게가 무거운 이유는 나무들이 햇빛을 두고 경쟁하기 때문이다.78 나무에는 최대한 높이 자라야 하는 진화적인 이유가 있다. 심해 동물, 그리고 물론 미생물에게는 그런 필요성이 없다. 심해에서는 종종 실처럼 가늘거나 작은 몸을 가진 쪽이 유리하다(꼭 몸집이 커야만 생명의 체계에 중대한 영향을 미치는 것은 아니다. 바이러스를 생각해보라). 더 중요한 것은 생물 다양성, 즉 종의 만화경, 생태계 내의 방대한 유전적 저장소이다.79 생물량과 달리 생물 다양성은 대체 불가능하다. 그리고 더 많은 과학자들이 클라리온-클리퍼턴 단열대를 탐험할수록, 이른바 "생명 없는 사막"이 실은 심해에서 놀라울 정도로 생물 다양성이 높은 곳이라

는 사실이 분명해지고 있다.⁸⁰

아이러니하게도 국제 해저 기구가 아니었다면 우리는 그 사실을 알지 못했을지도 모른다. 채굴 계약 업체는 계약 구역 내에서 이루어지는 연구 조사에 자금을 지원할 의무가 있다. 그런데 과학 탐사진이 매번 놀라운 발견의 성과를 가지고 돌아왔다. 수집된 동물의 약 90퍼센트가 새로운 종이었다. 진주 목걸이처럼 생긴 산호, 흘러내리는 꽃처럼 보이는 말미잘, 진줏빛 거미불가사리, 강렬한 노란색에 커다란 꼬리를 휘두르는 해삼, 해저 위를 뛰어다니는 성게, 그리고 너무 많은 생물이 모여 살고 있어서 마치 닥터 수스가 설계한 아파트처럼 보이는 유리해면도 있었다. 또한 클라리온-클리퍼턴 단열대는 제노피오포르들로 이루어진 경이로운 세계이기도 했다. 이 단세포 원생동물은 해저에서 수집한 이런저런 조각들로 다양한 형태의 정교한 껍질을 만든다. 세포가 하나뿐인 동물에게는 꽤 벅찬 일일 것 같지만, 제노피오포르는 통이 커서 자몽 크기만 한 껍질을 만들기도 한다.

클라리온-클리퍼턴 단열대는 풍경 그 자체에도 신비로움이 담겨 있어서 마치 "기묘하고 놀라운 심해의 책" 속에 펼쳐지는 또다른 장章과도 같다. 연구자들은 고래의 두개골들이 금속으로 뒤덮인 채 반짝이고 있는 화석층을 발견했다. 또다른 연구자들은 사냥을 위해서 어마어마하게 깊은 곳까지 내려온 부리고래들의 흔적으로 보이는 수천 개의 움푹 파인 자국을 퇴적물 속에서 발견했다.⁸¹ 클라리온-클리퍼턴 단열대는 생태학적 황무지가 아니라 진품실珍品室(16-17세기 유럽의 상류층이 흥미로운 수집품을 전시하던 방/역주)이었으며, 단조로운 평원이 아니라 해산, 능선, 언덕으로 가득했다. 심지어 평지에도 독특한 동물상動物相들이 모자이크처럼 모여 있었다. "육지 환경에서는 과학계에 알려지지 않은 동물, 특히 커다란 동물을 발견하는 일이 정말 흔하지 않죠." 하와이 대학교의 크레이그 스미스는 이렇게 말했다. "클라리온-클리퍼턴 단열대에서는 우리가 채집한 모든 박스 코어(해저에 내려서 퇴적물 표본을 채취하는 데에 쓰이는 상자 형태의 도구/역주)와 퇴적물 표본에서 그동안 보고된 적 없는 수백 종의 생물이 나왔어요."

게다가 이것은 미생물들이 벌이는 거대한 서커스를 고려하지 않았을 때의 이야기이다. 심해의 퇴적물(그리고 단괴 그 자체)은 놀라운 생물들로 가득하다. 최근에 연구자들은 심해 퇴적물 표본 418개의 유전자 서열을 분석하여 약 10만 개에 달하는 DNA 변종을 발견했고, 그중 60퍼센트는 지금까지 알려진 어떤 분류군에도 들어맞지 않는 해저 생물들이었다.[82] 단지 새로운 종이 아니라 생명의 나무에서 갈라져 나온, 완전히 새로운 가지라는 뜻이다. 이 연구의 공동 저자인 해양과학자 앤드루 구데이는 이렇게 설명했다. "우리가 이야기하는 것은 크기가 1밀리미터도 되지 않는 작은 동물들입니다. 그리고 아마도 상당수가 원생동물과 단세포 생물일 것입니다."[83]

심해의 진흙이 지구의 절반을 덮고 있다는 점을 생각하면, 그곳에 사는 생물의 광범위함은 상상만 해도 말문이 막힌다. 그 생물들이 무엇이든 아주 중대한 역할을 맡고 있음은 분명하다. 그 생물들은 영양분을 순환시키고, 탄소를 격리시키고, 지구의 지구화학적 균형을 유지해준다. 더욱 놀라운 것은 그들이 생명의 데이터베이스 역할을 한다는 점, 즉 머나먼 과거까지 거슬러올라가는 유전체 혁신의 역사가 보존된, 무한에 가까운 보관소라는 사실이다(2020년에 일본의 과학자들은 심해의 퇴적물 표본을 채취하여 휴면 상태로 1억 년이나 살아 있었던 미생물들을 발견했다).

진화생물학자인 미첼 소긴은 이렇게 지적했다. "과학자들이 점점 더 강력해지는 망원경을 통해서 별들의 수가 수십억 개에 달한다는 사실을 발견한 것처럼, 우리는 DNA 기술을 통해서 우리 눈에 보이지 않는 해양 생물의 수가 모두의 예상을 뛰어넘으며 그들의 다양성 또한 우리가 상상했던 것보다 훨씬 더 높다는 사실을 알아가고 있다."[84]

이 영역에서 이루어낼 수 있는 발견의 가능성, 인류의 가장 큰 난제들을 해결하는 데에 도움이 될 유전적 자원들을 생각하면 아찔해진다.[85] 이미 심해의 미생물과 다른 생물들(특히 해면)을 이용하여 강력한 항바이러스, 항암, 항말라리아, 항진균, 항균 약물들이 개발되었으며 이러한 연구는 이제 시작 단계에 불과하다.

해저를 파괴하는 것은 퇴적물 안의 생물들을 괴롭히는 일이다.[86] 이 정도는 완곡한 표현에 불과하다. 1989년에 연구자들은 채굴이 미치는 영향을 가늠해보기 위해서 제설기를 앞뒤로 끌며 단괴 지대를 갈아엎어 보았다. 2015년에 과학자들이 다시 찾아가자 그곳은 유령 도시처럼 변해 있었다. 미생물 활동은 4분의 1로 줄어들었고 미생물 세포 수는 30퍼센트 가까이 줄어들었다. 26년 전에 갈아놓은 사국은 마치 전날 생긴 것처럼 선명했다. 과학자들은 그곳이 언제 완전하게 회복될지, 혹은 회복될 수 있을지조차 알지 못한다.

퇴적물을 파괴하면 해양의 고기후학古氣候學 연구도 할 수 없다. 오랜 세월에 걸쳐 쌓인 미생물 화석층은 머나먼 과거의 온도, 해류, 바람의 패턴, 화학 성분 등을 알려준다. 모든 지질학적 사건은 그 흔적을 남겨왔다. 레이첼 카슨은 저서 『우리를 둘러싼 바다 The Sea around Us』에 이렇게 썼다. "퇴적물은 지구의 서사시와도 같다. 우리가 충분히 현명하다면, 그 안에서 과거의 역사를 모두 읽을 수 있을 것이다. 그곳에 모든 것이 기록되어 있기 때문이다."[87]

그러나 충분히 현명하지 못한 사람들은 책을 펼쳐보기도 전에 내던져 버린다. 심해의 오래된 단괴 지대가 채굴되면 그 피해는 헤아릴 수 없고 돌이킬 수도 없을 것이다. 메탈스 컴퍼니가 작성한 2021년 연례 보고서의 "위험 요소" 부분에서도, 사실을 있는 그대로 공개해야 한다는 법적인 의무에 따라서 그 점을 명확하게 설명했다. "심해의 방대한 규모, 표본 채취와 생물 채집의 어려움 때문에 완벽한 생물 목록을 만드는 것은 불가능할지도 모른다. 따라서 클라리온-클리퍼턴 단열대의 생물 다양성에 미치는 영향 또한 완벽하게 또는 명확하게 파악하지 못할 가능성이 있다."[88]

※

심해 채굴이 불러올 생태학적 대혼란을 완화하기 위해서 국제 해저 기구는 해저의 넓은 구역을 "특별 환경 관심 구역"으로 지정했다.[89] 클라리온-클리퍼턴 단열대 주변을 들쑥날쑥하게 둘러싸고 있는 이 "보호" 구역은 일부 심해 생물들의 피난처가 되고, 인간의 발길이 닿기 전에 그 지역이 어떤 모습이었는지를 보여주는 역할도 할 것으로 예상된다. 그러나 비극은 클라리온-클리퍼턴 단열대 전체가 "특별 환경 관심 구역"이라는 점이다.

마이클 로지는 심해에서 생태학적으로 가장 민감한 지역은 피할 것이라고 종종 주장하지만 그 주장을 진지하게 받아들이기는 어렵다. 2017

년에 국제 해저 기구가 폴란드와의 대서양 중앙 해령 열수공 탐사 계약을 승인했을 때[90] 과학자들은 경악을 금치 못했다. "로스트 시티"가 포함된 바로 그 지역이었다.

데버라 켈리가 동료들과 함께 애틀랜티스 호를 타고 그 독특한 열수공 지대와 로스트 시티의 장대한 흰 첨탑을 발견한 지 17년 후, 그리고 유네스코가 그곳을 "뛰어난 보편적 가치를 가진 공해公海의 세계문화유산"으로 지정하고 "우리의 깊은 바다가 간직하고 있는, 진정으로 상징적인 보물의 표본"이라고 칭송한 지 1년 후였다. 정상급 미생물학자들 역시 로스트 시티의 비현실적인 생명체들과 화학적 성질을 연구한 후에 그곳은 "지금 이 순간 엔셀라두스나 유로파에서 활발할지도 모르는 생태계의 한 유형을 보여주는 예"이며 "생명의 기원을 명확하게 볼 수 있는 장소"라고 선언한 바 있었다. 그런데 국제 해저 기구가 그곳을 팔아넘긴 것이었다.

2020년에 앨런 제이미슨은 동료 초심해저대생물학자 톰 린리와 함께 「심해 팟캐스트: 심해의 모든 것을 다루는 도발적인 과학 팟캐스트」를 시작했다. 제이미슨은 채굴에 관한 한 방송에서 마이클 로지를 직접 인터뷰했다.[91] "그럼 그 일이 어떻게 가능한 겁니까?" 그는 로지에게 로스트 시티를 폴란드의 채굴업자들에게 넘겨주기로 한 국제 해저 기구의 결정에 관해서 물었다. "심지어 세계문화유산인 곳인데, (채굴) 면허를 내주지 않으려면 우리가 (당신에게) 또 어떤 사실을 제시해야 할까요? 기준이 너무 높은 것 같아서요."

질문을 들은 로지가 목에서 낸 짧은 소리는 비웃음처럼 들리기도 했다. 그 주제에 관해서 이야기하자니 지긋지긋하다는 의미가 분명했다. "일단……로스트 시티가 뭡니까?" 그는 유명 대학교의 심해과학 교수인 제이미슨에게 강의하기 시작했다. "로스트 시티는 세계의 **수많은** 열수공 지대들 중에 하나일 뿐입니다." 그리고 선심을 쓰듯이 "네, 로스트 시티가 매력적인 장소이기는 하죠"라고 인정하면서도, 이미 시한이 지났다는 듯이 이렇게 말했다. "오랫동안 로스트 시티를 연구해왔잖아요. 과학자들은 열수공 연구에 평생을 바쳤죠. 그건 **훌륭한** 일입니다. 좋은 일이에요. 그러나 그러다 보니 그곳에 너무 애착을 가지게 된 거예요." 로지는 세계문화유산 지정의 중요성도 가볍게 무시해버렸다. "유네스코는 심해에서 아무 권한도 없어요."

그는 로스트 시티의 파괴를 걱정하는 것은 터무니없는 일이라고 덧붙였다. 폴란드가 "당분간" 하려는 일은 그저 "광물학 연구"일 뿐이라는 식이었다. "오히려 과학에 도움이 되는 일이에요!" 로지는 소리쳤다. "**누가 어떤** 식으로든 로스트 시티를 **채굴하겠다는** 의미가 아닙니다!"[92] "일단 로스트 시티에 광물 자원이 있을 가능성이 거의 없잖아요. 왜 그곳을 채굴하겠어요?"

이후에 제이미슨과 린리는 이 인터뷰에 대해서 이야기를 나눴다. "완전히 지쳤습니다." 린리는 청취자들에게 이렇게 말했다. "지쳤죠." 제이미슨도 동의했다. "솔직히 말하면 그렇게 유쾌한 경험은 아니었어요, 톰." 그리고 두 사람은 몇 분 동안 로지가 한 말들의 오류를 바로잡았다. 제이미슨은 로스트 시티가 다른 열수공 지대들과는 완전히 **다르다**고 분명하게 말했다. "그 어느 곳보다 과학적으로 중요한 장소입니다. 원시 지구와 유사한 환경을 보여주는 유일한 장소로 생각되기 때문이죠. 이 정도라면 설명이 되겠죠."

✳

 "부끄러운 일이에요." 내가 로스트 시티의 채굴 가능성에 대한 이야기를 꺼내자 얼이 한마디로 내린 결론이었다. 내가 얼에게 전화를 건 이유는 그 주제에 관해서 취재하면서 마음이 몹시 상했기 때문이었다. 과학계의 많은 반대, 여론, 심지어 해양법이 정한 규칙에도 불구하고[93] 채굴산업은 점점 현실을 향해 다가오고 있었다. 그것은 우리가 가고 있는 방향에 관한 더 크고 어두운 암시처럼 느껴졌다. 우리는 자연계의 무엇이라도, 그리고 그것이 심해의 아무리 깊숙한 곳에 있다고 해도 돈이 되기만 한다면 절대로 그냥 놔두지 않는 미래를 향해 나아가고 있는 것 같았다.

 언론에서, 회의에서, 심지어 국제 해저 기구 내부에서도 심해 채굴에 관한 논란은 더욱 거세지고 있었다. "우리는 태평양의 형제 국가들을 설득해 이 광기를 멈춰야 합니다." 프랑스령 폴리네시아의 해양자원부 장관은 채굴 금지 쪽에 표를 던진 후 언론에 이렇게 발표했다. 코스타리카, 칠레, 스페인, 프랑스, 독일, 뉴질랜드, 에콰도르, 파나마, 피지, 팔라우, 사모아, 바누아투, 그리고 미크로네시아 연방은 나우루가 제시한 2년의 기한을 무시해야 한다고 주장하며 모라토리엄, 즉 "예방적 중단"을 지지한다고 선언했다.

 「뉴욕 타임스」와 「로스앤젤레스 타임스_Los Angeles Times_」는 국제 해저 기구의 부패와 관리 부실을 폭로하는 특별 기사를 싣고 내부 고발자의 증언을 인용하여 국제 해저 기구 지도부와 메탈스 컴퍼니 간의 유착 의혹을 제기했다.[94] 「뉴욕 타임스」의 기자 에릭 립턴은 이렇게 썼다. "인터뷰 내용과 수백 쪽 분량의 이메일, 서신, 그밖의 내부 문서들은 이 회사의 중역들이 국제 해저 기구로부터 핵심적인 정보를 제공받아……자신들의 채굴 계획에 매우 유리한 위치를 확보했음을 보여준다." 기사의 비판은 강력했고 국제 해저 기구는 이에 대응하기 위해서 로펌을 고용했다.

 이제 우리는 중요한 변곡점을 앞두고 있다. 메탈스 컴퍼니를 비롯한 여러 기업들은 국제 해저 기구로부터 심해 채굴 계약을 따낼 수 있을지는 몰라도 사회적인 승인은 얻지 못할 것이다. 다시 말해서 심해 채굴이 지금 꼭 필요한 일이고, 우리가 그 일의 위험과 이점을 완벽하게 이해하고 있으며, 그 기업들이 채굴의 적임자이고, 적절한 규제가 이루어지고 있고, 최선의 기술을 사용하여 피해를 최소화하고 있다는 사실에 대한 사회의 동의 말이다. 아직 그러한 동의를 얻으려면 멀었고, **앞으로도 얻을 수 있을지는 불확실하다**. 그 부분이 확실해지기 전까지 심해 채굴은 무법적 행위이자 인류의 이익에 반하는 일이 될 것이다. 그 어떤 "위장 환경주의"도 그 사실을 바꾸지는 못한다.

 "기후 변화에 진지하게 대응할 생각이라면 심해 채굴을 해서는 안 돼요." 얼은 나에게 낮고 단호한 목소리로 이렇게 말했다. "우리가 지구를 안정적으로 유지할 수 있는 마지막이자 최선의 기회예요. 우리의 최우선 과제는 오래된 숲이든 온전한 사막이든 초원이든 간에 현재까지 남아 있는 자연적인 탄소 포집 체계를 지키는 거예요. 그런데 지구에서 가장 크고 상대적으로 훼손이 덜 된 부분은 심해거든요. 그곳을 건드려서는 안 됩니다."

 파푸아뉴기니에서 잠수복을 입고 갑판 위에 함께 서 있던 어느 날, 나는 얼에게 가장 좋아하는 잠수 장소가 어디인지 물어본 적이 있었다. 그때 그녀는 건조한 미소를 지으며 이렇게 대답했다. "50년 전에는 어디든 좋았죠." 얼은 누구보다 바다의 쇠퇴를 뼈저리게 실감하는 사람이었다. 그러나 어떻게든 낙관적인 태도를 유지하며 피할 수 없는 듯한 일들보다는 희미하게 빛나는 희망에 초점을 맞추고 있었다.

전화선 너머로도 그녀의 힘이 레이저처럼 강렬하게 전해져왔다. "우리는 지금 선택할 수 있는 시점에 있어요." 얼은 말했다. "과거의 우리는 몰랐어요. 50년 전만 해도 모르는 것이 정말 많았잖아요. 이제는 준비가 단단히 되어 있고, 지식이라는 막강한 힘도 갖추고 있죠. 저는 아이들한테 이렇게 말해요. '21세기의 인간이라는 사실에 감사하렴. 문제가 무엇인지조차 모른다면 어땠겠니? 해결책을 모른다면 어땠겠니? 그러나 이제는 둘 다 알고 있지.'"

10

카마에후아카날로아(깊은 곳의 붉은 아이)

하우메아(대지)와 카날로아(바다)의 아이가 태어났다.
붉은 섬의 아이, 카마에후가 바닷속 깊은 곳에서 떠오른다.
—할라우 오 케쿠히

북위 18.70도 서경 155.17도
하와이 주 힐로 남동쪽 92킬로미터 지점
중앙 태평양

물은 검었고 밤도 검었다. 달은 모습을 감췄고 별들도 보이지 않았다. 롭 매캘럼은 앞바다의 검은 파도 속에서 등대처럼 홀로 빛나고 있는 프레셔 드롭 호 쪽으로 고무보트(역시 검은색이었다)를 몰고 갔다. 하와이 섬 인근에서 작은 보트로 사람들을 실어나르기에 적절한 시간은 아니었지만, 매캘럼은 능숙하게 해안으로 접근했고 빅터 베스코보와 나를 포함한 몇몇 사람들은 장비를 챙겨 재빨리 보트에 올라탔다. 어둠 속에서 배를 향해 빠르게 달리고 있으니 비밀스러운 일을 하는 기분이었다(사실은 별일도 아니었다. 그저 밤에 도착했기 때문에 밤에 승선한 것뿐이었다). 하와이 섬이 뒤편으로 멀어져가는 동안 베스코보는 몸을 앞으로 기울인 채 자신의 심해 잠수정과 다시 만날 기대에 들떠 있었다. 그가 나를 심해에 데려가기로 약속한 지도 1년이 지난 후였는데 이제야 그 계획이 실현되려는 참이었다. 노력이 부족해서 일정이 지연된 것은 아니었다.

원래 나는 2020년 6월에 베스코보와 불의 고리 탐사를 떠나 함께 잠수할 예정이었다. 그뿐 아니라 베스코보는 나에게 마리아나 해구의 미탐사 지점에도 같이 가자고 제안했다. 공식적인 명칭도 없이, 수심이 무려 9,850미터라는 사실만 알려져 있는 곳이었다. 비행기에 태워달라고 했다가 달로 가는 표를 받은 기분이었다. 2020년 1월에 초대를 받았으니 출발하려면 6개월이나 남아 있었지만, 나는 매일 그 순간을 상상하며 설레었다. 필요한 장비 목록을 작성하고 괌으로 가는 비행기 표도 끊어놓았다. 그러나 2020년은 그 나름의 계획을 가지고 있었다.

그해가 시작될 무렵, 프레셔 드롭 호와 리미팅 팩터 호는 지중해에 있었다. 그곳에서 베스코보는 모나코 공 알베르 2세와 함께 수심 5,109미터의 칼립소 해연으로 잠수하여, 1968년에 승무원 52명과 함께 실종된 프랑스의 군함 라 미네르브 호의 잔해를 발견했다. 앨런 제이미슨과 사우디아라비아의 킹 압둘라 과학기술대학교의 과학자들과 함께 홍해 해저에 있는 염수 호수를 탐사하기도 했다. 그런데 프레셔 드롭 호가 태평양으로의 긴 이동을 시작한 3월에 코로나 바이러스-19라는 작은 바이러스 때문에 모든 것이 엉망이 되었다.

전염병이 전 세계적으로 유행하기 시작했던 첫 몇 주일간의 혼란에 비할 만한 집단적인 히스테리가 또 있었을까? 크루즈선은 바이러스의 악몽이 되었고 항구는 배들의 입항을 경계했다. 항공기 운항은 계속되었지만, 입국자를 받지 않는 곳들이 빠르게 늘어났다. 어떤 곳은 엄격한 격리 조치를 실시했고 그 결과 도쿄 나리타 공항에서는 사람들이 검사 결과가 나올 때까지 종이 상자 안에서 생활하는 등 암울한 상황들이 펼쳐졌다. 코로나 바이러스 유행의 한가운데에서 심해 탐사를 한다는 것이 너무나 무의미한 일처럼 보였지만, 베스코보는 포기할 생각이 없었다. 그는 3월 말에 이렇게 선언했다. "계속 진행할 겁니다. 다른 변동 사항이 없는 한 그렇게 할 계획입니다." 그래서 나도 매캘럼에게 다음과 같은 이메일을 보냈다. "필요하면 헤엄쳐서라도 괌으로 갈게요."

나는 최악의 상황을 상상했지만 6월에는 비행기를 타고 괌으로 날아가서 아프라 항에서 승선할 수 있었다. 내가 도착하기 전에 베스코보는 챌린저 해연으로 6번의 잠수를 했고, 그중 한 번은 돈 월시의 아들인 켈리 월시와 함께 60년 전 트리에스테 호가 도달했던 지점으로 내려가기도 했다. 세상은 혼란스러웠지만 탐사는 순조롭게 진행되는 것처럼 보였다. 그러나 실은 잠수정에 심각한 문제가 있었다. 통가에서 발생했던 전기 문제가 잠수할 때마다 반복되었던 것이다. 접속함 하나가 갑판 위에서 불길에 휩싸인 적도 있었다. 문제가 발생할 때마다 트라이턴의 탐사 대원들은 쉬지 않고 일하며 타버린 부품들을 교체했지만, 결국 배 위에서 수리하는 정도로는 해결할 수 없는 지경이 되었다. 어쩔 수 없이 잠수정을 항구로 옮겨 전기 배선을 교체해야 했는데, 이것은 수개월이 걸릴 수도 있는 작업이었다.

※

2021년 1월이 되자 리미팅 팩터 호는 다시 잠수할 준비를 마쳤다. 이번에는 하와이 제도에서였다. 패트릭 레이히는 코나 앞바다에서 잠수정의 해상 시운전을 진행 중이었다. 그리고 베스코보는 지구에서 가장 높은 산인 마우나 케아 산에 오를 계획을 세웠다. 산의 높이는 해발 1만200미터이지만 그중 절반이 물속에 잠겨 있어서 등반하기가 쉽지는 않았다. 정상까지 완벽하게 등반하려면 마우나 케아 산의 맨 아래쪽까지 약 5,180미터를 잠수해 들어간 다음, 다시 올라와서 아우트리거 카누(선체의 측면에 물에 뜨는 받침대를 부착한 형태의 카누/역주)를 타고 해안까지 43킬로미터를 이동한 후, 자전거로 산의 경사면을 따라서 60킬로미터를 올라가고, 그곳에서부터 다시 눈 쌓인 봉우리까지 약 9.6킬로미터를 걸어서 올라가야 했다. 그 누구도 해낸 적 없는 일이었다. 해양 전체 수심으로 잠수가 가능한 심해 잠수정을 직접 가져온 도전자가 없었기 때문이었다.

 재조정된 나의 잠수 일정은 이런 도전들 사이에 끼어 있었다. 그리고 예상하지 못했던 운명의 반전으로 나는 베스코보와 함께 로이히 해산에 가게 되었다. 사실 깊이로만 따지면 마리아나 해구에 비할 바가 못 되었지만, 나에게는 개인적으로 특별한 장소였다. 테리 커비가 들려준 그 해저화산의 신비로움에 관한 이야기가 마음속에 남아 있었기 때문이다. 커비의 이야기와 여러 장의 사진, 그리고 나의 상상력으로 그려낸 그 해저화산의 모습은 마치 기이하지만 거부할 수 없는 꿈처럼 나의 무의식의 표면 근처를 늘 맴돌고 있었다. 내가 바다의 모든 모습을 사랑하게 된 바로 그곳의 심해를 경험한다는 것이 무엇인가를 완전하게 이루는 일처럼 느껴졌다. 오랫동안 하와이 제도의 커다란 해양 동물들과 함께 헤엄치고 높은 파도를 타고 놀면서 그곳을 잘 안다고 생각했지만, 사실 다 알지는 못했다. 하와이 제도의 심해에 들어가본 적이 없었기 때문이다.

잠수 장소에 간다고 해서 반드시 잠수할 수 있는 것은 아니라는 사실을 이제는 나도 알고 있었다. 나는 이미 20노트(시속 약 37킬로미터)의 바람과 3미터의 파고가 예상된다는 해양 예보에 불안해하고 있었다. 프레셔 드롭 호에 가까워지자 하얀 파도가 어둠 속에서 번쩍였다. "열대 기후 같지 않죠?" 매캘럼이 바람이 불지 않는 우현 쪽으로 보트를 대면서 말했다. "겨울이잖아요." 나는 대답했다. 우리는 모두 그 말의 의미를 알고 있었다. 돌풍, 파도, 긴장. 리미팅 팩터 호를 진수하기에는 위험한 조건이었고, 우리는 겨우 나흘 안에 3번의 야심 찬 잠수를 완수해야 했다. 원래는 로이히 해산과 마우나 케아 산으로만 잠수할 예정이었으나, 그날 실시한 시험 잠수에서 랜더 1대가 수면 위로 올라오지 못했다. "가장 두려운 상황은 어망 잔해에 끼여 있는 거예요." 매캘럼이 그 소식을 전하며 말했다. 베스코보가 해저에 50만 달러를 내버리고 싶지 않다면 내려가서 그것을 회수해 와야 했다.

반가운 소식은 아니었다. 만약 일정에서 하나를 포기해야 한다면 그것은 로이히 해산으로의 잠수가 될 것이 분명했기 때문이다. 베스코보는 수개월 동안 마우나 케아 산 등반을 준비하고 훈련해왔다. 특별 허가, 문화적 승인, 호위선, 지원 인력, 아웃트리거 카누 대여 등 절차도 복잡했다. 하와이 제도의 해양과학자이자 전문 서핑 선수인 클리프 캐포노 역시 베스코보와 동행하기로 했다. 모든 것은 시간 단위까지 계획되어 있었고, 일정이 끝나면 베스코보는 비행기를 타고 돌아가고 배는 오스트레일리아로 가서 연구 항해에 쓰일 예정이었다. 처음에는 코로나 바이러스, 그다음에는 곰. 나는 이제 잃어버린 고가의 장비와 에베레스트 산보다 더 높은 화산 사이에 끼여 있었다. 펠레 여신이 자비를 베풀어주기를 바라는 수밖에 없었다.

✳

매캘럼이 고무보트가 흔들리지 않도록 붙잡는 동안 우리는 사다리를 올라가 프레셔 드롭 호에 승선했다. 통가에서 이미 익숙해진 배였지만, 수개월 동안 쉬었던 탓인지 그때처럼 활기차고 북적거리는 분위기가 느껴지지 않았다. 매캘럼의 사무실에는 여전히 해적 깃발이 걸려 있었지만 그때처럼 위풍당당해 보이지 않았다. 제이미슨이 쓰던 작은 공간은 비어 있었고, 실험 도구들은 치워져 있었다. 냉동고에서 거대한 등각류를 꺼내는 사람도, 메탈 밴드 콘의 노래 "나르시시스틱 카니발"을 요란하게 틀어놓은 사람도, 마리아나 해구에 내려갔다 온 달걀을 들고 걸어다니는 사람도 없었다. 파이브 딥스 탐사의 주요 인물들이 모두 떠나고 나니 배는 마치 주인이 이사를 나간 집처럼 쓸쓸해 보였다.

레이히는 나보다 2주일 먼저 승선해서 내가 도착한 날 떠났다. 매캘럼은 해안에서 고무보트의 모터가 돌아가는 와중에 우리를 태우면서 레이히를 내려주었고, 그래서 그와 이야기를 나눌 시간도 없었다. 레이히는 바람을 맞으며 "잠수 끝나면 전화해요!"라고 소리쳤다. 그리고 가족들과 잠수를 하고 싶어하는 어느 요트 소유주에게 6인용 잠수정을 전달해주기 위해서 바르셀로나로 떠났다. 그래도 켈빈 머기, 프랭크 롬바도, 그리고 나의 박광층 안내자였던 팀 맥도널드를 포함한 트라이턴의 다른 탐사원들은 배 위에 있었다. 바하마에서 함께 잠수한 후로 맥도널드의 경력에는 커다란 변화가 있었다. 레이히에게 리미팅 팩터 호 조종 훈련을 받은 그를 베스코보가 2등 조종사로 고용했던 것이다. 1,000미터급 잠수정과 비교하면 어떤지 내가 묻자 맥도널드는 씩 웃으며 이렇게 대답했다. "이쪽이 좀더 우주선 같아요."

건식 연구실에서 나는 이번 여행의 음파 탐지 작업 책임자인 토머 케터를 만났다. 케터는 해양학자이자 해도 제작 전문가, 잠수 전문가, 선장이었으며 이스라엘군에서 항해사로 복무한 경력도 있었다. "전 언제나 지도광이었어요." 그는 나에게 이렇게 말했다. 케터는 로이히 해산의 해저 지형을 관찰 중이었다. 세 대의 모니터에 음파 탐지로 얻은 이미지가 펼쳐져 있었다. 형광색의 추상 이미지 속에서도 로이히 해산의 존재감은 대단했다. 해저의 약 30킬로미터 범위에 걸쳐 있는 이 화산은 높이가 3,960미터에 달한다. 유럽에서 가장 높은 활화산인 이탈리아의 에트나산보다도 높다. "우리 음파 탐지기로 한 번 더 훑어보고 싶어요." 케터가 인상을 찌푸리며 말했다. 그리고 화면을 가리켰다. "제가 받은 정상 좌표가 잘못되었더라고요." 나도 그의 어깨 너머로 화면을 자세히 들여다보았다. 좌표가 잘못되었다면 엉뚱한 곳으로 잠수할 가능성도 컸다. 그리고 해저에는 우리가 반드시 피해야 하는 장소들이 있었다.

하와이 제도의 심해에서 로이히 해산을 잠수 장소로 선택하는 것은 당연했다. 그러나 그 화산의 어디로 잠수할지를 결정하는 것은 쉽지 않았다. 베스코보는 그 결정을 나에게 맡겼다. 정상에서 "펠레 여신의 구덩이" 안으로 내려가볼 수도 있었다. 이 깊은 함몰 분화구에는 현무암으로 이루어진 첨탑, 열수를 뿜어내는 굴뚝, 유령상어들이 있었다.[1] 아니면 용암이 흘러나오는 고속도로인 가파른 남쪽 열곡으로 내려갈 수도 있었다. "신카이 능선"을 탐사하는 방법도 있었다. 약 6,000년 전에 화산의 동쪽 측면에서 거대한 암석 덩어리가 분리되어 해저로 떨어져 내린 곳이었다. 그리고 무엇보다도, 수수께끼에 싸여 있는 로이히 해산의 기저가 수심 약 5,200미터에 자리 잡고 있었다.

내가 커비에게 조언을 구했을 때 그는 펠레 여신의 구덩이에 들어가는 것을 말렸다. "멋진 곳이지만 불안정해요. 수중 청음기로 산사태 소리가 들려오고는 했죠. 그곳에서는 아직도 바위들이 허물어져 내려요." 커비는 남쪽의 열곡대도 추천하지 않았다. "그곳은 지형이 **굉장히** 험해요. 가파른 암벽으로 둘러싸인 협곡들과 버스만 한 크기의 바위들뿐이죠. 다녀오고 나면 잠수정을 다시 칠해야 할 걸요." 커비는 파이시스 호를 타고 2,000미터 아래로 내려간 적은 없었지만, 러시아의 6,000미터급 잠수정 미르 호를 타고 로이히 해산의 남동쪽 기저로 잠수한 적이 있었다. 그는 그 지점을 좀더 권했다. "그곳에서 작은 굴뚝들이 있는 열수공 지대를 발견했어요. 굉장한 베개 용암 지형도 있었고요. 그쪽에 정말 흥미로운 것들이 있을 거예요."

나는 깊은 곳으로 가고 싶었으니 로이히 해산의 기저라면 이상적인 장소였다. 그러나 그곳이 너무 넓은 면적을 차지하고 있는 것이 문제였다. 잠수를 하려면 구체적인 세부사항이 필요했다. 베스코보는 잠수정과 3대의 랜더를 내릴 "정확한 좌표", "잠수정이 옆이나 위아래로 이동할 경로", 그리고 (뭔지는 몰라도) "벡터"를 요구했다. 우리에게 주어진 3시간 동안 잠수정이 이동할 수 있는 거리는 수평으로 약 3킬로미터 정도였다. 그러니 가장 흥미진진한 구역을 찾아내야 했다. 잠수 지점을 잘 선택하면, 심해 상어와 마주치거나 용암 조각품들로 장식된 정원을 지나가거나 혹은 열수공을 발견하게 될 수도 있다. 반대로 잘못 선택하면, 랜더가 땅의 갈라진 틈 사이로 떨어지거나 잠수정이 못쓰게 되거나 돌무더기 말고는 아무것도 없는 풍경을 만나게 될지도 모른다.

심해에는 여행 안내서도 없고 로이히 해산의 가장 깊은 곳에 대한 여행자 후기도 없다. "하와이 제도에 하나뿐인 그 커다란 해저화산에 대해서 아는 것이 그토록 없다는 사실이 답답합니다." 하와이 대학교의 해양 과학자 켄 루빈은 나에게 이렇게 말했다. 루빈은 세계적인 해저화산 전문가이다. 그는 심해 깊숙이 숨어 있는 수많은 화산들을 연구하면서 해저화산들에 완전히 푹 빠져 있어서 그 해산들, 특히 통가 해구에 있는 화산들을 백과사전 수준으로 자세히 묘사할 수 있었다. 그러나 그의 집 뒷마당이나 다름없는 로이히 해산만은 그의 접근을 완강히 거부해왔다. 세간의 이목이 집중되었던 1996년의 폭발 이후 루빈은 로이히 해산의 기저에 유선 관측소를 설치하려고 했지만, 퇴적물이 마치 유사流沙처럼 장비들을 삼켜버리고 말았다. 그는 커비와 파이시스 호와 함께 로이히 해산으로 여러 차례 향했지만 잠수정을 내려보낼 만큼 바람이 잔잔했던 적이 한 번도 없었다.

루빈의 동료인 해양학자 브라이언 글레이저는 운이 좀더 좋았다. 글레이저는 커비와 함께 펠레 여신의 구덩이로 내려가서, 원격조종 잠수정인 제이슨과 우즈홀 해양 연구소의 또다른 로봇인 센트리로 로이히 해산의 기저 주변을 조사할 수 있었다. "로이히 해산은 제가 지구에서 가장 좋아하는 수중 화산입니다." 나와의 영상 통화에서 글레이저는 열정적으로 말했다. "그곳에서는 정말 멋진 일들이 벌어지고 있어요." 그러나 로이히 해산이 그토록 흥미로운 이유와 그곳의 독특한 생화학적 특징에 대해서 그가 설명하기 시작하자 나는 거의 한마디도 알아들을 수 없었다.

글레이저는 학생이라고 해도 믿을 만큼 젊어 보이지만 하와이 대학교에 자신의 연구실을 가지고 있고 미국 항공 우주국의 우주생물학 연구소에서 경력을 시작한 사람이다. 이 정도만 이야기해도 머리가 얼마나 뛰어난 사람인지 짐작할 수 있을 것이다. 글레이저의 웹페이지에 따르면 그의 연구 분야는 "급격한 산화 환원반응 변화 및 뚜렷한 지구화학적 성질의 경계와 인접한 환경에서 살아가거나 이를 매개하는 미생물과 산화 환원반응 불균형 간의 관계"였다.[2] 그게 무슨 뜻이냐고 내가 묻자 그는 어디에서부터 시작해야 할지 모르겠다는 듯이 잠시 말을 멈추더니 이렇게 물었다. "화학 수업 들은 지 오래되었죠?"

간단히 말하면, 글레이저는 바다가 작동하는 원리, 즉 수십억 년간 그 안의 생물들과 화학 성분이 지질학적 특성과 함께 진화해온 방식을 연구한다. 로이히 해산이 그에게도 항공 우주국에도 매력적인 장소인 이유는 액시얼 해저화산을 포함하여 황화물 성분이 풍부한 대양 중앙 해령의 다른 화산들과 달리, 그곳의 생태계에는 철이 풍부하기 때문이다. 그리고 철을 먹는 기이한 미생물들이 그곳의 열수를 마치 멸망 직전의 로마인들처럼 배불리 먹으며 즐기고 있다. 철은 해양의 화학적 성질에 중요한 원소이지만, 과학자들은 그 원리를 완전히 알아내지 못했다. 따라서 철을 뿜어내는 로이히 해저화산은 그것을 연구하기에 딱 좋은 장소이다. 그저 숨겨진 지구의 원리를 이해하기 위해서만이 아니라, 외계 생물체 탐사를 위한 단서를 얻기 위해서이기도 하다. 글레이저는 만약 화성이나 유로파에서 미생물이 발견된다면, 로이히 해산에서 번성하고 있는 미생물과 유사할 가능성이 크다고 설명했다.

그는 제이슨의 조종사와 함께 조종실에 앉아서 검은 덩어리들로 뒤덮인 화산의 기저 지역을 제이슨으로 탐사하던 때를 떠올렸다. 그 덩어리가 무엇인지 그 누구도 몰랐기 때문에 글레이저는 조종사에게 제이슨의 팔로 그중 하나를 찔러봐달라고 부탁했다. "그러자 갑자기 거대한 주황색 눈보라가 피어올랐어요." 얇은 망가니즈 껍질에 덮여 있던 그 덩어리는 전부 세균으로 이루어져 있었다. 솜털처럼 부드러운 그 세균들은 불꽃 같은 색을 띠고 있었는데 철을 먹고 녹을 배출하는 생물이었기 때문이다. 그런 세균들이 2미터 이상 쌓여 있는 곳들도 있었다. 글레이저는 흥분하며 설명했다. "그런 게 수천수만 제곱미터 넓이로 펼쳐져 있었어요. 거대한 미생물들의 놀이터였죠."

세균으로 이루어진 언덕? 듣기에는 근사했지만 3시간의 잠수 시간 내내 그것만 본다면 꽤 지루할 것이 분명했다. 나는 글레이저에게 그 주변에 또 무엇이 있는지, 혹시 그가 특별히 호기심을 느꼈던 심해 지형은 없었는지 물었다. 그는 고개를 끄덕이고는 모니터에 해저 지도를 띄웠다. "남동쪽에 있는 이 두 개의 언덕 보이죠? 이 자리에서 분출되어서 형성된 베개 현무암이에요. 해저에서 위쪽으로 똑바로 솟아올라 있죠. 제이슨으로는 여기를 탐사해보지 못했어요."

쉽게 찾을 수 있는 구조물이었다. 지도상에서는 눈에 띄는 두 개의 첨탑 형태였고 위에서 내려다보면 화산 원뿔 모양이었다. 각 탑의 높이는 약 300미터에 달했다. 글레이저는 그것이 거대한 열수공일 가능성이 있다고 말했다. "물론 장담은 못 해요. 그러나 가능해요. 위쪽으로 올라갔는데 물이 일렁거리는 게 보인다면 그게 결정적인 증거예요. 못 보고 지나칠 리도 없어요. 어마어마하게 크니까요. 좌표를 알려드릴게요."

※

 드디어 어디로 가야 할지 알았지만, 그렇다고 내가 잠수 계획을 짜는 방법까지 아는 것은 아니었다. 그래서 제이미슨에게 전화를 했다. 그는 원래 하와이 제도에 올 계획이었지만 코로나 바이러스 때문에 영국에서 발이 묶여 있었다. 제이미슨도 해저 지형도를 보면서 그 두 개의 첨탑이 흥미롭다는 점에 동의했다. "정말 표면으로 끓어올라온 것처럼 보이네요. 흠, 그 위에 랜더를 내리면 안 될 것 같아요."

 "랜더를 어디에 내려야 할지 전혀 모르겠어요." 나는 말했다. "대신 정해줄래요?"

 제이미슨은 웃었다.

 "물론이죠. 나라면 일단 남쪽에 한 대를 내리고 그곳에서부터 북쪽으로 가서 언덕을 올라갈 거예요. 먼저 평평한 해저를 따라 나아가면서 동물들이 자연스럽게 생활하는 모습을 보면 좋을 거예요. 그런 다음에 험준한 곳으로 가서 놀라운 지질학적 풍경들을 보는 거죠. 멋진 잠수가 될 거예요. 끝내줄 겁니다. 내가 계획을 작성해서 빅터한테 보낼게요."

 나는 고맙다고 말하고는 물었다. "제가 또 알아야 할 것이 있을까요?"

 "있죠." 제이미슨은 말했다. "추울 거예요. 발과 티타늄 선체 사이에 합성 고무 한 겹밖에 없으니까요. 저는 보통 남극용 양말을 세 켤레 정도 껴 신는데 그래도 항상 발가락이 얼어붙어요."

 전화를 끊자 안도감이 몰려왔다. 그러나 해야 할 일이 아직 한 가지 더 있었다. 과학이나 잠수의 세부 사항, 나의 양말의 두께 같은 문제를 넘어 로이히 해산에 관한 더 오래된 지혜, 그리고 그것에 동반되는 존중의 규

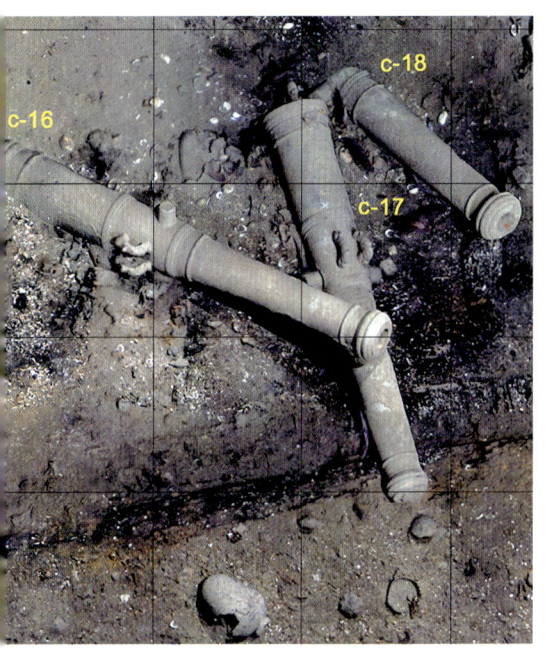

돌고래 모양으로 주조된 손잡이가 달린 산 호세 호의 대포(왼쪽), 해저에 남아 있는 도자기 항아리와 중국 자기들(왼쪽 중간), 관장용 주사기 상자(왼쪽 아래). 로저 둘리와 개리 코잭(아래)

전성기의 산 호세 호 : 광범위한 역사적 연구를 기초로 둘리가 의뢰, 제작한 삽화.

이빨이 많고 반짝이는 포식자들 : 독사고기(위), 길쭉한 솔니앨퉁이(중간), 반짝이는 샛비늘치 (아래). 무시무시한 이빨과 소름 끼치는 얼굴들을 가지고 있지만, 사실 박광층 물고기의 대부분은 놀라울 정도로 크기가 작다.

생물들의 대도시 : 유리오징어(위), 작고 정교한 해파리(중간), 빗해파리라고도 불리는 유즐동물(아래). 심해의 중층수역에서 생물발광은 생명의 핵심 요소이자 생존의 열쇠이다.

"다른 색을 생각할 여지를 주지 않는" 파란색 : 바하마에서 촬영된 오션X의 트라이턴 3300 / 3 잠수정 나디르 호(위, 오른쪽 아래).

4,000회의 잠수정 잠수 기록을 보유한 베테랑 조종사 벅 테일러.

관처럼 생긴 통안어의 눈은 투명한 머리 안에 밀봉되어 있다.

유리해면과 대나무산호의 정원(위). 유령상어라고도 불리는 원시적인 연골어류 은상어(왼쪽).

독특하면서도 섬세한 생명체들 : 망가니즈 단괴 지대에 있는 심해 말미잘(위). 유난히 강렬한 해삼 (왼쪽 아래).

바위를 이용해 먹이 입자에 접근하는 말미잘, 해면 등의 생물들.

심해의 여왕 : 바다의 대변인으로 불리는 해양 과학자 실비아 얼(왼쪽), 박광층의 해파리(위).

새로운 목(目)의 새로운 종(種) : 클라리온-클리퍼턴 단열대의 단괴 위에 자리잡고 있는 렐리칸투스 (*Relicanthus*). 말미잘과 비슷한 생김새에 길이 약 2.5미터의 촉수를 가지고 있다(위). 퇴적물을 뜯어먹고 있는 해삼(왼쪽).

2021년 1월 31일에 리미팅 팩터 호를 타고 심해로 잠수 중인 베스코보와 저자 케이시(왼쪽), 카마에후의 해저 지형도(아래), 펠레 여신의 집의 베개 용암(왼쪽 아래), 인사를 하듯이 반짝이는 해파리(오른쪽 아래).

칙이 있었다. 하와이 제도의 화산은 신성한 영역이다. 허락 없이 무작정 들어가서는 안 된다. 나는 정확히 누구에게 물어봐야 하는지를 알고 있었다.

푸알라니 카나카올레 카나헬레 박사는 하와이의 여성 원로로서 펠레 여신의 혈통을 이어받았다. 현재 80대의 그녀는 쿠푸나(지혜의 수호자)이자 쿠무 훌라(훌라의 대가), 작가, 교사, 무엇보다도 조종사이다. 또한 나의 친구이기도 하다. 내가 푸알라니에게 로이히 해산의 기저로 잠수하고 싶다고 하자 그녀는 그 화산의 진짜 이름은 로이히가 아니라고 알려주었다. 하와이인들은 그 산을 카마에후Kama'ehu라고 부른다고 했다. '깊은 곳의 붉은 아이'라는 뜻의 카마에후아카날로아Kama'ehuakanaloa를 줄인 말이었다.

1954년에 하와이 섬 해저의 지형 조사 도중 발견된 이 산은 길쭉한 형태 때문에 '긴 것'이라는 뜻의 로이히라는 이름이 붙었다.[3] 당시 그곳을 "발견한" 과학자들은 로이히 해산이 그저 또다른 화산인 킬라우에아 산에 "기생하는" 부속 지형에 불과하다고 믿었으며 언젠가 하와이 제도의 새로운 섬이 되리라는 생각은 아무도 못했다. 이것은 오해였지만, 로이히라는 이름은 지도에 그대로 남았다. 한편 하와이인들은 수백 년 전부터 전통 음악 멜레에서 이 산을 카마에후라고 불러왔다. 비록 물속을 들여다보지는 못해도, 그들은 그 안에서 무슨 일이 일어나는지 정확히 알았고 그곳이 철 성분 때문에 붉게 물들어 있다는 사실도 알았다. "새로 태어난 붉은 아이가 그 화산이에요." 푸알라니가 설명했다. "푸카 카마에후는 '분출하다'라는 뜻이에요. 자신의 모습을 드러내는 거예요. 살아나는 거죠."

그녀는 우리에게 연방정부가 관여된 일이냐고 물었다. 나는 그렇지 않다고, 순수한 탐사 목적이라고 대답했다. 그러자 푸알라니는 말했다.
"그냥 발견하러 가는 것이라면 전혀 문제없다고 생각해요."
"그럼 허락해주시는 건가요?" 내가 물었다.
"그럼요." 푸알라니가 대답했다.

✳

다음 날 아침 일찍 베스코보와 맥도널드는 물속에 남아 있는 랜더인 스캐프를 회수하러 내려갔다. 스캐프가 음파 탐지에 응답할 만한 배터리 잔량이 남아 있을 때 신속하게 회수해야 했다. 랜더를 찾아내는 일은 물속에서 하는 숨바꼭질과 비슷했다. 베스코보가 신호를 보내고 스캐프가 그 신호를 돌려보내면, 잠수정의 방향을 조정해서 그쪽으로 다가가면서 랜더의 깜박이는 섬광 조명을 찾아내야 했다.

간단한 일처럼 들리지만 실은 그렇지 않다. 심해에서 잃어버린 물체를 찾는 일은 밤에 안대로 눈을 가리고 그랜드 캐니언을 뒤지는 것과 비슷하다. 바다는 무엇인가를 숨기는 일에 너무나 능숙하기 때문에 목표물의 위치를 안다고 해도 바로 찾아낼 수가 없다. GPS도, 빛도, 길잡이가 될 지형지물도 없고 시야도 흐려서 방향을 찾기 힘들기 때문이다. 일단 스캐프가 시야에 들어와야만 베스코보가 상황을 파악할 수 있었다. 만약 미사에 빠져 있다면, 잠수정의 로봇 팔로 끌어당겨서 구해낼 수 있었다. 그러나 그물에 얽히거나 바위 아래에 걸리거나 구덩이에 끼어 있다면 구조가 불가능할 수도 있었다. 스캐프는 약 300미터 깊이의 암석 지대에서 실종되었기 때문에 낚싯줄이나 바위틈에 걸렸을 가능성이 충분했다.

나는 날씨를 지켜볼 수 있는 상부 갑판 위에서 기다렸다. 옅은 구름 몇몇 점이 떠 있고 큰 물결이 일렁이고 바람도 확실히 불었지만, 날은 화창했다. 바다는 잠수하기에 괜찮은 상태였다. 그러나 우리는 아직 하와이 섬이 바람을 막아주는 곳에 있었다. 내일 카마에후에서는 상황이 달라질 것이 분명했다. 해안에서 약 50킬로미터 떨어진 잠수 지점은 완전히 노출되어 있는 바다여서 섬의 남쪽 끝에 부딪치는 해류의 영향을 받았다. 나는 난간에 기대어 선 채 배를 살펴보러 오는 긴부리돌고래 무리를 바라보았다. 그때 선미 쪽에서 누군가가 외치는 소리가 들렸다. 스캐프가 수면 위로 떠오른 것이었다. 1시간 후 리미팅 팩터 호도 돌아왔다.

베스코보와 맥도널드가 잠수정 밖으로 나왔다. "그 녀석 어디 있어?" 베스코보가 물었다. 그리고 갑판을 둘러보다가 스캐프가 "**나는 못된 랜더였습니다**"라고 적힌 종이를 붙인 채 한쪽 구석에 서 있는 모습을 보고 웃음을 터뜨렸다. 스캐프가 말썽꾸러기로 유명한 것은 사실이었다. 전에도 음향 명령을 몇 번 어겼는데, 특히 챌린저 해연에서는 이틀 동안 수면 위로 올라오지 않아서 레이히가 잠수정을 몰고 세계에서 가장 깊은 곳으로 직접 구조하러 가서는 스캐프를 진흙 속에서 끌어낸 적도 있었다. 베스코보는 랜더들이 모두 상자 형태로 비슷비슷하게 생겼어도 각자 개성이 다르다고 말했다. "스캐프는 다루기 힘든 녀석이에요. 플레레는 착한 아이죠. 약간 거칠지만요. 클로스프는……좀 둔해요."

오늘은 스캐프를 수면으로 끌어올리는 일이 어렵지 않았다. 이상하게도 그 랜더는 어디인가에 끼어 있지 않았다. 그저 추를 떨어뜨린 채 해저 위에 가만히 떠 있었다. 아무래도 이해할 수 없는 일이었다(원래 밸러스트 추가 없다면 자동적으로 수면으로 떠올라야 정상이었다). 안에 유령이라도 탔던 것일까. 해저의 풍경이 스캐프의 마음에 들었던 것일까. 맥도널드는 그곳에서 검은색과 금색의 산호로 이루어진 아름다운 벽과 임신한 뱀상어를 보았다고 말했다.

갑판에서 모두가 스캐프 때문에 어리둥절해하고 수리 문제를 의논하는 소리를 들으면서 나는 내가 긴장하고 있다는 사실을 깨달았다. 이제 정말로 현실로 다가오고 있다. 내일 이 시간쯤이면 나는 수심 약 5,630미터의 화산 위에 있을 것이다. 날씨만 허락해준다면 말이다. 나는 내가 보았던 돌고래와 일출 무렵 바다 위에 떠 있던 무지개에 맥도널드가 말한 상어까지 더해서, 그 3가지를 좋은 징조라고 믿기로 했다.

✳

프레셔 드롭 호는 남쪽으로 방향을 돌려 카마에후로 가는 13시간의 항해를 시작했다. 전반적인 분위기로 볼 때 이 항해를 기대한 사람은 나뿐인 듯했다. 매캘럼은 멀미약 쟁반을 준비해두고, 섬이 바람을 받는 방향으로 배가 진입할 때 주의하라고 말했다. "엄청나게 흔들릴 거예요. 바람이 23노트에서 35노트까지(시속 약 42-65킬로미터) 불 것이라는 예보가 있었어요." 건식 연구실에서는 머기, 롬바도와 트라이튼의 기술자 셰인 아이글러가 체념한 듯한 표정으로 탁자에 둘러앉아 있었다.

베스코보는 거친 바다에도 별로 개의치 않는 듯했다. 배가 계속 나아가는 동안 우리는 그의 안전 안내를 듣기 위해서 리미팅 팩터 호로 올라갔다. 격납고 위에 쭈그리고 앉아 해치를 열고 사다리에 발을 내린 뒤 좁은 터널 안을 통과하여 천천히 구체 안으로 내려갔다. 안은 비좁았지만 불편할 정도는 아니었고, 공간이 협소했지만 움직이지 못할 정도는 아니었다. 마치 로켓 안에 들어와 있는 것처럼 모든 벽에 각종 장비가 빽빽하게 설치되어 있고 디저트 접시만 한 3개의 현창이 달려 있었다. 우리가 대단한 공학 기술의 업적 안에 앉아 있다는 사실만큼은 의심의 여지가 없었다.

나는 몸을 감싸는 형태의 승객석에 자리를 잡고 앉았다. 베스코보가 안내를 시작했다. "잠수정 안에서 발생할 수 있는 문제들에 관해 설명하겠습니다. 가장 중요한 세 가지는 얽힘, 화재, 그리고 산소 누출입니다."

"산소 누출은 뭐죠?"

베스코보가 고개를 끄덕였다. "조금 있다가 설명할게요. 아폴로 1호 사고의 원인이었죠(그가 말한 비극은 1967년 1월에 일어났다. 달 착륙선에서 갑작스러운 화재가 발생하여 시험 발사를 진행 중이던 우주비행사 거스 그리섬, 에드 화이트, 로저 채피가 희생된 사건이었다. 가연성 벨크로로 마감된 밀폐 공간 안에서 산소로 가득한 공기 중에 불이 붙어 발생한 화재였다. 당시 우주비행사들이 나일론 우주복을 입고 있었던 것도 중대한 실수였다.[4] 이 사고 이후로 우리가 곧 입게 될, 내구성이 강한 소재의 방염복들이 도입되었다)."

"첫 번째, 얽힘 사고." 베스코보가 말을 이었다. "이건 사실 대응 방법이 거의 없습니다." 다행히 잠수정은 얽힘 사고가 발생했을 때 마술사 후디니처럼 탈출할 수 있도록 설계되어 있었다. 만약 추진기나 배터리, 로봇 팔처럼 바깥으로 돌출된 부위가 어디인가에 걸리면, 베스코보가 볼트를 태워서 분리함으로써 잠수정을 구해낼 수 있었다(혹은 그러기를 바랐다). "여러분이 할 일은 당황하지 않는 것뿐입니다."

그것이라면 자신 있었다. 나는 심해에서 절대 당황하지 않을 것이다.

내가 두려움에 익숙해서가 아니라(전혀 그렇지 않다) 나의 인생에서 이 잠수보다 더 원했던 일이 없었기 때문이다. 만약 일이 잘못되어 이것이 나의 인생의 마지막이 된다고 해도 나는 그 결과를 받아들일 준비가 되어 있었다. 그리고 베스코보도 같은 마음이라는 것을 알았다. "이런 말을 자주 하지는 않지만, 잠수정에 치명적인 고장이 발생해서 몸이 순식간에 플라스마가 되어 사라진다고 해도 나는 괜찮아요." 그는 통가에서 이렇게 말한 적이 있었다. "수십 년간 산악 등반을 하면서도 같은 생각이었어요. 최악의 상황이 일어난다고 해도 내가 하고 싶은 일을 하다가 죽는다면 그보다 더 나은 죽음은 없겠죠." 무모한 사람이 그런 이야기를 한다면 생각 없어 보일 수도 있다. 그러나 베스코보는 위험 중독자가 아니라 위험 분석가였다. 나는 그를 믿었고, 승조원과 잠수정을 비롯하여 이 탐사의 모든 부분을 신뢰했다. 리미팅 팩터 호는 극한의 환경에서의 안전을 위한 최첨단 공학 기술로 무장하고 있었다.

"좋아요." 베스코보가 계속 설명했다. "다음은 연기 또는 화재입니다." 그는 나에게 공기통과 연결된 호흡기를 건네주었다. 공기가 부족할 경우 일단 그 스쿠버용 장비를 사용해 숨을 쉬면서 좌석 뒤쪽에 놓아둔 좀더 내구성 있는 호흡 장비를 조립할 시간을 벌라는 것이었다. "가장 심각한 비상 상황, 예를 들면 구체 내부에 화재가 발생했을 경우 내가 할론 소화기를 분사해서 불을 끌 것입니다. 그런 다음 산소를 차단해서 남은 불을 진압할 거예요. 그리고 리튬이 포함된 물건을 따로 보관해둘 수 있는 주머니가 있습니다. 이 안에 가연성 물질이 있으면 안 되니까요. 알았죠?'"

"알겠습니다." 내가 대답하자 우리는 그다음으로 넘어갔다. "이제 산소 누출입니다. 이게 가장 무서운 일인데요." 베스코보는 우리 머리 위에 포탄처럼 정렬되어 있는 산소 실린더들을 가리켰다. "굉장히 높은 압력으로 압축된 것들입니다. 미국 항공 우주국의 검증을 거친 신뢰도 높은 과정으로 만들어졌죠. 하지만 가능성이 희박하기는 해도 만약 저 안에서 무엇인가가 새어 나오기 시작하면 무슨 수를 써도 막을 수 없습니다."

"그럼 이 안이 산소로 가득 차는 건가요?"

베스코보가 고개를 끄덕였다. "그것 자체는 괜찮습니다. 의료 등급 산소니까요. 그러나 산소가 일정 농도 이상이 되면 연소가 일어날 수 있어요. 그리고 여기에는 온통 전자 장비들이 있죠." 그는 우리의 앞과 뒤, 구체 안쪽을 빼곡하게 채운 계기판들을 가리켰다. "누출을 막을 수 없다면 모든 장치를 끌 거예요. 전화를 비롯해서 모든 장비가 꺼질 것입니다. 수면 위와 통신도 할 수 없고 캄캄한 상태로 올라가야 해요. 산소 농도는 계속 올라갑니다. 우리는 괜찮아요. 단지 순수한 산소를 마시는 것뿐이니까요." 그는 씁쓸하게 웃었다. "문제는 일종의 폭탄 안에 앉아 있는 상황이 된다는 거죠."

나는 그 사실을 곱씹은 뒤 머릿속에서 지워버렸다. 그런 일이 일어날 가능성은 거의 없었다. 다만 베스코보의 말대로 무서운 일인 것은 사실이었다.

"그 밖의 할 일은 그냥 최대한 많이 관찰하는 것뿐입니다." 베스코보가 좀더 밝은 목소리로 덧붙였다. "가장 중요한 일은 무엇인가에 빠른 속도로 부딪치지 않도록 조심하는 거죠. 사실상 그게 다예요. 질문 있나요?"

※

우리는 자정이 조금 지났을 때 섬의 남쪽 끝을 돌았다. 예상했던 대로 바다가 사나워졌다. 침대에 누워 있던 나는 배가 이리저리 요동치는 것을 느끼며 생각했다. **도저히 안 되겠는데.** 그러나 우리는 진수 지점을 향해서 계속 나아갔고 4시쯤에 기중기로 랜더를 옮기는 소리가 들렸다. 잠수 준비가 시작된 것이다.

해가 뜰 무렵, 나는 긴 내복 위에 방염복을 입고 갑판에 나와 있었다. 진수 준비가 진행 중이었지만 그 누구도 즐거워 보이지 않았다. 수염을 기른 롬바도는 무표정한 얼굴로 팔짱을 낀 채 난간 앞에 서 있었다. 늘 웃는 얼굴이던 아이글러도 웃고 있지 않았다. 머기는 입을 굳게 다문 채 어금니로 무엇인가를 씹고 있는 것 같았다. 세 사람 모두 수평선을 넘어 빠르게 달려오는 파도와 바람에 펄럭이는 배의 깃발을 바라보고 있었다.

"우리가 바다를 길들이려는 거예요." 아이글러가 살짝 미소를 지으며 나에게 말했다.

"바다 상태가 불안해요." 머기가 고개를 저으며 말했다. "내가 잠수정을 들어올렸는데 큰 파도가 밀려와서 배가 흔들리면 저 A 자형 기중기의 측면에 그대로 부딪칠 거예요." 그는 어깨를 으쓱했다. "하지만 빅터가 물에 넣으라고 하면 넣어야죠."

나는 기진맥진했지만 가만히 있을 수 없어서 건식 연구실 안으로 들어갔다. 케터와 베스코보가 해저 지도를 들여다보면서 또다른 잠수 지점을 고민 중이었다. 그러나 이 근처는 모두 같은 바람의 영향을 받고 있었다. 맥도널드와 매캘럼은 그 옆에 서서 날씨를 살피며 노트북으로 일기예보를 확인 중이었다. "북쪽과 남쪽에서 너울이 밀려오고 동쪽에서 무역풍이 불어오고 있어요." 맥도널드가 상황을 요약해주었다.

"중요한 것은 너울의 높이가 아니라 파도의 주기예요." 매캘럼이 말했다(내가 이미 확인해본 바에 의하면 높이는 약 3미터, 주기는 9초였다. 강력한 파도였다).

결정을 내려야 할 시간이었지만 그건 나의 몫이 아니었다. 베스코보가 결정을 내리는 동안 그 뒤에서 잠수정에 타고 싶은 간절한 마음을 전자레인지처럼 내뿜고 있을 수는 없었다. 그래서 건식 연구실을 나와 선실로 내려와서 서성거렸다. 만약 이번에 잠수를 못 한다면, 언제 또 그렇게 깊은 곳으로 들어갈 수 있을지 알 수 없었다. 베스코보는 잠수정을 팔기 위해서 적극적으로 알아보는 중이었으니 언제 판매될지 몰랐다. 코로나바이러스는 여전히 기승을 부리고 있었다. 일정을 비롯해 모든 것이 불확실했다.

나는 30분 정도 기다렸다가 다시 위로 올라갔다. 베스코보는 매캘럼의 사무실 밖에 서 있었다. 나는 그의 표정을 보자마자 잠수가 무산되었다는 사실을 알았다. "취소했어요." 그가 나의 어깨에 손을 얹으며 말했다. "미안해요, 수전." 그는 매캘럼과 함께 내가 잠수할 수 있는 다른 기회를 찾아보고 있다고 했다. 어쩌면 시레나 해연에 내려갈 수 있을지도 몰랐다. 다만 그것은 또다시 수개월 동안 불확실한 상태에서 기다려야 하고 한 번 더 괌으로 와야 한다는 뜻이었다. "꼭 갈게요." 나는 이렇게 대답하고 괜찮다고 말했다. 정말 괜찮았다. 어느 정도는. 아드레날린이 날아가고 마음에 치명적인 타격을 입었지만, 머리로는 그 결정이 옳다는 것을 알고 있었다. 현명한 결정이었다.

해저로 내려간 2대의 랜더가 다시 소환되었다. 2대 모두 선상으로 올라오면, 북쪽으로 약 95킬로미터 정도 떨어져 있으며 바람도 덜한 마우나 케아 산을 향해서 출발하기로 했다. 몇 겹씩 껴입은 불연성 소재의 옷들을 벗으러 가는 길에 나는 갑판에 들러 모두에게 감사 인사를 했다. 바람은 더욱 거세게 불고 파도는 물보라를 흩뿌리고 있었다. 격납고 밖에서 담배를 피우던 롬바도가 나를 동정 어린 눈빛으로 바라보며 말했다. "바다는 가끔씩 난폭한 연인처럼 굴죠."

나는 혼자 있고 싶었지만 선실 안에서 홀로 우울해하고 싶지는 않았다. 옷을 갈아입고 스카이 바로 올라가니 안은 텅 비어 있었다. 나는 선장 의자에 앉아 난간에 발을 올리고 끝없이 펼쳐진 태평양을 멍하니 바라보았다. 배는 알래스카 주에서부터 약 5,000킬로미터를 달려온 파도에 맞춰 메트로놈처럼 규칙적인 리듬으로 오르락내리락하고 있었다. 오늘의 바다는 무표정했다. 멍든 것처럼 잿빛으로 낮게 깔린 구름 사이로 은빛 태양이 희미하게 비쳤다. 누군가가 티(하와이인들이 행운을 가져다준다고 믿는 식물/역주) 잎으로 만든 화환을 난간에 감아놓은 것이 보였다. 하와이의 항해사들을 지켜준다는 부적이었다.

1시간쯤 지났을까. 아니면 2시간쯤. 아무래도 상관없었다. 계단을 올라오는 발소리를 듣고 돌아보니 베스코보였다. 그가 걸어와서 옆 의자에 앉았다. "클로스프는 돌아왔는데 플레레가 안 올라왔어요." 플레레는 우리가 목표 지점, 즉 첨탑들의 남쪽에 있는 가장 깊은 곳으로 내려보낸 랜더였다. "세상에." 그 말의 의미를 깨달은 내가 말했다.

"맞아요." 베스코보가 대답했다. "내일 우리가 내려가야겠어요."

✷

"모두 확인 완료. 이상 없음. 생명 유지 장치 작동 중."

머기의 목소리가 무전기를 통해서 지지직거리며 들려왔다. "우측으로 추진하세요, 빅터."

"알겠습니다, 우측으로 추진하겠습니다."

그때 머기의 목소리에 긴장감이 서렸다. "모두 추진 정지!"

잠수정이 파도 속에서 요동치며 배 쪽으로 밀려났다. 베스코보는 장비에 집중하고 있었고 나는 토하지 않으려고 애쓰고 있었다. 맥도널드와 또다른 스위머(2미터의 키에 건장한 체격을 가진 오스트레일리아인인 스웨인 머리였다)는 줄을 풀기 위해서 고군분투 중이었다. 어제 잠수가 취소되었을 때와 같은 상황이었지만 어쨌든 우리는 다시 나와 있었다. 말을 듣지 않는 랜더 덕분에 우리의 다음 목적지는 수심 5,200미터의 물속이었다.

"과거에 다 경험해본 일입니다." 전날 밤 맥도널드는 잠수를 앞두고 탐사원들을 격려하며 이렇게 말했다. "통가에서도 경험했고, 타이태닉 호를 탐사할 때도 경험했죠. 중요한 날을 앞둔 챌린저 호와 같은 상황인 것입니다. 우리에게 필요한 것은 영웅적인 행동이 아닙니다. 체계적으로 진행하는 것이 가장 중요합니다."

현창 밖에서 무엇인가가 펄럭이기 시작했다. 나는 베스코보에게 물었다. "저게 뭐죠?"

"아, 그거 수심 센서예요." 그가 대답한 뒤 무전기에 대고 말했다. "조절기 옆에 RBR 센서가 분리되어 있는데 스위머가 와서 고정해줄 수 있을까요?" 곧 고글을 쓴 맥도널드가 와서 케이블과 씨름하기 시작했다. "정말 위험한 일이에요." 베스코보가 말했다. 이때 스웨인은 이미 빠지고 없었는데, 당시에는 몰랐지만 허리를 다친 상태였다고 한다. 수면 위의 잠수정은 마구 날뛰는 11톤짜리 야생마와도 같다. 나는 왜 레이히가 안전벨트를 설치할 필요성을 느꼈는지 이해할 수 있었다.

매캘럼이 고무보트에서 무전으로 말했다. "리미팅 팩터 준비 완료. 이제 밸러스트 수水를 주입해도 됩니다."

"알겠습니다. 케이블 고정 완료. 밸러스트 수 주입 중." 베스코보가 응답했다.

머기도 잠수정이 분리된 것을 확인한 후 대답했다. "확인했습니다, 빅터. 즐거운 잠수 되세요."

"감사합니다, 여러분." 베스코보가 무전을 마치고 스위치 몇 개를 껐다. 이제 무전 통신을 종료하고 음향 모뎀을 통해서 15분마다 조종실과 교신할 예정이었다. 요란한 소리와 함께 잠수정의 밸러스트 탱크에 해수가 채워졌다. 그 무게에 이끌려 우리는 파도 속으로 가라앉았다. "이제 출발합니다." 베스코보가 선언했다. "저 아름다운 파란색을 봐요. 저 색이 얼마나 빨리 어두워지는지 보게 될 거예요."

※

우리는 초속 1미터의 속도로 박광층을 향해 떨어져 내렸다. 현창 앞에서 이런저런 생물들이 휙휙 스쳐 지나가거나 회전초回轉草처럼 튀어올랐다. "꼬불꼬불, 먼지, 불꽃." 나는 최선을 다해서 그 생물들을 기억할 수 있는 표현을 공책에 휘갈겨 적었다. 우리는 앞으로 2시간 반 동안 그렇게 자유낙하를 할 예정이었다. 해저에 가까워질수록 수압이 높아지면서 하강 속도도 느려질 터였다.

나는 안전벨트를 풀고 자세를 고쳐 앉았다. 중층수에서 섬광들이 번쩍이고 있었다. 베스코보는 잠수정의 데이터를 기록하고 주기적으로 계기판을 확인하면서 때때로 터치스크린을 두드렸다. "딱딱 소리가 나도 신경 쓰지 말아요." 그가 나에게 조언했다. "그냥 유리섬유가 압력을 받아서 나는 소리니까요." 나는 고개를 끄덕였지만 사실 그런 소리를 듣지도 못하고 있었다. 나는 그저 모든 것이 얼마나 아름다운지에만 정신이 팔려 있었다. 그 정도 소리로는 나를 황홀경에서 끌어낼 수 없었다.

"수상, 여기는 리미팅 팩터, 수심 2,229미터, 진행 방향 180도, 생명 유지 장치 이상 없음." 베스코보가 무광층에서 교신을 시도했다. 연결 상태가 불안정해서 크게 소리쳐야 했다. "여보세요? 수상, 들립니까?" 그는 제어반 위로 몸을 기울인 채 랜더에도 신호를 보냈다. "자, 플레레. 어디 있니, 이 녀석아?" 플레레는 아무 응답도 없이 조용했다.

잠수정 밖에서 날카로운 신음 소리 같은 것이 들렸다. "저게 고래 소리인가요?"

"아뇨, 추진기 소리예요."

나는 수심을 확인하고는 말했다. "이제 공식적으로 심해저대에 들어왔네요."

"맞아요!" 베스코보가 대답했다. "수심 3,000미터예요. 수압은 1제곱센티미터당 약 280킬로그램이죠."

나는 현창에 얼굴을 대고 구체 안으로 스며들어오는 미세한 냉기를 느꼈다. 심해도 나를 마주보았다. 그곳은 고요하고 평화로웠다. 베스코보는 깊은 곳에 내려갈 때 그곳이 자신을 "거의 감싸 안아주는" 느낌이라고 표현했는데, 이제는 나도 그 의미를 알게 되었다. 잠수정 밖에서는 실체와 무게를 가진 박동이 느껴졌고 그것은 우리가 깊이 내려갈수록 더욱 뚜렷해져서 무엇인가 거대하고 평온한 존재의 길고도 느린 심장 박동 같았다. 나는 빛과 어두움이 뚜렷하게 대비되는 심해의 모습을 사랑했다. 벨벳처럼 부드러운 어둠 속에서 갑자기 무엇이든 나타날 것 같았고 그게 무엇이든 전혀 예상하지 못한 존재일 것 같았다.

"3,550미터예요." 베스코보가 말했다. "3분의 2쯤 내려왔네요."

우리는 카시오페이아 자리처럼 반짝이는 S 자 형태의 관해파리를 지나쳤다. "챌린저 해연에서는 랜더가 이중나선 형태의 관해파리를 발견했었죠." 베스코보가 회상했다. "정말 굉장했어요." 사람들을 놀라게 만드는 것이 관해파리의 특기이다. 오스트레일리아 서쪽 앞바다에서 연구 항해에 나섰던 과학자들은 복제된 세포들이 약 45미터 길이의 반짝이는 나선 형태로 이어져 있는 관해파리와 마주쳤는데, 그 모습은 또다른 차원으로 가는 포털이라고 해도 믿을 정도였다.

유리창을 닦을 때처럼 찍찍거리는 소리가 모뎀에서 들려왔다. "다시 말해줄래요?" 베스코보가 응답했다. "한 번 더 크게. 큰 소리로 말해요. 수심 3,882미터, 진행 방향 105도, 생명 유지 장치 이상 없음." 그는 나를 돌아보고 이렇게 말했다. "들리기는 하는데, 마아아아와아아아, 이렇게 들려요. 소리가 다 뭉개지네요."

커다란 물고기 한 마리가 남빛과 금빛으로 반짝이며 우리를 빠르게 스쳐 지나갔다. 머리카락이 곤두선 가발을 쓴 도넛처럼 생긴 해파리가 그 뒤를 따랐다. 공책 위에 숫자들을 적어내려가던 베스코보가 갑자기 몸을 일으키며 헤드셋에 손을 댔다. "플레레! 드디어 응답이 왔어요! 1,200미터 떨어진 곳에 있네요. 그 녀석을 찾을 확률이 높아진 거예요."

2시간이 10분처럼 흘러갔다. 잠수정 안에서 시간은 수은처럼 미끄러졌다. 수심 4,000미터에서 나는 카마에후에게 바치는 하와이의 노래를 틀었다. 그 아름답고 강렬한 노래 속에서 들려오는 외침과 북소리는 머릿속의 원초적인 부분을 파고드는 것 같았다.

"우와." 베스코보가 감탄했다.

"정말 강렬하죠? 이 화산들도 마찬가지네요."

우리는 계속 아래로 내려갔다. 잠수정 안이 몹시 추워졌고 우리가 내쉰 숨은 벽에 물방울이 되어 맺혔다. 나는 초콜릿 하나를 까서 입에 넣었다. 맥도널드가 체온을 유지하려면 당을 계속 섭취하라고 조언했기 때문이다. 나는 트리에스테 호 안에서 허쉬 초콜릿 바로 점심을 해결했던 돈 월시를 기리기 위해서 이번 잠수 동안에는 초콜릿 외에 아무것도 먹지 않기로 결심했다.

"300미터 남았습니다." 베스코보가 선언했다. "이제 해저에서 돌아다닐 수 있도록 중성 부력을 유지할 준비를 할 거예요. 추를 10개 정도 떨어뜨려야겠어요." 잠수정의 아래쪽에서 강철 막대들이 철컹거리며 떨어지는 소리가 들리더니 하강 속도가 현저하게 느려졌다. "추진기도 준비되었고, VBT도 모두 준비되었어요. 좋아요. 고도계 수치도 안정적이고요." 베스코보가 체크리스트를 확인하며 말했다. "이제 음파 탐지기를 켭시다."

현창 밖에서 어둠이 희미하게 옅어지고 잠수정의 조명 아래로 완전히 검은색은 아닌 지형이 드러났다. 베스코보가 그곳을 가리키며 말했다. "저곳이 해저예요. 이제 보이죠? 4미터 남았네요."

나는 몸을 앞으로 기울여 빛의 초점이 맞춰지는 모습을 지켜보았다. 모래로 덮인 옅은 금빛의 거친 평원 위로 하얀 말미잘과 흑요석 바위들이 점점이 흩어져 있고 간간이 주황색 얼룩이 섞여 있었다. 그 낯선 색채가 이 세상의 것 같지 않으면서도 동시에 지상의 몽환적인 풍경처럼 보이기도 했다. 조명을 받은 물은 투명한 비취색으로 빛났다. 잠수정이 가볍게 내려앉자 퇴적물이 피어올랐다. 우리가 착지한 곳은 첨탑 남쪽에 있는 평원이었다.

"해저에 도착했습니다." 베스코보가 말했다. "수심 5,017미터입니다."

"놀라워요." 나는 속삭였다. 그곳이 바로 심해였다. 맙소사, 정말 좋았다. 모든 것이 나른한 아름다움과 기이한 온화함, 양수에 잠긴 듯한 차분함으로 반짝였다. 그러나 동시에 온몸을 감싸는 엄숙한 분위기도 있었다. 심해는 말 그대로 깊었다. 깊이 그 자체가 그곳의 매혹을 더욱 깊게 했다. 나는 그 속에 녹아들며 항복하는 기분이었다. 마침내 휴식을 취할 수 있는 집에 돌아온 것 같았다. "우리는 인생을 살아가면서 대단히 흥미로운 순간이나 장소를 경험했을 때, 모든 일이 끝난 후에야 그 의미를 완전히 깨닫는 경우가 많다." 윌리엄 비비는 심해 잠수에 관해서 이런 말을 남겼다. 그리고 이렇게 덧붙였다. "그러나 이번에는 정반대였다."[5] 나는 내가 잠시 들어와 있는 현실을 음미하며 몸속 깊숙이 들이마셨다. 언제든지 그 기억과 감정의 무게를 다시 떠올릴 수 있도록.

그때 베스코보가 나의 몽상 속으로 끼어들었다. "자, 이제 작업을 시작해보죠." 그는 검은 화면 위를 자동차의 와이퍼처럼 훑고 있는 음파 탐지기를 가리켰다. 돌이나 랜더 같은 단단한 물체는 빨간색으로, 주요 지형은 노란색으로 표시되는데, 전방 약 90미터 지점에서 빨간색과 노란색이 마치 폭발하듯이 화면을 가득 채우고 있었다.

"저게 대체 뭘까요?" 베스코보가 말했다.

"UFO일지도 모르죠."

"그럼 좋겠네요. 정말 그렇다면 여기까지 내려온 보람이 있을 텐데요."

"사실은 용암 같아요. 엄청나게 많은 용암 아닐까요."

"한번 확인해봅시다. 지금 그쪽으로 가고 있으니까."

우리는 해저를 미끄러지듯이 이동하며 나아갔다. 이런저런 자국들과 곳곳에 뚫린 굴들이 퇴적물 위에 미로처럼 얽혀 있었다. 머리가 큰 물고기 한 마리가 빠르게 지나가고 그 뒤를 하얀 거미처럼 생긴 생물이 쫓아갔다. 나는 베스코보에게 물었다. "우리가 가는 방향이 맞는 건가요?"

베스코보는 한숨을 쉬었다. "모르겠어요. 나도 지금 감으로 가고 있어요. 일단 거리를 좁히다 보면 알게 되겠죠. 거리는 거짓말을 하지 않으니까." 그는 잠시 랜더가 보내는 신호를 듣기 위해서 귀를 기울였다. "아, 플레레! 이런, 더 멀리 있었네."

나는 아래를 내려다보았다. 사방에서 동물들이 쏜살같이 지나가거나 둥둥 떠다니거나 고동치듯이 움직였다. 작고 반투명한 보라색 해삼들이 풀을 뜯는 소처럼 퇴적물을 뜯어먹고 있었다. 새우는 묘기를 부리듯이 뒷다리로 일어서고 해파리는 환영 인사를 하듯이 깜박거렸다. 형광 주황색의 미생물 덩어리가 바위들을 뒤덮고 있었다. 카마에후의 상징이었다.

"180도로 한번 전진해보자." 베스코보가 혼자 중얼거렸다. "좋아, 가까워진다! 많이는 아니지만……165도로 가보자."

"저기 아래에 이상한 게 있어요." 나는 아래쪽을 가리키며 말했다. "펄럭거려요. 그리고 굉장히 커요."

베스코보는 나의 말을 듣지 않았다. "아아, 이건 말도 안 돼. 뭘 어떻게 해도 계속 멀어지잖아." 그는 답답한 듯이 얼굴을 찡그렸지만 곧 다시 밝아졌다. "좋아, 475미터야! 가까워진다. 이제 진짜 근처에 왔어요. 15분만 더 가면 플레레가 있어요."

"다행이네요!" 나는 빨리 랜더 문제를 해결하고 다음 단계로 넘어가고 싶었다. "15분이면 금방이잖아요."

"글쎄요, 아마도요."

해저는 더욱 울퉁불퉁해졌다. 들쑥날쑥한 퇴적물 언덕 위로 날카로운 현무암 조각들이 칼날처럼 튀어나와 있었다. "챌린저 해연은 이런 곳이에요." 베스코보가 말했다. "기복이 심하죠. 그러니까 무엇인가에 부딪칠 것 같다면 바로 알려줘요."

"앞에 무엇인가 검은 게 있는데요." 나는 그 무엇인가의 윤곽을 보려고 애쓰면서 말했다. 조명이 갑자기 흐려지더니 그늘이 졌다.

"우와!" 베스코보가 음파 탐지기에 갑작스럽게 나타난 강렬한 노란색을 가리키며 외쳤다. "이건 엄청난데요! 이런 것은 처음 보는데. 대체 이게 뭐지?"

"저 앞에 검고 넓은 지대가 있어요. 능선들이 보이고……."

"그건 **바위**예요." 베스코보가 눈을 가늘게 뜨고 현창 너머를 바라보며 나의 말을 바로잡았다. "와, 플레레가 꽤 험한 곳에 들어와 있었네요."

"방금 생물발광 같은 게 번쩍였어요." 내가 말했다. "굉장히 밝았어요."

"깜박거리나요?"

나는 현창 너머를 뚫어져라 바라보았다. "네. 섬광이에요! 좌측으로 10도 방향이요."

어둠속에서 플레레가 어렴풋이 모습을 드러냈다. 검은 용암들로 이루어진 험난한 지대 위에 하얀색 상자처럼 놓여 있었다. 주변에는 삐죽삐죽한 검은 바위들이 단검처럼 튀어나와 있었다. 랜더는 대각선으로 기울어져 있었는데, 마치 위로 올라가려고 했지만 충분한 부력을 얻지 못해서 실패한 것 같은 모습이었다. "추는 버린 것 같은데요." 베스코보가 말했다. "지금 떠 있잖아요. 주변을 한 바퀴 돌아봐야겠어요. 젠장! 추력을 너무 높였네. 미사가 피어오르잖아."

 현창 밖의 물속에 갑자기 타오르는 듯한 주황색이 피어올랐다. "미사가 아니에요." 나는 말했다. "세균이에요." 엉키고 얽히고 덩어리진 세균들, 그 살아 있는 불꽃이 잠수정 주변에서 소용돌이쳤다. 마치 목성의 구름 속을 통과하는 것 같은 엄청난 광경이었다. 우리는 그 혼란 속에서 방향을 틀다가 플레레를 놓치고 말았다.

 "젠장." 베스코보가 말했다.

 "잠깐만요. 코앞에 있어요." 나는 손가락으로 그쪽을 가리켰다. "우리가 플레레의 바로 위에 있네요."

 "로봇 팔을 거치대에서 꺼내요." 베스코보가 지시했다. "혹시 연결 장치를……"

 그때 쿵 소리와 함께 잠수정이 한쪽으로 흔들렸다. 현창이 모닥불 같은 주황색으로 뒤덮여서 아무것도 보이지 않았다.

 베스코보가 놀란 표정으로 말했다. "아, 저기 있다! 플레레가 위로 떠오르고 있어요."

 "뭐라고요?"

 "내가 녀석을 들이받았어요." 그가 웃으며 말했다. "이건 우리만 아는 비밀로 하죠."

 그는 랜더와의 거리를 확인했다. "맞아요, 올라가고 있어요. 좋아! 그럼 이제 탐사를 좀 해봅시다."

※

우리는 펠레 여신의 집으로 들어섰다. 거대한 여신이 잠들어 있는 은신처에 몰래 침입한 느낌이었다. "**전부 베개 용암이네요.**" 나는 우리를 둘러싸고 있는 뒤틀리고 일그러진 형상들을 바라보며 입을 떡 벌렸다. 검은 현무암으로 이루어진 기둥과 언덕들이 기이한 미로처럼 해저에서 솟아올라 있었다. 마치 거대한 라바 램프(내부에 들어 있는 액체가 마치 용암처럼 움직이는 장식용 조명 기구/역자)의 불빛 아래에서 거대한 치약 튜브에 든 용암을 짜낸 듯한 모습이었다. 용암은 거대한 짐승의 창자처럼 이리저리 휘어지거나 구부러져 있기도 했고, 거대한 양초의 촛농이 뚝뚝 떨어진 것처럼 보이기도 했다. 두 개의 첨탑 중에 하나가 분명했다.

"꽤 가파르게 올라가네요." 내가 베스코보에게 말했다. "앞에 벽이 있는 것 같아요……. 아, 안 돼! 위로 가요! 위로!" 그러나 너무 늦었다. 우리는 그 벽에 부딪쳐서 앞으로 고꾸라졌고 그 순간 나는 500기압의 무게가 우리 머리 위를 내리누르고 있다는 사실을 절실하게 실감했다.

"미안해요." 베스코보가 말했다. "이러면 승객들이 불안해하는데."

오르막길의 꼭대기에서 지형이 잠시 평평해졌다. 용암의 일부가 마치 햇빛에 심하게 탄 피부처럼 갈라지고 부풀어올라 있었다. 어떤 곳은 마치 누군가가 분노에 휩싸여 갈기갈기 찢고 주황색 페인트를 끼얹어놓은 것처럼 보이기도 했다. 황토색 퇴적물에 뒤덮인 베개 용암 더미는 화산재에 뒤덮인 폼페이의 시체 더미, 그 수많은 머리들과 밖으로 뻗은 팔들, 서로 얽혀 있는 다리들, 태아처럼 웅크린 등들을 연상시켰다. 우리는 봉우리의 측면을 따라서 고원 위를 천천히 가로질렀다. 가느다란 실 같은 몸으로 둥둥 떠 있는 유령 같은 생물이 우리가 지나가는 모습을 미동도 없이 지켜보았다. 우리는 티타늄 구체 안에서 금속성의 한기를 느끼며 금속성의 공기를 들이마셨다.

윌리엄 비비는 심해에서 "감각들이 하나로 뒤섞이는 것"을 느꼈다고 쓰고, 자신의 잠수를 시시각각 점점 더 환상적으로 변해가는 거울 속으로 굴러 떨어지는 경험에 비유했다. "물 위 세계와의 단절이 점점 더 완전해질수록 새로운 기이함 속으로 빠져들면서 예측할 수 없는 광경이 계속 펼쳐지고, 마침내 우리의 어휘는 빈곤해지고 우리의 정신은 약에 취한 것처럼 흐려진다."[6] 그 약이 무엇이든 나 역시 그것을 갈망했다. 언제나 갈망해왔다. 나는 경외감에 푹 빠졌고, 경외감을 느끼는 경험은 진실을 주입받는 일과 비슷하다. 수면 위의 삶은 매일매일 산산이 부서지고 조각조각 분열되고 먼지처럼 흩어지는 것처럼 느껴지기도 한다. 그러나 이곳에는 견고함과 영원함, 그리고 우리가 상상할 수 있는 그 어떤 것보다도 압도적인 현실이 있었다.

"사람들은 심해에 본능적인 두려움을 품죠." 베스코보가 현창에서 눈을 떼지 않은 채 혼잣말을 하듯이 말했다. "하지만 완전히 잘못 알고 있는 겁니다. 심해는 깊고 어둡고 사형 선고나 다름없는 곳이 결코 아니거든요."

"정말 아름다워요." 내가 넋을 잃은 채 속삭이는 동안 빗해파리 한 마리가 반짝이며 지나갔다. 1,000년을 살아도 이런 풍경을 보지 못하고 자신이 무엇을 놓쳤는지조차 모를 수도 있다. 바로 이런 원초적인 야생이 영혼을 계속 불타오르게 한다는 것을 평생 모르고 살 수도 있다. 우리는 언제나 더 많은 것을 원하지만, 깊은 바닷속으로 들어가는 일은 '빼기'의 과정이다. 공기를 빼고, 빛을 빼고, 날씨를 빼고, 수평선을 뺀다. 자아를 빼다. 인간의 우월성과 통제라는 환상을 뺀다. 그 모든 것이 사라지고 나면 비로소 다른 것을 더할 수 있다. 진정한 겸허함, 아름다움에 대한 새로운 시각, 변화된 인식, 때로는 낯설기도 한 생명의 표현 방식(심장이 3개면 안 될 이유가 있나? 파란 피는 있을 수 없다는 법이 어디 있나?) 말이다. 심해에서는 그러한 신비를 엿보기만 하는 것이 아니라 그 안으로 직접 들어갈 수 있다. 그곳에서 고정된 지점은 나 자신의 의식뿐이다. 시간을 빼고 나면 존재만 남는다. 심해에서는 방향을 잃는 대신, 나 자신을 발견할 수 있다.

에필로그

심해의 미래

바다는 나에게 신성한 장소이다.
나의 인생의 겨울인 지금도 나는 여전히 바다로 나간다.
신성함에는 유효기간이 없기 때문이다.
─돈 월시 대령(미국 해군 최초의 심해 잠수정 조종사)

2022년 4월 23일
글래스하우스
미국 뉴욕 주 맨해튼

꼬치에 꽂힌 마다가스카르휘파람바퀴는 바삭바삭하게 구워져 윤기가 흘렀다. 코스타리카동굴바퀴나 두비아바퀴보다 더 크고 반짝이며 더 긴 더듬이와 큰 뿔을 자랑하는 녀석들이었다. 정장 차림으로 다양한 바퀴벌레를 맛볼 수 있는 행사를 원한다면 여기만 한 곳이 없었다. 바로 제118회 탐험가 클럽 연례 만찬이었다. 고고학자, 인류학자, 지질학자, 현장 생물학자, 극지방 탐험가, 해양과학자, 지구력 운동 선수, 우주 여행자, 야생동물 사진작가, 해양 보호 운동가, 익스트림 등반가, 단독 항해자 등 다양한 사람들을 위한 잔치로 전 세계의 모험가들이 모이는 자리였다.

지난 2년간 코로나 바이러스 탓에 연례 만찬이 열리지 않았기 때문에 이날 밤은 재회와 축하의 자리가 되었다. 방마다 회원과 손님들로 넘쳐 났다. 드레스 코드는 "야생의 복장"이었다. 작은 왕관 또는 화환을 쓰거나 구슬 장식이 달린 부족의 머리띠를 두른 여자들이 눈에 띄었다. 남자들은 등산복이나 우주복을 입었고, 호랑이 발톱으로 만든 목걸이를 차거나 히말라야 전통 의상을 걸친 사람도 있었다. 사람들은 바퀴벌레와 밀웜, 아시아 잉어를 먹고 고급 카베르네 포도주와 싱글몰트 위스키를 마셨다. 통유리창 밖으로는 맨해튼 중심가의 스카이라인이 반짝였다.

나는 턱시도 차림의 패트릭 레이히와 앨런 제이미슨과 함께 "애피타이저" 탁자 앞에 서 있었다. 탁자에는 "주의! 이 음식들의 섭취는 각자의 판단과 책임에 맡깁니다"라는 경고가 붙어 있었다. 안 그래도 나는 방금 크래커에 올린 이구아나 고기를 먹고 후회하던 참이었다. 금속성의 비리고 알싸한 맛이 목 안쪽에 맴돌고 있었다. "아마 수은 때문일 거예요." 제이미슨이 말했다. 나는 아무리 튀겼다고 해도 커다란 곤충은 먹을 생각이 없었지만, 제이미슨과 레이히는 진지하게 고민 중인 듯했다. 주변의 압박도 작용했다. 벌레 한두 마리쯤 먹을 용기도 없으면서 탐험가라고 할 수 있겠는가?

"난 모르겠는데……." 레이히가 고개를 저으며 말했다.

"왜 이 바퀴벌레들을 굳이 수입한 거죠?" 내가 물었다. "뉴욕에도 많잖아요."

우리가 그 문제를 놓고 토론하는 동안 제이미슨이 레고 조각만 한 마다가스카르휘파람바퀴 한 마리를 삼킨 후 우적우적 씹더니 잠깐 헛구역질을 하고 냅킨으로 입을 닦았다.

"맛이 어때요?" 레이히가 물었다.

제이미슨은 얼굴을 찡그렸다. "빌어먹을 바퀴벌레 맛이죠."

레이히는 제이미슨이 프레셔 드롭 호의 습식 연구실에서 핀셋으로 단각류를 해부하던 모습을 떠올렸는지 이렇게 말했다. "이런 것들이 무엇을 먹고사는지 누구보다 잘 알잖아요."

나는 역시 턱시도를 차려입고 있는 켈빈 머기와 팀 맥도널드 쪽으로 고개를 돌렸다. 머기는 바르셀로나에서, 맥도널드는 오스트레일리아의 퍼스에서 비행기를 타고 왔다고 했다. 두 사람의 뒤편에서는 빅터 베스코보가 사람들의 축하 인사를 받고 있었다. 오늘밤 그는 탐험 분야에서의 "특별한 공로"를 인정받아 이 모임 최고의 영예인 "탐험가 클럽 메달"을 받을 예정이었다. 지난 수상자들로는 동료 심해 탐험가인 실비아 얼, 제임스 캐머런, 그리고 물론 돈 월시가 있었다.

평소 같았다면 월시도 이 자리에 참석했겠지만 그는 시월드(미국의 해양 테마 놀이공원/역주)에서 열린 행사 도중에 넘어져서 허리를 다치는 바람에 오지 못했다. 내가 전화를 걸었을 때 그는 씁쓸하게 이렇게 말했다. "참 아이러니하죠. 샌디에이고에 겨우 나흘 출장을 갔다가 병원 신세를 한 달이나 졌으니 말이에요. 나는 꼼짝 않고 벽만 보고 있는 일에는 익숙하지 않아요." 월시는 코로나 바이러스가 유행하는 동안 아흔이 되었다고 말했다. "이 나이쯤 되면 이럴 시간이 없어요. 하고 싶은 일이 얼마나 많은데요." 이제 회복 중인 그가 세워놓은 계획 중에는 중국 여행, 스페인 여행, 포트 로더데일 국제 보트 박람회 참가, 그리고 혼 곶 일대 항해가 있었다.

월시도 베스코보가 메달을 받는 모습을 보고 싶어했을 것이 분명했다. 그는 파이브 딥스 탐사와 그 영향을 인류와 심해의 관계의 전환점으로 생각했다. 월시는 베스코보와 처음 대화를 나눌 때부터 그가 "영웅적인 잠수"에서 벗어나 좀더 지속적인 기여를 하는 방향으로 나아갈 수 있도록 이끌어왔다. "내가 그 친구한테 직설적으로 말했죠." 월시는 이렇게 회상했다. "'자네가 수천 미터 깊이에 도달해서 해저에서 비닐봉지 하나를 발견했다고 치세. 그건 11시 뉴스 감이지, 빅터. 그러나 30년쯤 지나면 다들 그 일을 잊어버릴 걸세. 미디어란 그런 거잖나. 그냥 소비해버리고 끝이지. 그러나 자네가 하고 있는 과학적인 활동들은 전부 자네의 유산으로 남는 거야. 자네가 새롭게 발견한 해저의 면적이 어마어마하잖나. 챌린저 호 탐사처럼 위대한 탐사로 역사에 기록될 걸세.' 그랬더니 그 길을 선택하더군요. 나는 그 친구가 우리 공동체의 일원이 되어 기쁩니다. 그 친구는 이제 완전히 그 일에 몰두하고 있어요."

사실 몰두 정도가 아니었다. 파이브 딥스 탐사 이후 베스코보가 세운 "최초" 기록은 너무 많아서 본인조차 기억하기 힘들 정도이다. 그가 잠수한 초심해저대 해구는 총 17곳에 달했다. 챌린저 해연에는 15번이나 내려가서 총 36시간을 그곳에 머무르면서 구석구석을 조사했으며 과학자들뿐 아니라 심지어 돈을 낸 고객들을 함께 데리고 가기도 했다(세계에서 가장 깊은 지점에 다녀왔다고 자랑할 수 있는 대가는 75만 달러였다. 이 돈은 선박 유지비와 과학 연구 진행에 사용되었다). "예전부터 언론에서 자주 하던 말 중에 마리아나 해구에 다녀온 사람보다 달에 다녀온 사람이 더 많다는 말이 있잖아요." 베스코보는 말했다. "이젠 아닙니다."

그의 성과는 숫자가 말해주고 있다. 약 300만 제곱킬로미터 넓이의 심해저가 고해상도로 지도화되었다. 랜더를 수백 번 내려서 수십만 개의 생물학 표본을 채집했고 다수의 새로운 종을 발견했다. 제이미슨, 헤더 스튜어트 등의 해양 연구자들이 프레셔 드롭 호와 그 잠수정, 음파 탐지기, 랜더로부터 받은 데이터를 활용해 지속적으로 과학 논문을 발표했다. 또한 (현재까지) 세계에서 가장 깊은 곳에 있는 난파선 2척이 각각 수심 6,455미터와 6,895미터에서 발견되었다.²

그중 어떤 성과도 속보로 보도될 만큼 주목을 받지는 못했다. 만약 우주에서 이룬 성과였다면 이야기가 달라졌을 것이다(「워싱턴 포스트」는 최근 한 기사를 통해서 "항공 우주국과 스페이스X가 우주정거장으로 또다른 승무원들을 보낼 준비를 하는 동안 기술자들은 우주선의 물이 새는 화장실을 수리하는 중"이라고 요란하게 알렸다).³ 심해는 여전히 눈에 보이지 않기 때문에 관심을 받지 못하는 곳이었다. 그러나 놀라운 발견들이 이루어질 때마다 점점 더 많은 사람들이 호기심을 가지기 시작했고, 예전처럼 심해를 괴물들이 사는 끔찍한 곳이나 우리와는 아무 상관없는 황량한 불모지로 바라보는 사람들도 줄어들어갔다. 잠수에 성공하고 과학논문, 목격담, 영상이 공개되고, 새로운 사실이 밝혀질 때마다 점점 더 많은 사람들이 심해의 신비로운 어둠은 두려움의 대상이 아니라 생명의 본질 그 자체라는 사실을 이해하게 되었다. 그들은 심해의 숭고한 아름다움과 그곳이 우리에게 줄 수 있는 지식과 지혜를 알아보았다. 내가 만난 과학자와 잠수정 제작자, 탐험가들은 하나같이 심해의 홍보 대사라도 된 것처럼 자신이 그곳에서 느낀 매혹을 마치 별가루를 뿌리듯이 다른 사람들과 나누고 있었다.

그날 저녁 만찬 장소인 글래스하우스까지 나를 태워다준 택시 기사는 반짝이는 LED 조명이 달린 드레스를 입은 여자들이 건물 안으로 들어가고 가죽바지와 사롱(허리에 둘러 입는 옷/역주) 차림의 남자들이 인도에 모여 있는 모습을 보고 나에게 대체 어떤 행사길래 저렇게 다채로운 사람들이 모이느냐고 물었다. 내가 탐험가 클럽이라고 대답하자, 그는 다시 물었다. "손님은 어디를 탐험하세요?"

"바다요."

그러자 기사는 고개를 끄덕였다. "우리가 우주에 대해서 아는 것보다 해저에 대해서 아는 것이 더 적다는 사실이 정말 놀랍지 않나요?" 그리고 잠시 입을 다물더니 또 이렇게 물었다. "그나저나 바다 밑바닥에는 대체 뭐가 있습니까?"

✳

그 질문에 대한 답은 끝이 없다. 우리가 그곳에서 찾아낸 것들의 목록은 계속 늘어나고 있다. 그런데 내가 알게 된 바에 따르면 심해에 관심을 가지기에 지금보다 좋은 시기는 없다. 굳게 닫혀 있던 심해가 기술의 발전으로 열렸기 때문이다. 우즈홀 해양 연구소는 차세대 지능형 자율 로봇들을 개발하고 있다. 그중 하나인 메소봇은 빨간색 조명을 켜고 박광층 안을 몰래 돌아다니며 물속의 DNA 조각들을 스캔하거나 동물을 촬영하도록 설계된 로봇이다.[4] 얼음 아래에서 약 40킬로미터를 횡단할 수 있는 하이브리드 원격조종 로봇인 네레이드-언더아이스도 있다.[5] 오르페우스와 에우리디케라는 이름의 로봇들은 자유 유영을 하며 초심해저대 해구의 바닥까지 탐험할 예정이다.[6]

그리고 이제는 무리를 지어 다니는 작은 로봇, 꼼치처럼 생긴 부드러운 몸을 가진 로봇, 입체적인 눈과 촉각을 느끼는 손을 가진 인간형 로봇인 머봇까지 등장했다.⁷ 가까운 미래에는 드론 무리가 심해를 함께 관찰하고, 정보를 공유하고, 환경 변화에 대응하며, 수면 위로 데이터를 전송할 수 있게 될 것이다. 존 딜레이니가 RCA를 만들 때 품었던 꿈을 실현하게 되는 것이다. 심해를 보호하고 이해하며 혹독한 기후 변화의 시대에 살아남기 위해서 그곳에 우리의 눈과 귀, 카메라, 스마트 기기, DNA 분석기, 센서, 로봇을 내려보내야 할 필요성은 점점 더 커질 것이다. 지구의 대부분을 차지하는 바닷속 세계를 더는 무시할 수 없다.

기술의 발전으로 심해의 장막 안쪽을 들여다볼 수 있게 되면, 잃어버린 것들을 찾는 일도 더 쉬워질 것이다(아직 찾지 못한 MH370편의 잔해도 포함해서 말이다). 2022년 3월에는 로봇들이 남극의 수심 약 3,000미터 지점에서 어니스트 섀클턴의 인듀어런스 호를 촬영했다. 배는 기이할 정도로 잘 보존된 채 말미잘들이 무성하게 자라는 정원이 되어 있었다. 물론 로봇들은 스페인의 갈레온 선 산 호세 호가 잠들어 있는 곳도 기록했다. 로저 둘리가 발견한 지 7년이 지난 후에도 이 배는 여전히 해저에 있었지만, 콜롬비아의 신임 대통령 구스타보 페트로는 이 문제를 해결하겠다는 강력한 의지를 보이며 "그 갈레온 선을 박물관의 형태로 카르타헤나 시에 돌려주겠다"고 공언했다.⁸ 둘리는 페트로와 만나서 산 호세 호에 합당한 조치가 꼭 필요하다고 뜻을 모았다. 모든 것이 계획대로 진행된다면, 콜롬비아 정부는 획기적인 방식으로 배를 발굴, 보존, 전시하는 데에 필요한 비용을 마련할 수 있게 될 것이다. "이제야 푹 잘 수 있겠네요." 둘리는 조심스러운 낙관이 담긴 말투로 나에게 말했다. "4년간 잠도 제대로 못 잤어요."

로봇의 시대에도 유인 심해 탐사는 계속 증가하고 있다. 민간 자금의 지원 덕분에 이제는 비용이 너무 많이 들거나 너무 위험하거나 시간이 너무 소요된다는 이유로 외면받지 않게 되었기 때문이다. 오션X의 서사, 트라이턴의 근사한 잠수정, 베스코보의 야심 찬 탐사는 대중의 상상력에 다시 불을 붙였다. "아내가 곧 아이를 낳는다고 상상해보세요." 레이히는 인터뷰 도중 기자에게 이런 말을 던지며 알아듣기 쉽게 설명했다. "당신은 그 방 안에 함께 있을 수도 있고, 촬영 기사를 고용해 나중에 그 장면을 TV로 다시 볼 수 있도록 찍어둘 수도 있죠. 어느 쪽이 더 오래 남을까요?"

"많은 사람들이 유인 잠수정은 과거의 유물이 되었다고 말했죠." 테리 커비도 동의했다. "하지만 과학계는 그게 사실이 아님을 깨달았을 겁니다. 인간의 두뇌가 심해로 직접 내려가는 일은 무엇으로도 대체할 수 없거든요." 그리고 그는 심해에는 그다지 민첩하지 못한 유선 원격조종 잠수정이 다니기에는 너무 복잡한 지형이 많다고 덧붙였다. 비좁거나 구불구불한 협곡, 수직 방향으로 돌출된 암벽, 울퉁불퉁한 화산 지형, 버려진 어망이나 낚싯줄의 근처 등 입체적인 장애물로 가득한 곳은 조종사가 직접 내려가야만 탐사할 수 있다.

그러나 안타깝게도 연구용 잠수정은 여전히 부족하다. 18개월에 걸친 정비 끝에 잠수 가능 범위가 수심 6,500미터까지 확장된 앨빈 호는 곧 바다로 복귀할 예정이다.[9] 이 유서 깊은 잠수정은 60년 가까이 과학자들을 태우고 심해에 다녀왔지만, 현재에도 그 어느 때보다 뛰어난 성능을 자랑한다. 이는 분명히 진보이다. 그러나 한편으로는 하와이 대학교의 파이시스 계획이 종료되면서 수많은 연구자들이 실망하기도 했다. 언제나처럼 문제는 돈이었다. 파이시스 호의 모선인 카이미카이-오-카날로아 호가 운항 가능한 상태를 유지하려면 300만 달러의 투자금이 필요했기 때문에 대학교 측이 그냥 포기해버린 것이다.

이 결정에 누구보다 실망한 사람은 당연히 커비였다. "앞으로도 수십 년은 더 연구와 탐사 목적으로 쓸 수 있는 잠수정들이에요." 그는 낙담한 목소리로 나에게 말했다. "그런데 지금 창고에서 썩어가고 있죠. 내가 그만둔 후로는 한 번도 못 봤어요." 카이미카이-오-카날로아 호가 마지막으로 오아후 섬을 떠나 예인선에 이끌려서 멕시코의 선박 해체 업체로 이송되던 날, 커비는 코코 헤드 분화구 꼭대기에 올라가 그 배가 수평선 너머로 사라지는 모습을 지켜보았다. 얼마 후에는 그의 감정을 부추기기라도 하듯이 태평양에서 불어온 거센 폭풍이 하와이 해저 연구소의 텅 빈 격납고 지붕을 날려버렸다.

※

득과 실이 뒤섞인 이러한 혼란 속에서, 2018년까지만 해도 해양 전체 수심으로 잠수가 가능한 여객 잠수정이 존재하지 않았다는 사실을 잊기 쉽다. 2022년이 되자 반복적으로 심해에 내려가는 잠수정이 2대가 되었다. 2020년 11월에는 중국의 새로운 3인용 잠수정 펀더우저 호가 챌린저 해연에 처음 도달하면서 리미팅 팩터 호와 함께 1만1,000미터 클럽에 합류했다.[10] 두 잠수정의 외형은 너무도 달랐다. 리미팅 팩터 호가 람보르기니라면, 무게 35톤에 80명의 기술자를 태운 펀더우저 호는 캠핑카였다. 기숙사 방이라고 해도 믿을 만큼 넓은 기밀실 안에서 3명의 중국 해저탐험가들이 따뜻한 식사를 하는 모습이 찍힌 사진도 있었다. 승조원들은 음향 모뎀을 통해서 다음과 같은 메시지를 전송했다. "친구들이여, 바다의 밑바닥은 정말 놀랍습니다."[11]

심해가 끊임없는 놀라움을 선사하면서 그 말은 점점 더 명확하게 진실이 되어가고 있다. 2021년에 남극의 웨들 해에서 연구 항해 중이던 과학자들은 해저에 예인 카메라를 내려보냈다가 6,000만 마리의 남극빙어가 서식하는 둥지 군집을 우연히 발견했다.[12] 그 미끈하고 커다란 포식자들은 전조등 같은 눈과 삼각형의 납작한 머리, 반투명한 푸른 피부, 부동액 역할을 하는 투명한 피를 순환시키는 하얀 심장을 가지고 있었다. 그릇 모양의 둥지들은 완벽하게 균일했고, 둥지마다 그 둥지를 지은 수컷 한 마리가 알들을 지키고 있었다. 군집의 넓이는 약 260제곱킬로미터에 달했다. 한편 심해 연구자들은 북극 근처 해저의 사화산死火山 꼭대기에 거대한 해면들로 이루어진 정원이 있으며 무수히 많은 동물들이 그곳에서 번성 중인 것을 발견했다. 불모지인 줄 알았던 곳에서 사실은 생명이 넘쳐나고 있었던 것이다. 해면은 활성화된 열수공들이 있던 아주 먼 옛날에 그곳에 살았던 동물들의 화석화된 잔해를 먹으며 살고 있었다.[13] 모두 우리가 한 번도 본 적 없는 형태의 생태계들이었다.

같은 해에 분류학자들은 윌리엄 비비가 지어냈을 법한 이름을 가진 새로운 심해종들을 소개했다. 쥐라기돼지코거미불가사리, 풍선배낭등각류, 숨은호니먼곤쟁이, 요코즈나 슬릭헤드 같은 이름의 생물들이었다. 2020년에 발견된 E. T. 해면, 엘비스 벌레, 그리고 특히 언론의 주목을 받은 심해 단각류 에우리테네스 플라스티쿠스*Eurythenes plasticus*의 뒤를 잇는 발견이었다.

에우리테네스 플라스티쿠스는 앨런 제이미슨과 박사 과정생 조해나 웨스턴이 마리아나 해구에서 발견했다.[14] 모든 표본의 내장 안에 플라스틱 미세 섬유가 들어 있었기 때문에 플라스티쿠스라는 이름이 붙었다. 몸속에 플라스틱이 없는 개체가 하나도 없었다. 오염 물질과 하나가 되어버린 이 종은 우리가 바다의 가장 깊은 곳과 가장 작은 생물들까지 플라스틱으로 오염시켰다는 사실을 보여주는 명백한 증거였다. 이것만으로도 충분히 비극적이지만 이것이 다가 아니었다.

최근 과학자들은 초심해저대 해구에 미세 플라스틱과 합성 섬유뿐 아니라 우리가 지금까지 배출한 온갖 독성 물질이 다량으로 축적되어 있다는 사실을 발견했다.[15] PCB(산업 독성 물질), PBDE(난연제), DDT(살충제), 프탈레이트(가소제) 같은 지속성 유기 오염 물질과 납, 수은, 약물 폐기물, 핵폭탄의 방사성 탄소 등이었다. 해수면에서부터 가장 깊은 심해의 퇴적물까지 해양 먹이사슬 전체에 우리의 흔적이 남은 것이다.

이것은 해양 생물들에게 결코 가벼운 부담이 아니다. 당장 목숨을 잃지는 않더라도 면역 체계, 번식 성공률, 소화 능력, 즉 수명과 생존 가능성에 영향을 받게 된다. "생각하면 할수록 더 우울해져요." 제이미슨은 말했다. 심해에 플라스티쿠스처럼 플라스틱과 결합된 생물이 또 있을 것이라고 생각하는지 묻자 그는 이렇게 대답했다. "전부 다죠."

미세한 오염 물질들은 오염 중에서도 가장 눈에 띄지 않는 편이다. 그러나 리미팅 팩터 호를 타고 잠수한 베스코보, 레이히, 제이미슨, 맥도널드는 테리 커비, 벽 테일러 등 다른 잠수정 조종사들과 마찬가지로 인간이 초래한 환경 파괴의 가시적인 흔적을 목격하고 충격을 받았다. 최악은 필리핀 해구였다. 플라스틱 파편들이 너무 많아서 잠수정의 음파 탐지기가 사실상 무용지물이 되었을 정도였다. 포착되는 대상이 모두 썩지 않는 쓰레기들이었기 때문이다. 내가 그 일에 관해서 묻자 베스코보는 이렇게 회상했다. "곰인형이 있더라고요." 제이미슨도 말했다. "가장 기가 막혔던 것은 수심 1만 미터에서 잠수정 옆을 떠다니던, '친환경'이라고 적힌 비닐 봉투였어요. 어이가 없었어요. 정말 끔찍했죠."

그러한 오염은 제이미슨이 20회 가까이 잠수하며 목격한 모든 아름다운 광경 위에 드리워진 그림자와도 같았다. 그중에는 노란색 바다나리들로 이루어진 초원("보통 바다나리는 한두 마리씩 있는데 그곳에는 수천 마리가 있었어요")도 있고, 전혀 훼손되지 않은 망가니즈 단괴 지대("어디인지는 그 누구한테도 말하지 않을 거예요")도 있었으며, 그 단괴 위에 자리 잡고 있는 독특한 동물들("말미잘을 들여다보면 똑같은 게 하나도 없었어요. 해면도 제각기 다 달랐고요")과 일본 해구에서 나타난 남색의 꼼치도 있었다("파란색인데 완벽한 파란색이었어요. 누가 꼼치를 집어다가 파란색 스프레이를 뿌려놓은 것 같았죠. 약간 나이가 든 것처럼 보이기도 했어요. 늙은 바셋하운드 종의 개처럼요").

제이미슨의 잠수정과 랜더는 그런 놀라운 광경들을 목격하는 동시에 놀라운 통찰과 지식도 함께 얻었다. 영상을 분석하고 DNA 표본의 염기 서열을 밝히고 새로운 종들을 연구하다 보면, 그리고 시간이 지나 제이미슨과 과학자들이 테라바이트 단위의 데이터를 해석할 수 있게 되면, 끊임없이 변화하는 심해라는 퍼즐의 더 많은 조각이 맞춰질 것이다.

※

우리는 요란한 백파이프 연주에 이끌려 탁자에 모여 앉았다. 고무처럼 질긴 닭고기가 포함된 평범한 식사가 나왔고 대부분 손도 대지 않은 채 시상식이 시작되었다. 3년 치를 한꺼번에 수여해야 했기 때문에 화성 로버 설계자, 치타 구조자, 동굴 잠수부, 우주 예술가, 사자 촬영 기사 등이 행진을 하듯이 차례차례 지나갔다. 수상자가 너무 많아서 수상 소감을 들을 시간이 없을 정도였다. 베스코보도 메달을 받고 무대 위에서 사진을 찍었다. 파이브 딥스 탐사진은 공로 표창장을 받았다. 그런 후에 시상식은 갑자기 끝났다.

나는 매캘럼과 맥도널드와 함께 앉아 있었다. 하와이 제도에서 마지막으로 본 이후 두 사람은 챌린저 해연에 내려갔다가 왔다고 했다. 맥도널드의 첫 초심해저대 조종 임무였다. "어땠어요?" 내가 물었다.

"대단했죠." 맥도널드가 대답했다.

매캘럼은 미소를 지었다. "빅터보다 더 깊이 내려갔어요. 빅터한테는 말하지 말아요."

"아니에요." 맥도널드가 말했다.

"그래요, 사실 거짓말이에요." 매캘럼이 웃으며 인정했다.

"올라오면서 샌드위치를 먹고 맥주를 마셨죠." 맥도널드가 덧붙였다.

"빅토리아 비터(오스트레일리아의 맥주 상표명/역주)였어요." 매캘럼이 구체적으로 말했다. "세계에서 가장 깊은 곳으로 잠수한 맥주죠."

맥도널드는 느긋하게 앉아 마티니를 들이켰다. 그의 턱시도에 꽂힌 라펠 핀이 반짝이고 있었다. 나는 그 핀이 무엇인지 알았다. 돈 월시가 우리에게 선물한 금색 돌고래 핀이었다. 나도 하나 가지고 있었다. 나는 카마에후아카날로아 잠수 기념으로(하와이인들이 바라던 대로 이제는 그 이름이 로이히 해산의 공식 명칭이 되었다),[16] 맥도널드는 리미팅 팩터 호의 조종사가 된 기념으로 받은 것이다. 내가 하와이 섬에서 돌아온 지 얼마 되지 않았을 때 두툼한 봉투 하나가 우리 집에 도착했고 그 안에는 핀과 편지가 들어 있었다.

"이제 당신도 심해 잠수자가 되었으니 이 핀을 받아줘요." 월시는 이렇게 썼다. "유인 잠수정의 조종사와 승조원 자격을 갖춘 장교와 사병에게 수여하는 미국 해군의 공식 배지입니다. 나는 당신이 이 배지를 소유하고 착용할 자격이 충분하다고 생각합니다." 또다른 종이에는 핀을 올바르게 착용하는 법이 적혀 있었다. "이 핀은 제복의 왼쪽 가슴 위, 훈장이나 종군 기장 바로 아래에 착용해야 한다."

※

접시가 치워진 후 경매가 시작되었다. 그린란드 빙하 트레킹이 3만 달러에, 나일강 크루즈가 2만 달러에, 부탄에서의 1주일 글램핑이 2만5,000달러에 올라왔고, 하나같이 입찰 경쟁이 치열했다. 나는 한 여성이 입찰을 위해서 자리에서 벌떡 일어나는 모습을 보며, 모험과 탐험에서 모험가와 탐험가 외의 또다른 중요한 요소는 바로 후원자라는 사실을 떠올렸다(종종 모험가와 탐험가 자신이 후원자가 되기도 한다). 베스코보는 가장 깊은 지점들로 잠수하고자 노력하는 과정에서 심해 기술 분야의 주요한 후원자가 되었다. 그가 없었다면 잠수정도 없었다. 마리아나 해구에서 샌드위치를 먹을 수도 없고, 남색 꼼치를 목격할 수도 없고, 절실하게 필요했던 300만 제곱킬로미터 범위의 해저 지도를 만들 수도 없고, 필리핀 해구가 쓰레기장이라는 사실을 알릴 수도 없었을 것이다. 그 어떤 것도 베스코보 없이는 불가능했다.

미국 정부의 심해과학 지원 자금은 실제로 필요한 돈의 극히 일부분에 불과하다. 심해 탐사 지원은 사실상 전무한 수준이어서 민간 자금 지원이 없었다면 거의 이루어지지 않았을 것이다. 로스트 시티의 놀라운 발견 이후 데버라 켈리는 비슷한 장소들이 또 있으리라는 가설을 확인해보고 싶어했다. "제프 카슨과 나는 그런 곳을 또다시 찾아내기 위한 지원금을 받으려고 여러 번 시도했어요." 지원금을 받는 것은 따놓은 당상처럼 보였다. 두 사람이 미국 국립 과학재단에 보낸 제안서에는 주석이 달린 지도와 함께 "또다른 잃어버린 도시를 찾아서"라는 직설적인 제목이 붙어 있었다. 그러나 돌아온 것은 거절이었다. 탐사가 성공하리라는 보장이 없다는 이유였다. 그 누구도 가본 적이 없는 곳이니 당연했다. 재단 측은 언젠가는 누군가가 우연히 두 번째 로스트 시티를 발견할 수 있을 것이라고 말했다. "말문이 막혔죠." 켈리는 말했다.

현재 미국 해군에는 해양 전체 수심으로 잠수가 가능한 잠수정이 한 대도 없기 때문에 텍사스 주의 용감한 탐험가가 주문 제작한 것이 다행처럼 보인다. 베스코보는 상당한 재력가이지만 그러한 시도 때문에 자산이 한계에 도달했고 이제는 매각할 수밖에 없다고 솔직히 밝혔다. "재정적으로 볼 때 영원히 보유할 수는 없다는 사실은 알고 있었어요. 심해 연구용 선박과 잠수정을 소유하고 운영하는 데는 믿을 수 없을 정도로 많은 비용이 들거든요. 4년간 전력을 다해 운영한 건 대단한 일이었고 나는 그걸 해냈습니다. 그러나 난 억만장자가 아니에요. 레이 달리오처럼 이런 일을 수년간 후원하면서 신경도 안 쓰고 살 수 있는 사람은 못 됩니다. 신경이 쓰여요."

왜 해군이 리미팅 팩터 호를 구매할 기회를 놓쳤는지는 이해하기 어려웠다(돈 월시는 나에게 이렇게 말했다. "군의 입장에서 보면 빅터의 시스템은 엄청나게 싼 거거든요. 5,000만 달러쯤은 눈 깜짝할 사이에 써버리는 곳이니까요"). 심해의 어디든지 탐사할 수 있으며 작고 평범한 배에서 진수할 수 있는 잠수정은 국가가 유용하게 쓸 수 있는 장비처럼 보였다. 그런데 실제로 나선 것은 민간인 구매자였다.

2022년 11월, 베스코보의 잠수정과 모선, 음파 탐지기, 랜더의 새로운 소유주는 소프트웨어 기업가이자 비디오 게임 개발자인 게이브 뉴얼이 되었다. 윈도우 1.0 시절 마이크로소프트에서 경력을 시작한 뉴얼은 배와 잠수정과 기계를 사랑했고 무엇보다 바다를 사랑했다. 리미팅 팩터호는 그의 세 번째 잠수정이었고 프레셔 드롭 호는 그의 네 번째 배였다. 뉴얼은 새로운 장비들을 잘 활용하기 위해서 잉크피시라는 해양 연구단을 설립하고 심해 전담 부서를 만들었다. 목적은? 미지의 심해를 탐사하고 연구하는 것. 수석 과학자는? 앨런 제이미슨. 선임 지질학자는? 헤더 스튜어트. 잠수정 탐사원 리더는? 팀 맥도널드. 그리고 스튜어트 버클이 자신이 직접 뽑은 승조원들과 함께 선장직을 계속 맡기로 했다. 탐사진이 계속 유지되는 것이었다.

"정말 잘되었네요." 잉크피시 소식을 듣고 나는 레이히에게 말했다. 그도 동의했다. "최상의 결과죠. 게이브는 빅터가 시작한 탐사의 유산을 잇는 동시에 더욱 확장하면서 과학적인 측면에 좀더 집중할 거예요. 게다가 제이미슨이 함께한다니 더욱 흥미진진하죠."

그리고 2022년 12월에 레이히는 레이 달리오와 제임스 캐머런이 트라이턴의 지분을 매입했다고 발표했다. 두 사람은 레이히와 함께 공동 소유주로서 회사에 필요한 자원을 제공하여 레이히의 탐사진이 미래의 잠수정들을 계속 만들 수 있게 도와줄 것이다. 제임스 캐머런의 영화에 나올 법한 차세대 수중 장비들을 말이다.

✳

리미팅 팩터 호의 매각이 발표된 후 나는 베스코보에게 물었다.

"앞으로 잠수정을 또 가지게 될 것 같나요?"

"아, 물론이죠."

"해양 전체 수심으로 잠수가 가능한 것으로요?"

"그럼요. 그전으로는 못 돌아가요. 내가 아직 가보지 못한 해구가 일고여덟 군데 정도 있는데 그곳들이 나를 부르고 있거든요."

베스코보에게는 다음 행보를 위한 선택지들이 분명히 있었다. 그리고 게이브 뉴얼의 잉크피시 연구단이 리미팅 팩터 호의 이상적인 보금자리인 것도 분명했다. 그래도 베스코보에게 이 매각은 한편으로 씁쓸한 일이었다. "기계와 함께 일하면서 친해지게 되면, 마치 생명체처럼 느껴지거든요." 그는 매각이 완료되었던 날을 회상했다. "리미팅 팩터 호가 내는 소리만 들으면 그 녀석의 다음 행동을 예측할 수 있었어요. 그 녀석이 언제나 나를 집으로 데려다준다는 점은 분명했죠. 물론 긴장되는 순간도 있었고 '아, 문제가 생겼군' 싶은 순간도 있었어요. 통가에서 발생한 화재라든가 타이태닉 호 주변의 케이블이라든가 그런 거요. 그러나 훌륭한 잠수정이었어요. 날 절대 실망시키지 않았죠. **한 번도 실망시킨 적이 없어요. 진짜 중요한 순간에는요.** 가끔 열받게 할 때도 있었지만……." 그는 말을 끝까지 잇지 못했다.

✳

그날 밤 탐험가 클럽에서 저녁 식사가 끝난 후 댄스와 칵테일 파티가 열린 방에는 블루 오리진의 승무원 캡슐이 전시되어 있었다. 제프 베이조스의 뉴 셰퍼드 로켓 꼭대기에 탑재될 6인용 모듈이었다. 나는 베스코보가 그 캡슐 옆에 서 있는 것을 보고 다가가서 축하 인사를 건넸다. "고마워요." 그는 이렇게 대답하더니 작게 속삭였다. "비밀 지킬 수 있죠?" 내가 고개를 끄덕이자 그가 그 우주선을 가리키며 말했다. "5월 20일에 저걸 타고 올라갈 거예요. 나는 바다의 가장 깊은 곳과 히말라야의 정상, 그리고 우주에 모두 가본 최초의 인간이 될 거예요."

내가 뭐라고 대답하기도 전에("멋지네요!" 말고 무슨 말을 할 수 있었겠는가) 베스코보는 자크 쿠스토 스타일의 빨간 털모자와 턱시도 차림의 젊은 남성들에게 이끌려 자리를 떠났다. 나는 근처에 서 있던 레이히를 향해 돌아섰다. 우리는 포도주를 마시며 우주 캡슐을 바라보았다. "만약 누군가가 우주 여행과 해저 여행 중에 하나를 선택하라고 하면 난 언제나 바다를 선택할 거예요." 레이히가 말했다.

"당연히 그렇겠죠." 나는 대답했다.

"우주에는 수없이 많은 행성과 은하가 있고 지구와 비슷한 곳도 수십 군데쯤 있을 거라고 하죠." 레이히는 말을 이었다. "근데 말이죠. 내가 알기로 지구는 하나뿐이거든요. 우리는 이곳을 더 잘 돌봐야 해요. 그래서 사람들을 물속에 보내는 게 중요한 거예요. 잠수정에 태워서 내려보내면 다른 사람이 되어서 올라온다니까요."

나는 고개를 끄덕였다. "잠수정을 살 수 있는데 뭐하러 비행기를 사겠어요?"

"당연하죠, 당신도 나랑 생각이 같군요."

그것은 사실이었다. 레이히와 나는 생각이 같았다. 나와 함께 바다에 나갔던 과학자와 탐험가들, 그리고 내가 존경하는 선구적인 해저탐험가들도 마찬가지였다. 이 지구에는 물에 속하는 종족이 있다. 파도 아래의 신비와 물 자체에 이끌리는 사람들, 육지보다 바다에서 더 행복한 사람들 말이다. "물 위에 뜨는 것이라면 무엇이든 올라타고 싶어요." 월시는 이렇게 말한 적이 있다. 그리고 여러분도 이 책을 선택해서 읽고 있다면 같은 종족일 가능성이 크다.

만약 그렇다면 좋은 소식이 있다. 미래는 물에 있다는 것이다. 깊은 바닷속으로 들어가고 싶어하는 사람에게 그 어느 때보다 많은 기회가 주어질 것이다. "모든 게 어지러울 정도로 빠르게 변화하고 있어요." 레이히는 말했다. "무엇이든지요. 배터리든 조명이든 음파 탐지 체계든 **전부 휴대전화 기술만큼** 빠르게 발전하고 있죠. 우리는 언제나 한계에 도전하고 있어요. 언제나 또 어떤 새로운 일을 해낼 수 있을까 고민하죠."

나는 그 말을 위해서, 레이히와 트라이턴을 위해서, 그리고 우리 옆에 있는 스탠드바에 기대어 다른 사람들과 대화를 나누고 있는 베스코보를 위해서 건배했다.

"언젠가는 유로파의 바다에도 갈 수 있겠군요." 내가 레이히를 놀리듯이 말했다. "잠수정이 필요하겠네요."

그 말에 베스코보가 갑자기 관심을 보이며 몸을 돌렸다. "유로파요? 당연히 가죠! 유로파라면 꼭 갈 거예요!"

감사의 말

심해에서는 누구든지 혼자서는 아무것도 할 수 없다. 책을 출판하는 일도 마찬가지이다. 감사 인사를 해야 할 사람이 많지만, 누구보다도 돈 월시, 패트릭 레이히, 그리고 빅터 베스코보에게 감사를 표한다. 돈은 나를 자신의 집에 반갑게 맞아주었고 귀중한 시간과 놀랍도록 방대한 경험, 인맥, 이야기, 지혜를 나누어주었다. 우리가 나눈 대화를 소중히 기억하며 다음 기회에 나눌 또다른 대화를 고대한다(때로는 돈이 즐겨 마시던 "말벡 포도주" 한 병을 함께 마시면서 이야기 나눌 수 있기를).

트라이턴 서브마린스의 탐사진을 처음 만났을 때, 잠수정 기술자 한 명이 나에게 이런 말을 했다. "우리에게는 모두 트라이턴의 피가 흐릅니다." 그 말의 이유를 알게 되기까지 오래 걸리지 않았다. 그것은 패트릭 레이히의 탁월한 리더십 덕분이었다. 그의 비전과 진실성, 바다에 대한 헌신은 처음 통화를 할 때부터 분명하게 느낄 수 있었다. 내가 패트릭에게 품고 있는 깊은 감사의 마음에 비할 만한 것은 그의 인품과 업적에 대한 나의 존경심뿐이다. 바다에 대한 인식의 변화를 위해서 한 가지 소원을 빌 수 있다면, 모든 사람이 트라이턴의 혁신적인 잠수정을 타고 심해의 경이로움을 경험할 기회를 가질 수 있기를 바랄 것이다.

  돈과 패트릭은 나를 빅터 베스코보에게 소개해주었다. 그는 4년에 걸쳐서 심해 탐사의 판도를 바꾼 인물이다. 그의 역사적인 잠수를 옆에서 지켜볼 수 있었던 것만으로도 작가로서 누릴 수 있는 최고의 행운이었지만, 빅터에게 받은 것은 그 이상이었다. 그의 관대함과 친절함은 놀라웠고 모험 정신은 타의 추종을 불허했다. 그와 함께 잠수할 기회를 얻은 것은 너무나 큰 선물이었으며 그 경험을 이 책을 통해서 공유할 수 있게 되어 영광이다. 마할로 누이 로아(하와이어로 '대단히 감사합니다'라는 뜻/역주), 빅터. 고맙다는 말을 쓰나미처럼 쏟아부어도 모자란다.

빅터의 프레셔 드롭 호는 이 책의 중심인물이 된 훌륭한 사람들의 집결지였다. 통가에서 처음 승선한 직후부터 3년간 나는 앨런 제이미슨에게 심해과학에 대해서 질문을 끊임없이 퍼부었고 그는 그 모든 질문에 특유의 지성과 유머를 섞어 대답해주었다. 그는 잉글랜드의 도시 뉴캐슬에서 오스트레일리아의 도시 퍼스로 이주하여 웨스턴 오스트레일리아 대학교의 교수이자 마인더루-웨스턴 오스트레일리아 대학교 심해 연구 센터의 초대 센터장이 된 후에도 바쁜 일정 속에서 시간을 내어 나와 영상 통화를 해주었다. 앨런에게 무한한 감사를 표한다. 그보다 더 훌륭한 심해 안내자는 또 없을 것이다.

  꾸준하고도 친절하게 힘이 되어주었으며 해양 탐사, 선상 심리, 잠수 계획, 위기관리, 그리고 인생 전반에 관한 지식을 나누어준 롭 매캘럼에게도 감사의 말을 전하고 싶다. 롭은 전 세계를 도는 탐사 여행도 쉬운 일처럼 보이게 만드는 사람이지만, 실은 그렇게 쉽지는 않다는 사실을 알고 있는 사람이기도 하다. 캐런 홀릭, 켈빈 머리와 EYOS 익스페디션스 호의 승조원들에게도 감사를 전한다.

조 매키니스와 함께 항해할 수 있었던 것은 커다란 행운이었다. 나에게 지혜와 따뜻함, 격려, 현명한 조언을 주고 영감을 주는 본보기가 되어주고 이야기와 사진을 공유해주며 무엇보다도 나와 같은 물의 영혼으로서 함께해준 것에 조에게 감사한다.

켈빈 머기, 프랭크 롬바도, 셰인 아이글러, 스티브 셔펠, 헥터 샐버도어, 티서 파이퍼, 잘 스트로머, 그 밖에 트라이턴의 모든 분에게 진심으로 감사를 드린다. 존 램지와 톰 블레이즈가 만든 놀라운 작품에도 고맙다. 스위머이자 공학자이자 조종사인 나의 친구 팀 맥도널드에게도 특별한 감사의 말을 전한다. 바닷속 세계에서 팀과 함께 보낸 시간은 정말 큰 기쁨이었다.

스튜어트 버클 선장, 앨런 댄쿨 선장, 폴-앙리 나르졸레, 헤더 스튜어트, 캐시 본조반니, 요나탄 스트루베, 토머 케터, 스웨인 머리, 엔리케 알바레스, 헨셀 오르시노, 캐스 다빌, 티치아나 레이히, 레이철 제이미슨, 그리고 나의 멋진 선실 동료이자 파이브 딥스 탐사진의 공식 예술가인 알렉산드라 굴드에게도 고맙다는 말을 전하고 싶다(알렉산드라가 탐사하면서 그린 작품들은 웹페이지[www.behance.net/alexandragould]에서 볼 수 있다). 승조원 여러분들도 정말 고맙다. 찰리 퍼거슨, 프레이저 렛슨, 피터 쿠프, 얼렌드 커리, 앤드루 웰시, 놀리 가르시아, 리오 시노로, 멜빈 루시도, 마르코스 베나비데스, 만프레트 움파러, 피터 발로, 스콧 체리, 브렌던 톰슨, 나르시소 사히타리오스, 판필로 란치네브레, 롤란도 벨몬테, 랜돌프 퀴턴, 제시 이우제비우, 로저 디비나그라시아, 알리 베나라비,

베셀린 보테프, 웨른 카르바할, 대릴 마자로콘, 카일 맥다월, 서니 레골리스, 그리고 존 월리스 덕분에 바다에서의 취재가 즐거운 경험이 되었다.

실비아 얼에게도 깊은 감사의 마음을 보낸다. 그녀는 야생의 해양을 위해서 크나큰 헌신을 했고 우리는 모두 그 혜택을 누리고 있다. 실비아가 나에게 베풀어준 관대함에 대한 적절한 감사의 방법을 찾을 수 있다면 좋겠다. 이 책 전체에 그녀의 영향이 스며들어 있음을 알아봐주었으면 한다. 사실 우리 모두 실비아에게 감사를 표할 수 있는 확실한 방법이 있다. 바로 바다의 아름다움을 마음껏 즐기며 그곳을 보호하기 위해서 최선을 다하는 것이다.

 이 글을 쓰는 지금, 상업 목적의 심해 채굴이 임박한 듯하다. 이를 막는 일은 성난 대중의 몫이다. 독자 여러분에게 이 문제에 관심을 가지고 목소리를 내주기를 촉구한다. 심해 보존 연합DSCC은 관련 소식과 대응 방법에 관한 정보를 얻기에 아주 좋은 곳이다. 이 심각한 위협에 관한 인식을 높이기 위해서 애쓰는 모든 분들에게 감사한다.

테리 커비가 들려준 심해의 이야기를 한 권의 책에 모두 담는 것은 불가능하겠지만, 시도해볼 기회를 주어 감사한다. 파이시스 호를 타고 잠수한 경험을 이야기할 때 환해지는 테리의 얼굴을 보면, 심해가 선사하는 긴장과 힘, 미법, 선물을 엿볼 수 있었다. 7의 경험 덕분에 나도 심해에 관해서 눈을 떴다. 테리와 하와이 해저 연구소를 소개해준 친구 폴 앳킨스와 그레이스 앳킨스에게도 고맙다.

데버라 켈리에게도 깊은 감사의 마음을 전하고 싶다. 그녀의 따뜻함과 지성으로 시작된 대화는 지금까지도 이어지고 있다. 데버라와 함께 항해한 경험은 이번 취재의 하이라이트이자 해양지질학에 관한 최고의 강의였다. 마이크 버다로, 케이티 곤잘레즈, 줄리 넬슨, 저넬 허시, 미치 일런드, 트리나 리첸도프, 오리스트 카프카, 제임스 틸리, 에릭 올슨, 레이철 스콧, 이브 허드슨 등 아틀랜티스 호의 모든 분에게 감사한다. 스콧 매큐, 웹 피너, 드루 뷸리, 크리스 저지, 크리스 레이션, 코리 버하인, 서머 패럴, 제임스 컨버리, 매슈 하인츠, 나일 에이클 케이비스-스털링 등 우즈홀 해양 연구소와 제이슨 탐사진에게도 감사의 인사를 전한다.

데버라는 나에게 심해의 진정한 선구자인 존 딜레이니를 소개해주었다. 존이 시간을 내어 나를 격려해준 것에 대해서도, 그리고 그가 바다를 더욱 깊이 이해하기 위해서 과학과 교육 분야에서 지금까지 해왔으며 현재도 계속하고 있는 모든 일에 대해서도 감사하는 마음을 표한다.

오션X와의 잠수는 정말 특별한 경험이었다. 함께했던 사람들도 정말 특별했다. 이렇게 멋진 조직을 설립하고 공유해준 레이 달리오, 마크 달리오, 제임스 캐머런에게 깊은 감사를 표한다. 또한 마크 커비, 알루시아 호의 승조원들, 잠수정 조종사 데이브 폴록, 리 프레이, 앨런 스콧, 토비 미첼, 콜린 월러먼, 크리스 메이, 맷 오티, 알렉스 고트샬, 그리고 특히 벅 테일러에게 고마움을 전한다.

로저 둘리와 개리 코잭은 나에게 심해 수색과 고고학의 세계를 열어주었다. 그 점에 감사한다. 로저가 갈레온 선 산 호세 호를 찾아내는 데에 성공한 이야기를 자세히 들려준 것에도 고맙다. 언젠가 카르타헤나의 산호세 박물관을 방문하여 그가 수십 년간 열정을 바친 결과물을 보게 될 날을 고대하고 있다.

많은 심해과학자와 전문가들이 나의 질문에 기꺼이 답해주고 도움을 주었다. 이 책이 완성된 것은 그분들 덕분이다. 톰 린리, 조해나 웨스턴, 킴 피카드, 서맨사 조이, 앤디 보엔, 켄 루빈, 브라이언 글레이저, 크레이그 스미스, 제프 드레이즌, 패트리샤 프라이어, 앤드루 구데이, 던컨 커리, 브루스 로비슨, 스티브 해덕, 안톄 뵈티우스, 마티아스 해켈, 리사 레빈, 마이크 베키오네, 네리다 윌슨, 더그 맥컬리, 글렌 무어, 샐리 레이, 윌 코넌, 앤디 셰럴, 제임스 델가도에게 감사한다.

  철저한 사실관계 확인과 조사를 해주고 통찰을 제공해준 나오미 바에게도 고맙다. 필립 키퍼와 마사 코코런 역시 자신만의 전문 지식을 활용해서 이 책의 집필을 위한 조사를 도와주었다. 오류가 있다면 모두 나의 책임이다.

오랫동안 잡지 「아웃사이드*Outside*」에 글을 기고할 수 있었던 것은 큰 기쁨이었다. 파이브 딥스 탐사 경험을 이 책에 기록하기 전 2019년에 「아웃사이드」에도 이 이야기를 특집 기사로 실은 적이 있다. 그때 편집자 크리스 카이스, 메리 터너, 마이클 로버츠의 도움을 받았다. 그러한 기회를 준 것에 감사한다.

더블데이가 이 책의 출판을 맡아준 것은 더할 나위 없는 행운이었다. 나의 담당 편집자인 빌 토머스는 모든 작가가 꿈꾸는 최고의 동료이자 안내자이다. 그의 지성, 인내력, 능력이 무척 소중하다(새벽 3시에 괌에서 보낸 다급한 이메일에도 기꺼이 답장해준 배려심은 물론이다). 나와 함께 이 여정을 함께해준, 최고의 빌에게 고맙다.

더블데이의 훌륭한 편집부에도 감사를 드린다. 카리 도킨스, 노라 라이하르트, 존 폰태나, 마리아 커렐라, 대니얼 노백, 마이클 골드스미스, 밀레나 브라운, 앤 자코넷, 비미 샌토키, 앤디 휴스, 캐시 후리건, 그리고 더블데이 캐나다의 크리스틴 코크런과 에이미 블랙에게도 감사 인사를 전한다.

그리고 나의 에이전트인 에릭 시모노프의 언제나처럼 귀중한 조언과 지지, 그리고 우정에 감사한다. 크리스 문, 엘리자베스 바흐텔 등 WME의 모든 분께도 감사를 표한다.

친구들에게도 고맙다는 말을 전하고 싶다. 샤론 루트케, 마사 벡, 앤디 아스트라한, 마리아 모이어, 브룩 월, 켈리 마이어, 크리스티나 칼리노, 세라 코벳, 레어드 해밀턴, 개비 리스, 도나 시어러, 엘리자베스 린지, 푸알라니 카나카올레 카나헬레, 조지 크롤리, 제프 셔피로, 히나코 셔피로, 테리 맥도넬, 스테이시 하다시, 제니퍼 버핏, 피터 버핏, 앰버 루바르트, 힐라 카츠, 밥 댄드루, 그리고 나의 무나이Munay이자 핀카 미아Finca Mia이자 하툰손코Hatunsonqo인 사람들(누구를 말하는지 본인들은 알 것이다)에게 고맙다. 앤절라 케이시, 셸 리트윈, 샤를레인 리트윈, 로나 워클링, 밥 케이시, 마이크 케이시에게도 감사한다.

영원한 오하나ohana인 데버라 콜필드 리바크와 마이클 리바크에게도 바다처럼 깊은 감사의 마음을 전한다. 나도, 이 책도 이분들에게 많은 빚을 졌다. 마지막으로 가족인 레니오, 리오, 미아 마이프레디에게 말로 다 표현할 수 없는 사랑과 감사의 마음을 전한다.

주

프롤로그

1. Homer, *The Odyssey*, trans. Stephen Mitchell (New York : Atria Books, 2013), 141.
2. Edmund Burke, *A Philosophical Enquiry into the Sublime and Beautiful* (Oxford, UK : Oxford University Press, 2015), 47.
3. Ibid., 60.
4. Rachel Carson, "Undersea," in *Lost Woods : The Discovered Writing of Rachel Carson*, ed. Linda Lear (Boston : Beacon Press, 1998), 4.
5. Roberto Danovaro, Cinzia Corinaldesi, Antonio Dell'Anno, and Paul V. R. Snelgrove, "The Deep-Sea Under Global Change," *Current Biology* 27, no. 11 (2017년 6월) : R461–R465.
6. 태평양의 거대함을 상상하기란 쉽지 않다. 게다가 태평양은 지구에서 가장 깊은 대양 분지로서 최대 수심이 1만935미터에 달한다. 그 안에 세계의 모든 대륙을 집어넣을 수 있다는 것은 태평양의 면적이 1억 6,600만 제곱킬로미터, 지구의 대륙 전체의 면적이 1억 4,800만 제곱킬로미터, 남아메리카 대륙의 면적이 1,800만 제곱킬로미터라는 사실에 기초하여 대략적으로 계산한 결과이다(물론 부피 단위인 세제곱킬로미터로 계산하는 쪽이 더 정확할 것이다). 어쨌든 태평양은 어마어마하게 크다.
7. Ean Higgins, "Search for MH370 Unveils a Lost World Deep Beneath the Ocean," *The Australian*, 2017년 7월 21일.
8. Larry Mayer, Martin Jakobsson, Graham Allen, Boris Dorschel, Robin Falconer, Vicki Ferrini, Geoffroy Lamarche, Helen Snaith, and Pauline Weatherall, "The Nippon Foundation–GEBCO Seabed 2030 Project : The Quest to See the World's

Oceans Completely Mapped by 2030," Geosciences 8, no. 2 (2018) : 1–18, https://www.mdpi.com/2076-3263/8/2/63.

9 새롭게 밝혀진 인도양 해저의 상세한 모습을 보려면, 다음을 참조하라. "The Data Behind the Search for MH370," https://geoscience-au.maps.arcgis.com/apps/Cascade/index.html?appid=038a72439bfa4d28b3dde81cc6ff3214 (2023년 1월 4일 접속).

10 Ross Anderson, *Maritime Archaeological Analysis of Two Historic Shipwrecks Located During the MH370 Aircraft Search*, Report No. 322, Department of Maritime Archaeology, Western Australian Museum (2018년 4월), https://museum.wa.gov.au/maritime-archaeology-db/sites/default/files/no-322-mh370-shipwreck-analysis.pdf.

11 K. Picard, B. Brooke, and M. F. Coffin, "Geological Insights from Malaysia Airlines Flight MH370 Search," eos.org, https://eos.org/science-updates/geological-insights-from-malaysia-airlines-flight-mh370-search (2023년 1월 4일 접속).

12 Kim Picard, Walter Smith, Maggie Tran, Justy Siwabessy, and Paul Kennedy, "Increased-Resolution Bathymetry in the Southeast Indian Ocean," hydro-international.com, https://www.hydro-international.com/content/article/increased-resolution-bathymetry-in-the-southeast-indian-ocean (2023년 1월 4일 접속).

13 Kim Picard, Brendan P. Brooke, Peter T. Harris, Paulus J. W. Siwabessy, Millard F. Coffin, Maggie Tran, Michele Spinoccia, Jonathan Weales, Miles Macmillan-Lawler, and Jonah Sullivan, "Malaysia Airlines Flight MH370 Search Data Reveal Geomorphology and Seafloor Processes in the Remote Southeast Indian Ocean," *Marine Geology* 395 (2018년 1월) : 301–19, https://doi.org/10.1016/j.margeo.2017.10.014.

14 이 추정치는 국제 해양 미생물 센서스(International Census of Marine Microbes, ICoMM)에서 나온 것이다. ICoMM은 국제 해양 생물 센서스(International Census of Marine Life)의 일환으로 해양 생물의 다양성과 개체수를 평가하기 위해서 2000년부터 2010년까지 실시된 국제적 연구였다. http://www.coml.org/international-census-marine-microbes-icomm (2023년 1월 4일 접속). 또한 다음을 참조하라. https://www.calacademy.org/explore-science/microbe-census.

15 Elise Hugus, "Finding Answers in the Ocean," whoi.edu. https://www.whoi.edu/oceanus/feature/finding-answers-in-the-ocean (2023년 1월 4일 접속).

16 Carson, "Undersea," 4.

17 A. R. Thurber, A. K. Sweetman, B. E. Narayanaswamy, D. O. B. Jones, J. Ingels, and R. L. Hansman, "Ecosystem Function and Services Provided by the

Deep Sea," *Biogeosciences* 11, no. 14 (2014년 7월) : 3941-63.

18 Ralph Waldo Emerson, "Nature," in *Nature and Selected Essays,* ed. Larzer Ziff (New York : Penguin Books, 2003), 37.

제1장

1 Olaus Magnus, *A Description of the Northern Peoples,* vol. 3, trans. Peter Fisher and Humphrey Higgens, ed. Peter Foote (London : The Hakluyt Society, 1998), 1089.
2 Joshua Mark, "Temple at Uppsala," worldhistory.org, https://www.worldhistory.org/Temple_at_Uppsala (2023년 1월 5일 접속).
3 Leena Miekkavaara, "Unknown Europe : The Mapping of the Northern Countries by Olaus Magnus in 1539," *Belgeo Revue Belge de Géographie* 3, no. 4 (2008년 12월) : 307-24.
4 *Folktales of Norway,* ed. Reidar Christiansen (Chicago : The University of Chicago Press, 1964), 30-32.
5 John K. Papadopoulous and Deborah Ruscillo, "A Ketos in Early Athens : An Archaeology of Whales and Sea Monsters in the Greek World," *American Journal of Archaeology* 106, no. 2 (2002년 4월) : 187-227.
6 Charles Singer, *A Short History of Biology : A General Introduction to the Study of Living Things* (Oxford, UK : The Clarendon Press, 1931), 26. 찰스 싱어(Charles Singer)는 이렇게 적었다. "아리스토텔레스는 생물학 논문에 삽화를 넣은 최초의 인물로 추정된다. 그의 저작 속에서는 그 도해들이 자주 언급된다. 안타깝게도 소실된 지 오래된 그림들이지만, 아리스토텔레스가 구체적으로 묘사해놓은 경우가 많아 오늘날의 우리가 재구성해볼 수 있다."
7 Magnus, *Description of the Northern Peoples,* 1081.
8 Lindsay J. Starkey, "Why Sea Monsters Surround the Northern Lands : Olaus Magnus's Conception of Water," *Preternature* 6, no. 1 (2017) : 31-62.
9 Friar Jordanus, *Mirabilia Descripta : The Wonders of the East,* trans. Colonel Henry Yule (London : The Hakluyt Society, 1863), 1-3.
10 Walter Isaacson, *Leonardo* (New York : Simon & Schuster, 2017), 제20장, iBooks.
11 뮌헨에 있는 『카르타 마리나』의 원본은 바이에른 주립 도서관의 지도 소장품 중의 하나이다.
12 이유는 알 수 없지만, 현대에 제작된 『카르타 마리나』의 복제본은 대부분 채색이 되어 있으며 그 결과 모든 정교한 세부 묘사가 사라져버렸다. 놀랍도록 아름다운 흑백의 원본에 비하면 채색된 버전은 형편없다.

13　Magnus, 1096.
14　Ibid.
15　Ibid., 1128.
16　Ibid., 1087.
17　Ibid., 1089.
18　Ibid., 1097.
19　Ibid., 1095-96.
20　Starkey, 37-38.
21　Edward O. Wilson, *Biophilia : The Human Bond with Other Species* (Cambridge, MA, and London : Harvard University Press, 1984), 84.
22　Philip Miller, *The Gardeners Dictionary Containing the Methods of Cultivating and Improving All Sorts of Trees, Plants, and Flowers, for the Kitchen, Fruit, and Pleasure Gardens, As Also Those Which Are Used in Medicine* (London : John and James Rivington, 1754), n. 238.
23　Marta Paterlini, "There Shall Be Order : The Legacy of Linnaeus in the Age of Molecular Biology," *Embo Reports* 8, no. 9 (2007년 9월) : 814-16.
24　Magnus, 1089.
25　Charles Darwin, *The Voyage of the Beagle* (New York : P. F. Collier & Son), 528.
26　Helen Rozwadowski, *Fathoming the Ocean : The Discovery and Exploration of the Deep Sea* (Cambridge, MA, and London : The Belknap Press of Harvard University Press, 2005), 5.
27　Charles Wyville Thomson, *The Depths of the Sea* (London : Macmillan and Company, 1873), 49.
28　H. Noel Humphreys, *Ocean Gardens : The History of the Marine Aquarium* (London : Sampson, Low, Son, and Co., 1856), 9.
29　Ibid., 13-14.
30　Ibid., 111.
31　A. C. Oudemans, *The Great Sea-Serpent : An Historical and Critical Treatise* (London : Luzac & Co., 1892), 271, 347.
32　J. 코빈이 「자연사 연보 및 잡지」에 보낸 편지, 1872년 1월 22일.
33　토머스 헨리 헉슬리가 「타임스」(런던)에 보낸 편지, 1893년 1월, 다음에서 인용, The Huxley File, http://aleph0.clarku.edu/huxley, http://aleph0.clarku.edu/huxley/UnColl/LonTimes/SeaSerp.html (2023년 1월 6일 접속).
34　루이 아가시의 1849년 강의, 다음에서 인용, Sherrie Lynne Lyons, *Species, Serpents, Spirits, and Skulls* (Albany, NY : State University of New York Press, 2009), 17.

35 리처드 오언이 『타임스』(런던)에 보낸 편지, 1848년 11월 11일, 다음에서 인용, Oudemans, 284.
36 Richard Owen, *Memoir on the Pearly Nautilus* (London : Richard Taylor, 1832), 2.
37 Plato, *The Collected Dialogues of Plato Including the Letters*, ed. Edith Hamilton and Huntington Cairns, trans. Lane Cooper et al. (Princeton, NJ : Princeton University Press, 1961), 91.
38 Edward Forbes, *The Natural History of the European Seas*, ed. Robert Godwin-Austen (London : John Van Voorst, 1859), 3.
39 Thomas R. Anderson and Tony Rice, "Deserts on the Sea Floor : Edward Forbes and His Azoic Hypothesis for a Lifeless Deep Ocean," *Endeavour* 30, no. 4 (2006년 11월) : 131-37.
40 Forbes, 26.
41 Thomson, *The Depths of the Sea*, 270.
42 James Clark Ross, *A Voyage of Discovery and Research in the Southern and Antarctic Regions During the Years 1839-1843* (London : John Murray, 1847), 202.
43 G. C. Wallich, *The North-Atlantic Sea-Bed : A Diary of the Voyage on Board H.M.S. Bulldog, in 1860* (London : John Van Voorst, 1862), 68.
44 Ibid., 63-67.
45 Philip F. Rehbock, "Huxley, Haeckel, and the Oceanographers : The Case of Bathybius haeckelii," *Isis* 66, no. 4 (1975년 12월) : 504-33.
46 Thomson, *The Depths of the Sea*, 423-24. 톰슨은 유리해면에 회의적이었다. "일본에서 나온 기이한 것은 무엇이든 어느 정도의 의심을 품고 바라보아야 한다. 일본인들은 놀라울 정도로 기발한데, 특히 여러 동물들의 부위를 기묘하게 조합하여 존재 불가능한 괴물을 만들어내는 등 엉뚱한 곳에 열정을 쏟고는 한다."
47 Matheus C. Fernandes, Joanna Aizenberg, James C. Weaver, and Katia Bertoldi, "Mechanically Robust Lattices Inspired by Deep-Sea Glass Sponges," *Nature Materials* 20 (2020년 9월) : 237-41.
48 Vikram C. Sundar, Andrew D. Yablon, John L. Grazul, Micha Ilan, and Joanna Aizenberg, "Fibre-Optical Features of a Glass Sponge," *Nature* 424 (2003년 8월) : 899-900.
49 Thomson, *The Depths of the Sea*, 59-60.
50 Ibid., 279.
51 Ibid., 155-57.
52 Ibid., 98.
53 Ibid., 93.
54 A. L. Rice, "G. C. Wallich M.D.—Megalomaniac or Misused Oceanographic

Genius?," *Journal of the Society for the Bibliography of Natural History* 7, no. 4 (2011년 2월) : 423-50.

55 *At Sea with the Scientifics : The Challenger Letters of Joseph Matkin*, ed. Philip F. Rehbock (Honolulu : University of Hawaii Press, 1992), 29.
56 Ibid., 39.
57 Lord George Campbell, *Log-Letters from the Challenger* (London : Macmillan and Co., 1877), 5.
58 Ibid., 89.
59 Rehbock, ed., 81.
60 John James Wild, *At Anchor : A Narrative of Experiences Afloat and Ashore During the Voyage of H.M.S. Challenger from 1872 to 1876* (London : Marcus Ward and Co., 1878), 160.
61 Campbell, 420.
62 H. N. Moseley, *Notes by a Naturalist on the Challenger : An Account of Various Observations* (London : Macmillan and Co., 1879), 578.
63 Ibid., 593.
64 Forbes, 8.
65 "Work of the Challenger Expedition—III. Geologically Viewed," *Science* 6, no. 132 (1885년 8월) : 138.
66 "Work of the Challenger Expedition—II. From a Zoological Standpoint," *Science* 6, no. 128 (1885년 7월) : 54.
67 *The Voyage of H.M.S. Challenger and the Birth of Modern Oceanography* (New Haven, CT, and London : Yale University Press, 2019), 25.

제2장

1 William Beebe, *Half Mile Down* (New York : Harcourt, Brace and Company, 1934), 148.
2 우즈홀 해양 연구소에서 미국 해군의 연구용 잠수정 앨빈 호를 개발한 과정을 개관하려면, 다음을 참조하라. National Research Council (US) Ocean Studies Board, *50 Years of Ocean Discovery* (Washington, DC : National Academies Press, 2000), https://www.ncbi.nlm.nih.gov/books/NBK208815 (2023년 1월 7일 접속).
3 Carol Grant Gould, *The Remarkable Life of William Beebe : Explorer and Naturalist* (Washington, DC : Shearwater Books, 2004), 65.
4 Ibid., 33. 윌리엄 비비는 1877년 7월 29일에 태어났다. 그가 쓴 첫 글은 1895년 1월에 잡지 「하퍼스 영 피플(*Harper's Young People*)」에 실렸다.

5   Ibid., 241.
6   Ibid., 272.
7   Beebe, 90.
8   Brad Matsen, *Descent : The Heroic Discovery of the Abyss* (New York : Pantheon Books, 2005), 10−12.
9   Beebe, 108.
10 Ibid., 100.
11 Ibid., 109.
12 Ibid., 112.
13 Ibid., 65.
14 Ibid., 134.
15 Ibid., 169.
16 Ibid., 219.
17 Ibid., 212.
18 비비가 자신이 목격한 광경에 느낀 경외감은 심해의 동물상에 관한 그의 길고도 생생한 묘사에서 확연히 드러난다. 그러나 비비는 자신의 초월적인 경험을 단지 말로만 전달해야 하는 답답함 또한 토로했다. "이 책 한 권으로도 내가 목격한 그 모든 인상적인 광경과 형태의 극히 일부분조차 세세히 담아내지 못한다. 그 깊이에서 본 어떤 것도 최상급의 표현 없이는 설명할 수가 없다." Ibid., 206.
19 Ibid., 189.
20 "진보의 세기" 국제 박람회라고도 불린 이 행사는 1933년 5월부터 1934년 10월까지 미국 일리노이 주 시카고에서 개최되었으며 4,000만 명이 관람했다.
21 Florence Finch Kelly, "Exploring the Depths of the Ocean," *New York Times*, 1934년 12월 9일.
22 Julius Nielsen, Rasmus B. Hedeholm, Jan Heinemeier, Peter G. Bushnell, Jørgen S. Christiansen, Jesper Olsen et al., "Eye Lens Radiocarbon Reveals Centuries of Longevity in the Greenland Shark (*Somniosus microcephalus*)" *Science* 353, no. 6300 (2016년 8월) : 702−4.
23 R. S. Dietz and M. J. Sheehy, "Transpacific Detection of Myojin Volcanic Explosions by Underwater Sound," *Geological Society of America Bulletin* 65, no. 10 (1954년 10월) : 941−56.
24 J. G. Moore, D. A. Clague, R. T. Holcomb, P. W. Lipman, W. R. Normark, and M. E. Torresan, "Prodigious Submarine Landslides on the Hawaiian Ridge," *Journal of Geophysical Research* 94, no. B12 (1989년 12월) : 17465−84.
25 Peter W. Lipman, William R. Normark, James G. Moore, John B. Wilson, and Christina E. Gutmacher, "The Giant Submarine Alika Debris Slide, Mauna Loa,

Hawaii," *Journal of Geophysical Research* 93, no. B5 (1988년 5월) : 4279-99. 또한 다음을 참조하라. Robert Irion, "The Case for Monstrous Hawaiian Waves," *Science*, 2003년 12월 9일, science.org. https://www.science.org/content/article/case-monstrous-hawaiian-waves (2023년 2월 11일 접속).

26 여기에는 덧붙여야 할 이야기가 있다. 2019년 7월 1일, 러시아의 군사용 핵추진 잠수함 로샤리크 호에 해저 화재가 발생하여 14명의 승조원이 사망했다. 일반적으로 나는 유인 심해 탐사에 관한 글을 쓸 때 군사용 잠수함을 다루지 않는다. 그 이유는 단순한데, 그런 잠수함들은 그다지 깊이 내려가지 않기 때문이다. 그러나 로샤리크 호는 겉으로 보기에만 소형 군용 잠수함처럼 생겼을 뿐 강철로 된 외관의 안쪽은 전혀 달랐다. 이 잠수함의 내부에는 7개의 티타늄 기밀실이 마치 진주목걸이처럼 연결되어 있었고 수심 약 6,000미터, 즉 미국 유인 군용 잠수함의 운용 심도보다 10배 이상 깊이 들어갈 수 있었다. 로샤리크 호가 심해 잠수를 하지 않을 때에는 더 큰 잠수함의 하부에 연결된 채 이동했다. 당연하게도 러시아 정부는 로샤리크 호에 관한 정보를 거의 공개하지 않았다. 그러나 서방의 정보기관들은 이 잠수함의 목적이 심해의 통신 케이블을 조사하고, 어쩌면 훼손하는 것이었으리라고 본다. 이 사건에 관해서 더 자세히 알고 싶다면, 다음을 참조하라. James Glantz and Thomas Nilsen, "A Deep-Diving Sub. A Deadly Fire. And Russia's Secret Undersea Agenda," *New York Times*, 2020년 4월 20일.

27 Stephen Chen, "Underwater Tornadoes Found Near China's Nuclear Submarine Base by Paracels That Could Sink U-Boats in Treacherous Abyss," *South China Morning Post*, 2015년 12월 10일.

28 파이시스 3호의 구조에 관한 이야기는 조종사인 로저 채프먼의 다음의 책에 대단히 상세하게 기록되어 있다. Roger Chapman, *No Time on Our Side* (New York : W. W. Norton & Company, 1975).

29 트리에스테 호의 밸러스트 구조는 부력 장치 안에 강철 알갱이들이 들어 있는 용기가 설치되어 있는 형태였다. 부력 장치 아래쪽의 입구를 통해 이 알갱이들을 방출할 수 있었다. 밸러스트는 전자석으로 고정되어 있어서, 알갱이를 방출하려면 조종사가 스위치를 눌러 자석의 전원을 차단하기만 하면 되었다. 트리에스테 호에 실리는 밸러스트 추의 양은 잠수 심도에 따라 달라졌다. 챌린저 해연에 내려간 심해선에는 17톤의 강철 알갱이가 실려 있었다.

30 Jacques Piccard and Robert S. Dietz, *Seven Miles Down . The Story of the Bathyscaph Trieste* (New York : G. P. Putnam's Sons, 1961), 171.

31 Ibid., 162.

32 James Hamilton-Paterson, *Three Miles Down : A Hunt for Sunken Treasure* (London : Jonathan Cape, 1998), 167.

33 Piccard and Dietz, 170.
34 Ibid., 172.
35 Hubert Staudigel, Stanley R. Hart, Adele Pile, Bradley E. Bailey, Edward T. Baker, Sandra Brooke et al., "Vailuluʻu Seamount, Samoa : Life and Death on an Active Submarine Volcano," *Proceedings of the National Academy of Sciences* 103, no. 17 (2006년 4월) : 6448-53.
36 Gary M. McMurtry, Randi C. Schneider, Patrick L. Colin, Robert W. Buddemeier, and Thomas H. Suchanek, "Redistribution of Fallout Radionuclides in Enewetak Atoll Lagoon Sediments by Callianassid Bioturbation," *Nature* 313 (1985년 2월) : 674-77.
37 James Delgado, Terry Kerby, Hans K. Van Tilburg, Steven Price, Ole Varmer, Maximilian D. Cremer, and Russell Matthews, *The Lost Submarines of Pearl Harbor : The Rediscovery and Archaeology of Japan's Top-Secret Midget Submarines of World War II* (College Station, TX : Texas A&M University Press, 2016).
38 홀로 살아남은 일본 소형 잠수함의 조종사는 자신의 경험을 다음의 책으로 남겼다. Ensign Kazuo Sakamaki, *I Attacked Pearl Harbor*, trans. Toru Matsumoto (Honolulu : Rollston Press, 2017).
39 Jacek Beldowski, Matthias Brenner, and Kari K. Lehtonen, "Contaminated by War : A Brief History of Sea-Dumping of Munitions," *Marine Environmental Research* 162 (2020년 12월) : 105189.
40 오아후의 해저에 남아 있는 무기들에 대한 더 많은 정보는 다음에서 볼 수 있다. Hawaii Undersea Military Munitions Assessment Project (HUMMA) 웹사이트, http://www.hummaproject.com.
41 David M. Bearden, *U.S. Disposal of Chemical Weapons in the Ocean : Background and Issues for Congress* (Washington, DC : Library of Congress Congressional Research Service, 2007년 1월).
42 "Navy's Bathyscaph Dives 7 Miles in Pacific Trench," *New York Times*, 1960년 1월 23일.

제3장

1 Loren Eiseley, *The Star Thrower* (San Diego, CA, and New York : Harcourt Brace & Company, 1978), 39.
2 RCA에 관한 주요 정보는 다음에서 볼 수 있다. https://interactiveoceans.washington.edu/about/regional-cabled-array.
3 Jeffrey A. Karson, Deborah S. Kelley, Daniel J. Fornari, Michael R. Perfit, and Timothy M. Shank, *Discovering the Deep : A Photographic Atlas of the Seafloor*

and *Ocean Crust* (Cambridge, UK : Cambridge University Press, 2015), 36-37.
4   Andreas M. Schafer and Friedemann Wenzel, "Global Megathrust Earthquake Hazard—Maximum Magnitude Assessment Using Multi-Variate Machine Learning," *Frontiers in Earth Science* 7 (2019년 6월), https://www.frontiersin.org/articles/10.3389/feart.2019.00136/full.
5   Bruce C. Heezen and Charles D. Hollister, *The Face of the Deep* (New York : Oxford University Press, 1971), 552-57.
6   Paul Voosen, "Mediterranean Sea May Harbor Piece of Oldest Ocean Crust," *Science*, 2016년 8월 15일, science.org, https://www.science.org/content/article/mediterranean-sea-may-harbor-piece-oldest-ocean-crust (2023년 1월 31일 접속).
7   Hezeen and Hollister, 540-41.
8   Robin George Andrews, "A Deep-Sea Magma Monster Gets a Body Scan," *New York Times*, 2019년 12월 3일.
9   Robert S. Yeats, "Cascadia Subduction Zone," *Living with Earthquakes in the Pacific Northwest*, 제4장(Corvallis, OR : Oregon State University Press, n.d.), https://open.oregonstate.education/earthquakes/chapter/cascadia-subduction-zone.
10 Roy D. Hyndman and Garry C. Rogers, "Great Earthquakes on Canada's West Coast : A Review," *Canadian Journal of Earth Sciences* 47, no. 5 (2010년 6월) : 801-20.
11 Yeats, *Living with Earthquakes in the Pacific Northwest*, 제4장.
12 Chris Goldfinger, C. Hans Nelson, and Joel E. Johnson, "Holocene Earthquake Records from the Cascadia Subduction Zone and Northern San Andreas Fault Based on Precise Dating of Offshore Turbidites," *Annual Review of Earth and Planetary Sciences* 31 (2003년 5월) : 555-77.
13 Brian F. Atwater, Musumi-Rokkaku Satoko, Satake Kenji, Tsuji Yoshinobu, Ueda Kazue, and David K. Yamaguchi, *The Orphan Tsunami of 1700 : Japanese Clues to a Parent Earthquake in North America* (Seattle, WA : University of Washington Press, 2015), 54.
14 Kenji Satake, Kelin Wang, and Brian D. Atwater, "Fault Slip and Seismic Moment of the 1700 Cascadia Earthquake Inferred from Japanese Tsunami Descriptions," *Journal of Geophysical Research* 108, no. B11 (2003) : 7.1-7.16.
15 Ruth S. Ludwin, Robert Dennis, Deborah Carber, Alan D. McMillan, Robert Losey, John Clague, Chris Jonientz-Trisler, Janine Bowechop, Jacilee Wray, and Karen James, "Dating the 1700 Cascadia Earthquake : Great Coastal Earthquakes in Native Stories," *Seismological Research Letters* 76, no. 2 (2005년 3-4월) : 140-47.
16 Associated Press, "Numbers That Tell the Story of 2004 Tsunami Disaster,"

apnews.com, https://apnews.com/article/4bf54ae8134a47718e8314e883b8074c (2023년 1월 10일 접속).
17 Karson et al., *Discovering the Deep*, 29−32.
18 슬로프 베이스에 관한 개략적인 정보와 그곳에 설치된 해저 장비들의 시각 자료들은 다음의 웹사이트에서 볼 수 있다. https://interactiveoceans.washington.edu/research-sites/oregon-slope-base (2023년 1월 10일 접속).
19 이 이상한 물고기는 꼼치의 한 종류이자 희귀종(*Genioliparis ferox*)인 것으로 확인되었다.
20 Karson et al., *Discovering the Deep*, 177−86.
21 Julie L. Meyer, Nancy H. Akerman, Giora Proskurowski, and Julie A. Huber, "Microbial Characterization of Post-Eruption 'Snowblower' Vents at Axial Seamount, Juan de Fuca Ridge," *Frontiers in Microbiology* 4, no. 153 (2013년 6월), https://www.frontiersin.org/articles/10.3389/fmicb.2013.00153/full.
22 Deep Carbon Observatory, *A Decade of Discovery* (Washington, DC : n.p., 2019년), 40−43, https://fsmap-images.s3.amazonaws.com/dco-pr/A+Decade+of+Discovery-DCO+Decadal+Report.pdf.
23 Giorgia Guglielmi, "This Is What It Would Take to Kill All Life on Earth," *Science*, 2017년 7월 14일, science.org/content/article/what-it-would-take-kill-all-life-earth (2023년 2월 15일 접속).
24 Anais Cario, Gina C. Oliver, and Karyn L. Rogers, "Exploring the Deep Marine Biosphere : Challenges, Innovations, and Opportunities," *Frontiers in Earth Science* 7 (2019년 9월), https://www.frontiersin.org/articles/10.3389/feart.2019.00225/full.
25 Kevin Peter Hand, *Alien Oceans : The Search for Life in the Depths of Space* (Princeton, NJ : Princeton University Press, 2020), 139−50.
26 Evan Lubofsky, "The Discovery of Hydrothermal Vents," *Oceanus*, 2018년 6월 11일, whoi.edu, https://www.whoi.edu/oceanus/feature/the-discovery-of-hydrothermal-vents (2023년 1월 10일 접속).
27 Woods Hole Oceanographic Institution, "1979—The Smoking Gun," whoi.edu, https://www.whoi.edu/feature/history-hydrothermal-vents/discovery/1979-2.html (2023년 1월 4일 접속).
28 Robert D. Ballard, *The Eternal Darkness : A Personal History of Deep-Sea Exploration* (Princeton, NJ : Princeton University Press, 2000), 187−202.
29 Woods Hole Oceanographic Institution, "Ocean Warming," whoi.edu, https://www.whoi.edu/know-your-ocean/ocean-topic/climate-weather/ocean-warming (2023년 2월 5일 접속).

30 Andrew K. Sweetman, Andrew R. Thurber, Craig R. Smith, Lisa A. Levin, Camilo Mora, Chih-Lin Wei, Andrew J. Gooday et al., "Major Impacts of Climate Change on Deep-Sea Benthic Ecosystems," *Elementa* 5, no. 4 (2017년 2월), https://online.ucpress.edu/elementa/article/doi/10.1525/elementa.203/112418/Major-impacts-of-climate-change-on-deep-sea.
31 인베이더에 관한 더 자세한 정보는 다음의 웹사이트에서 볼 수 있다. https://invader-mission.org.
32 Deborah S. Kelley, "From the Mantle to Microbes : The Lost City Hydrothermal Vent Field," *Oceanography* 18, no. 3 (2005년 9월) : 32-45.
33 Deborah S. Kelley, Jeffrey A. Karson, Gretchen L. Früh-Green, Dana R. Yoerger, Timothy O. Shank, David A. Butterfield, John M. Hayes et al., "A Serpentinite-Hosted Ecosystem : The Lost City Hydrothermal Field," *Science* 307, no. 5714 (2005년 3월) : 1428-34.
34 Susan Q. Lang and William J. Brazelton, "Habitability of the Marine Serpentinite Subsurface : A Case Study of the Lost City Hydrothermal Field," *Philosophical Transactions of the Royal Society A* 378, no. 2165 (2020년 2월), https://royalsocietypublishing.org/doi/10.1098/rsta.2018.0429.
35 Carl Zimmer, "Under the Sea, a Missing Link in the Evolution of Complex Cells," *New York Times*, 2015년 5월 6일.
36 Anja Spang, Jimmy H. Saw, Steffen L. Jørgensen, Katarzyna Zaremba-Niedzwiedzka, Joran Marijn et al., "Complex Archaea That Bridge the Gap Between Prokaryotes and Eukaryotes," *Nature* 521 (2015년 5월), 173-79.
37 Kristin A. Ludwig, Deborah S. Kelley, David A. Butterfield, Bruce K. Nelson, and Gretchen Früh-Green, "Formation and Evolution of Carbonate Chimneys at the Lost City Hydrothermal Field," *Geochimica et Cosmochimica Acta* 70, no. 14 (2006년 7월) : 3625-45.
38 Giora Proskurowski, Marvin D. Lilley, Jeffery S. Seewald, Gretchen L. Früh-Green, Eric J. Olson, John E. Lupton, Sean P. Sylva, and Deborah S. Kelley, "Abiogenic Hydrocarbon Production at Lost City Hydrothermal Field," *Science* 316, no. 5863 (2008년 2월) : 604-7.
39 David Freestone, Dan Laffoley, Fanny Douvere, and Tim Badman, "World Heritage in the High Seas : An Idea Whose Time Has Come," *World Heritage Reports* 44 (2016년 8월) : 32-33, https://unesdoc.unesco.org/ark:/48223/pf0000245467.
40 Tjorven Hinzke, Manuel Kleiner, Corinna Breusing, Horst Felbeck, Robert Hasler, Stefan M. Sievert, Rabea Schlüter et al., "Host-Microbe Interactions in the Chemosynthetic *Riftia pachyptila* Symbiosis," *American Society for*

Microbiology 10, no. 6 (2019년 12월), https://journals.asm.org/doi/10.1128/mBio.02243-19.

제4장

1 Jacques Piccard and Robert S. Dietz, *Seven Miles Down : The Story of the Bathyscaph Trieste* (New York : G. P. Putnam's Sons, 1961), 160.
2 Don Walsh, "Going the Last Seven Miles : The Bathyscaph Trieste Story." 개인적인 기록.
3 월시의 이야기를 들으니 그가 트리에스테 호를 지휘하게 된 것이 운명처럼 느껴졌다. 자크 피카르가 챌린저 해연 잠수에 참여하면서 미국 해군에서 마리아나 해구로 내려가게 될 사람은 한 사람뿐이라는 사실이 명확해지자, 월시는 그 자리를 자신의 멘토이자 트리에스테 호 탐사의 수석 과학자인 앤디 레크니처(Andy Rechnitzer)에게 양보하려고 했다. 그러나 해군 참모 총장인 알레이 버크(Arleigh Bruke) 제독이 반대했다. "월시와 피카르가 잠수하라"는 것이 버크의 명령이었다. 월시는 다음과 같이 회상했다. "되돌릴 수 없었어요. 앤디는 스크립스 연구소 출신의 박사이자 해군 예비역 장교이자 지휘관이었어요. 나에게 해양학의 세계를 가르쳐준 분이죠. 그 잠수를 할 자격이 분명히 있는 분이었어요. 그분은 그 상황에 대단히 멋지고 품위 있게 대처했지만, 아마 평생 마음에 남았을 겁니다."
4 Alan Jamieson, *The Hadal Zone* (Cambridge, UK : Cambridge University Press, 2015), 65-67.
5 William Broad, "Japan Plans to Conquer the Sea's Depths," *New York Times*, 1994년 10월 18일.
6 Daniel Cressey, "Ocean-Diving Robot Will Not Be Replaced," *Nature*, 2015년 12월 10일.
7 캐머런은 잠수정을 우즈홀 해양 연구소에 기증했다. 그러나 잠수정을 운반하던 트럭에 화재가 발생하면서 잠수정의 운명은 종결되었다. Madeleine List, "WHOI Sues Over Deep-Sea Submarine Fire," *Cape Cod Times*, 2018년 1월 15일.
8 Jamieson, *The Hadal Zone*, 25. 고해상도의 해저 지도 제작을 통해 해저 지형이 점점 상세하게 밝혀지면서 초심해저대의 해구, 해구 단층, 해곡의 수도 계속 달라지고 있다. 초심해저대 해구는 일반적으로 수심 6,000미터 이하에 있는 길고 좁은 지형을 의미하며, 지각판의 섭입이나 단층 활동으로 형성된다. 초심해저대 해곡은 지각판들이 만나는 경계가 아니라 심해저 평원 내부에 더 깊은 분지 형태로 형성되는 함몰 지형이다. 제이미슨은 2015년에 출간된 그의 저서에서 27개의 초심해저대 해구(그중 23개는 태평양에 위치한다), 6개의 초심해저대 해구 단층, 그리고 13개의 초심해저대 해곡을 열거했다.

9   Diana Lutz, "Release of Water Shakes Pacific Plate at Depth," *The Source, Washington University in St. Louis,* 2017년 1월 11일, https://source.wustl.edu/2017/01/release-water-shakes-pacific-plate-depth (2023년 1월 11일 접속).
10 Michael Bevis, F. W. Taylor, B. E. Schutz, Jacques Recy, B. L. Isacks, Saimone Helu, Rajendra Singh et al., "Geodetic Observations of Very Rapid Convergence and Back-Arc Extension at the Tonga Arc," *Nature* 374 (1995년 3월): 249–51.
11 Simon Richards, Robert Holm, and Grace Barber, "When Slabs Collide : A Tectonic Assessment of Deep Earthquakes in the Tonga-Vanuatu Region," *Geological Society of America* 39, no. 8 (2011년 8월): 787–90.
12 Thorne Lay, Charles J. Ammon, Hiroo Kanamori, Luis Rivera, Keith D. Koper, and Alexander R. Hutko, "The 2009 Samoa-Tonga Great Earthquake Triggered Doublet," *Nature* 466 (2010년 8월): 964–68.
13 Alexandra Witze, "Why the Tongan Eruption Will Go Down in the History of Volcanology," *Nature* 602 (2022년 2월): 376–78.
14 "Wave Created by Tonga Volcano Eruption Reached 90 Meters," *Eco,* 2022년 가을, 12.
15 Robin George Andrews, "This Volcano Destroyed an Island, Then Created a New One," *New York Times,* 2019년 11월 14일.
16 Heather A. Stewart and Alan J. Jamieson, "The Five Deeps : The Location and Depth of the Deepest Place in Each of the World's Oceans," *Earth-Science Reviews* 197 (2019년 10월), https://doi.org/10.1016/j.earscirev.2019.102896.
17 Jamieson, *The Hadal Zone.*
18 A. J. Jamieson, D. M. Bailey, H.-J. Wagner, P. M. Bagley, and I. G. Priede, "Behavioral Responses to Structures on the Seafloor by the Deep-Sea Fish Coryphaenoides armatus : Implications for the Use of Baited Landers," *Deep Sea Research Part I : Oceanographic Research Papers* 53 (2006년 4월): 1157–66.
19 A. J. Jamieson, T. Fujii, M. Solan, A. K. Matsumoto, P. M. Bagley, and I. G. Priede, "Liparid and Macourid Fishes of the Hadal Zone : In Situ Observations of Activity and Feeding Behaviour," *Proceedings of the Royal Society B* 276 (2008년 12월): 1037–45.
20 Thomas D. Linley, Mackenzie E. Gerringer, Paul H. Yancey, Jeffrey C. Drazen, Chloe L. Weinstock, and Alan J. Jamieson, "Fishes of the Hadal Zone Including New Species, *in Situ* Observations, and Depth Records of Liparidae," *Deep Sea Research Part I : Oceanographic Research Papers* 114 (2016년 8월): 99–110.
21 Alan J. Jamieson, Heather A. Stewart, Johanna N. Weston, Patrick Lahey, and Victor L. Vescovo, "Hadal Biodiversity, Habitats, and Potential Chemosynthesis

in the Java Trench, Eastern Indian Ocean," *Frontiers in Marine Science* 9, no. 856992 (2022년 3월), https://doi.org/10.3389/fmars.2022.856992.

22   DNV-GL의 검사관들, 그리고 잠수정 설계와 건조에 관해 트라이턴과 광범위하게 협업해온 해양 공학자 요나탄 스트루베의 서명으로 받아낸 리미팅 팩터 호의 해양 전체 수심 잠수 가능 인증은 심해 탐사의 역사에 중요한 이정표가 되었다. 리미팅 팩터 호는 역사상 처음으로 그 인증을 받아낸 잠수정이었다. 레이히는 말했다. "인증을 받는 일은 까다롭고 돈도 많이 들어요. DNV-GL의 요구 조건을 맞추는 데에는 지름길이 없어요. 뭘 하든 검사를 거쳐야 합니다. 국제적으로 공인된 기준들을 따라야 했죠. 나에게는 그게 가장 중요했어요. 이 잠수정을 이전의 잠수정들과 완전히 차별화시키는 요소였으니까요."

제5장

1   Rainer Maria Rilke, *Rilke's Book of Hours : Love Poems to God*, trans. Anita Barrows and Joanna Macy (New York : Riverhead Books, 1996), 119.
2   Joe MacInnis, *Underwater Man* (New York : Dodd, Mead & Company, 1974), 13.
3   서브림노스와 그 역할에 대해서는 다음을 참조하라. Caitlin Stall-Paquet, "This Undersea Explorer from Toronto Helped Inspire Blockbusters like Titanic and Avatar," torontolife.com, https://torontolife.com/city/im-an-undersea-explorer-from-toronto-my-work-inspired-blockbusters-like-titanic-and-avatar (2023년 1월 11일 접속).
4   Paul H. Yancey, Mackenzie E. Gerringer, Jeffrey C. Drazen, Ashley A. Rowden, and Alan Jamieson, "Marine Fish May Be Biochemically Constrained from Inhabiting the Deepest Ocean Depths," *Proceedings of the National Academy of Sciences* 111, no. 12 (2014년 3월) : 4461–65.
5   M. E. Gerringer, "On the Success of the Hadal Snailfishes," *Integrative Organismal Biology* 1, no. 1 (2019년 3월) : 1–18, https://doi.org/10.1093/iob/obz004.
6   Alan J. Jamieson, Heather A. Stewart, Johanna N. Weston, and Cassandra Bongiovanni, "Hadal Fauna of the South Sandwich Trench, Southern Ocean : Baited Camera Survey from the Five Deeps Expedition," *Deep Sea Research Part II : Topical Studies in Oceanography* 194 (2021년 12월), https://doi.org/10.1016/j.dsr2.2021.104987.
7   Alan J. Jamieson and Michael Vecchione, "First in Situ Observation of Cephalopoda at Hadal Depths (Octopoda : Opisthoteuthidae : Grimpoteuthis sp.)," *Marine Biology* 167, no. 82 (2020년 5월), https://doi.org/10.1007/s00227-020-03701-1.
8   이 해초류의 영상은 다음에서 볼 수 있다. "Newcastle University Scientist Dis-

covers New Species in Java Trench," 유튜브(YouTube) 영상, 0:43, https://www.youtube.com/watch?v=OXSwk_ikms8 (2023년 1월 11일 접속).

9   리미팅 팩터 호의 사진, 관련 도해, 기술 사양, 그리고 티타늄 기밀실의 제작 과정을 담은 영상은 다음에서 볼 수 있다. https://tritonsubs.com/subs/t36000-2 (2023년 1월 11일 접속).

10 Terence McKenna, *Nature Is Alive and Talking to Us. This Is Not a Metaphor* (n.p., 2020). 쪽 번호 없음.

제6장

1   Gabriel García Márquez, *Love in the Time of Cholera*, trans. Edith Grossman (New York : Alfred A. Knopf, 1988), 64.

2   우즈홀 해양 연구소에서 개발된 자율 무인 잠수정 레무스 6000에는 해저 장애물과의 충돌을 피하게 해주는 펜슬 빔 소나, 해저와 그 위에 있는 물체들의 2차원 이미지를 생성해주는 이중 주파수 측면 주사 소나, 해저의 3차원 모델을 생성해주는 다중 빔 탐사 소나, 그리고 강력한 음파 빔으로 해저 퇴적물 아래에 묻힌 물체들을 탐지하는 해저 지층 탐사 소나가 탑재되어 있다. 레무스 6000의 작동 모습이 담긴 애니메이션 영상은 다음에서 볼 수 있다. https://vimeo.com/325064291.

3   Carla Rahn Phillips, *The Treasure of the San José : Death at Sea in the War of the Spanish Succession* (Baltimore, MD : The Johns Hopkins University Press, 2007), 2.

4   Ibid., 170.

5   The United Nations Educational, Scientific and Cultural Organization, *The UNESCO Convention on the Protection of the Underwater Cultural Heritage* (n.d.), 4, https://unesdoc.unesco.org/ark:/48223/pf0000152883 (2023년 1월 12일 접속).

6   George F. Bass, *Beneath the Seven Seas : Adventures with the Institute of Nautical Archaeology* (London : Thames & Hudson, 2005), 48-54.

7   조지 F. 배스, 펜실베이니아 대학교 인류고고학 박물관 인터뷰, 2014년 9월 5일, 유튜브 영상, 7:09, https://www.youtube.com/watch?v=RSlOKzsq_K0.

8   George F. Bass, *Archaeology Beneath the Sea : My Fifty Years of Diving on Ancient Shipwrecks* (Istanbul, Turkey : Boyut, 2011). Updated edition of 1975 printed edition from Walker & Company, 제5장, Kindle.

9   Ibid., 제29장.

10 Bass, *Beneath the Seven Seas*, 92-97.

11 Ibid., 106-17.

12 Ibid., 34-47.

13 Bass, *Archaeology Beneath the Seas*, 제7장.
14 Robert D. Ballard with Will Hively, *The Eternal Darkness : A Personal History of Deep-Sea Exploration* (Princeton, NJ : Princeton University Press, 2000), 253.
15 Ibid., 228.
16 Fredrik Søreide, *Ships from the Depths : Deepwater Archaeology* (College Station, TX : Texas A&M University Press, 2011), 70–73.
17 Petter Bryn, Kjell Berg, Carl F. Forsberg, Anders Solheim, and Tore J. Kvalstad, "Explaining the Storegga Slide," *Marine and Petroleum Geology* 22, nos. 1–2 (2005년 1월) : 11–19.
18 Astrid J. Nyland, James Walker, and Graeme Warren, "Evidence of the Storegga Tsunami 8200 BP? An Archaeological Review of Impact After a Large-Scale Marine Event in Mesolithic Northern Europe," *Frontiers in Earth Science* 9, no. 767460 (2021년 12월), https://doi.org/10.3389/feart.2021.767460.
19 Søreide, *Ships from the Depths*, 74.
20 Ibid., 84.
21 Ibid., 83.
22 Travis M. Andrews, "Several World War II Warships Mysteriously Disappear from Watery Grave at the Site of Battle of Java Sea," *Washington Post*, 2016년 11월 18일. 또한 다음을 참조하라. Oliver Holmes, Monica Ulmanu, and Simon Roberts, "The World's Biggest Grave Robbery : Asia's Disappearing WWII Shipwrecks," *The Guardian*, 2017년 11월 2일.
23 Martijn R. Manders, "The Issues with Large Metal Wrecks from the 20th Century," in *Heritage Underwater at Risk : Threats, Challenges, Solutions*, eds. Albert Hafner, Hakan Oniz, Lucy Semaan, and Christopher J. Underwood (Paris, France : International Council on Monuments and Sites, 2020), 73–76.
24 Garry Kozak, "The Discovery of the Capitana San José," *Ocean News and Technology* (2019년 8월) : 24–25.
25 Timothy R. Watson, *The Spanish Treasure Fleets* (Sarasota, FL : Pineapple Press, 1994), 57–59.
26 시 서치 아마다가 콜롬비아 정부를 상대로 제기한 불만 사항들(여기에는 170억 달러의 "전보 배상금" 요구도 포함되어 있었다)은 미국 컬럼비아 특별구 지방법원의 흥미진진한 의견서에 상세히 기록되어 있다. U.S. District Court for the District of Columbia, 2011년 10월 24일 발행, https://law.justia.com/cases/federal/district-courts/district-of-columbia/dcdce/1:2010cv02083/145469/19 (2023년 1월 13일 접속).
27 시 서치 아마다와 수많은 관련 소송에 관한 복잡한 이야기는 여기에서 자세히

다루지 않는다. 콜롬비아 정부와의 계약 분쟁이 법정까지 가기는 했지만, 이들이 산 호세 호를 발견했다는 주장에는 근거가 없기 때문이다. 시 서치 아마다가 해저에서 정말 무엇인가를 발견했다고 해도, 설령 그것이 다른 배의 잔해일지라도, 그 파편들이 발견된 곳이 산 호세 호가 침몰된 깊은 바닷속에 비해 수심도 훨씬 얕고 지형도 다른 지점이었다는 사실은 그 단체 측도 인정한 바 있다.

28 John Colapinto, "Secrets of the Deep," *New Yorker*, 2008년 4월 7일. 또한 다음을 참조하라. Tom Brown, "Spain Rejects U.S. Treasure-Hunters' Shipwreck Claim," *Reuters*, 2008년 4월 18일, reuters.com, https://www.reuters.com/article/us-spain-treasure/spain-rejects-u-s-treasure-hunters-shipwreck-claim-idUSN1832990720080418 (2023년 1월 13일 접속).

29 Álvaro de Cozár, "Odyssey Treasure Heads Back to Spain," *El País*, 2012년 2월 24일, elpais.com, https://english.elpais.com/elpais/2012/02/24/inenglish/1330107486_223846.html (2023년 1월 13일 접속).

30 Tony Freeth, David Higgon, Aris Dacanalis, Lindsay MacDonald, Myrto Georgakopoulou, and Adam Wojcik, "A Model of the Cosmos in the Ancient Greek Antikythera Mechanism," *Nature Scientific Reports* 11, no. 5821 (2021년 3월), https://doi.org/10.1038/s41598-021-84310-w.

31 Richard Emblin, "Galleon San José's Treasure Will Not Finance Salvage, Claims VP Ramirez," *City Paper*, 2019년 10월 10일, thecitypaperbogota.com, https://thecitypaperbogota.com/news/galleon-san-joses-treasure-will-not-finance-salvage-claims-vp-ramirez (2023년 1월 13일 접속).

32 Bass, *Archaeology Beneath the Sea*, 제21장, Kindle.

제7장

1 Rachel Carson, "Undersea," in *Lost Woods : The Discovered Writing of Rachel Carson*, ed. Linda Lear (Boston : Beacon Press, 1998), 6.

2 수조실의 영상 투어는 다음을 참조하라. "What Lies Beneath," Natural History Museum, 2018년 6월 13일 방송, 온라인 영상, 31:20, https://www.nhm.ac.uk/discover/what-lies-beneath.html.

3 Roger Hanlon, Mike Vecchione, and Louise Allcock, *Octopus, Squid, and Cuttlefish : A Visual, Scientific Guide to the Ocean's Most Advanced Invertebrates* (Chicago, IL : The University of Chicago Press, 2018), 82–83.

4 A. C. Oudemans, *The Great Sea-Serpent : An Historical and Critical Treatise* (London : Luzac & Co., 1892), 334–35.

5 Adam Sage, "French Timbers Are Shivered by Sea Monster," *Sunday Times*, 2003년 1월 16일.

6   Alan Watts, *Become What You Are*, ed. Mark Watts (Boston, MA, and London : Shambala, 2003), 61.
7   과학자들은 오랫동안 야생의 대왕오징어를 찾아내어 촬영하고 관찰하려고 애써왔다. 그 일을 결국 해낸 사람은 여성 해양생물학자 에디스 위더였다. 위더는 대왕오징어들 사이에서 벌인 모험에 관하여 다음의 저서에 자세히 기록했다. Edie Widder, *Below the Edge of Darkness : A Memoir of Exploring Light and Life in the Deep Sea* (New York : Random House, 2021).
8   포클랜드 제도 인근 심해에서부터 런던의 유리 수조에 이르기까지 아르키가 겪은 여정에 관한 더 자세한 내용은 다음에서 볼 수 있다. Jonathan Ablett, "The Giant Squid, *Architeuthis dux* Steenstrup, 1857 (Mollusca : Cephalopoda) : The Making of an Iconic Specimen," *NatSCA News* 23 (2012년 1월) : 16-20.
9   Steve O'Shea, "Architeuthis Buoyancy and Feeding," tonmo.com, https://tonmo.com/articles/architeuthis-buoyancy-and-feeding.24 (2023년 1월 15일 접속).
10 Douglas Long, "Super Colossal," deepseanews.com, https://deepseanews.com/2015/04/super-colossal (2023년 2월 20일 접속).
11 H. G. Wells, *The Sea Raiders*, in *Best Science Fiction Stories of H. G. Wells* (New York : Dover Publications, 1966), 280.
12 Olaus Magnus, 다음에서 인용, "Historical Account of a Giant Squid," teara.govt.nz, https://teara.govt.nz/en/document/7922 /historical-account-of-a-giant-squid (2023년 1월 15일 접속).
13 Cassandra Bongiovanni, Heather A. Stewart, and Alan J. Jamieson, "High-Resolution Multibeam Sonar Bathymetry of the Deepest Place in Each Ocean," *Geoscience Data Journal* 9, no. 1 (2022년 6월) : 108-23.
14 몰로이 해연과 그 주변 지형은 다음에서 볼 수 있다. "Fly Through : Molloy Hole, Caladan Oceanic 2019 Field Season," 유튜브 영상, 1:24, https://www.youtube.com/watch?v=PSW2KkOXp2k.
15 Tore Hattermann, Pål Erik Isachsen, Wilken-Jon von Appen, Jon Albretsen, and Arild Sundfjord, "Eddy-Driven Recirculation of Atlantic Water in Fram Strait," *Geophysical Research Letters* 43, no. 17 (2016년 4월) : 3406-14.
16 Denmark Strait, worldatlas.com, https://www.worldatlas.com/straits/denmark-strait.html (2023년 1월 15일 접속).
17 Catherine Nixey, "Do You Know a Good Submarine-Maker?," *1843 Magazine*, 2019년 11월 18일.
18 Aston Martin, "Project Neptune : Triton and Aston Martin," 2017년 9월 28일 보도자료 발행, https://media.astonmartin.com/project-neptune-triton-and-aston-martin.

제8장

1. William Beebe, *Half Mile Down* (New York : Harcourt, Brace and Company, 1934), 66–67.

2. James Cameron, Ray Dalio, Peter de Menocal, and Edith Widder, "Illuminating the Abyss : Inspiration, Exploration, and Discovery in the Ocean Twilight Zone," 타티아나 슐러스버그(Tatiana Schlossberg)가 진행하는 영상 패널 토론, 1:01:20, https://www.whoi.edu/multimedia/illuminating-the-abyss.

3. "James Cameron Responds to Robert Ballard on Deep-Sea Exploration," 2013년 1월 14일, mission-blue.org, https://mission-blue.org/2013/01/james-cameron-responds-to-robert-ballard-on-deep-sea-exploration (2023년 1월 15일 접속).

4. Xabier Irigoien, T.A. Klevjer, A. Røstad, U. Martinez, G. Boyra, J. L. Acuña, A. Bode et al., "Large Mesopelagic Fishes Biomass and Trophic Efficiency in the Open Ocean," *Nature Communications* 5, no. 3271 (2014년 2월), https://doi.org/10.1038/ncomms4271.

5. "Bristlemouth Dominance : How Do We Know?," Woods Hole Oceanographic Institution, Ocean Twilight Zone, twilightzone/whoi.edu, https://twilightzone.whoi.edu/bristlemouth-dominance-how-do-we-know (2023년 1월 15일 접속). 또한 다음을 참조하라. William J. Broad, "An Ocean Mystery in the Trillions," *New York Times*, 2015년 6월 29일.

6. Wudan Yan, "Meet the Deep-Sea Dragonfish. Its Transparent Teeth Are Stronger Than a Piranha's," *New York Times*, 2019년 6월 5일.

7. Monterey Bay Aquarium Research Institute, "Researchers Solve Mystery of Deep-Sea Fish with Tubular Eyes and Transparent Head," 2009년 2월 23일 보도 자료, https://www.mbari.org/news/researchers-solve-mystery-of-deep-sea-fish-with-tubular-eyes-and-transparent-head.

8. Sir Charles Wyville Thomson, *The Voyage of the Challenger : The Atlantic*, vol. 2 (London : Macmillan and Co., 1877), 352. 와이빌은 이렇게 썼다. "심해의 동물군이 주로 2개의 해수대, 즉 수면 근처와 해저 근처에 한정적으로 분포되어 있다고 믿을 만한 이유는 충분하다. 그 중간 구역에는 척추동물과 무척추동물을 포함하는 큰 동물 형태가 거의 존재하지 않거나 혹은 전무하다."

9. Adrian Martin, Philip Boyd, Ken Buesseler, Ivona Cetinic, Hervé Claustre, Sari Giering, Stephanie Henson et al., "The Oceans' Twilight Zone Must Be Studied Now, Before It Is Too Late," *Nature* 580 (2020년 4월) : 26–28.

10. Veronique LaCapra, "Mission to the Twilight Zone," *Oceanus : Woods Hole Oceanographic Institution's Journal of Our Ocean Planet* 54, no. 1 (2019년 봄) : 10–23.

11 Bruce H. Robison, Rob E. Sherlock, Kim R. Reisenbichler, and Paul R. McGill, "Running the Gauntlet : Assessing Threats to Vertical Migrators," *Frontiers in Marine Science* 7, no. 64 (2020년 2월), https://doi.org/10.3389/fmars.2020.00064.

12 The Ocean Twilight Zone Project, *The Ocean Twilight Zone's Role in Climate Change* (Woods Hole, MA : Woods Hole Oceanographic Institution, 2022), 5–9, https://twilightzone.whoi.edu/wp-content/uploads/2022/02/The-Ocean-Twilight-Zones-Role-in-Climate-Change.pdf.

13 Beebe, 110.

14 Ibid., 135.

15 Michael Actil, *Luminous Creatures : The History and Science of Light Production in Living Organisms* (Montreal, Quebec, and Kingston, Ontario : McGill-Queen's University Press, 2018), xiv–xvi.

16 Bruce H. Robison, "Deep Pelagic Biology," *Journal of Experimental Marine Biology and Ecology* 300, no. 1–2 (2004년 3월) : 253–72.

17 Bruce H. Robison, "Light in the Ocean's Midwaters," *Scientific American,* 1995년 7월 1일.

18 Steven H. D. Haddock, Mark A. Moline, and James F. Case, "Bioluminescence in the Sea," *Annual Review of Marine Science* 2 (2010년 1월) : 443–93.

19 Michael Hopkin, "Box Jellyfish Show a Keen Eye," *Nature,* 2005년 5월 11일, https://doi.org/10.1038/news050509-7.

20 Emily Osterloff, "Immortal Jellyfish : The Secret to Cheating Death," nhm.ac.uk, https://www.nhm.ac.uk/discover/immortal-jellyfish-secret-to-cheating-death.html (2023년 1월 15일 접속).

21 Alexander L. Davis, Kate N. Thomas, Freya E. Goetz, Bruce H. Robison et al., "Ultra-Black Camouflage in Deep-Sea Fishes," *Current Biology* 30, no. 17 (2020년 9월) : 3470–76.

22 Beebe, 175.

23 Dag Standal and Eduardo Grimaldo, "Institutional Nuts and Bolts for a Mesopelagic Fishery in Norway," *Marine Policy* 119, no. 104043 (2020년 5월), https://doi.org/10.1016/j.marpol.2020.104043.

24 The Ocean Twilight Zone Project, *Value Beyond View : Illuminating the Human Benefits of the Ocean Twilight Zone* (Woods Hole, MA : Woods Hole Oceanographic Institution, 2022), https://twilightzone.whoi.edu/value-beyond-view. 또한 다음을 참조하라. Madeline Drexler, "The Ocean Twilight Zone's Crucial Carbon Pump," Woods Hole Oceanographic Institution, whoi.edu, https://www.

whoi.edu/news-insights/content/the-ocean-twilight-zones-crucial-carbon-pump (2023년 1월 15일 접속).

25　Glen Wright (IDDRI), Kristina M. Gjerde (IUCN), Aria Finkelstein (Massachusetts Institute of Technology), and Duncan Currie (GlobeLaw), "Fishing in the Twilight Zone : Illuminating Governance Challenges at the Next Fisheries Frontier," IDDRI, 2020년 11월 연구, iddri.org, https://www.iddri.org/en/publications-and-events/study/fishing-twilight-zone-illuminating-governance-challenges-next.

제9장

1　Bruce C. Heezen and Charles D. Hollister, *The Face of the Deep* (New York, London, and Toronto : Oxford University Press, 1971), 423.
2　John L. Mero, *The Mineral Resources of the Sea* (Amsterdam, London, and New York : Elsevier Scientific Publishing Company, 1965), 1.
3　Ibid., 114.
4　Ibid., 86.
5　Ibid., 52.
6　Ibid., 277-79.
7　Ibid., 252.
8　Tom Kizzia, "Deep Sea Billions," *Washington Post*, 1981년 8월 2일.
9　Michael Lodge, "The International Seabed Authority and Deep Seabed Mining," United Nations, un.org, https://www.un.org/en/chronicle/article/international-seabed-authority-and-deep-seabed-mining (2023년 1월 17일 접속).
10　국제 해저 기구의 웹사이트(isa.org.jm)에는 "국제 해저 기구의 권한과 정책은 무엇인가?"라는 질문에 대하여 이런 답변을 달아두었다. "국제 해저 기구는 인류 전체의 이익을 위해서 심해저 구역의 자원이 질서정연하고 안전하고 책임감 있게 관리, 개발되도록 촉진해야 한다. 그렇게 하기 위해서 국제 해저 기구는 적절한 규정, 규제와 절차를 적용하여 해양 환경을 유해한 영향으로부터 효과적으로 보호해야 할 의무가 있다." https://www.isa.org.jm/index.php/frequently-asked-questions-faqs (2023년 1월 17일 접속).
11　Yajuan Kang and Shaojun Liu, "The Development History and Latest Progress of Deep-Sea Polymetallic Nodule Mining Technology," *Minerals* 11, no. 10 (2021년 10월) : 1132, https://doi.org/10.3390/min11101132.
12　Ted Brockett, "Ocean Mining : Lessons from the Past," *Ocean News & Technology* (2020년 5월) : 14-17.
13　Xiaohong Wang, Ute Schloßmacher, Matthias Wiens, Heinz C. Schröder,

and Werner E. G. Müller, "Biogenic Origin of Polymetallic Nodules from the Clarion-Clipperton Zone in the Eastern Pacific Ocean : Electron Microscopic and EDX Evidence," *Marine Biotechnology* 11, no. 1 (2009년 2월) : 99-108.
14   Mero, 278.
15   Laura Kaikkonen and Ingrid van Putten, "We May Not Know Much About the Deep Sea, But Do We Care About Mining It?," *People and Nature* 3, no. 4 (2021년 8월) : 843-60.
16   Takuma Watari, Keisuke Nansai, and Kenichi Nakajima, "Review of Critical Metal Dynamics to 2050 for 48 Elements," *Resources, Conservation and Recycling* 155 (2020년 4월), https://doi.org/10.1016/j.resconrec.2019.104669.
17   캐나다의 해양생물학자이자 빅토리아 대학교의 명예교수인 베레나 터니클리프(Verena Tunnicliffe)의 언급, 다음에서 인용, Damian Carrington, "Is Deep Sea Mining Vital for a Greener Future—Even If It Destroys Ecosystems?," *The Guardian*, 2017년 6월 4일.
18   International Seabed Authority, "Protection of the Seabed Environment," isa.org.jm, https://isa.org.jm/files/files/documents/eng4.pdf (2023년 1월 17일 접속).
19   Jack Lo Lau, "Sandor Mulsow : 'The ISA Is Not Fit to Regulate Any Activity in the Oceans,'" *China Dialogue*, chinadialogueocean.net, https://chinadialogueocean.net/en/governance/19905-sandor-mulsow-isa-not-suited-to-regulate-oceans (2023년 1월 17일 접속).
20   Todd Woody, "Seabed Mining : The 30 People Who Could Decide the Fate of the Deep Ocean," *Oceans Deeply*, deeply.thenewhumanitarian.org/oceans, https://deeply.thenewhumanitarian.org/oceans/articles/2017/09/06/seabed-mining-the-24-people-who-could-decide-the-fate-of-the-deep-ocean (2023년 1월 17일 접속).
21   Michael Lodge at the "CIL International Law Year in Review 2021 Conference-Session 6," 2021년 6월 28일, 유튜브 영상, 40:42, https://www.youtube.com/watch?v=-HvVOl4aBLQ.
22   Michael Lodge, "New Developments in Deep Seabed Mining," 독일 함부르크에서 발언, 2018년 9월 25일, isa.org.jm, https://isa.org.jm/files/documents/EN/SG-Stats/25_September_2018.pdf. 인용문은 3쪽에 있다.
23   International Seabed Authority, *Secretary-General Annual Report 2022* (2022년 6월) : 72-74. 이 보고서의 92쪽에 있는 그림 9 "광물 자원을 탐사 중인 심해저 구역 지도"에는 "클라리온-클리퍼턴 단열대, 인도양, 대서양 중앙 해령, 남대서양, 서태평양"의 여러 구역에서 채굴 계약이 체결되었다고 명시되어 있다.
24   Jonathan Watts, "Race to the Bottom : The Disastrous, Blindfolded Rush to Mine

the Deep Sea," *The Guardian,* theguardian.com, https://www.theguardian.com/environment/2021/sep/27/race-to-the-bottom-the-disastrous-blindfolded-rush-to-mine-the-deep-sea (2023년 1월 17일 접속).

25 Duncan Currie, "Seabed Mining : Legal Risks, Responsibilities and Liabilities for Sponsoring States," Deepsea Conservation Coalition, savethehighseas.org, https://www.savethehighseas.org/wp-content/uploads/2020/10/Seabed-Mining-Liability-Factsheet_DSCC_July2020.pdf (2023년 1월 17일 접속).

26 "Deep-Sea Mining : Who Stands to Benefit," *Deep-Sea Mining Fact Sheet 6* (2022년 2월) : 7, https://savethehighseas.org/wp-content/uploads/2022/07/DSCC_FactSheet7_DSM_WhoBenefits_4pp_web.pdf.

27 국제 해저 기구가 자신들이 규제해야 하는 분야의 산업에 참여한다는 사실은 이해 충돌 문제에 관한 광범위한 우려를 불러일으켰지만, 국제 해저 기구 측은 이러한 의혹을 부인한다. 국제 해저 기구의 고문 변호사는 「로스앤젤레스 타임스」에 보낸 반박문에 다음과 같이 썼다. "국제 해저 기구의 권한 내에 이해 충돌 문제는 존재하지 않는다. 국제 해저 기구는 그 구성 기관을 통해서 해양 환경 보호를 위한 해저 활동의 규제 관리 의무를 수행한다. 여기에 '내재된 이해의 충돌' 같은 것은 없다." 또한 이렇게 덧붙이기도 했다. "국내와 국외를 막론하고 어떤 분야와 맥락에서든 모든 규제 기관은 충돌하는 이해관계를 조율해야 할 의무가 있다. 그것이 규제의 기능이자 규제가 필요한 이유이다. 다양한 이해관계의 효과적인 규제를 이해 충돌이라고 말하는 것은 그 역할을 이해하지 못한 것이다."

28 United Nations Convention on the Law of the Sea, "Article 170 : The Enterprise," 94, https://www.un.org/depts/los/convention_agreements/texts/unclos/unclos_e.pdf.

29 International Seabed Authority, "The Mining Code," https://www.isa.org.jm/mining-code (2023년 1월 21일 접속).

30 International Seabed Authority, "Environmental Impact Assessments," https://www.isa.org.jm/minerals/environmental-impact-assessments (2023년 1월 21일 접속).

31 "Deep-Sea Mining : Is the International Seabed Authority Fit for Purpose?" *Deep-Sea Mining Fact Sheet 7* (2022년 2월) : 3, https://savethehighseas.org/wp-content/uploads/2022/03/DSCC_FactSheet7_DSM_ISA_4pp_28Feb22.pdf.

32 Tom Peacock, "Mining the Deep Sea," TED × MIT talk, 2020년 1월 23일, 유튜브 영상, 24:07, https://www.youtube.com/watch?v=6TpibSTjOww.

33 Claudia Dreifus, "Deep in the Sea, Imagining the Cradle of Life on Earth," *New York Times,* 2007년 10월 16일.

34 Cindy Lee Van Dover, "Tighten Regulations on Deep-Sea Mining," *Nature* 470 (2011년 2월) : 31-33.
35 Elham Shabahat, "'Antithetical to Science' : When Deep-Sea Research Meets Mining Interests," *Mongabay*, 2021년 10월 4일, news.mongabay.com, https://news.mongabay.com/2021/10/antithetical-to-science-when-deep-sea-research-meets-mining-interests (2023년 3월 23일 접속).
36 Porter Hoagland, Stace Beaulieu, Maurice A. Tivey, Roderick G. Eggert, Christopher German, Lyle Glowka, and Jian Lin, "Deep-Sea Mining of Seafloor Massive Sulfides," *Marine Policy* 34, no. 3 (2010년 5월) : 728-32.
37 Nautilus Minerals Niugini Limited, *Solwara 1 Project : Environmental Impact Study, Volume A, Main Report* (2008년 9월) : Section 9.6.2, yumpu.com, https://www.yumpu.com/en/document/read/38646617/environmental-impact-statement-nautilus-cares-nautilus-minerals (2023년 1월 17일 접속). 이 부분에서 공개된 내용 중에는 다음과 같은 사실도 있다. "채굴 경로에 있는 부착성 동물들은 어쩔 수 없이 광석의 흐름에 휩쓸려 수면 위로 쏘아올려질 것이며, 그 과정에서 그 동물들이 죽는 일은 피할 수 없다."
38 Ibid., section 9.4.3, "Suspended Sediment and Plume Formation."
39 Richard Steiner, *Independent Review of the Environmental Impact Statement for the Proposed Nautilus Minerals Solwara 1 Seabed Mining Project, Papua New Guinea* (2009년 1월), 3-4.
40 Ibid., 3.
41 2019년 12월 4일에 노틸러스 미네랄스의 마감 주가는 0.0100달러였다. 역사적인 데이터, Yahoo Finance, https://finance.yahoo.com, https://finance.yahoo.com/quote/NUSMF/history (2023년 1월 13일 접속).
42 Amanda Stutt, "Nautilus Minerals Officially Sinks, Shares Still Trading," mining.com, https://www.mining.com/nautilus-minerals-officially-sinks-shares-still-trading (2023년 1월 17일 접속).
43 Cedric Patjole, "Deep Sea Mining to Have Zero Impact : Nautilus," Loop Papua New Guinea, looppng.com, https://www.loopping.com/business/deep-sea-mining-have-zero-impact-nautilus-67238 (2023년 1월 17일 접속).
44 Nautilus Minerals Inc., *Annual Information Form for the Fiscal Year Ended December 31, 2014* (2015년 3월), 59.
45 Steiner, *Independent Review*, 2-5.
46 David Shukman, "Agreement Reached on Deep Sea Mining," BBC News, 2014년 4월 25일, bbc.com/news, https://www.bbc.com/news/science-environment-27158883 (2023년 2월 16일 접속).

47 Nautilus Minerals Inc., *Annual Information Form for the Fiscal Year Ended December 31, 2017* (2018년 3월), 11–12.

48 Justin Scheck, Eliot Brown, and Ben Foldy, "Environmental Investing Frenzy Stretches Meaning of 'Green,'" *Wall Street Journal,* 2021년 6월 24일.

49 Deep Sea Mining Campaign, London Mining Network, and Mining Watch Canada, *Why the Rush? Seabed Mining in the Pacific Ocean* (2019년 7월), 9.

50 Deep Sea Mining Campaign, *Why the Rush?*, 표지. 딥그린의 홍보 영상은 로지의 출연에 대한 비판의 여파로 비메오(Vimeo)에서 삭제되었지만, 「로스앤젤레스 타임스」의 웹사이트에서 볼 수 있다. https://www.latimes.com/00000180-0150-dd9c-a5ca-ff75c88e0000-123 (2023년 1월 21일 접속).

51 *60 Minutes,* "Into the Deep," 제작 : 헤더 애벗(Heather Abbott), 2019년 11월 17일, https://www.cbsnews.com/news/rare-earth-elements-u-s-on-sidelines-in-race-for-metals-sitting-on-ocean-floor-60-minutes-60-minutes-2019-11-17 (2023년 1월 21일 접속).

52 다음에서 인용, Scheck, *Wall Street Journal.*

53 The Metals Company, *2021 Annual Report* (Vancouver, British Columbia, 2022년 4월) : 160, https://investors.metals.co/financials/annual-reports (2023년 3월 28일 접속).

54 2021년 9월 10일 상장된 이후 현재까지 메탈스 컴퍼니의 주가 흐름은 다음에서 볼 수 있다. https://finance.yahoo.com/quote/TMC/history.

55 The Rosen Law Firm, Class Action Complaint for the Violation of Federal Securities Laws (New York : 2021년 10월) : 6. "실질적으로는 허위인 말로 사람들을 오도했다"는 것이 이 소송에서 변호인들이 제기한 핵심 주장이었다. 메탈스 컴퍼니 및 그 회장이자 최고경영자인 제러드 배런이 또다른 불법 행위들을 저질렀다는 주장도 함께 제기되었는데 "공개되지 않은 내부자들에게 면허 비용을 과도하게 지급했고", "사업 규모에 관하여 투자자들을 오도하기 위해서 탐사 비용을 실제보다 100퍼센트 이상 부풀렸으며", "문제적인 인물들과 연관된 전력이 있다"는 것이었다. 배런과 메탈스 컴퍼니는 "심해 다금속 단괴 채굴의 환경적 영향을 심각하게 축소했다"는 혐의도 받았다. https://www.dandodiary.com/wp-content/uploads/sites/893/2021/10/TMC-The-Metals-Company-complaint.pdf (2023년 1월 21일 접속).

56 Ortenca Aliaj, "Deep Sea Mining Group Left in the Lurch After $200m Disappears," *Financial Times,* 2021년 10월 20일.

57 The Pacific Blue Line, "Drawing the Pacific Blue Line." pacificblueline.org (2023년 1월 21일 접속). 또한 다음을 참조하라. Deep Sea Mining Campaign, "Investors Take Flight from the Metals Company : Pacific Island Countries Should Do

the Same," 보도자료, 2021년 9월 23일, https://dsm-campaign.org/wp-content/uploads/2022/03/Blue-Line-TMC-Media-Statement.pdf.

58 The International Union for Conservation of Nature, "Protection of Deep-Sea Ecosystems and Biodiversity Through a Moratorium on Seabed Mining," 보도자료 제069번, 2021년 9월 22일, https://www.iucncongress2020.org/motion/069.

59 "Marine Expert Statement Calling for a Pause to Deep-Sea Mining," https://www.seabedminingsciencestatement.org.

60 K. A. Miller, K. Brigden, D. Santillo, D. Currie, P. Johnston, and K. F. Thompson, "Challenging the Need for Deep Seabed Mining from the Perspective of Metal Demand, Biodiversity, Ecosystems Service, and Benefit Sharing," *Frontiers in Marine Science* 8, no. 706161 (2021년 7월), https://doi.org/10.3389/fmars.2021.706161.

61 Lisa A. Levin, *Significant, Serious and Sobering : Defining Serious Harm and Harmful Effects from Seabed Mining* (파워포인트[PowerPoint] 발표 자료, Deep-Ocean Stewardship Initiative Workshop, Scripps Oceanographic Institute, 2017년 3월), https://www.isa.org.jm/wp-content/uploads/2022/12/Levin.pdf.

62 Jeffrey C. Drazen, Craig R. Smith, Kristina M. Gjerde, Steven H. D. Haddock, Glenn S. Carter, C. Anela Choy et al., "Midwater Ecosystems Must Be Considered When Evaluating Environmental Risks of Deep-Sea Mining," *Proceedings of the National Academy of Sciences* 117, no. 30 (2020년 7월), https://doi.org/10.1073/pnas.2011914117.

63 Steven H. D. Haddock and C. Anela Choy, "Treasure and Turmoil in the Deep Sea," *New York Times*, 2020년 8월 14일.

64 The Metals Company, *2021 Annual Report*, 37. 또한 다음을 참조하라. International Seabed Authority, "Nauru Requests the President of ISA Council to Complete Adoption of Rules, Regulations and Procedures Necessary to Facilitate the Approval of Plans of Work for Exploitation in the Area," 보도자료, 2021년 6월 29일, https://www.isa.org.jm/news/nauru-requests-president-isa-council-complete-adoption-rules-regulations-and-procedures.

65 제러드 배런은 공개적인 성명과 행동을 통해 나우루가 자신들이 보증하는 기업의 대변자 역할을 하고 있다는 점을 분명히 해왔다. 2019년 2월, 자메이카 킹스턴에서 열린 국제 해저 기구 회의에서 배런은 나우루의 대표로 나서서 자신의 영향력을 노골적으로 과시했다. "A Mining Startup's Rush for Underwater Metals Comes with Deep Risks," *Bloomberg* (2021년 6월 23일)에서 기자 토드 우디(Todd Woody)는 이렇게 썼다. "나우루는 배런에게 대표 자리를 내줌으로써 UN의 절차 규정을 위반하고……UN의 정책 결정 기구에서 기업의 임원이

연설할 수 있게 해주었다." 우디가 쓴 또 다른 기사에서 배런은 회사가 더 빠르게 움직여야 할 필요성에 관해서 이야기했다. "우리는 채굴 규정이 빨리 확정되었으면 합니다.⋯⋯계약업체로서 2023년에는 사업을 시작하고 싶습니다. 현재 어마어마한 노력과 자금을 투자하고 있기 때문에 큰 위험을 감수하고 있습니다." 나우루가 2021년 6월부터 적용한 국제 해저 기구의 2년 시한에 관해서 배런은 다음과 같이 말한 적이 있다. "지속적으로 검토 중인 사안입니다. 가능성이 아예 없는 것은 아닙니다." Todd Woody, "Covid-19 Throws Seabed Mining Negotiations Off Track," *China Dialogue Ocean*, 2020년 5월 7일, https://chinadialogueocean.net/en/governance/13685-covid-19-could-throw-seabed-mining-negotiations-off-track (2023년 1월 22일 접속).

66 Jack Hitt, "The Billion-Dollar Shack," *New York Times Magazine*, 2010년 12월 10일, https://www.nytimes.com/2000/12/10/magazine/the-billion-dollar-shack.html (2023년 1월 22일 접속). 잭 히트(Jack Hitt)는 2003년 12월 5일에 팟캐스트에서 진행자인 아이라 글래스(Ira Glass)와 함께, 자신의 기사와 나우루에 관해서 이야기했다. "The Middle of Nowhere," 팟캐스트 *This American Life*, MP3 음원, 30:00, https://www.thisamericanlife.org/253/the-middle-of-nowhere.

67 Helen Hughes, "Tough Love Key to Nauru's Future," *Global Policy Forum*, 2008년 1월 22일, https://archive.globalpolicy.org/nations/micro/2008/0122nauru.htm#author (2023년 1월 22일 접속).

68 U. S. House of Representatives Committee on Banking and Financial Services Hearing on Money Laundering transcript (Washington, DC : 2000년 3월) : 61, http://commdocs.house.gov/committees/bank/hba63312.000/hba63312_0f.htm.

69 Anne Davies and Ben Doherty, "Corruption, Incompetence and a Musical : Nauru's Cursed History," *The Guardian*, 2018년 9월 3일, https://www.theguardian.com/world/2018/sep/04/corruption-incompetence-and-a-musical-naurus-riches-to-rags-tale (2023년 1월 22일 접속).

70 Hitt, "The Billion-Dollar Shack."

71 Helen Davidson, "Australia Jointly Responsible for Nauru's Draconian Media Policy, Documents Reveal," *The Guardian*, 2018년 10월 3일, https://www.theguardian.com/australia-news/2018/oct/04/australia-jointly-responsible-for-naurus-draconian-media-policy-documents-reveal (2023년 1월 22일 접속).

72 The Government of the Republic of Nauru, "Nauru Requests the International Seabed Authority Council to Adopt Rules and Regulations Within Two Years," FAQ on Two Year Notice, http://naurugov.nr/government/departments/department-of-foreign-affairs-and-trade/faqs-on-2-year-notice.aspx.

73 딥그린의 최고경영자 제러드 배런에 대한 그레그 스톤(Greg Stone)의 인터뷰,

2019년 6월 10일, 팟캐스트 *The Sea Has Many Voices*, 유튜브, 1:06:00, https://www.youtube.com/watch?v=TIgfH8rW49Q.

74 P. P. E. Weaver, J. Aguzzi, R. E. Boschen-Rose, A. Colaço, H. de Stigter et al., "Assessing Plume Impacts Caused by Polymetallic Nodule Mining Vehicles," *Marine Policy* 139 (2022년 3월), https://doi.org/10.1016/j.marpol.2022.105011.

75 Tanja Stratmann, Karline Soetaert, Daniel Kersken, and Dick van Oevelen, "Polymetallic Nodules Are Essential for Food-Web Integrity of a Prospective Deep-Seabed Mining Area in Pacific Abyssal Plains," *Nature Scientific Reports* 11, no. 12238 (2021년 6월), https://doi.org/10.1038/s41598-021-91703-4.

76 DeepGreen Metals Inc., "Open Letter to Brands Calling for a Ban on Seafloor Minerals," https://oceanminingintel.com/insights/deepgreen-metals-inc-open-letter-to-brands-on-the-benefits-of-seafloor-nodules.

77 The Metals Company, *2021 Impact Report* (Vancouver, BC, 2022년 5월) : 30, https://metals.co/tmcs-inaugural-impact-report.

78 Yinon M. Bar-On and Ron Milo, "The Biomass Composition of the Oceans : A Blueprint of Our Blue Planet," *Cell* 179, no. 7 (2019년 12월 12일) : 1451-54. 이는 M. 바-온(Yinon M. Bar-On)과 론 마일로(Ron Milo)는 이렇게 썼다. "육지와 바다의 제1차 생산자 생물량이 차이 나는 이유는 육상 식물을 지탱하는 대량의 목질 조직 때문이다.……육지에서는 키가 큰 쪽이 햇빛을 더 많이 받기 때문에 다른 식물과의 경쟁에서 유리해진다.……바다에서는 햇빛을 받기 위해 꼭 키가 클 필요는 없다."

79 Holly J. Niner, Jeff A. Ardron, Elva G. Escobar, Matthew Gianni, Aline Jaeckel, Daniel O. B. Jones et al., "Deep-Sea Mining with No Net Loss of Biodiversity—an Impossible Aim," *Frontiers in Marine Science* 5, no. 53 (2018년 3월), https://doi.org/10.3389/fmars.2018.00053.

80 Diva J. Amon, Amanda F. Ziegler, Thomas G. Dahlgren, Adrian G. Glover, Aurélie Goineau et al., "Insights into the Abundance and Diversity of Abyssal Megafauna in a Polymetallic-Nodule Region in the Eastern Clarion-Clipperton Zone," *Nature Scientific Reports* 6, no. 30492 (2016년 7월), https://doi.org/10.1038/srep30492.

81 Leigh Marsh, Veerle A. I. Huvenne, and Daniel O. B. Jones, "Geomorphological Evidence of Large Vertebrates Interacting with the Seafloor at Abyssal Depths in a Region Designated for Deep-Sea Mining," *Royal Society Open Science* 5, no. 8 (2018년 8월), https://doi.org/10.1098/rsos.180286.

82 Tristan Cordier, Inés Barrenechea Angeles, Nicolas Henry, Franck Lejzerowicz, Cédric Berney, Raphaël Morard et al., "Patterns of Eukaryotic Diversity from the

Surface to the Deep-Ocean Sediment," *Science Advances* 8, no. 5 (2022년 2월), https://www.science.org/doi/10.1126/sciadv.abj9309.

83 Patrick Pester, "The Deep Seafloor Is Filled with Entire Branches of Life Yet to Be Discovered," *Live Science*, 2022년 2월 5일, https://www.livescience.com/deep-ocean-floor-teeming-with-unknown-life (2023년 1월 22일 접속).

84 Marine Biological Laboratory, "Ocean Microbe Census Discovers Diverse World of Rare Bacteria," *Science Daily*, 2006년 9월 2일, https://www.sciencedaily.com/releases/2006/08/060829081744.htm (2023년 1월 22일 접속).

85 MacKenzie Elmer and Lauren Fimbres Wood, "Deep Sea Anti-Cancer Drug Discovered by Scripps Scientists Enters Final Phase of Clinical Trials," Scripps Institution of Oceanography, 2020년 4월 7일, https://scripps.ucsd.edu/news/deep-sea-anti-cancer-drug-discovered-scripps-scientists-enters-final-phase-clinical-trials (2023년 1월 22일 접속). 또한 다음을 참조하라. Stephanie Stone, "Hope for New Drugs Arises from the Sea," *Scientific American*, 2022년 8월 1일, https://www.scientificamerican.com/article/hope-for-new-drugs-arises-from-the-sea (2023년 1월 22일 접속).

86 Beth N. Orcutt, James A. Bradley, William J. Brazelton, Emily R. Estes, Jacqueline M. Goordial, Julie A. Huber et al., "Impacts of Deep-Sea Mining on Microbial Ecosystem Services," *Limnology and Oceanography* 65, no. 7 (2020년 7월): 1489-1510.

87 Rachel Carson, *The Sea Around Us* (Oxford, UK : Oxford University Press, 1989), 76.

88 The Metals Company, *2021 Annual Report*, 40.

89 Craig R. Smith, Malcolm R. Clark, Erica Goetze, Adrian G. Glover, and Kerry L. Howell, "Biodiversity, Connectivity and Ecosystem Function Across the Clarion-Clipperton Zone : A Regional Synthesis for an Area Targeted for Nodule Mining," *Frontiers in Marine Science* 8 (2021년 12월), https://doi.org/10.3389/fmars.2021.797516.

90 일군의 국제 해양과학자들은 그레트헨 프뤼-그린이 작성한 항의 서한에 함께 서명하여 국제 해저 기구와 마이클 로지에게 발송했다. 이 서한은 다음과 같은 문단으로 끝을 맺는다. "우리는 심해를 연구하고 보존해야 합니다. 파괴적인 활동에 개방해서는 안 됩니다. 우리는 국제 해저 기구가 향후 심해 광물 채굴 요청을 평가할 때 국제 과학계의 의견을 고려해줄 것을 강력하게 요청합니다. 이 독특한 열수공 지대들은 대체 불가능하며, 해저 채굴은 물론이고 인근 지역의 탐사만으로도 얼마나 큰 영향을 받을지 알 수 없습니다."

91 Alan Jamieson and Thom Linley, "Deep-Sea Mining Special," 2020년 12월

10일, 팟캐스트 *The Deep-Sea Podcast*, MP3 음원, 1:07:38, https://www.armatusoceanic.com/podcast/006-deep-sea-mining-special.

92　David Edward Johnson, "Protecting the Lost City Hydrothermal Vent System : All Is Not Lost, or Is It?," *Marine Policy* 107 (2019년 9월), https://doi.org/10.1016/j.marpol.2019.103593. 존슨은 로스트 시티에서 채굴이 이루어지지 않더라도 금속 황화물 매장지가 있는 대서양 중앙 해령의 열수공 지대가 폴란드의 채굴 탐사 구역에 포함되어 있기 때문에 어쩔 수 없이 훼손될 수 있다는 점을 지적한다. "로스트 시티 생태계를 주로 위협하는 것은 다금속 황화물 채굴이 인접 혹은 인근 지역에서 이루어질 경우 발생하는 배출물로 인한 간접적 피해이다."

93　2020년에 발표된 "정보 노트(Information Note)"에 국제 해저 기구의 환경관리 및 광물자원 국장인 이지현(Jihyun Lee)은 이렇게 썼다. "협약 제145조에 따라 국제 해저 기구는 해양 환경의 오염과 기타 유해 요소의 방지, 감소, 통제와 심해저 천연 자원의 보호 및 보존, 그리고 해양 환경 동식물에 대한 피해 방지를 위하여 적절한 규칙, 규정 및 절차를 채택할 것이다." 또한 이지현은 "심해저에서 이루어지는 활동의 환경적 영향"을 판단하는 데에 국제 해저 기구의 법률 및 기술 위원회가 "전문가들의 공인된 견해"를 고려해야 한다고도 썼다. 그러나 국제 해저 기구는 전문가들의 견해에도 불구하고 채굴을 계속 추진 중이다. 2022년 4월, 31명의 심해 과학자와 정책 입안자들은 함께 논문을 발표하여 심해 채굴의 환경적 영향에 관해서 우리가 알지 못하는 부분이 여전히 얼마나 많은지를 엄밀하고도 체계적으로 설명했다. 저자들은 "탐사 지역이나 자원에 관한 최소 수준의 지식도 확보되지 않았음을 고려할 때, 우리의 이러한 제안은 탐사에서 개발로의 전환 속도를 늦추자는 목소리가 점점 커지고 있는 상황에 부합한다"고 쓰고 10년에서 30년에 걸친 추가 연구를 권고했다(현재까지 700명이 넘는 해양과학 전문가들이 모라토리엄을 지지하는 성명에 서명했다).
Jiyhun Lee, "Information Note on the Work of the International Seabed Authority Relating to Environmental Impact Assessments," https://ec.europa.eu/newsroom/mare/redirection/document/64790 (2023년 1월 21일 접속).
Diva J. Amon, Sabine Gollner, Telmo Morato, Craig R. Smith, Chong Chen, Sabine Christiansen et al., "Assessment of Scientific Gaps Related to the Effective Environmental Management of Deep-Seabed Mining," *Marine Policy* 138 (2022년 4월), https://doi.org/10.1016/j.marpol.2022.105006.

94　참조한 두 기사는 다음과 같다. Todd Woody, "A Gold Rush in the Deep Sea Raises Questions About the Authority Charged with Protecting It," *Los Angeles Times*, 2022년 4월 19일. Eric Lipton, "Secret Data, Tiny Islands and a Quest for Treasure on the Ocean Floor," *New York Times*, 2022년 8월 29일.

제10장

1 David A. Clague, Jennifer B. Paduan, David W. Caress, Craig L. Moyer, Brian T. Glazer, and Dana R. Yoerger, "Structure of Loʻihi Seamount, Hawaii, and Lava Flow Morphology from High-Resolution Mapping," *Frontiers in Earth Science* 26 (2019년 3월), https://doi.org/10.3389/feart.2019.00058.
2 https://www.soest.hawaii.edu/oceanography/glazer/Brian_T._Glazer/Research.html.
3 K. O. Emery, "Submarine Topography South of Hawaii," *Pacific Science* 9 (1955년 7월) : 286-91.
4 Chris Gebhardt, "50 Years On, Reminders of Apollo 1 Beckon a Safer Future," nasaspaceflight.com, https://www.nasaspaceflight.com/2017/01/50-years-on-apollo-1-safer-future (2023년 1월 7일 접속).
5 William Beebe, *Half Mile Down* (New York : Harcourt, Brace and Company, 1934), 133-34.
6 Ibid., 210.

에필로그

1 베스코보는 동쪽 분지, 서쪽 분지, 중앙 분지를 포함하여 챌린저 해연의 모든 구역을 탐사하겠다는 목표를 달성했다. 프레셔 드롭 호의 음파 탐지기, 잠수정, 랜더의 데이터를 과학적으로 분석한 결과는 다음의 논문으로 발표되었다. Samuel F. Greenaway, Kathryn D. Sullivan, S. Harper Umfress, Alice B. Beittel, and Karl D. Wagner, "Revised Depth of the Challenger Deep from Submersible Transects ; Including a General Method for Precise, Pressure-Derived Depths in the Ocean," *Deep Sea Research Part I : Oceanographic Research Papers* 178 (2021년 12월), https://doi.org/10.1016/j.dsr.2021.103644.
2 2021년 3월에 베스코보와 트라이턴의 셰인 아이글러는 수심 6,456미터로 잠수하여 1944년에 제2차 세계대전 전투 도중 필리핀 해에서 침몰한 미국 해군의 구축함 USS 존스턴 호의 잔해를 발견했다. 그다음 해에 베스코보는 프랑스의 음파 탐지 전문가인 제레미 모리제(Jeremie Morizet)와 함께 필리핀 해에서 더 깊은 지점인 수심 6,895미터까지 내려가 제2차 세계대전 당시의 또 다른 난파선을 발견했다. "새미 B"라고 불리는 USS 새뮤얼 R. 루버츠 호였다. USS 존스턴 호 탐사 잠수에 관한 더 자세한 정보는 다음에서 볼 수 있다. Caladan Oceanic, "Submersible Crew Completes the World's Deepest Shipwreck Dive (USS *Johnston*)," 보도자료, 2021년 3월 31일, https://caladanoceanic.com/wp-content/uploads/2021/04/Samar-media-release-3-Final-Version-Rev1.pdf.

3   Christian Davenport, "As NASA and SpaceX Prepare to Fly Another Crew to the Space Station, Engineers are Fixing a Leaky Toilet on the Spacecraft," *Washington Post,* 2021년 10월 29일.

4   Veronique LaCapra, "Mesobot, Follow That Jellyfish : New Robot Will Track Animals in the Twilight Zone," *Oceanus* (2019년 봄) : 38–39.

5   Woods Hole Oceanographic Institution, "HROV Nereid Under Ice," whoi.edu, https://www.whoi.edu/what-we-do/explore/underwater-vehicles/hybrid-vehicles/nereid-under-ice (2023년 1월 17일 접속).

6   Woods Hole Oceanographic Institution, "Orpheus," whoi.edu, https://www.whoi.edu/what-we-do/explore/underwater-vehicles/auvs/orpheus (2023년 1월 17일 접속).

7   Taylor Kubota, "Stanford's OceanOneK Connects Human's Sight and Touch to the Deep Sea," news.stanford.edu, https://news.stanford.edu/2022/07/20/oceanonek-connects-humans-sight-touch-deep-sea (2023년 1월 17일 접속).

8   "Gustavo Petro Raises the Rescue of the Galleon San José with a New Research Vessel," earlybulletins.news, https://earlybulletins.news/world/193781.html (2023년 1월 17일 접속).

9   Hannah Piecuch, "Overhaul to Take Alvin to Greater Extremes," *Oceanus,* whoi.edu/oceanus, https://www.whoi.edu/oceanus/feature/overhaul-to-take-alvin-to-greater-extremes (2023년 1월 17일 접속).

10 Bo Yang, "Manned Submersibles—Deep-Sea Scientific Research and Exploitation of Marine Resources," *Bulletin of Chinese Academy of Sciences* 36 : 5, Article 18 (2021년 5월).

11 Chen Yu, "The Deep-Sea Dream," chinatoday.com, http://www.chinatoday.com.cn/ctenglish/2018/ln/202102/t20210226_800237469.html. (2023년 1월 4일 접속).

12 Autun Purser, Laura Hehemann, Lilian Boehringer, Andreas Rogge, Moritz Holtappels, and Frank Wenzhoefer, "A Vast Icefish Breeding Colony Discovered in the Antarctic," *Current Biology* 32, no. 4 (2022년 2월), https://doi.org/10.1016/j.cub.2021.12.022.

13 T. M. Morganti, B. M. Slaby, A. de Kluijver, K. Busch, U. Hentschel, J. J. Middleburg, H. Grotheer et al., "Giant Sponge Grounds of Central Arctic Seamounts Are Associated with Extinct Seep Life," *Nature Communications* 13, no. 638 (2022년 2월), https://doi.org/10.1038/s41467-022-28129-7.

14 Johanna N. J. Weston, Priscilla Carrillo-Barragan, Thomas D. Linley, William D. K. Reid, and Alan J. Jamieson, "New Species of Eurythenes from Hadal Depths of the Mariana Trench, Pacific Ocean (Crustacea : Amphipoda)," *Zootaxa* 4748,

no. 1 (2020년 3월): 163-68.
15 Alan J. Jamieson, Tamas Malkocs, Stuart B. Piertney, Toyonobu Fujii, and Zulin Zhang, "Bioaccumulation of Persistent Organic Pollutants in the Deepest Ocean Fauna," *Nature Ecology & Evolution* 1, no. 0051 (2017년 2월), https://doi.org/10.1038/s41559-016-0051.
16 United States Geological Survey Hawaiian Volcano Observatory, "Kamaʻehuakanaloa—The Volcano Formerly Known as Loʻihi Seamount," usgs.gov, https://www.usgs.gov/observatories/hvo/news/volcano-watch-kamaehuakanaloa-volcano-formerly-known-loihi-seamount (2023년 1월 15일 접속).

참고 문헌

Anctil, Michel. *Luminous Creatures : The History and Science of Light Production in Living Organisms* (Montreal, Quebec, and Kingston, Ontario : McGill-Queen's University Press, 2018).
Asma, Stephen T. *On Monsters : An Unnatural History of Our Worst Fears* (Oxford, UK : Oxford University Press, 2009).
Atwater, Brian F., Musumi-Rokkaku Satoko, Satake Kenji, Tsuji Yoshinobu, Ueda Kazue, and David K. Yamaguchi. *The Orphan Tsunami of 1700 : Japanese Clues to a Parent Earthquake in North America* (Seattle, WA : University of Washington Press, 2015).
Baker, Maria, Eva Ramirez-Llodra, and Paul Taylor, eds. *Natural Capital and Exploitation of the Deep Ocean* (Oxford, UK : Oxford University Press, 2020).
Ballard, Robert D. *The Eternal Darkness : A Personal History of Deep-Sea Exploration* (Princeton, NJ : Princeton University Press, 2000).
Bass, George F. *Archaeology Beneath the Sea : My Fifty Years of Diving on Ancient Shipwrecks* (Istanbul, Turkey : Boyut, 2011). Updated Kindle edition of 1975 printed edition from Walker & Company, 1975.
Bass, George F., ed. *Beneath the Seas : Adventures with the Institute of Nautical Archaeology* (London : Thames & Hudson, 2005).
Beebe, William. *Half Mile Down* (New York : Harcourt, Brace and Company, 1934).
Burke, Edmund. *A Philosophical Enquiry into the Sublime and Beautiful* (Oxford, UK : Oxford University Press, 2015). 『숭고와 아름다움의 관념의 기원에 대한 철학적 탐구』. 김동훈 역(마티, 2019).
Busby, Frank R. *Manned Submersibles* (Washington, DC : Office of the Oceanog-

rapher of the Navy, 1976).

Campbell, Lord George. *Log-Letters from the Challenger* (London : Macmillan and Co., 1877).

Carson, Rachel. *The Sea Around Us* (Oxford, UK : Oxford University Press, 1989). 『우리를 둘러싼 바다』. 김홍옥 역(에코리브르, 2018).

_____. *Lost Woods : The Discovered Writing of Rachel Carson*, ed. Linda Lear (Boston, MA : Beacon Press, 1998). 『잃어버린 숲 : 레이첼 카슨 유고집』. 김선영 역 (그물코, 2004).

Chapman, Roger. *No Time on Our Side* (New York : W. W. Norton & Company, 1975).

Corfield, Richard. *The Silent Landscape : The Scientific Voyage of HMS Challenger* (Washington, DC : The Joseph Henry Press, 2003).

Delgado, James P. *War at Sea : A Shipwrecked History from Antiquity to the Twentieth Century* (Oxford, UK : Oxford University Press, 2019).

Delgado, James, Terry Kerby, Hans K. Van Tilburg, Steven Price, Ole Varmer, Maximilian D. Cremer, and Russell Matthews. *The Lost Submarines of Pearl Harbor : The Rediscovery and Archaeology of Japan's Top-Secret Midget Submarines of World War II* (College Station, TX : Texas A&M University Press, 2016).

Eiseley, Loren. *The Star Thrower* (San Diego, CA, and New York : Harcourt Brace & Company, 1978).

Ellis, Richard. *The Search for the Giant Squid : The Biology and Mythology of the World's Most Elusive Sea Creature* (New York : Penguin Books, 1998).

_____. *Monsters of the Sea* (Guilford, CT : Lyons Press, 2006).

Forbes, Edward. *The Natural History of the European Seas*, ed. Robert Godwin-Austen (London : John Van Voorst, 1859).

Gershwin, Lisa-Ann. *Jellyfish : A Natural History* (Chicago, IL : University of Chicago Press, 2016).

Gould, Carol Grant. *The Remarkable Life of William Beebe, Explorer and Naturalist* (Washington, DC : Shearwater Books, 2004).

Gould, Richard A. *Archaeology and the Social History of Ships,* 2nd ed. (Cambridge, UK : Cambridge University Press, 2011).

Hamilton-Paterson, James. *Three Miles Down : A Hunt for Sunken Treasure* (London : Jonathan Cape, 1998).

Hand, Kevin Peter. *Alien Oceans : The Search for Life in the Depths of Space* (Princeton, NJ : Princeton University Press, 2020). 『우주의 바다로 간다면 : NASA의

과학자, 우주의 심해에서 외계 생명체를 찾다』. 조은영 역(해나무, 2022).
Hanlon, Roger, Mike Vecchione, and Louise Allcock. *Octopus, Squid, and Cuttlefish : A Visual, Scientific Guide to the Ocean's Most Advanced Invertebrates* (Chicago : University of Chicago Press, 2018).
Heezen, Bruce C., and Charles D. Hollister. *The Face of the Deep* (New York, London, and Toronto : Oxford University Press, 1971).
Homer. *The Odyssey.* Translated by Stephen Mitchell (New York : Atria Books, 2013). 『오뒷세이아』. 천병희 역(숲, 2015).
Jamieson, Alan. *The Hadal Zone : Life in the Deepest Oceans* (Cambridge, UK : Cambridge University Press, 2015).
Johannesson, Kurt. *The Renaissance of the Goths in Sixteenth-Century Sweden : Johannes and Olaus Magnus as Politicians and Historians.* Translated by James Larson (Berkeley, CA : University of California Press, 1991).
Karson, Jeffrey A., Deborah S. Kelley, Daniel J. Fornari, Michael R. Perfit, and Timothy M. Shank, *Discovering the Deep : A Photographic Atlas of the Seafloor and Ocean Crust* (Cambridge, UK : Cambridge University Press, 2015).
Leroi, Armand Marie. *The Lagoon : How Aristotle Invented Science* (New York : Penguin Books, 2014).
Lyons, Sherrie Lynne. *Species, Serpents, Spirits, and Skulls* (Albany, NY : State University of New York Press, 2009).
Macdougall, Doug. *Endless Novelties of Extraordinary Interest : The Voyage of H.M.S. Challenger and the Birth of Modern Oceanography* (New Haven, CT, and London : Yale University Press, 2019).
MacInnis, Joe. *Underwater Man* (New York : Dodd, Mead & Company, 1974).
_____. *The Breadalbane Adventure* (Montreal : Optimum Publishing International, 1982).
Magnus, Olaus. *A Description of the Northern Peoples,* vol. 3. Translated by Peter Fisher and Humphrey Higgens ; edited by Peter Foote (London : The Hakluyt Society, 1998).
Matsen, Brad. *Descent : The Heroic Discovery of the Abyss* (New York : Pantheon Books, 2005).
Mero, John L. *The Mineral Resources of the Sea* (Amsterdam, London, and New York : Elsevier Scientific Publishing Company, 1965).
Moseley, H. N. *Notes by a Naturalist : An Account of Observations Made During the Voyage of H.M.S. Challenger* (New York : G. P. Putnam's Sons, 1892).
Munktell, Ing-Marie. *Museum Gustavianum : A Window to the Surrounding World*

(Uppsala, Sweden : Uppsala University, 2015).

Oudemans, A. C. *The Great Sea-Serpent : An Historical and Critical Treatise* (London : Luzac & Co., 1892).

Piccard, Jacques, and Robert S. Dietz. *Seven Miles Down : The Story of the Bathyscaph Trieste* (New York : G. P. Putnam's Sons, 1961).

Rahn Phillips, Carla. *The Treasure of the San José : Death at Sea in the War of the Spanish Succession* (Baltimore, MD : Johns Hopkins University Press, 2007).

Rehbock, Philip F., ed. *At Sea with the Scientifics : The Challenger Letters of Joseph Matkin* (Honolulu : University of Hawaii Press, 1992).

Robison, Bruce, and Judith Connor. *The Deep Sea* (Monterey, CA : Monterey Bay Aquarium Press, 1999).

Rozwadowski, Helen. *Fathoming the Ocean : The Discovery and Exploration of the Deep Sea* (Cambridge, MA, and London : Belknap Press of Harvard University Press, 2005).

_____. *Vast Expanses : A History of the Oceans* (London : Reaktion Books, 2018). 『처음 읽는 바다 세계사 : 바다에서 건져 올린 위대한 인류의 역사』. 오수원 역 (현대지성, 2019).

Sars, Georg Ossian. *On Some Remarkable Forms of Animal Life from the Great Depths Off the Norwegian Coast* (Oslo : Brøgger & Christie, 1872).

Schlee, Susan. *The Edge of an Unfamiliar World : A History of Oceanography* (New York : E. P. Dutton & Co., 1973).

Søreide, Fredrik. *Ships from the Depths : Deepwater Archaeology* (College Station, TX : Texas A&M University Press, 2011).

Spry, R. N. *The Cruise of Her Majesty's Ship Challenger* (London : Sampson Low, Marston, Searle, & Rivington, 1876).

Thomson, Charles Wyville. *The Depths of the Sea* (London : Macmillan and Company, 1873).

Thomson, Sir Charles Wyville. *The Voyage of the Challenger : The Atlantic* (London : Macmillan and Co., 1877).

Wallich, G. C. *The North-Atlantic Sea-Bed : A Diary of the Voyage on Board H.M.S. Bulldog, in 1860* (London : John Van Voorst, 1862).

Watson, Timothy R. *The Spanish Treasure Fleets* (Sarasota, FL : Pineapple Press, 1994).

Widder, Edith. *Below the Edge of Darkness : A Memoir of Exploring Light and Life in the Deep Sea* (New York : Random House, 2021).

Wild, John James. *At Anchor : A Narrative of Experiences Afloat and Ashore During the Voyage of H.M.S. Challenger from 1872 to 1876* (London : Marcus Ward and Co., 1878).

Wilson, Edward O. *Biophilia : The Human Bond with Other Species* (Cambridge, MA, and London : Harvard University Press, 1984).

Van Dover, Cindy Lee. *Deep-Ocean Journeys : Discovering New Life at the Bottom of the Sea* (Reading, MA : Helix Books, 1996).

Van Duzer, Chet. *Sea Monsters on Medieval and Renaissance Maps* (London : The British Library, 2013).

Young, Josh. *Expedition Deep Ocean : The First Descent to the Bottom of All Five of the World's Oceans* (New York and London : Pegasus Books, 2020).

참고할 만한 자료

기관
Caladan Oceanic : https://caladanoceanic.com
Deep-Ocean Stewardship Initiative : https://www.dosi-project.org
Deep Sea Conservation Coalition : https://savethehighseas.org
EYOS Expeditions : https://www.eyos-expeditions.com
Five Deeps Expedition : https://fivedeeps.com
Inkfish : https://ink.fish
Marine Technology Society : https://www.mtsociety.org
Minderoo-UWA Deep-Sea Research Center : https://www.uwa.edu.au/oceans-institute/Research/Deep-Sea-Research-Centre
Mission Blue : https://missionblue.org
Monterey Bay Aquarium Research Institute : https://www.mbari.org
Nautilus Live : Ocean Expedition Trust : https://nautiluslive.org
OceanX : https://oceanx.org
NOAA Ocean Exploration : https://www.oceanexplorer.noaa.gov
Schmidt Ocean Institute : https://schmidtocean.org
Scripps Institution of Oceanography : https://scripps.ucsd.edu
Triton Submarines : https://tritonsubs.com
University of Washington School of Oceanography : https://www.ocean.washington.edu
Woods Hole Oceanographic Institution : https://www.whoi.edu

기타

더 깊이 알고 싶은 독자에게는 앞에서 소개한 단체들과 더불어 다음의 자료들도 추천한다.

딥시 팟캐스트(The Deep-Sea Podcast)

앨런 제이미슨과 톰 린리가 진행하고 돈 월시 대령이 정기적으로 출연하는 월간 팟캐스트. 소개에 따르면 "심해의 모든 것을 다루는 도발적인 과학 팟캐스트"이다. 여러 팟캐스트 플랫폼에서 청취할 수 있다. https://armatusoceanic.com/the-deepsea-podcast.

RCA

이 교육적인 웹사이트에서는 세계에서 가장 발전된 심해 관측소와 이 관측소가 태평양의 북서부 해저에서 수집하는 사진 및 데이터를 자세히 볼 수 있다. 액시얼 해저화산 열수공의 실시간 영상도 제공한다. https://interactiveoceans.washington.edu/about/regional-cabled-array.

몬터레이 베이 수족관, "깊은 바닷속으로: 아직 발견되지 않은 바다를 탐험하다"

2022년 4월 캘리포니아 주 몬터레이에 있는 몬터레이 베이 수족관에서는 관해파리, 붉은해빗해파리, 거대 등각류와 같은 심해 생물들을 직접 볼 수 있었다. 수족관 관리자들이 몬터레이 베이 수족관 연구소(Monterey Bay Aquarium Research Institute, MBARI)의 심해 과학자들과 함께 특수 수조 안에 심해 환경을 재현하여, 심해의 독특한 생명체들을 전례 없이 가까이에서 볼 수 있다. https://www.montereybayaquarium.org/visit/exhibits/into-the-deep.

잠수정 파구 호

2023년 봄에 트라이턴은 마이크로소프트의 공동 창립자인 고(故) 폴 앨런이 소유하던 10인용 잠수정 파구 호를 구매했다(열정적인 해양 보호 활동가이자 탐험가였던 앨런은 파구 호를 개인 요트인 옥토퍼스 호 안에 보관해두고 있었다). 2023년 말이나 2024년 초부터는 누구든지 수심 약 370미터까지 내려갈 수 있는 이 잠수정을 타고 심해의 박광층을 직접 볼 수 있게 된다. 트라이턴은 빠른 시일 내에 파구 호에 관련 계획을 확정하고 카리브 해의 한 지역을 이 잠수정의 모항으로 결정할 예정이다. 더 많은 정보는 다음에서 볼 수 있다. https://tritonsubs.com/pagoo.

그림 출처

화보 1
1쪽 Uppsala University Library collections.
2쪽 위 : Ralph White / CORBIS / via Getty Images. 아래 : U. S. Naval History and Heritage Command.
3쪽 위 : Steve Nicklas / NOS / NGS. 아래 : Five Deeps Expedition.
4쪽 위 : Courtesy of Terry Kerby. 아래 : Courtesy of Terry Kerby / HURL.
5쪽 위 : Courtesy of Terry Kerby / HURL. 아래 : Courtesy of Terry Kerby / HURL.
6쪽 위 : Courtesy of Deborah Kelley, University of Washington. 중간 : Deborah Kelley / University of Washington, NSF-OOI-WHOI ; V19. 아래 : NSF-OOI / UW / CSSF : ROPOS Dive R1757.
7쪽 왼쪽 위 : Susan Casey. 왼쪽 아래 : Courtesy of Deborah Kelley / University of Washington. 오른쪽 위 : University of Washington. 오른쪽 중간 : NSF / OOI / UW / ISS ; R1838 ; V15. 오른쪽 아래 : UW / NSF / OOI / WHOI ; V19.
8쪽 위 : Deborah Kelley and Mitchell Elend, University of Washington ; URI-ROV Hercules, and NOAA Ocean Exploration. 아래 : Deborah Kelley, University of Washington ; URI-ROV Hercules, IFE, URI-IAO, Lost City Science Party, and NOAA Ocean Exploration.

화보 2
1쪽 위 : Reeve Jolliffe / Five Deeps Expedition. 왼쪽 아래 : Nick Verola / Caladan Oceanic. 오른쪽 아래 : Nick Verola / Caladan Oceanic.
2쪽 위 : Reeve Jolliffe / Five Deeps Expedition. 아래 : © Atlantic Productions / Discovery, from the Caladan Oceanic Five Deeps Expedition. Photo by Tamara Stubbs.

3쪽 위 : ⓒ Atlantic Productions / Discovery, from the Caladan Oceanic Five Deeps Expedition. 왼쪽 중간 : ⓒ Atlantic Productions / Discovery, from the Caladan Oceanic Five Deeps Expedition. Photo by Joe MacInnis. 오른쪽 중간 : ⓒ Atlantic Productions / Discovery, from the Caladan Oceanic Five Deeps Expedition. Photo by Joe MacInnis. 아래 : ⓒ Alan Jamieson and Thomas Linley.

4쪽 위 : ⓒ Alan Jamieson and Thomas Linley. 중간 : ⓒ Alan Jamieson and Thomas Linley. 아래 : ⓒ Atlantic Productions / Discovery, from the Caladan Oceanic Five Deeps Expedition.

5쪽 위 : ⓒ Alan Jamieson / Caladan Oceanic. 중간 : ⓒ Alan Jamieson / Caladan Oceanic. 아래 : Alan Jamieson.

6쪽 왼쪽 위 : EYOS Expeditions. 왼쪽 중간 : ⓒ Atlantic Productions / Discovery, from the Caladan Oceanic Five Deeps Expedition. Photo by Susan Casey. 왼쪽 아래 : ⓒ Atlantic Productions / Discovery, from the Caladan Oceanic Five Deeps Expedition. Photo by Joe MacInnis. 오른쪽 위 : ⓒ Atlantic Productions / Discovery, from the Caladan Oceanic Five Deeps Expedition. Photo by Joe MacInnis. 오른쪽 위에서 두 번째 : ⓒ Atlantic Productions / Discovery, from the Caladan Oceanic Five Deeps Expedition. Photo by Joe MacInnis. 오른쪽 위에서 세 번째 : ⓒ Atlantic Productions / Discovery, from the Caladan Oceanic Five Deeps Expedition. Photo by Joe MacInnis. 오른쪽 아래 : ⓒ Atlantic Productions / Discovery, from the Caladan Oceanic Five Deeps Expedition. Photo by Joe MacInnis.

7쪽 위 : Reeve Jolliffe / Five Deeps Expedition. 왼쪽 아래 : Reeve Jolliffe / Five Deeps Expedition. 오른쪽 위에서 두 번째 : Susan Casey. 오른쪽 아래 : ⓒ Alan Jamieson.

8쪽 왼쪽 : ⓒ Alan Jamieson / Caladan Oceanic / Minderoo Foundation. 오른쪽 위 : Victor Vescovo / Caladan Oceanic. 오른쪽 아래 : ⓒ Alan Jamieson / Caladan Oceanic.

화보 3

1쪽 왼쪽 위 : Courtesy of Roger Dooley. 오른쪽 위 : Courtesy of Roger Dooley. 왼쪽 중간 : Courtesy of Roger Dooley. 왼쪽 아래 : Courtesy of Roger Dooley. 오른쪽 아래 : Courtesy of Roger Dooley.

2쪽 위 : Paul Caiger / Woods Hole Oceanographic Institution. 중간 : Paul Caiger / Woods Hole Oceanographic Institution. 아래 : Paul Caiger / Woods Hole Oceanographic Institution.

3쪽 위 : Paul Caiger. 중간 : Paul Caiger / Woods Hole Oceanographic Institution. 아래 : Paul Caiger.

4쪽 위 : Susan Casey. 왼쪽 아래 : Courtesy of Buck Taylor. 오른쪽 아래 : Susan Casey.
5쪽 위 : ⓒ 2004 MBARI. 중간 : Courtesy of the NOAA Office of Ocean Exploration and Research. 아래 : Courtesy of NOAA Office of Ocean Exploration and Research.
6쪽 위 : ⓒ Alan Jamieson / Caladan Oceanic / Minderoo Foundation. 왼쪽 아래 : ⓒ Alan Jamieson / Caladan Oceanic / Minderoo Foundation. 오른쪽 아래 : ⓒ Alan Jamieson / Caladan Oceanic / Minderoo Foundation.
7쪽 왼쪽 위 : ⓒ Todd Brown. 오른쪽 위 : Courtesy of NOAA Office of Ocean Exploration and Research. 중간 : Courtesy of Craig Smith and Diva Amon, ABYSSLINE Project. 아래 : ⓒ Alan Jamieson / Caladan Oceanic / Minderoo Foundation.
8쪽 위 : Susan Casey. 왼쪽 아래 : Susan Casey. 오른쪽 위 : Courtesy of the U. S. Geological Survey. 오른쪽 아래 : Courtesy of NOAA Office of Ocean Exploration and Research.

역자의 말

이 책의 번역을 시작하기 전까지는 나도 심해에 대해서 모호한 인상 밖에 가지고 있지 않았다. 커다란 입을 떡 벌린 기이한 생김새의 물고기들이 사는 곳. 우리가 발을 딛고 있는 이 아늑한 땅 아래에서 불길하게 넘실거리는 세계. 헤아릴 수 없을 만큼 깊고 어둡고 섬뜩한 공간. 기괴한 생물들과 낯선 세계가 등장하는 공포 영화를 흥미진진하게 보다가도 영화가 끝나면 아무렇지도 않게 그 모든 것을 잊어버리듯이, 심해에 대한 나의 호기심이나 상상도 언제나 그 정도에서 멈추었다. 그런데 이 책의 저자인 수전 케이시는 나를 포함하여 그러한 무지와 무관심의 상태에 그럭저럭 만족하는 사람들을 도무지 이해하지 못한다. 그래서 계속 질문을 던진다. 왜 궁금해하지 않는가? 왜 관심을 두지 않는가? 왜 내려가보고 싶어하지 않는가? 그토록 신비롭고 경이로운 세상이 조금만 노력하면 닿을 수 있는 곳에 있는데 왜 하늘의 별들과 먼 우주만 바라보는가?

물론 그런 질문을 던진 사람이 케이시만은 아니었다. 그래서 케이시는 아주 먼 옛날부터 파도치는 바다를 바라보며 그 안에 숨겨진 세계를 상상했던 연구자와 탐험가들의 역사 속으로 우리를 끌어들인다. 상상과 추측과 신뢰할 수 없는 목격담으로부터 시작된 그 기나긴 시행착오와 희생의 역사는 인류에게 심해가 얼마나 놀랍고 풍부하고 역동적인 세계인지를 알려주었다. 평범한 이들은 상상조차 못하는 깊은 바닷속을 경험한 사람들을 인터뷰하고, 그들과 함께 직접 바다로 나간 이야기들을 읽고 있노라면 케이시 또한 용감한 해저탐험가들의 계보를 잇고 있다는 사실이 분명해진다. 이 책의 처음부터 끝까지 케이시는 깊은 바닷속에 빨리 들어가지 못해 안달이 나 있다. 그는 목숨을 건 심해 탐사를 앞두고 '이것이 내 인생의 마지막이 되어도 좋다'고 말하는 사람이다. 강렬한 열정에는 전염성이 있어서 책을 읽는 사람도 어느 순간 그 마음에 동참하게 된다. 수천 미터 깊이의 물속에서 펼쳐지는 생물들의 불꽃놀이를 보고 싶지 않은 사람이 어디 있겠는가.

그러나 해저탐험의 역사는 인간의 탐욕의 역사이기도 하다. 이 책의 후반부에는 심해에 무관심한 것을 넘어 심해를 이용해 돈을 벌고 그 목적을 위해서라면 어떤 파괴 행위도 서슴지 않을 사람들이 소개된다. 심해에 숨겨진 놀라운 자연과 생명체들을 찬미하던 케이시가 정말로 하고 싶었던 이야기가 드러나는 부분이다. 해저 탐험가들이 그 경이로운 세계를 지키기 위해 희망을 걸고 있는 대상은 다름 아닌 인간의 감정이다. 심해가 생명의 기원에 관한 비밀을 품고 있다거나 기후 변화 문제 해결에 핵심이 되는 장소라는 이론적인 주장보다 인간이 심해를 직접적 또는 간접적으로 더 많이 접하면서 갖게 되는 애정과 애착이 더 강력한 힘을 발휘할 수도 있다는 것이다. 이 책이 쓰인 목적도 결국은 심해에 대한 인식의 변화에 조금이라도 더 힘을 보태기 위함일 것이다. 다만 케이시가 우려하던 상황은 해결되기는커녕 여전히 현재진행형이다. 이 글을 쓰고 있는

2025년 4월, 나는 미국의 트럼프 행정부가 심해저의 망가니즈 단괴를 국가전략물자로 비축하도록 하는 행정 명령을 준비 중이라는 기사를 읽었다. 수많은 과학자와 해양 보호 운동가들이 소리 높여 반대하던 일들이 이제 정말 시작되기 직전인 것처럼 보인다.

  심해 채굴에 관한 기사를 검색해서 제목만 쭉 읽어도 알 수 있겠지만 많은 이들에게 여전히 심해의 자원은 보호 대상이 아니라 '금광'이자 '노다지'이다. 어떤 이들은 거기에서 '기회'를 포착하고 어떤 이들은 '위험'을 감지한다. 기회를 포착하는 쪽은 위험을 감지하는 쪽을 순진하다고 여길 것이고, 사실 역사적으로도 보통 그런 쪽이 더 큰 부와 명성을 거머쥐었으니 승리자처럼 보일 수도 있겠다. 그렇게 해서 우리는 구석구석 파괴되어 그 영향을 우리에게 고스란히 돌려주고 있는 현재의 지구 위에 서 있게 되었다. 이 책을 읽고 난 독자들의 의견이 어느 쪽으로 기울지 궁금하다. 수전 케이시가 간곡하게 전달하려고 했던 이야기가 번역을 통해서 최대한 독자들의 마음에 닿기를 바랄 뿐이다.

2025년 봄
홍주연

인명 색인

곤잘레즈 Gonzalez, Katie 139–141, 143–144, 165
구데이 Gooday, Andrew 365
글레이저 Glazer, Brian 381–383

나르졸레 Nargeolet, Paul-Henri 207, 230, 233
뉴얼 Newell, Gabe 422–423

다 빈치 da Vinci, Leonardo 41
다윈 Darwin, Charles Robert 44, 52, 279
달리오 Dalio, Ray 181, 300–303, 421–422
둘리 Dooley, Roger 244–246, 249, 256–257, 259–265, 268–273, 305, 413
드레바 Drevar, George 280
딜레이니 Delaney, John 150–152, 413

라고 Ragot, Didier 281
라피네스크-슈말츠 Rafinesque-Schmaltz, Constantine Samuel 55
램지 Ramsay, John 201, 217, 292–295, 297
레이선 Lathan, Chris 140, 143

레이히 Lahey, Patrick 173–174, 178–182, 185–187, 189, 194, 199, 201, 205, 207, 215–222, 224, 226, 228–231, 234–235, 241, 287, 292–297, 300, 302–303, 334, 376, 378, 387, 395, 408–409, 414, 417, 422, 424–425
(제임스 클라크) 로스 Ross, James Clark 60–61
(존) 로스 Ross, John 60–61
로지 Lodge, Michael 346, 354–355, 367–369
롬바도 Lombardo, Frank 185–187, 216, 222–224, 233, 378, 388, 392, 394
루빈 Rubin, Ken 381
린네 Linné, Carl von 49–51
린리 Linley, Thom 368–369
립턴 Lipton, Eric 370

망누스 Magnus, Olaus 37, 39, 41–51, 55, 74–75, 240, 283
매캘럼 McCallum, Rob 187–188, 190–191, 203–205, 207–208, 215, 220, 223–224, 226, 230, 285, 287, 295–

297, 334, 373, 375, 377-378, 388,
   392-393, 396, 419
매켄지 Mackenzie, Trent 217
매키니스 MacInnis, Joe 205-208, 218,
   229, 233, 236-238
맥도널드 Macdonald, Tim 185-187, 215,
   225-226, 233-234, 285, 304, 311-
   316, 318-319, 321-326, 330-333,
   378-379, 386-388, 392, 395, 399,
   409, 417, 419, 422
맬린슨 Mallinson, Roger 110
머기 Magee, Kelvin 186-187, 215-216,
   222-225, 233, 378-388, 392, 394-
   396, 409
머로 Mero, John 338-339, 341, 343,
   346
머리 Murray, John 68, 71, 74-75
모즐리 Moseley, Henry 68, 73
미첼 Mitchell, Toby 305

바턴 Barton, Otis 89-96, 98-99, 110,
   342
배런 Barron, Gerard 356-357, 362
배스 Bass, George 250-253, 271
밴 도버 Van Dover, Cindy 349-352
밸러드 Bollard, Bob 154, 253
버다로 Vardaro, Mike 163-165
버클 Buckle, Stuart 204, 208, 225-226,
   286, 422
버크 Burke, Edmund 23
버하인 Verhein, Korey 149-150, 163-164
베른 Verne, Jules 73, 86
베스코보 Vescovo, Victor 173-174,
   177-178, 182, 185-193, 199, 201-
   202, 204-205, 207, 215-217, 220-
   225, 227-239, 284-294, 297, 334-

335, 373-377, 379-380, 384, 386-
   405, 409-410, 414, 417, 419-425
보스 Bosch, Hieronymus 127
본조반니 Bongiovanni, Cassie 201-202
뷰캐넌 Buchanan, John 68, 70, 75
뷸리 Bewley, Drew 154-155
블레이즈 Blades, Tom 217, 226-227,
   229, 234
비비 Beebe, William 77, 86-99, 110,
   113, 180, 216, 240, 299, 313-315,
   328, 342, 400, 405, 416

(미켈) 사르스 Sars, Michael 57, 60-61, 63
(예오르그) 사르스 Sars, Georg Ossian
   57, 60
(예오르그 오시안) 사르스 Sars, Georg
   Ossian 61, 63
섀클턴 Shackleton, Ernest 178, 230, 413
소긴 Sogin, Mitchell 366
소크라테스 Socrates 58
쇠레이데 Søreide, Fredrik 255
스미스 Smith, Craig 358, 365
(레이철) 스콧 Scott, Rachel 165
(로버트 팰컨) 스콧 Scott, Robert Falcon
   230
스튜어트 Stewart, Heather 201-202,
   204, 230, 235, 237, 290, 411, 422
스트루베 Struwe, Jonathan 201

아가시 Agassiz, Jean Louis Rodolphe 56
아리스토텔레스 Aristoteles 40, 42, 48
아문센 Amundsen, Roald 230
아이글러 Eigler, Shane 388, 392
아이슬리 Eiseley, Loren 125
알렉산드로스(대왕) Alexandros 85
애튼버러 Attenborough, David 302

얼 Earle, Sylvia 337, 342−344, 348, 352−353, 359, 370−372, 409
에드워즈 Edwards, Katrina 328
오언 Owen, Richard 56−57
와일드 Wild, John James 68, 73
요르다누스 Jordanus 41
워즈 Woese, Carl 160
월리치 Wallich, George 61−62, 67
월시 Walsh, Don 111−114, 122, 168−174, 176, 178, 188, 194−195, 205, 225, 240, 285−286, 297, 375, 399, 407, 409−410, 419−421, 425
웨스턴 Weston, Johanna 416
위더 Widder, Edith 282
윌슨 Wilson, Edward O. 48
일런드 Elend, Mitch 148−149

저지 Judge, Chris 149
제이미슨 Jamieson, Alan 194−202, 205, 208−214, 230, 237, 285−286, 290, 297, 368−369, 374, 378, 384, 408−409, 411, 416−418, 422

채프먼 Chapman, Roger 110
초이 Choy, Anela 22, 358

카나헬레 Kanahele, Pualani Kanaka'ole 385
카슨 Carson, Rachel 26, 33, 275, 366
카슨 Karson, Jeff 158, 162, 421
카펜터 Carpenter, William 63−67
카포노 Kapono, Cliff 377
카프카 Kawka, Orest 149−150
캐머런 Cameron, James 79, 162, 176−177, 188, 204, 207−208, 301−302, 409, 422

캠벨 Campbell, George 69, 71, 73
커비 Kerby, Terry 77−84, 90−92, 100−104, 106−109, 114−119, 121−123, 225, 376, 380−381, 414−415, 417
커슬러 Cussler, Clive 162
케르소종 Kersauson, Olivier de 281
케터 Ketter, Tomer 379, 392
켈리 Kelley, Deborah 133−139, 145, 148−150, 152−153, 155−166, 368, 421
코넌 Kohnen, Will 80
코르테스 Cortés, Hernán 261
코잭 Kozak, Garry 245−246, 258−259
쿠스토 Cousteau, Jacques 23, 80, 206, 424
크리머 Cremer, Max 117, 119

테일러 Taylor, Buck 303−306, 310−312, 314−316, 318−319, 321−327, 331−333, 417
톰슨 Thomson, Charles Wyville 63−68, 70, 73−76, 240, 309

퍼거슨 Ferguson, Charlie 286
페롱 Péron, François 58
페르난데스 데 산티얀 Fernández De Santillán, José 247
포브스 Forbes, Edward 58−61, 63, 74−75, 240, 309
포스터 Foster, Dudley 148
폰 빌레뫼스−줌 von Willemoes-Suhm, Rudolf 68, 72
프라이스 Price, Steven 117, 119
프랑슈토 Francheteau, Jean 148
프레이 Frey, Lee 311, 313, 333
프뤼−그린 Früh-Green, Gretchen 156−157, 162

인명 색인 487

프톨레마이오스 Ptolemaeos, Claudios 42
플리니우스 Plinius Secundus, Gaius 40–42, 48, 50
피사로 Pizarro, Francisco 261
(오귀스트) 피카르 Piccard, Auguste 98–99, 110–111
(자크) 피카르 Piccard, Jacques 111–114, 122, 167–168, 172, 176, 194
피콕 Peacock, Tom 347

해덕 Haddock, Steven 358
헉슬리 Huxley, Thomas Henry 56
호메로스 Homeros 21
홀리스터 Hollister, Gloria 93–95, 97
(하워드) 휴스 Hughes, Howard 339–340
(헬렌) 휴스 Hughes, Helen 360
히즌 Heezen, Bruce 338
히키 Hickey, Pat 158–160
히트 Hitt, Jack 360